中国油气开采行业数字化转型与智能化发展论坛优秀论文集

（上册）

郝忠献　朱世佳　主编

石油工業出版社

内 容 提 要

本书收录了 2023 年中国油气开采行业数字化转型与智能化发展论坛优秀论文 92 篇，内容包括智能钻井与完井、智能举升与排采、智能分层注采、智能化探索与应用、智能化装备与技术等领域的理论、方法、技术、装备、应用、管理方面的创新成果和进展。上册包括智能化钻井与完井、智能化举升与排采 2 个部分共计 41 篇文章；下册包括智能化分层注采、智能化探索与应用、智能化装备与技术 3 个部分共计 51 篇文章。

本书适用于油气田开发与采油采气工艺、钻完井工艺、注采智能化工具等工程技术人员阅读，也可供其他相关专业人员参考使用。

图书在版编目(CIP)数据

中国油气开采行业数字化转型与智能化发展论坛优秀论文集. 上册 / 郝忠献，朱世佳主编. -- 北京 ：石油工业出版社，2024. 10. -- ISBN 978-7-5183-6928-7

Ⅰ. TE3-39

中国国家版本馆 CIP 数据核字第 2024AD8749 号

出版发行：石油工业出版社
(北京市朝阳区安华里二区 1 号楼　100011)
网　址：www. petropub. com
编辑部：(010)64523829　图书营销中心：(010)64523633
经　　销：全国新华书店
印　　刷：北京中石油彩色印刷有限责任公司

2024 年 10 月第 1 版　2024 年 10 月第 1 次印刷
787 毫米×1092 毫米　开本：1/16　印张：20
字数：510 千字

定价：80. 00 元
(如出现印装质量问题，我社图书营销中心负责调换)

前　言

面对数字经济时代浪潮，油气开采行业的产业数字化已经成为油气行业的共同选择。以信息技术为核心的新一轮科技革命和产业变革加速发展，推动工业经济向数字经济加速转型，为石油石化行业数字化转型带来重大历史机遇。油气开采行业数字化转型与智能化发展已经成为油气田企业增储降本和绿色发展的重要手段，传感器、物联网、云计算、大数据和人工智能等技术与设备集成应用于油气田勘探开发，实现对油气田资源的智能化管理，生产流程的优化与升级，不仅提高了油气开发效率和作业安全性，还实现了节能减排和绿色低碳，推动行业向更加清洁、高效、可持续的方向发展。

为了推动油气开采领域数字化转型、智能化发展与技术进步，助力相关领域理论创新与科技攻关，方便油气开采数字化领域科技工作者与管理人员相互之间交流、学习、总结经验，中国石油学会石油工程专业委员会联合中国石油勘探开发研究院、中国石油新疆油田公司、中国石油大学(北京)和新疆石油学会，组织召开中国油气开采行业数字化转型与智能化发展论坛。论坛组委会从本次论坛征集的论文中筛选92篇优秀论文汇编成册。这些论文涵盖了智能化钻井与完井、智能化举升与排采、智能化分层注采、智能化探索与应用、智能化装备与技术等领域的关键技术，以及油田数智化生产与管理等方面的创新成果、技术产品和解决方案。我们相信，本书的出版必将促进相关领域的技术发展，助力形成油气开采行业内外协同、合作共赢的数字技术发展生态圈。

本书为中国石油勘探开发研究院出版物，希望对广大相关领域科技工作者具有参考价值与借鉴意义。

目　　录

上　　册

智能化钻井与完井

智能化举升与排采

下 册

智能化分层注采

智能化探索与应用

智能化装备与技术

智能化钻井与完井

基于阵列光栅的井筒工况监测系统及监测方法研究

李梦博[1]　盛磊祥[1]　李　中[1]　谢仁军[1]　邹明华[1]　邢紫筱[1]
李立彤[2]　洪　登[2]　邓　巍[2]　王　韬[2]　方　勇[2]

（1. 中海油研究总院有限责任公司；2. 长飞光纤光缆股份有限公司）

摘　要：随着光纤传感技术的不断进步，光纤声波监测技术已经在油井状态监测、油井动态识别、压裂增产、流动保障等多个应用场景实现了应用，但是受限于灵敏度、可靠性和稳定性问题，光纤声波监测技术的发展面临瓶颈。本文通过光纤光栅声波方案设计、声波传感和光缆加工测试等研究，完成了基于阵列光栅的井筒工况监测系统研发并开展入井测试，测试精度、信噪比及空间分辨率得到了有效验证。研究结果表明，该系统具有良好的振动传感性，可满足油井中微震信号的测量，对比常规的DAS系统具备显著技术优势。内层无缝钢管的外壁包覆有碳纤维层，在高温下依然可以保持原有的机械强度，提高光缆的稳定性。

关键词：光纤；阵列光栅；声波；井筒工况

智能井已经成为油气行业的一个普遍趋势，它配备了各种类型的传感器，可在极端环境下对油井的工况进行实时监测。基于光纤的传感器在传感元件中没有电子元件，具有抗电子干扰、耐腐蚀、建构简单、体积小、耗能少等诸多优势，成为目前井下监测领域发展最快速的技术。井下光纤传感技术主要监测温度、压力、应变、声波，从开始的单点式逐步向分布式、阵列式方向发展，随着光纤传感技术的不断进步，近年来也出现光纤流量、化学组分传感等新技术。

将光纤中的光散射与光时域反射（OTDR）技术相结合来实现分布式温度传感（DTS）是Dakin在1985年首次实现的。后续出现了第一代油气单点光纤传感器，主要采用法布里—珀罗干涉仪技术研制。该技术的主要缺点是缺乏多路复用的能力，对于单点光纤传感器的多点测量，需要有多根光纤的光纤网络。布拉格光纤光栅（FBG）技术解决了这一问题。FBG是对光纤折射率的周期性调制，每个FBG传感器可以有不同的布拉格波长，从而可以方便地在一根光纤中实现FBG阵列的波长域复用（WDM），结合时域复用（TDM）技术，可以进一步扩展光纤光栅传感系统的复用能力。基于FBG阵列的温度、声波传感系统已经开始在油田进行应用。

截至目前，光纤声波监测技术已经在油井状态监测、油井动态识别、压裂增产、流动保障及智能完井等多个应用场景进行了应用，但是目前常规分布式光纤受限于灵敏度、可靠性和稳定性问题，对于特殊的井下监测场景应用受限，制约了光纤声波监测技术的发展。本文通过光纤光栅声波方案设计、声波传感和光缆加工测试等研究，完成了基于阵列光栅

作者简介：李梦博（1987—），2015年毕业于中国石油大学（北京）油气井工程专业，获博士学位，现任中海油研究总院有限责任公司钻采数字化工程师，从事海上智能化钻完井等方面研究工作，高级工程师。通讯地址：北京市朝阳区太阳宫南街6号院中海油大厦B-509。E-mail：limb7@ cnooc. com. cn。

的井筒工况监测系统研发并开展入井测试，测试精度、信噪比及空间分辨率得到了有效验证，对比常规的DAS系统具备显著技术优势。

1 井下光纤光栅声波方案设计

分布式传感系统的主要性能指标有传感距离和空间分辨率等，而光纤光栅阵列作为整个系统的传感部分，是实现这些指标的基础，因此在设计光纤光栅阵列时要着重分析影响系统指标的参数。

1.1 光纤光栅反射率分析

在一根光纤中刻写的光栅完全相同时，两个相邻光栅会形成谐振腔的结构。当脉冲光在光栅阵列中传播时，前面光栅的反射光会在光栅之间会来回多次地反射，当其多次反射脉冲光到达探测器接收端的时间和后面光栅的反射光脉冲到达接收端的时间相同时就会形成串扰，这种串扰形成的噪声会降低系统的信噪比，通常这种噪声被称为多次反射噪声。为了简化模型，取四个光栅进行分析说明，其一阶多次串扰原理图如图1所示。脉冲光到达FBG4时被反射回来，被探测器接收，而此时经FBG2反射的脉冲到达FBG1的时候会有一部分被反射回来，然后通过FBG2到达FBG3被再次反射，这部分反射光也会被探测器接收到，它的传输路程与FBG4反射信号到达探测器的传输路程相等，因此会被探测器同时探测到，从而形成串扰。这种反射比FBG4的反射多一次往返，称之为一阶多重反射。同理，FBG3的反射信号也会在FBG1与FBG2之间进行反射，也会在FBG2和FBG3之间进行反射，这些都称之为一阶多次反射。如果反射的路径出现了两次以上则称之为多阶反射。在光栅阵列分布式振动传感系统中，为了增加复用数量提升传感距离，光栅的反射率非常低，两阶以上的多次串扰光强度非常弱，与一阶多次反射光不是同一数量级，可以忽略不计。

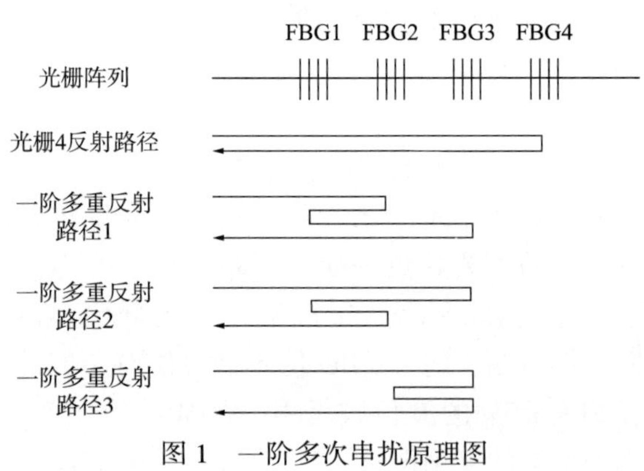

图1 一阶多次串扰原理图

在串接传感系统中，光纤光栅反射率越低，系统传感容量越大。当光栅反射率为5%时，系统的传感容量为10个，当光栅反射率为1%时，系统的传感容量为46，基本失去时分复用光纤光栅传感系统容量大的优势。当光栅反射率降为0.1%时，系统的传感容量达到449个。图2显示了在时分复用传感系统中光纤光栅反射率与系统传感容量的关系。

因此，在光栅阵列传感系统中，通常采用反射率较低的光栅，这样不仅能够减小一阶多次串扰的影响，同时也可以提高光栅的复用数量。但是在实际应用中光栅的反射率也不能太低，否则反射信号的强度很弱，会增加系统的检测难度。因此，要综合考虑测量距离与光栅反射率的关系。

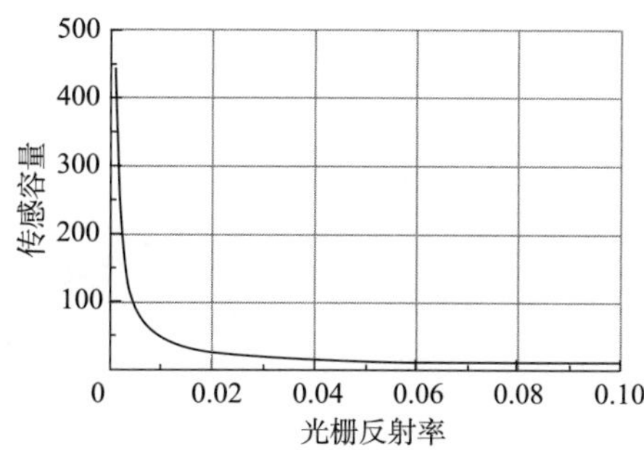

光栅反射率	传感容量
10%	6
5%	10
1%	46
0.5%	98
0.1%	446

图 2　光纤光栅反射率与系统传感容量关系

1.2　光纤光栅带宽分析

光纤光栅阵列干涉信号的好坏将直接影响系统的性能，在常规的光纤光栅阵列分布式振动传感系统中一般都采用的是高斯谱型的光栅。由于光源采用的是窄线宽的激光器，其中心波长为 1550nm，位于光栅的反射光谱内，这样激光器发出的光在经过光栅时就会被反射回来然后通过非平衡的干涉仪最终形成干涉信号。当光栅周围温度变化或者受到拉力时光栅的光谱会发生漂移，而光源的中心波长不会变化，随着光栅光谱漂移，反射回来的光强就会慢慢减小，这会导致干涉条纹的可见度下降。如图 3 所示，当温度变为 60℃时，光栅的中心波长变为 1550.68nm，而光源的中心波长始终为 1550nm，此时反射回来的光强会减弱，会造成干涉信号的质量下降，当温度进一步升高后光源的波长则可能不在光栅的反射谱内，此时将不会有光反射回来，相邻光栅就不会形成干涉信号，也就无法检测振动信号，这是工程应用中很常见也是必须解决的问题，温度会随着井深不断地增加，温度使光栅光谱发生漂移的影响无法避免。

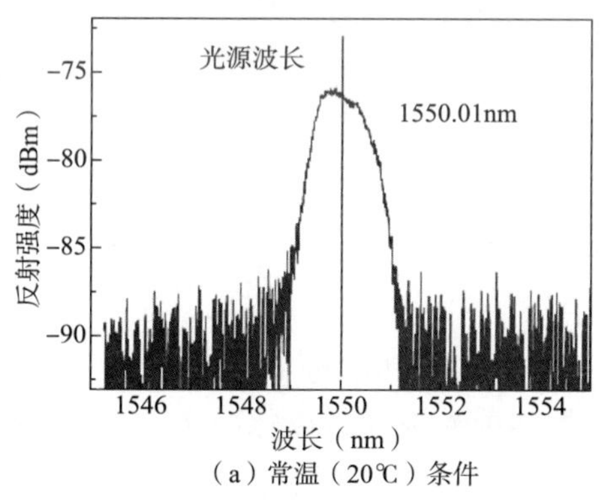

（a）常温（20℃）条件

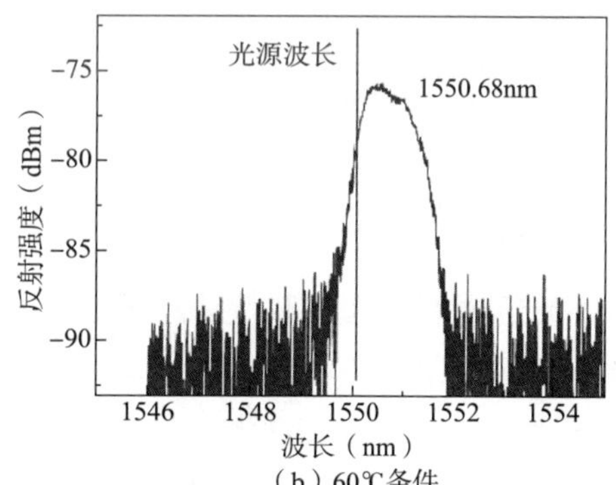

（b）60℃条件

图 3　不同温度下光源波长与窄带光栅光谱关系图

为了解决上述问题，可以采用啁啾光纤光栅阵列，啁啾光栅光谱图如图 4 所示，光栅的带宽一般大于 3nm，窄线宽激光器的波长位于光栅的反射谱内，当受到外界拉力或者温度变化时虽然光栅光谱发生了漂移，但是由于光栅的带宽很宽，因此仍然能保证激光器的波长位于光栅反射谱内，这样就能保证形成稳定的干涉信号完成分布式的振动测量。

1.3　空间分辨率分析

在基于光纤光栅阵列的传感系统中，系统的空间分辨率为相邻光栅的间距。为了能够还原整个油井的声波分布情况，相邻光栅的间距应尽量小，但是在实际应用中光栅间的间距也不能太低，否则会增加系统的检测难度，因为解调系统必须满足脉冲宽度 T 小于相邻

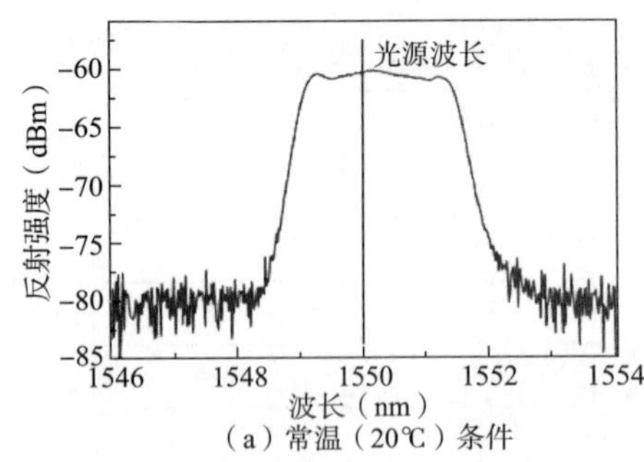

（a）常温（20℃）条件

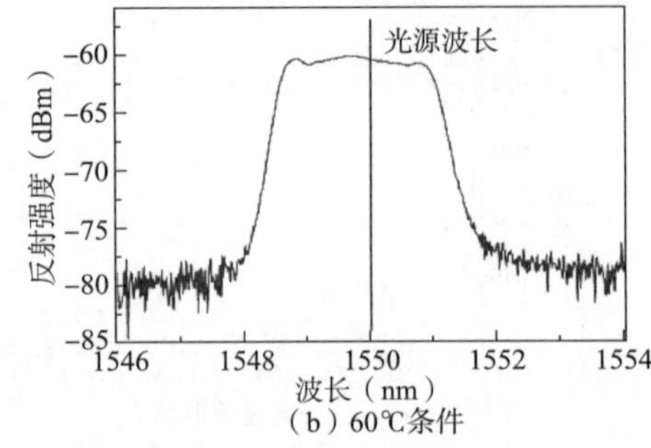

（b）60℃条件

图 4　不同温度下光源波长与啁啾光栅光谱关系图

光栅反射光脉冲的时间间隔 τ 这一制约条件，才能确保在对传感信号定位时，相邻脉冲光不发生混淆。

1.4　井下声波光纤光栅阵列指标设计

采用啁啾光栅阵列可以避免相邻光栅波长失配的问题，提高干涉信号条纹的可见度，提升系统的可靠性，满足恶劣环境下的应用需求。针对井下声波监测需求，相位解调技术在动态参量的探测方面有着非常优异的性能，为了保证形成稳定的干涉信号，光栅阵列 3dB 带宽需要大于等于 3nm。声波光栅阵列设计规格参数见表 1。

表 1　井下声波光栅阵列设计规格

参　　数	光栅阵列技术规格
中心波长	1550nm
中心波长误差	±0. 1nm
反射率	0. 01%
3dB 带宽	3nm
光栅间距	2m

2　井下光纤光栅阵列声波传感技术

2.1　井下光纤光栅阵列声波传感方案设计

光纤光栅阵列声波传感系统包括一个窄线宽激光器，其原理如图 5 所示，窄线宽光源为中心波长为 1550nm 的 RIO 激光器，光源发出的连续光被调制成脉冲光，脉冲光经过掺铒光纤放大器放大后通过环行器进入啁啾光纤光栅阵列，每个光栅会反射回来一部分脉冲光，反射光脉冲经过环行器进入一个非平衡的 Mach-Zehnder 干涉仪（MZI）分成两束脉冲光，其中非平衡 MZI 的一个臂有一段延时光纤，因此两束光脉冲沿两个臂传播时会存在一定的时延。当非平衡 MZI 中的一个臂的延迟光纤的长度为 $4L$ 时，相邻啁啾光纤光栅反射的脉冲会在非平衡 MZI 另一端相遇，从而产生干涉。干涉信号经过一个 3×3 耦合器分成三路且相位差 120°，三路输出的光信号经三个光电探测器转换成电信号上传到采集卡进行分布式振动传感。

2.2　基于 3×3 耦合器的光纤光栅阵列声波解调算法

在光纤光栅阵列分布式振动传感系统中，发生干涉的两个反射脉冲信号的光场可以分别表示为：

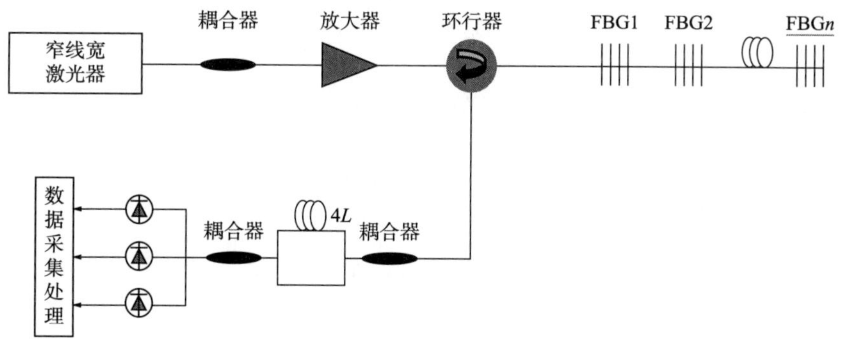

图 5 井下光栅阵列声波传感方案图

$$E_{R1}(t)=E_1(t)e^{j[\omega t+\phi_1(t)]} \tag{1}$$

$$E_{R2}(t)=E_2(t)e^{j[\omega t+\phi_2(t)]} \tag{2}$$

式中：$E_1(t)$ 和 $E_2(t)$ 分别表示该位置处反射信号的强度；ω 为光源的角频率；$\phi_1(t)$ 和 $\phi_2(t)$ 分别代表两个反射脉冲信号的初始相位，它们在 3×3 耦合器处发生干涉的信号强度可以表示为：

$$\begin{aligned}I(t)&=[E_{R1}(t)+E_{R2}(t)]\cdot[E_{R1}(t)+E_{R2}(t)]\\&=E_1{}^2(t)+E_2{}^2(t)+2E_1(t)E_2(t)\cdot\{\cos[\omega t+\phi_1(t)]\cos[\omega t+\phi_2(t)]+\\&\sin[\omega t+\phi_1(t)]\sin[\omega t+\phi_2(t)]\}=E_1{}^2(t)+E_2{}^2(t)+2E_1(t)E_2(t)\cos[\phi_1(t)-\phi_2(t)]\end{aligned} \tag{3}$$

其中，光栅阵列中某个位置处光栅的反射光强认为是确定的，因此前两项可以当作一个直流分量，第三项是交流项，式(3)可以简化为：

$$I(t)=D+I_0\cos[\phi(t)] \tag{4}$$

其中，$\phi(t)$ 为外界扰动信号带来的相位变化。干涉信号经过 3×3 耦合器之后分为相位相差 120°的三路信号，它们可以分别表示为：

$$I_1(t)=D+I_0\cos[\phi(t)] \tag{5}$$

$$I_2(t)=D+I_0\cos\left[\phi(t)-\frac{2}{3}\pi\right] \tag{6}$$

$$I_3(t)=D+I_0\cos\left[\phi(t)-\frac{4}{3}\pi\right] \tag{7}$$

根据 3×3 耦合器解调算法原理图，将三路信号进行相加平均后得到直流分量：

$$D=\frac{1}{3}[I_1(t)+I_2(t)+I_3(t)] \tag{8}$$

将三路信号分别减去直流分量后就得到三路交流信号：

$$a=I_1(t)-D=I_0\cos[\phi(t)] \tag{9}$$

$$b=I_2(t)-D=I_0\cos\left[\phi(t)-\frac{2}{3}\pi\right] \tag{10}$$

$$c=I_3(t)-D=I_0\cos\left[\phi(t)-\frac{4}{3}\pi\right] \tag{11}$$

然后将式(9)至式(11)分别求微分，结果如下：

$$d=\frac{\mathrm{d}a}{\mathrm{d}t}=-I_0\phi'(t)\sin[\phi(t)] \tag{12}$$

$$e=\frac{\mathrm{d}b}{\mathrm{d}t}=-I_0\phi'(t)\sin\left[\phi(t)-\frac{2}{3}\pi\right] \tag{13}$$

$$f=\frac{\mathrm{d}c}{\mathrm{d}t}=-I_0\phi'(t)\sin\left[\phi(t)-\frac{4}{3}\pi\right] \tag{14}$$

将三路信号分别与另外两路微分信号的差进行相乘后再相加：

$$N=a(e-f)+b(f-d)+c(d-e)=-\frac{\sqrt[3]{3}}{2}I_0{}^2\phi'(t) \tag{15}$$

在实际的光路系统中，为了消除光源强度的波动造成的干涉信号不稳定的情况，算法中将 a、b、c 输入端的三路信号进行平方处理后得到：

$$M=a^2+b^2+c^2=\frac{3}{2}I_0{}^2 \tag{16}$$

最后，将 N 和 M 相除并求积分可以得到：

$$V=-\sqrt{3}\phi(t) \tag{17}$$

通过上面的理论计算分析，利用3×3耦合器解调算法可以正确地解调出外界扰动造成的相位变化，在实际情况中解调出来的信号还包括外界环境引起的噪声，在最后的算法优化中可以用滤波器滤除有效信号中的噪声信号，从而更好地解调出待测信号。

3 井下光纤光栅阵列光缆加工测试

3.1 井下光纤光栅阵列光缆方案设计

针对油井中高温高压、化学腐蚀较严重的环境，设计了用于测量油井地层温度和振动分布状况的一种传感光缆，光缆结构如图6所示。光缆采用两层金属材料保护高温光纤，从而使光缆具有高强度的耐高温高压性能和耐腐蚀性能，同时还有无可比拟的抗氢性能，适合井下各种复杂的自然环境，是一款油田油井专用的传感光缆。

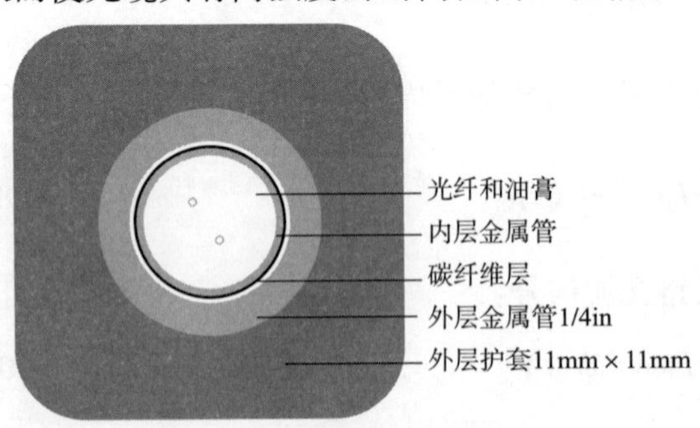

图6 井下光栅阵列光缆结构图

光缆包括外层无缝钢管及内层无缝钢管，内层无缝钢管的内部中心设有1芯温度阵列光纤和1芯声波阵列光纤组成的光纤束，内层无缝钢管的内壁设有防水涂层，内层无缝钢管的外壁包覆有碳纤维层，外层无缝钢管包覆于碳纤维层的外壁。

碳纤维复合材料相比硬钢丝加强件，其

重量只是钢丝的十分之一，采用碳纤维可以给光缆减重至少30%以上，光缆的自重减少，抗拉强度增加，大大提高了光缆的作业深度。钢丝缆的作业深度一般极限是7000m左右，本产品可以达到10000m以上。碳纤维复合加强件，在高温下依然可以保持原有的机械强度，提高光缆的稳定性。

3.2 井下光纤光栅阵列声波调制解调测试

光栅阵列声波调制解调测试方案如图7所示。将声波光栅阵列光纤接入到光栅阵列传感主机，并将声波光栅阵列光纤固定到振动测试平台上，设置试验参数并启动振动测试平台，每一个振动参数试验持续0.5h，记录光栅阵列的振动数据和光谱图。

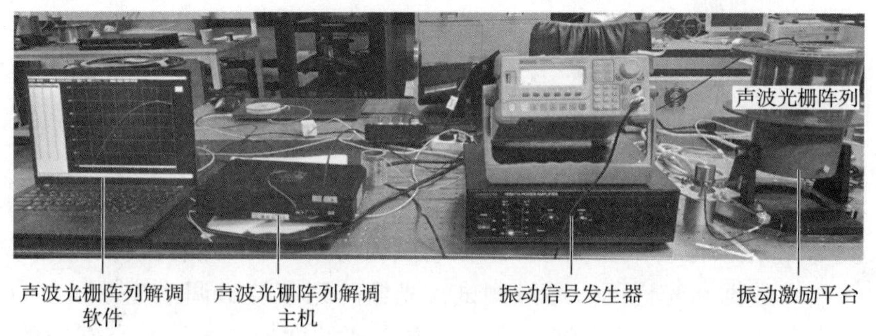

图7 光栅阵列声波调制解调测试方案

（1）系统分辨率测试。

将声波光栅阵列接入到光栅阵列传感主机，不要启动振动测试平台，让光栅阵列处于安静环境中，随机选取光栅阵列的一个光栅作为监测点，即可获得系统的噪声功率谱约为−57.5074dB·rad/Hz。噪声功率谱如图8所示。

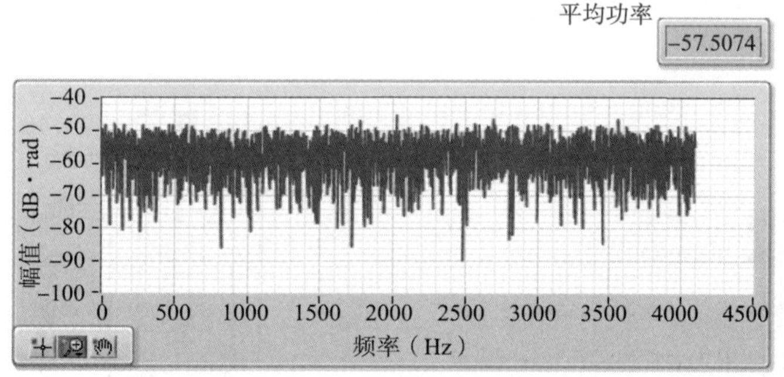

图8 光栅阵列声波解调系统的噪声功率谱

噪声功率谱与系统噪声底 N_F 的关系为：

$$N_F = \frac{\lambda d\Phi}{4\pi n L \xi} \tag{18}$$

$$d\Phi = 10^{\frac{NPS}{20}} \tag{19}$$

式中：NPS为噪声功率谱；λ 为激光器的波长；n 为纤芯折射率；L 为2个光栅的间距；ξ 为光弹系数。取NPS=−57.5074dB·rad/Hz，λ=1550.1nm，n=1.46，L=2m，ξ=0.78，根据公式(18)得出系统的噪声底约为72.2pε/$\sqrt{\text{Hz}}$。系统噪声功率谱通过上述公式计算得出，系统的噪声底约为72.2pε/$\sqrt{\text{Hz}}$，即系统的分辨率为72.2pε。

（2）系统信噪比测试。

在信号发生器上设置正弦波振动试验，随机选取光栅阵列上的 1 个光栅记录振动响应数据。此试验选取的 5 号光栅测试结果如图 9 所示，可以看到光栅阵列传感系统解调出来的振动信号的平均相位噪声约为-59dB，解调信号的信噪比为 68.2dB。

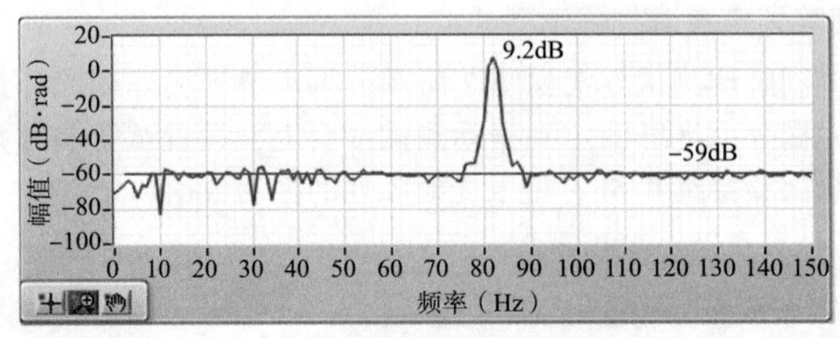

图 9　系统信噪比测试结果

（3）系统响应特性测试。

在信号发生器上设置 0.5Hz、10Hz、50Hz、100Hz、500Hz、1000Hz、1500Hz、2000Hz 和 3000Hz 这 9 组正弦波振动试验，每一组振动试验持续 0.5h，随机选取光栅阵列上的 1 个光栅记录振动响应数据和光谱图。通过测试，光栅阵列声波解调系统在 0.5～1000Hz 频率内系统能准确还原出不同频率的声波信号。随着频率的增加，声波在空气中的衰减逐渐增大，高频信号传递到光纤上时的能量已经非常小，因此解调出的波形出现了一些失真，但是系统仍然能准确检测到 1000～3000Hz 声波的频率。

4　光纤光栅阵列光缆入井测试

基于阵列光栅的井筒工况监测系统在钻采试验基地 JJSY-1 井进行了入井测试，主要验证光纤温度及声波光缆在井下环境使用的可靠性、适用性。井筒管柱结构及光缆下入试验方案如图 10 所示。

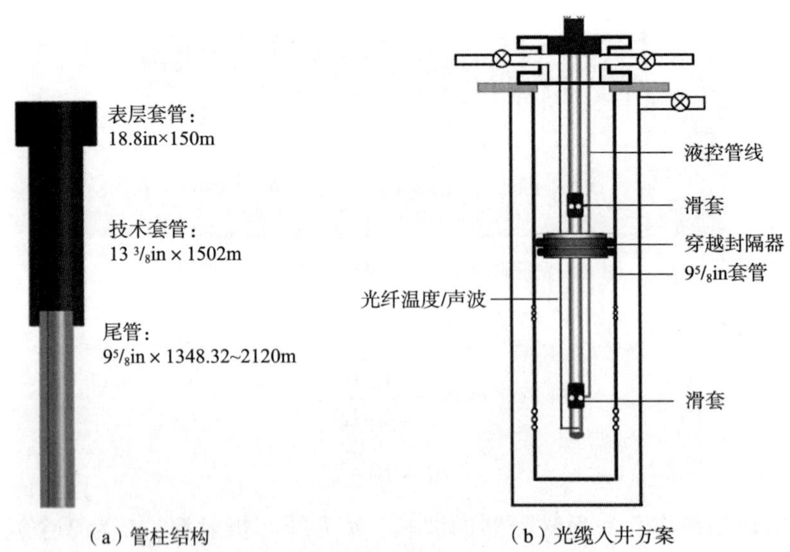

（a）管柱结构　　（b）光缆入井方案

图 10　井筒管柱结构及光缆入井方案

为了验证声波光栅阵列及光栅阵列解调系统的性能，本次入井测试另外准备了一套分布式光纤声波监测系统（DAS）（图 11），用于和光栅阵列声波解调系统对比测试。光栅阵列声波解调系统现场测试界面如图 12 所示。

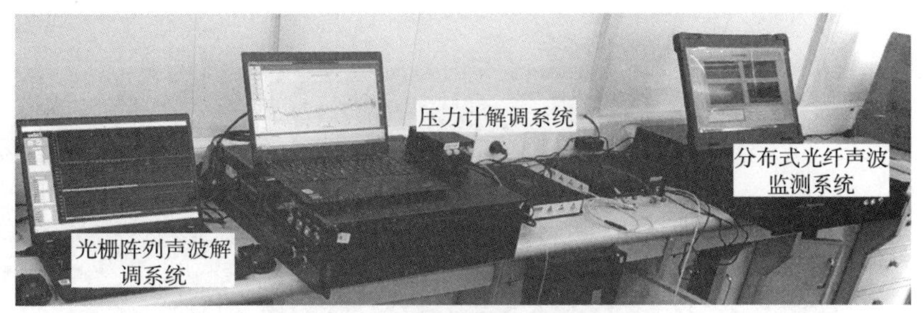

图 11　井下声波对比测试现场设备图

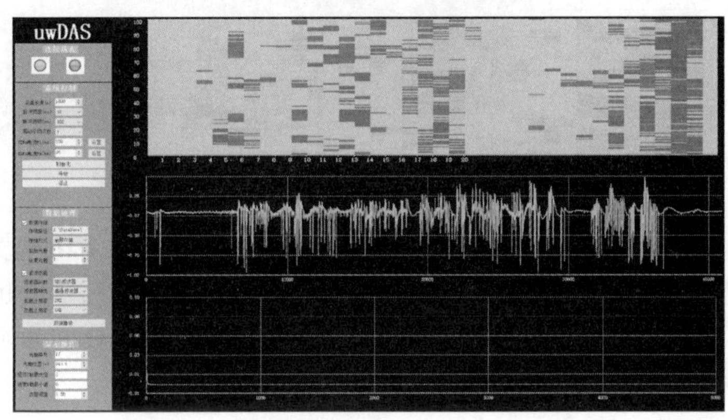

图 12　光栅阵列声波解调系统现场测试图

两套设备解析信号的信噪比对比如图 13 所示，图中上为光栅阵列声波解调系统，下为分布式光纤声波监测系统，可以看出，光栅阵列声波解调系统信噪比约为 68. 5dB，分布式光纤声波监测系统信噪比约为 21dB，说明光栅阵列声波解调系统在系统信噪比方面具有明显优势。

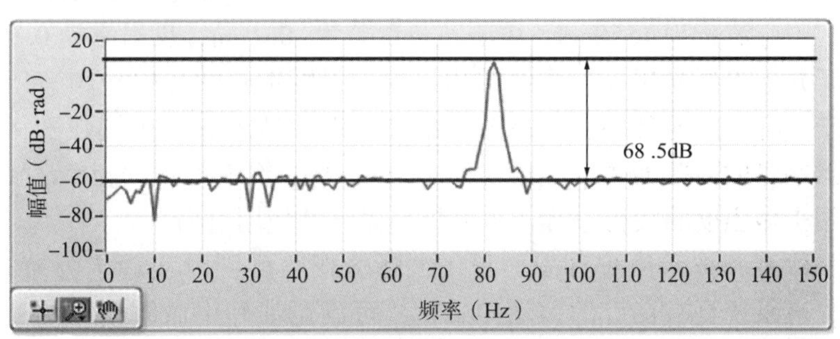

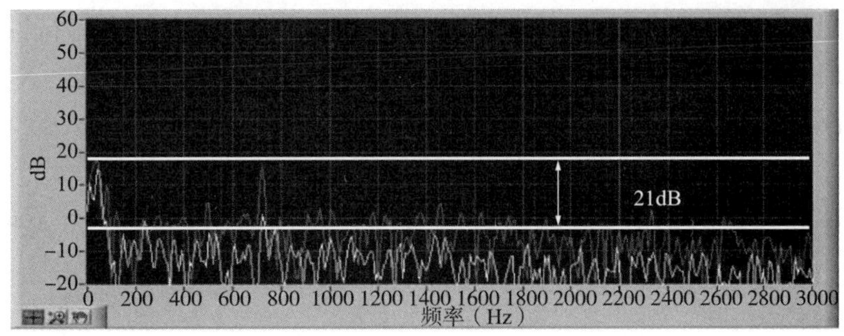

图 13　uwDAS 和 DAS 系统信噪比对比

此次试验套管 877.18m 和 900.67m 处有 2 个注水孔。图 14 为井下流量循环时光栅阵列的声波能量密度图。

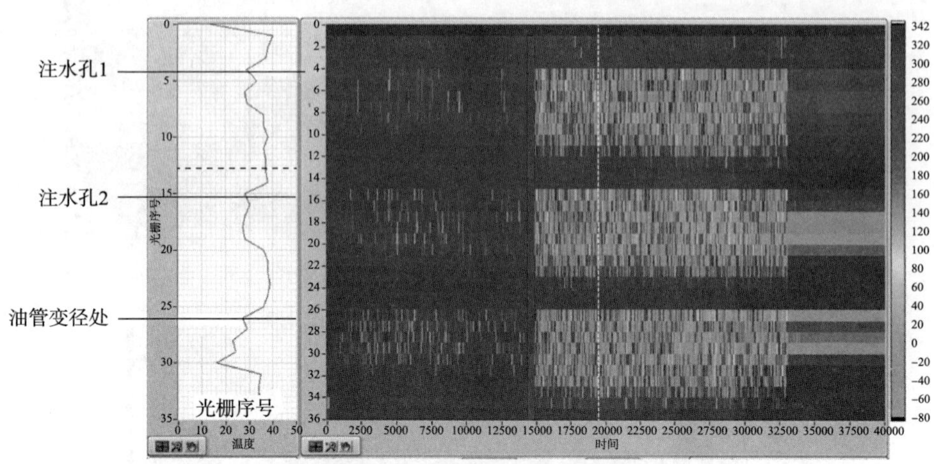

图 14 井下流量循环时光栅阵列的声波能量密度图

通过图 14 可以看出，井下流量循环时，光栅阵列上 5 号光栅、16 号光栅和 27 号光栅处温度能量密度明显发生变化，而此 3 处位置正好对应套管的 2 个注水孔及油管封隔器变径处，3 处位置水流声波振动信号传递到阵列光栅上，基于阵列光栅的井筒工况监测系统准确识别了井筒的泄漏位置。

5 结论

本文通过光纤光栅声波方案设计、声波传感和光缆加工测试等研究，完成了基于阵列光栅的井筒工况监测系统研发并开展入井测试，得到如下结论：

（1）通过光纤光栅声波方案设计、声波传感技术研究，确定了适合于井下的阵列光栅声波监测方案，中心波长为 1550nm，中心波长误差为±0.1nm，反射率为 0.01%。

（2）优化了井下光纤光栅阵列光缆结构，内层无缝钢管的外壁包覆有碳纤维层，外层无缝钢管包覆于碳纤维层的外壁，在高温下依然可以保持原有的机械强度，提高光缆的稳定性。内层无缝钢管的内壁的防水涂层对水分与氢具有堵塞效应，能有效减缓光纤表面微裂纹生长，延缓机械强度的疲劳进程，从而提高光纤的使用寿命。

（3）基于相位解调技术原理开发，采用啁啾光栅阵列同时实现了分布式声波的测量，试验数据表明，该系统具有良好的振动传感性，可满足油井中微震信号的测量。声波频率测量范围为 0.5~3000Hz，分辨率为 72.2pε。

（4）下井测试验证了弱光栅阵列温度及声波解调系统工程应用的可行性，弱光栅阵列温度及声波解调系统的测试精度、信噪比及空间分辨率得到了有效验证，对比常规的 DAS 系统具备显著技术优势，成功定位了泄漏点的位置并采集还原了泄漏点的注水声学信号。

综上所述，光纤光栅阵列温度/声波光缆及其解调系统具有长期稳定性好、测量精度高等优点，监测方案通过了天津测试井的测试，能够满足油田井下温度、声波的监测。

参考文献

[1] SAPOZHNIKO V D A, BAIMINOV B A, VYGODSKII Y S. Haighly heat-resistant Polymeric Coatings of Opti-

cal Fibers[J]. Polymer Science Series C, 2020, 62(2): 165-171.

[2] JUNIOR M F S, MURADOV K M, DAVIES D R. Review, Analysis and Comparison of Intelligent Well Monitoring Systems[C]. SPE 150195, 2012.

[3] CHENG L K, BOERING M, BRAAL R. Toward the Next Fiber Optic Revolution and Decision Making in the Oil and Gas Industry[J]. Offshore Technology Conference, 2013.

[4] ANTHONY F, KOSMALA A G, BHAVSAR R, et al. Engineered Reliability for Intelligent Well Systems [J]. Offshore Technology Conference, 2001.

[5] SHAND M, BIRCH M, BOSTICK I T, et al. Optical Permanent Monitoring System Meets the Subsea Challenge[J]. Offshore Technology Conference, 2009.

[6] KAURA J D, SIERRA J, PARKS B. New High-Temperature Optical Fiber Technology Successfully Provides Continuous DTS Data under Severe SAGD Conditions[C]. SPE 114458, 2008.

[7] KRAGAS T K, EDDIE P, BROCK W. Installation of In-Well Fiber-Optic Monitoring Systems[C]. SPE 77710, 2002.

[8] KRAGAS T K, III F X B, MAYEU C, et al. Downhole Fiber-Optic Flowmeter: Design, Operating Principle, Testing, and Field Installations[C]. SPE 87086, 2003.

[9] 王德荣．氢分子扩散进入光纤引起光传输损耗增加研究[J]. 光纤通信，1998(4)：1-7.

[10] 赵勇，孟庆尧．氢与光纤的物化反应对井下永久性测量的影响[J]，光电工程，2007，34(9)：55-65.

[11] 王德荣．氢扩散引起光纤传输损耗增加的研究[J]. 光纤与电缆及其应用技术，1999(1)：21-28.

[12] DERONG W. Study on the Hydrogen Induced Attenuation Increase in Optical Fiber [J]. Optical Fiber & Electric Cable and Their Applications, 1999.

[13] WANG C, DRENZEK G, MAJID I, et al. High-Performance Hermetic Optical Fiber for Downhole Applications[C]. SPE 91042, 2004.

[14] HAWTHORNE W D, RAMOS R T. New Hydrogen-Resistant Optical Fibre for Harsh Environments[C]. SPE 120821, 2008.

基于随机森林的转盘扭矩预测方法研究

叶雨晨　赵宇璇　任传杰　张宏宇

(中国石油新疆油田公司工程技术研究院)

摘　要：人工智能预测模型可以弥补理论模型非线性不良和预测精度不足等短板。本文利用随机森林算法建立了基于随机森林的转盘扭矩预测方法，引入互信息对影响转盘扭矩的钻井参数进行优选并作为模型输入特征，然后利用随机森林模型对输入特征与转盘扭矩之间的非线性关系进行学习。最后，以吉木萨尔油田为例对该模型的预测精度进行评价，结果表明，基于随机森林的转盘扭矩预测模型能够准确预测转盘扭矩的变化，预测精度达到了95%。

关键词：转盘扭矩；随机森林；人工智能

转盘扭矩是油气井管柱力学分析的核心问题之一，随着钻井技术的快速发展及井型的不断增加，对管柱力学分析和计算的要求逐渐提高，因此科学合理地预测转盘扭矩显得尤为重要。当前转盘扭矩的预测模型以理论模型为主，其中软杆模型[1]和刚杆模型[2]的应用较为广泛，在此基础之上一些学者针对不同工况建立了相应的修正模型[3-5]。Johancsik等[6]建立了经典的软绳模型，该模型将井下管柱简化为无抗弯刚度的绳索。Ho[7]将井下钻柱视为弹性细杆，建立了刚杆模型。黄文君等[8]建立了考虑管柱接头效应的摩阻扭矩模型，可更准确地模拟带接头钻柱在井眼中的复杂力学行为。理论模型建立在经典钻井理论和实验结果的基础之上，物理意义明确，可解释性好，通用性强。然而，由于建模过程中引入的假设条件，使得理论模型的预测精度具有局限性，因此需要建立一个更准确、可解释性更强的转盘扭矩预测模型。机器学习模型具有良好的非线性函数的自组织特性和优秀的学习能力，符合实际工程问题的需求，通过对大量数据的训练，可以有效地学习数据之间的内在关系。机器学习算法不仅能从已知数据中获得规律，还能利用该规律达到对未知数据进行预测的目的，其中最具代表性的机器学习算法有神经网络、支持向量机和随机森林等[9]。机器学习方法被广泛应用在井眼轨道优化[10]、导向智能决策[11]、机械钻速预测[12]、地层特征识别[13]、岩性识别[14]、产量预测[15-16]，以及油田开发优化[17]等方面。宋先知等[18]考虑影响钩载、扭矩的因素复杂多样及钻井过程的时序性特点，利用BP神经网络和长短期记忆神经网络建立了大钩载荷与转盘扭矩智能预测模型。考虑到这些机器学习算法中随机森林算法具有泛化误差小、抗干扰能力强、不易产生过拟合等特点，本文将该算法引入到转盘扭矩预测中建立了基于随机森林算法的转盘扭矩预测模型，同时考虑到转盘扭矩的影响参数复杂多样，引入互信息对随机森林预测模型中的输入钻井参数进行优选。最后，利用测试集数据对该模型的预测精度和误差分布进行评价和分析。

作者简介：叶雨晨(1993—)，2018年毕业于东北石油大学油气田开发工程专业，获硕士学位，现任中国石油新疆油田工程技术研究院工程师，主要从事钻井工艺优化与设计工作，中级工程师。通讯地址：新疆克拉玛依市胜利路87号工程技术研究院(监理公司)。E-mail：zd_yeyc@ petrochina. com. cn。

1　基于随机森林转盘扭矩预测模型

1.1　随机森林模型原理

随机森林算法[19]是一种基于 Bagging[20]的集成模型，以决策树作为基础学习器。由于决策树算法对训练数据非常敏感，该算法通过集成方法将多个决策树组合在一起，并在决策树的训练过程中随机抽取样本特征。预测结果采用加权多数投票法或对综合模型中所有单个树的预测结果进行平均，提高了模型的预测精度。随机森林方法将 Bagging 算法和决策树算法相结合，并对其进行优化，大大提高了预测精度，增强了决策树模型之间的差异性和对异常值的容忍度，减少了过拟合的可能性，从而提高了决策树模型的鲁棒性和泛化性。该算法对基决策树的每个节点的属性集合中随机选择一个包含 k 个属性的子集，然后再从中选择一个最优属性用于划分，分裂后的每个分支都有一个属性值与之对应，样本的所属类别以沿此路径的每个叶节点为代表，如此递归构建决策树直到达到终止条件，其中基决策树基于基尼指数进行划分操作，随机森林模型采用平均法对所有基决策树的预测结果进行集成。随机森林预测流程图如图 1 所示。

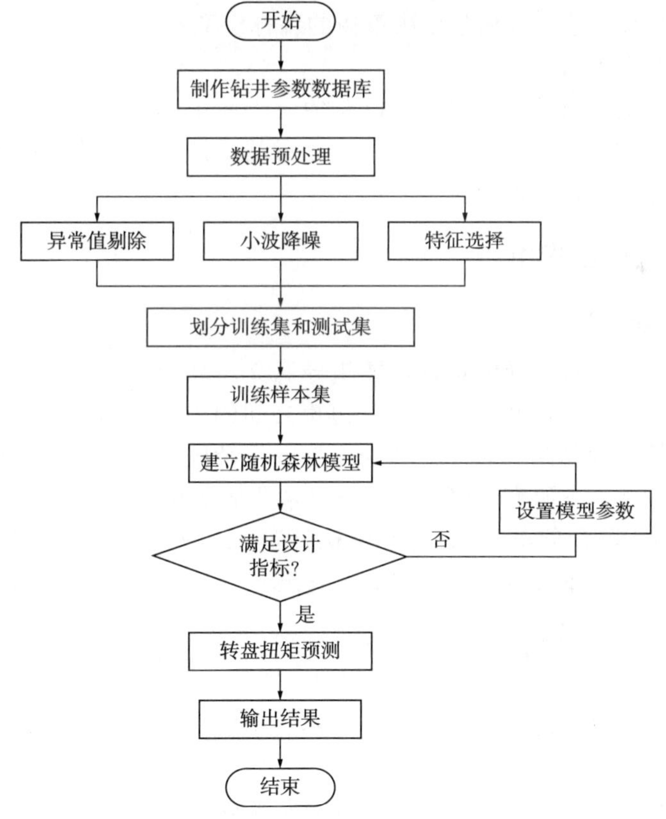

图 1　随机森林转盘扭矩预测流程图

1.2　随机森林算法数学模型

(1) 决策树划分指标。

假设转盘扭矩预测的训练样本集为 D，当前样本集 D 中第 k 类样本所占的比例为 $p_k(k=1, 2, \cdots, |y|)$，则定义 D 的信息熵为：

$$\mathrm{Ent}(D) = -\sum_{k=1}^{|y|} p_k \log_2 p_k \tag{1}$$

假设 a 为用于对样本集 D 进行划分的离散属性，其中 a 的取值为$\{a^1, a^2, \cdots, a^V\}$，则可计算出用属性 a 对样本集 D 进行划分的信息增益为：

$$\mathrm{Gain}(D, a) = \mathrm{Ent}(D) - \sum_{v=1}^{V} \frac{|D^v|}{|D|}\mathrm{Ent}(D^v) \tag{2}$$

在决策树进行分支过程中以分支节点包含的样本尽可能属于同一类别为划分依据，即节点的“纯度”。因此，本文以信息增益作为节点“纯度”的衡量标准进行决策树的划分属性选择，即 $a_* = \underset{a \in A}{\mathrm{argmax}}\mathrm{Gain}(D, a)$。

（2）随机特征选取指标。

根据钻井参数数据库分别建立最大限度生长的决策树，然后由式(2)计算从训练集中随机选取的一部分特征因子所蕴含的基尼指数。

（3）确定最优分裂节点。

对基尼指数最大的候选因子进行分裂，并重新根据式(2)计算基尼指数。重复该分裂步骤直到基尼指数小于设定值。最后生成决策树的森林模型。

（4）随机森林结合策略。

通过将构建的基决策树结合起来，可以避免由于使用单一学习器可能导致的泛化性能不佳、易陷于局部最优等缺点。本文采用平均法对基于钻井数据构建的转盘扭矩预测的决策树进行集成来构建随机森林预测模型。

2 特征选择与模型评价

2.1 相关性分析与特征选择

相关性分析在模型参数选择中具备重要指导意义。高相关性的参数作为模型参数可提升模型的准确性，同时揭示钻井参数与转盘扭矩之间的内在关系；然而，当低相关性的钻井参数被纳入转盘扭矩预测模型时，将增加模型的复杂度，并显著提高数据收集的难度和训练模型的成本。因此，本研究建议采用互信息来评估钻井数据的相关性。

互信息 $I(x, y)$为联合分布 $p(x, y)$和乘积分布 $p(x)p(y)$之间的相对熵，是用来衡量非线性随机变量相关性的重要方法。当$(X, Y) \sim p(x, y)$，变量 X 和 Y 的互信息被定义为：

$$I(X, Y) = \sum_{x \in X}\sum_{y \in Y} p(x, y)\log_2 \frac{p(x, y)}{p(x)p(y)} = D[p(x, y) \parallel p(x)p(y)] \tag{3}$$

式中：X 和 Y 为两个随机变量，$p(x)$和 $p(y)$分别是其边际概率密度函数；$p(x, y)$为联合概率密度函数。

互信息计算结果如图 2 所示，基于互信息对影响转盘扭矩的参数进行相关性分析，优选主控因素作为模型的输入参数；选择与转盘扭矩关系较大的垂深、狗腿度、钻压、井深、地层压力梯度、转速、排量、岩石抗压强度、井斜角和钻井液循环当量密度参数作为转盘扭矩预测模型的输入特征。

2.2 预测精度与评价标准

为了验证模型预测精度，选取平均绝对误差(MAE)、平均绝对百分比误差(MAPE)、

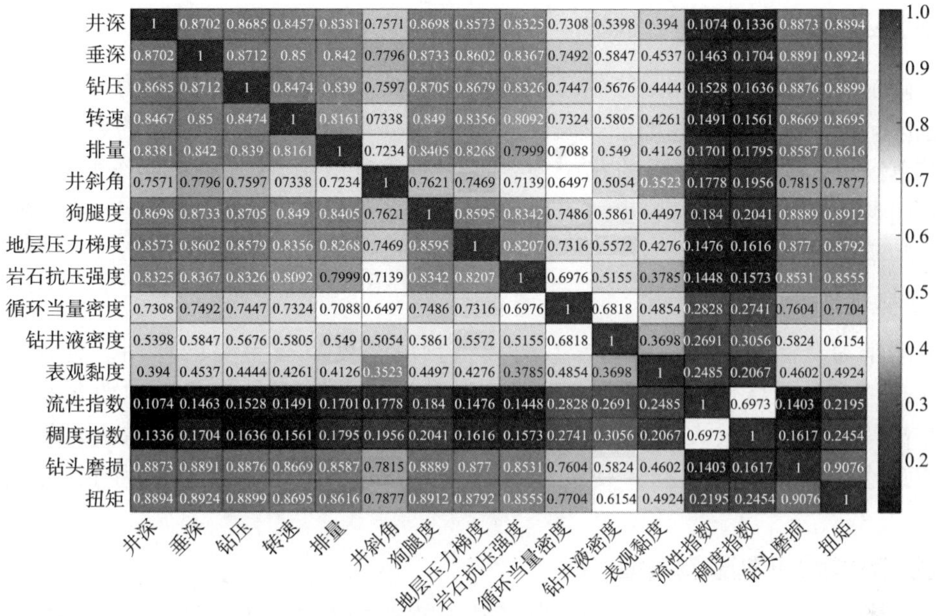

图 2　互信息结果

均方根误差(RMSE)和决定系数(R^2)作为评价标准进行模型预测精度评估。

平均绝对误差(MAE)被定义为：

$$\mathrm{MAE} = \frac{\sum_{i=1}^{n} \left| \hat{y}_i - y_i \right|}{n} \tag{4}$$

平均绝对百分比误差(MAPE)被定义为：

$$\mathrm{MAPE} = \frac{\sum_{i=1}^{n} \left| \frac{\hat{y}_i - y_i}{y_i} \right|}{n} \times 100\% \tag{5}$$

均方根误差(RMSE)被定义为：

$$\mathrm{RMSE} = \sqrt{\frac{\sum_{i=1}^{n} (\hat{y}_i - y_i)^2}{n}} \tag{6}$$

决定系数(R^2)被定义为：

$$R^2 = \frac{\left(n\sum_{i=1}^{n} \hat{y}_i y_i - \sum_{i=1}^{n} \hat{y}_i \cdot \sum_{i=1}^{n} y_i\right)^2}{\left[n\sum_{i=1}^{n} \hat{y}_i^2 - \left(\sum_{i=1}^{n} \hat{y}_i\right)^2\right] \cdot \left[n\sum_{i=1}^{n} y_i^2 - \left(\sum_{i=1}^{n} y_i\right)^2\right]} \tag{7}$$

式中：$\hat{y}_i$ 为预测值；y_i 为实测值；n 为样本数量；下标 i 代表第 i 个样本。其中，平均绝对误差、平均绝对百分比误差和均方根误差越小，模型预测精度越高；决定系数越接近于 1，则模型的预测精度越高。

3 算例应用

吉木萨尔地区油气资源储量丰富、资源潜力巨大。该地区已被确定为国家页岩油勘探开发示范区，并成为准噶尔盆地油气资源接替的重要地域。本文所使用的数据来自吉木萨尔地区芦草沟组 8½in 二开井眼的 6765 条数据，其中选取了 6526 条数据作为训练集，以充分挖掘不同参数组合下的目标函数变化。其余 239 条数据作为测试集，以评估和验证模型的准确度和泛化能力。

3.1 超参数优选

在机器学习算法中，模型的超参数对模型预测精度具有重要的作用。选择最优超参数能够实现模型的最佳性能表现。在随机森林算法中，模型的超参数主要包括子树的数量、单个决策树使用的最大特征数和叶节点最小样本数。本文采用试错法对最大特征数和叶节点最小样本数进行选择，其最优超参数为：叶节点最小样本数为 1，最大特征数为 7。

3.2 随机森林转盘扭矩预测模型验证

基于以上特征选择和最优超参数建立了基于随机森林(RF)的转盘扭矩预测模型，并与极限学习机(ELM)模型和支持向量机(SVM)模型进行对比，采用测试集数据对预测模型的预测精度进行评估和验证，结果如图 3 所示。由图 3 可知，ELM 和 SVM 模型的预测精度较低，预测结果容易产生异常值；RF 模型预测精度更高，能够精确刻画转盘扭矩的变化，其转盘扭矩预测值与转盘扭矩的实测值变化趋势基本吻合，并且数值近似。

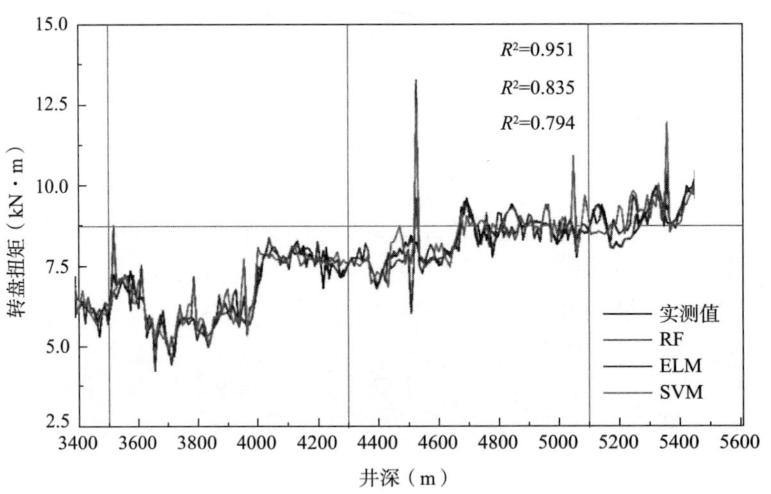

图 3　转盘扭矩预测结果

3.3 随机森林转盘扭矩预测模型精度评价

基于 2.2 节所建立的四种评价指标对转盘扭矩的预测精度进行评估，结果如图 4 和表 1 所示。RF、ELM、SVM 模型的 R^2 系数分别为 0.9509、0.8346 和 0.7935。从预测结果来看，这三类模型中 RF 模型预测精度最高；同时，RF 模型的均方根误差(0.3063)、平均绝对误差(0.1317)和平均绝对百分比误差(0.0201)均小于其他模型。因此，随机森林模型性能最优。

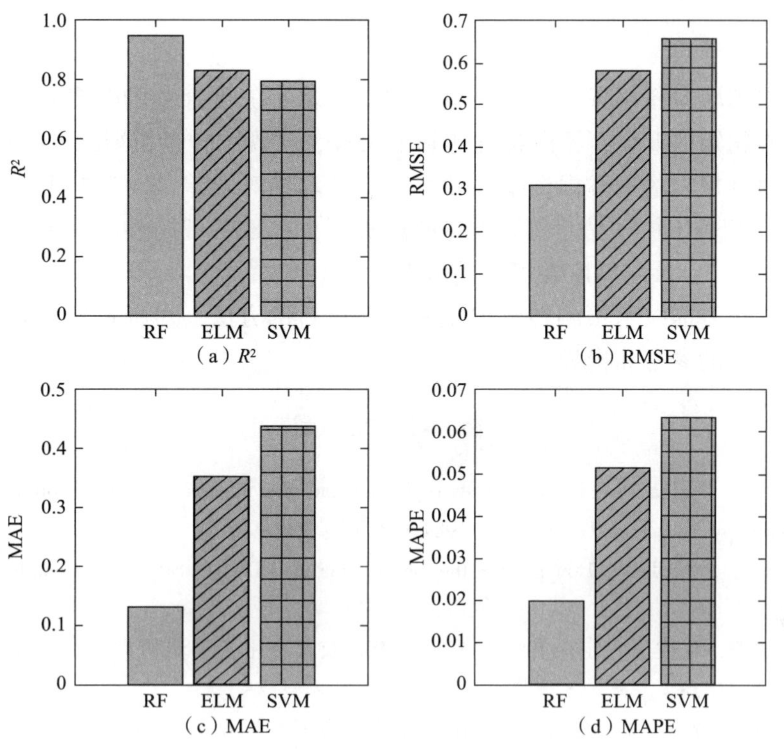

图 4 转盘扭矩预测评价指标结果

表 1 评价指标结果对比

模型	R^2	RMSE	MAE	MAPE
RF	0.9509	0.3063	0.1317	0.0201
ELM	0.8346	0.5823	0.3527	0.0516
SVM	0.7935	0.6603	0.4388	0.0632

为更加全面地衡量模型的整体性能，对上述三种不同模型预测误差分布进行分析，结果如图 5 所示。采用误差平均值、10%和 90%误差分布值进行评价，随机森林转盘扭矩模型的平均值最小，为 0.0953kN · m。10% ~ 90%分布范围，集中分布在区间[-0.9608, 1.3451]，表明误差分布更加集中于 0 附近，预测精度在可接受范围之内。

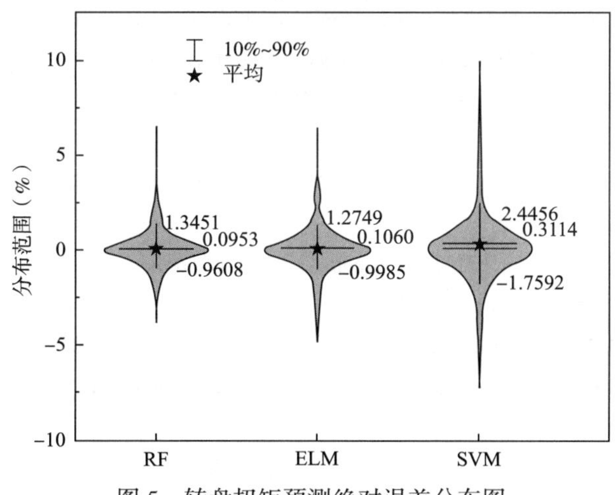

图 5 转盘扭矩预测绝对误差分布图

4 结论

（1）本文考虑转盘扭矩预测的复杂性，建立了基于随机森林的转盘扭矩预测模型，能够精确刻画转盘扭矩的变化，预测精度达到了95%，实现了转盘扭矩的准确预测。

（2）随机森林模型的均方根误差(0.3063)、平均绝对误差(0.1317)和平均绝对百分比误差(0.0201)，相较于极限学习机和支持向量机更小；该模型的预测误差集中分布在区间[-0.9608，1.3451]，预测精度在可接受范围之内。

（3）应用人工智能技术预测转盘扭矩是切实可行的方法，对推进钻井数字化转型、智能化发展具有一定的参考和指导意义。

参考文献

[1] JOHANCSIK C A，FRIESEN D B，DAWSON R. Torque and drag in directional wells-prediction and measurement[J]. Journal of Petroleum Technology，1984，36(6)：987-992.

[2] MITCHELL R F，SAMUEL R. How good is the torque/drag model？[J] SPE Drill. Complet，2009，24(1)：62-71.

[3] 张建群，孙学增，赵俊平．定向井中摩擦阻力模式及其应用的初步研究[J]．大庆石油学院学报，1989，13(4)：23-28.

[4] 秦永和，付胜利，高德利．大位移井摩阻扭矩力学分析新模型[J]．天然气工业，2006(11)：77-79，177.

[5] LESAGE M，FALCONER I G，WICK C J. Evaluating drilling practice in deviated wells with torque and weight data[J]. SPE Drilling Engineering，1988，3(3)：248-252.

[6] JOHANCSIK C A，FRIESEN D B，DAWSON R. Torque and drag in directional wells-prediction and measurement[J]. Journal of Petroleum Technology，1984，36：987-992.

[7] HO H S. An improved modeling program for computing the torque and drag in directional and deep wells[C]. SPE Annual Technical Conference and Exhibition，Houston，Texas，USA，1988. SPE-18047-MS.

[8] HUANG W J，GAO D L. Mechanical mechanisms and control measures for periodic sticking in extended-reach drilling[J]. Petroleum Science Bulletin，2020，5(1)：49-57.

[9] 李宏波，罗平亚，白杨，等．机器学习算法概述及其在钻井工程中的应用[J]．新疆石油天然气，2022，18(1)：1-13.

[10] WANG H，CHEN D，YE Z，et al. Intelligent planning of drilling trajectory based on computer vision[C]. Abu Dhabi International Petroleum Exhibition & Conference，Abu Dhabi，UAE，2019. SPE 197362-MS.

[11] 林昕，苑仁国，韩雪银，等．随钻地质导向智能决策的实现与应用[J]．石油钻采工艺，2020，42(1)：1-5.

[12] 宋先知，裴志君，王潘涛，等．基于支持向量机回归的机械钻速智能预测[J]．新疆石油天然气，2022，18(1)：14-20.

[13] JOBE T D，VITAL-BRAZIL E，KHAIF M. Geological feature prediction using image-based machine learning[J]. Petrophysics，2018，59(6)：750-760.

[14] SILVA A A，LIMA N I A，MISSÁGIA R M，et al. Artificial neural networks to support petrographic classification of carbonate-siliciclastic rocks using well logs and textural information[J]. Journal of Applied Geophysics，2015，117：118-125.

[15] 李亚林．基于机器学习方法研究煤层气单井产量主控因素及产量预测[D]．北京：中国石油大学(北

京），2017.
[16] 李春生，谭民浠，张可佳．基于改进型 BP 神经网络的油井产量预测研究[J]．科学技术与工程，2011，11(31)：7766-7769.
[17] 张凯，赵兴刚，张黎明，等．智能油田开发中的大数据及智能优化理论和方法研究现状及展望[J]．中国石油大学学报(自然科学版)，2020，44(4)：28-38.
[18] 宋先知，朱硕，李根生，等．基于 BP-LSTM 双输入网络的大钩载荷与转盘扭矩预测[J]．中国石油大学学报(自然科学版)，2022，46(2)：76-84.
[19] BREIMAN L. Random forests[J]. Machine Learning，2001，45(1)：5-32.
[20] BREIMAN L. Bagging predictors[J]. Machine Learning，1996，24(2)：123-140.

基于机器学习的钻井参数实时优化系统

崔　猛　崔　奕　高热雨　丁　燕　赵　飞

(中国石油集团工程技术研究院有限公司)

摘　要：四川盆地页岩储层硬度高、研磨性强，对提高四川盆地深层复杂非常规气藏钻井性能提出了严峻挑战。本文提出了基于机器学习的钻井参数实时优化方法，通过构建钻井参数、岩性变化、振动及钻头磨损等之间的关系，创新线性探索和非线性推荐策略动态优化钻井参数。该算法已集成至钻井智能优化与控制系统(i-DAS)，并在四川盆地页岩气水平井宁209H71-3井进行了现场测试。结果显示，在水平段使用该系统推荐钻井参数后，相比于邻井，机械钻速提高了约20%。

关键词：机械钻速；参数优化；机器学习；实时优化

近年来，我国四川盆地页岩气井平均开采深度已接近6000m，面临着岩石强度增加、钻头磨损、井眼清洁度不足、井下振动强及钻井液性能差等问题[1]，导致钻井周期增加，平均周期达100d。据2022年数据统计，页岩气开采过程中有六成左右的故障来源于底部钻具组合故障和钻头磨损过度，其主要问题源于不合适的钻井参数选择。

传统钻井优化模式主要从邻井的经验教训中学习，钻井工程师无法对地层变化、钻头破岩工况准确判断，一次下钻过程通常恒定钻井参数，当遇到复杂难钻地层时无法及时调整钻井参数使钻头发挥最佳工作状态，加之地质条件复杂的区域井下黏滑振动频发，威胁井下钻具安全，因此如何最大限度地挖掘提速潜力是钻井工程面临的主要挑战。

本文提出了一种结合物理模型与数据驱动模型的机械钻速(Rate of Penetration，ROP)提速优化解决方案，其主要思想是利用机器学习算法拟合钻井操作参数(钻压、转速和排量)与钻井评价指标(机械比能MSE、微元段ROP、切削深度和黏滑指数)之间的关系，同时根据不同工况，创新提出了探索、学习和应用三阶段的算法寻优流程，分阶段自适应优选线性及非线性机器学习模式，给出当前最优推荐参数，指导司钻进行钻井作业。

1　钻井参数优化总体流程

本文根据物理模型计算钻井性能度量指标(ROP、MSE)，基于机器学习方法动态学习构建钻井参数与ROP、MSE等钻井性能指标间的函数关系，以此为约束向司钻推荐最优钻井参数，提升钻井性能。相较于传统的数值方法[2]，机器学习算法[3]能更有效地捕捉参数间的复杂关系。在机器学习模型中，线性模型虽能展示数据的基本趋势，但准确度不足；而非线性模型虽能精准拟合历史数据关系，却易出现过拟合现象，降低模型的泛化能力[4]。鉴于此，

作者简介：崔猛(1980—)，高级工程师，博士，2010年毕业于中国石油大学(北京)，现就职于中国石油集团钻井工程技术研究院信息中心，从事钻井提速新技术新工具等研发工作。通讯地址：(102206)北京市昌平区黄河街5号院1号楼中国石油集团工程技术研究院。E-mail：cuimengdri@ cnpc. com. cn。

基于线性模型和非线性模型的特点，结合钻井业务特点，本文提出了一种由线性探索和非线性推荐结合的策略完成参数推荐的过程。在初始的探索阶段，模型首先尝试建立钻井参数与ROP或OBJ(性能评价指标)之间的线性关系。依托该线性模型，系统将会引导司钻朝着ROP或OBJ呈现增长趋势的方向调整参数。当累积的探索数据足够丰富时，系统便采用非线性模型对已探索的数据进行更精确的拟合，得到当前最优的钻井参数向司钻自动推荐。

钻井参数优化流程如图1所示，当系统启动后首先进入线性探索阶段，在收集数据过程中，系统会周期性地训练线性模型，并实时更新ROP或OBJ的增长趋势。据此趋势，系统会提供进一步探索所需的参数调整方向。待司钻根据推荐完成更充分的探索后，系统便进入学习模式。在此模式下，系统将学习当前探索数据中ROP或OBJ与钻井参数间的更为精确的非线性关系，并据此给出当前最优的钻井参数。当司钻采取最优钻井参数后，系统进入应用模式，同时，系统会不断监控当前的钻井状态，当钻井性能较差时，自动切换到学习模式或探索模式，完成新一轮的推荐过程，以适应当前钻井状态的变化。

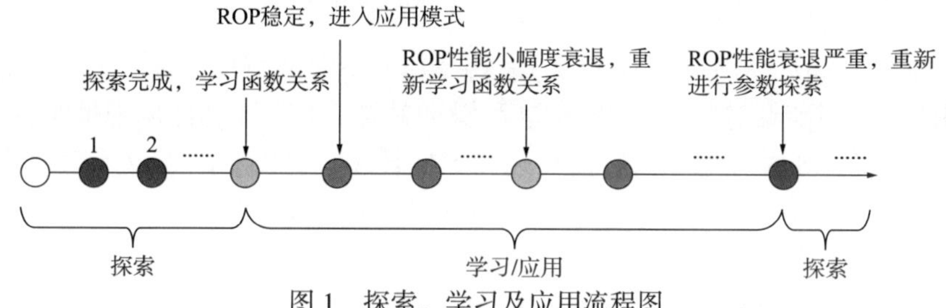

图1　探索、学习及应用流程图

在整个钻井过程中，探索、学习和应用模式始终保持高度动态耦合，如图2所示。系统会根据当前的数据收集情况，对比当前数据和历史数据以监测钻井性能变化，通过自适应控制算法进行模式切换，并实时给出相应的优化参数，以提升钻井性能。

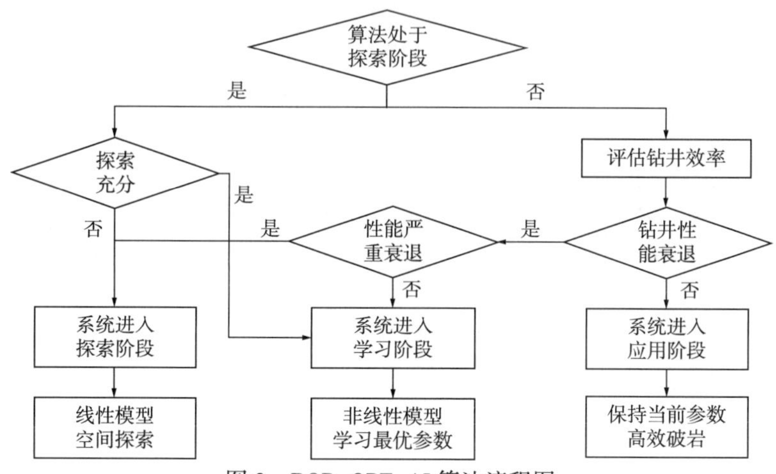

图2　ROP-OPT-AI算法流程图

2　钻井参数优化模型

2.1　评价指标

(1) ROP评价模型。

ROP通过微元井段的数据进行计算。具体而言，系统会维持一个以井深为索引的队列，此队列的窗口长度根据历史 ROP(几个微元井段 ROP 的平均值)的值动态变化。每次计算新数据的 ROP 时，都会将新数据添加到队列的末尾。

定义：在 ROP 计算队列内的井深表示为[$Depth_1$，$Depth_2$，…，$Depth_{now}$]，其时间戳表示为[$Time_1$，$Time_2$，…，$Time_{now}$]，新加入的 ROP 计算公式如下：

$$ROP_{now}=\frac{\Delta Depth}{\Delta Time}=\frac{Depth_{now}-Depth_1}{Time_{now}-Time_1} \tag{1}$$

（2）MSE 评价模型。

机械比能(MSE)描述了钻削单位体积岩石所需的能量与破岩效率之间的关系。当底部钻具装配有钻井液马达时，马达将流体的动能转化为机械能以实现岩石的破碎。MSE 表达式如下：

$$MSE=EFF_s\left(\frac{4WOB}{\pi d_B^2}+\frac{480RPM\cdot T}{d_B^2\cdot ROP}\right) \tag{2}$$

式中：EFF_s 为效率系数，为常量；WOB 为钻压，N；d_B 为钻头直径，mm；T 为总扭矩，N·m。

MSE 的计算与当前钻进状态(旋转钻进和滑动钻进)和钻具组合是否带螺杆相关。如果装备了螺杆，则需要同时考虑地面转盘转速和螺杆转速，可以归纳为以下三种情况：

① 旋转钻进(有螺杆)：$RPM=RPM_{surface}+RPM_{motor}$；

② 旋转钻进(无螺杆)：$RPM=RPM_{surface}$；

③ 滑动钻进：$RPM=RPM_{motor}=Qpdm/K_n\times60$。

其中，K_n 为 Qpdm/RPM 的比例(来源于螺杆手册)。

对于扭矩而言，根据钻进状态也分为两种情况：

① 旋转钻进：$Torque=Torque_{surface}$；

② 滑动钻进：$Torque=Torque_{motor}$。

螺杆扭矩的计算公式如下：

$$Torque_{motor}=\frac{T_{max}(SPP-CSPP)}{1000P_{max}} \tag{3}$$

式中：SPP 为立管压力(Stand Pipe Pressure)；CSPP 为循环立管压力(Circulating Stand Pipe Pressure)；T_{max} 为最大螺杆扭矩；P_{max} 为最大压降。

（3）性能评价指标 OBJ。

钻井参数优化的目标是最大化机械钻速(ROP)同时最小化机械比能(MSE)，本文设计了一种目标函数，该函数通过分析钻井性能与钻井参数之间的关系，对一个或多个钻井性能评估指标进行优化。目标函数的具体形式如下：

$$Objective=\frac{ROP/ROP_0}{MSE/MSE_0} \tag{4}$$

式中：ROP_0 与 MSE_0 为归一化参数，主要用于去除量纲的影响。

2.2 参数学习与推荐方法

（1）参数探索模型：支持向量回归(Support Vector Regression，SVR)。

与使用所有样本点进行模型拟合的最小二乘回归(Least Squares Regression，LR)方法不同，SVR[5]仅将距离模型直线距离小于 ε 的样本点进行拟合，如图 3 所示，SVR 可以过滤掉由于振动等产生的噪声数据，具有更强的鲁棒性，更适用于钻井数据拟合。

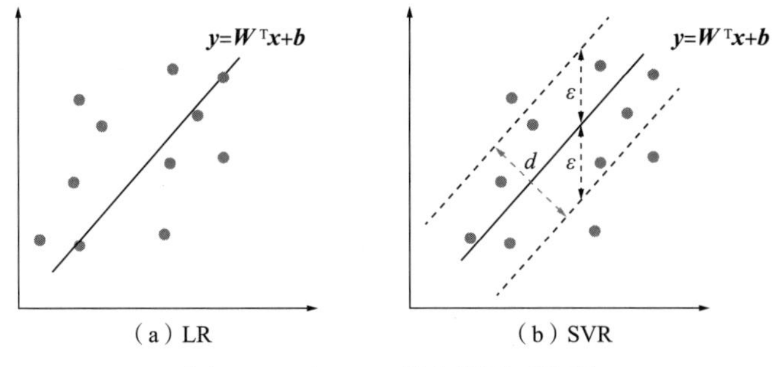

图 3　LR 与 SVR 拟合情况对比图

基于 SVR 的优化目标函数定义如下：

$$\min_{w,\ b} \frac{1}{2} \| W \| + C \sum_{i=1}^{m} l_{\varepsilon}[f(x_i),\ y_i] \tag{5}$$

其中

$$l_{\varepsilon} = \begin{cases} 0, & \text{if} \mid z \mid \leqslant \varepsilon \\ \mid z \mid - \varepsilon, & \text{otherwise} \mid z \mid > \varepsilon \end{cases}$$

$$\boldsymbol{y} = f(\boldsymbol{x}) = \boldsymbol{W}^{\mathrm{T}} \boldsymbol{x} + \boldsymbol{b}$$

ε 越大则意味着样本变化对模型产生的影响越小，实际应用中，ε 影响着模型对 ROP 或 OBJ 变化的敏感度。

在探索模式中，系统基于 SVR 模型拟合钻井参数与 ROP 或 OBJ 之间的关系，给出 ROP 或 OBJ 增加的方向，引导司钻调整参数以提高 ROP 或 OBJ，以便丰富探索参数空间以寻找产生更高钻井性能的参数组合，提升钻井效率。

（2）参数推荐模型：随机森林回归（Random Forest Regression）。

当数据探索足够充足时，系统将从探索模式切换到学习模式。由于钻井数据存在大量的噪声点和异常点，本文优选鲁棒性和泛化性更强的随机森林非线性回归模型，更准确地学习钻井参数与 ROP 或 OBJ 之间的关系。随机森林回归[6]是一种集成学习方法，其原理是对原始数据集进行多次独立重采样，训练出多棵决策树，通过综合多棵决策树的结果，使得模型输出对噪声数据和离群数据的影响较小，如图 4 所示。

决策树是随机森林的重要组成部分，其通常包含三个部分：根节点、决策节点和叶子节点。构建决策树有两种典型的算法：迭代二叉树（Iterative Dichotomiser，ID）和分类与回归树（Classification and Regression Tree，CART）。决策树的一个关键部分是如何选择最佳特征来进行划分。在 CART 算法中，通常会选择那些能最大限度地增加数据集的纯度的特征来划分数据集。纯度的度量通常有 Gini 指数、方差减少或信息增益等。其中，基尼指数（Gini Index）是 CART 算法中常用的一种纯度度量方法。基尼指数的定义如下：

$$\text{Gini} = 1 - \sum_{i=1}^{C} (p^2) \tag{6}$$

其中，p 表示每个类别的概率。基尼指数的值越低，表明该节点的纯度越高，即该节点

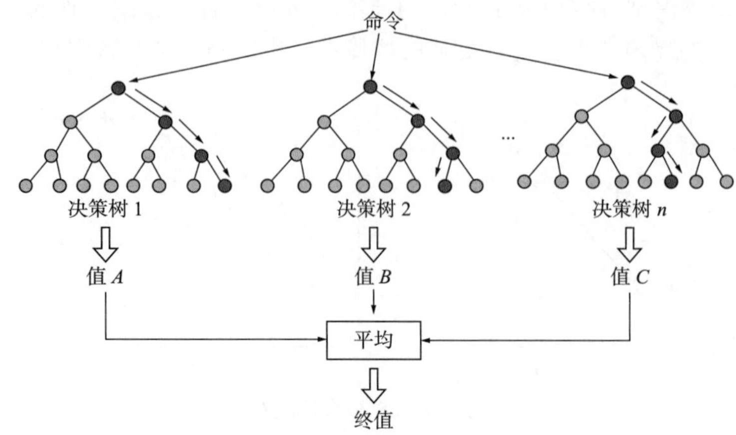

图 4　随机森林回归示意图

的数据越具有一致性。

给定特征 A，数据集 D 在该特征下的基尼指数定义如下：

$$\mathrm{Gini}(D, A)=\frac{|D_1|}{D}\mathrm{Gini}(D_1)+\frac{|D_2|}{D}\mathrm{Gini}(D_2) \tag{7}$$

其中，Gini(D)表示集合 D 的不确定性，而 Gini(D，A)表示在给定特征 A 的值后集合 D 的不确定性。通常会选择使得 Gini(D，A)最小的特征来进行划分。

在学习模式下，该系统基于随机森林准确地拟合钻井参数与 ROP 或 OBJ 的关系。系统基于此函数关系在参数空间上执行网格搜索，寻找一组可以最大化 ROP 或 OBJ 的钻井参数，并将其推荐给司钻。

(3) 井下状态监测模型。

井下状态监测基于主成分分析[7](Principal Component Analysis，PCA)算法将当前数据与近期的历史数据进行对比，以达到实时监测地层或钻井环境变化的目的。具体而言，如果 PCA 的残差向量较大，则表明当前数据与历史数据分布差异较大，钻井环境可能已经发生了显著的变化。

设定当前数据表示为向量 $\boldsymbol{X}_{\mathrm{p}}=[\boldsymbol{x}_1, \boldsymbol{x}_2, \cdots, \boldsymbol{x}_m]$，其中 $\boldsymbol{x}_i=[\mathrm{WOB}_i, \mathrm{RPM}_i, \cdots]_k$ 表示包含 k 个变量的实时数据，m 表示待检查数据的长度。历史值可以表示为 $\boldsymbol{X}=[\boldsymbol{X}_1, \boldsymbol{X}_2, \cdots, \boldsymbol{X}_n]_{k\cdot m\times n}$，其中 n 表示历史数据的长度是当前数据长度的 n 倍。基于 PCA 对历史数据进行降维得到 $C(C\leqslant K)$个特征向量 $\boldsymbol{v}_c(c\in[1, C])$，其中 C 为降维后的维度，K 为 PCA 得到的特征向量的总数。通过将当前数据的向量 X_{p} 投影到由特征向量 $v_c(c\in[1, C])$构成的空间，可得到投影向量：

$$\boldsymbol{P}=\sum_{c=1}^{C}\left(X_{\mathrm{p}}\cdot\frac{\boldsymbol{v}_c}{|\boldsymbol{v}_c|}\right)\frac{\boldsymbol{v}_c}{|\boldsymbol{v}_c|} \tag{8}$$

残差向量 $\boldsymbol{R}=\boldsymbol{X}_{\mathrm{p}}-\boldsymbol{P}$ 表示当前数据表示的向量超过历史数据的主空间的偏移，其模 $\|\boldsymbol{R}\|_2$ 表示该偏移。

降维后的维度 C 由式(9)确定：

$$\frac{\sum_{i=1}^{C}\lambda_i}{\sum_{i=1}^{K}\lambda_i}>\mathrm{Threshold} \tag{9}$$

前者表示在主空间中投影的原始数据的信息。后者为阈值，通常取大于 0.5 的常数。

3 智能优化与控制系统架构

本系统旨在实现上述实时钻井优化方法，给司钻提供最优的钻压、扭矩和排量参数，提高 ROP 并延长钻头寿命。该系统通过监测和分析钻井过程中的机械比能、地层岩性变化，以及 ROP 变化来优化钻井参数。系统主要由四个核心模块构成：实时数据采集模块、数据预处理模块、钻井参数优化(ROP-OPT-AI)模块及参数可视化模块。各模块功能如下：

实时数据采集模块：

(1) 为参数探索与优化提供实时数据服务；

(2) 实时获取数据，并提供给数据预处理模块。

数据预处理模块：

(1) 不间断地从数据采集模块获得数据；

(2) 根据实时数据判断当前工况(钻进、非钻进、滑动钻进及旋转钻进)；

(3) 根据当前钻进状态及状态之间的切换(钻进变为非钻进、非钻进变为钻进)，对原始数据进行相应处理；

(4) 对数据进行异常值监测及处理，减少异常值的影响；

(5) 按照固定频率将处理后的微元井段数据推送到参数推荐模块。

ROP-OPT-AI 模块：

(1) 通过从数据预处理模块中获得的数据进行 MSE、OBJ，以及 ROP 等指标的计算；

(2) 根据当前接收到的数据及性能的变化判断是否进入参数推荐模式；

(3) 根据推荐模式下获得的数据动态学习钻井参数与性能提升之间的关系；

(4) 基于拟合的非线性模型给出最优钻进参数，协助司钻提高钻井效率。

参数可视化模块：

(1) 在用户界面显示实时钻井数据，协助工程师了解当前状态；

(2) 在用户界面显示当前系统状态，帮助工程师了解系统运行状况；

(3) 显示当前推荐值，引导司钻的操作；

(4) 绘制钻井参数与 ROP 或 OBJ 之间的函数关系热力图，并在参数空间内直观地显示出最优参数所在区域；

(5) 绘制残差向量曲线，协助司钻实时了解井下环境。

4 现场测试

本系统在我国四川盆地宁 209H71-3 页岩气井进行了现场试验。通过对比司钻采用 i-DAS 系统(内嵌数据驱动的钻速优化算法)推荐的钻进参数而得到的 ROP 与邻井内钻进相同岩性的历史 ROP 记录来评估本系统对钻进性能的提升。通过对比，采用本系统后，单趟钻从井深 1972m 运行至 3236m(共运行 1264m)，打破了单趟钻的最长距离纪录。钻井过程中均采用优化系统推荐的参数，平均钻时(平均每米钻进时间)为 12.5min，相比于邻井 ROP 提高了 28%(宁 209H71-2 井为 16m/h)和 52%(宁 209H71-1 井为 19m/h)。

该井的底部钻具组合(Bottom Hole Assembly，BHA)如下：

ϕ311.2mm NOVTKC56 PDC+ϕ244.5mm 螺杆+ϕ306mm 扶正器+ϕ228.6mm 单向阀+

ϕ228. 6mm NMMWD+ϕ228. 6mm 钻铤+ϕ203mm 旁通阀+ϕ203mm 钻铤+ϕ139. 7mm 加重钻杆+ϕ149. 2mm 钻杆。

（1）井下振动识别与应对策略。

在现场测试过程中，井深 1165m 至 1195m 的区间内出现了严重振动。振动发生时的操作参数如下：钻压 130kN，转速 60r/min，排量 52L/s，其黏滑与跳钻的表现曲线如图 5 所示，振动导致了钻头切削齿和钻具的损坏。当钻进至 1195m 时，单向阀破裂，导致钻井液从工具的损坏部分流出(图 6)。泄漏进一步导致了井底 ECD 及立管压力迅速下降(图 7)。随后，更换了损坏的钻具，同时，ϕ203mm 钻铤被替换为 ϕ228mm 钻铤以提升刚性并避免横向振动。起下钻后，司钻使用推荐系统提供的钻进参数，并将转速提高到 80r/min，钻压降低到 120kN(图 8)。监测的曲线振动幅度显著降低，同时 MSE 曲线更加平缓。

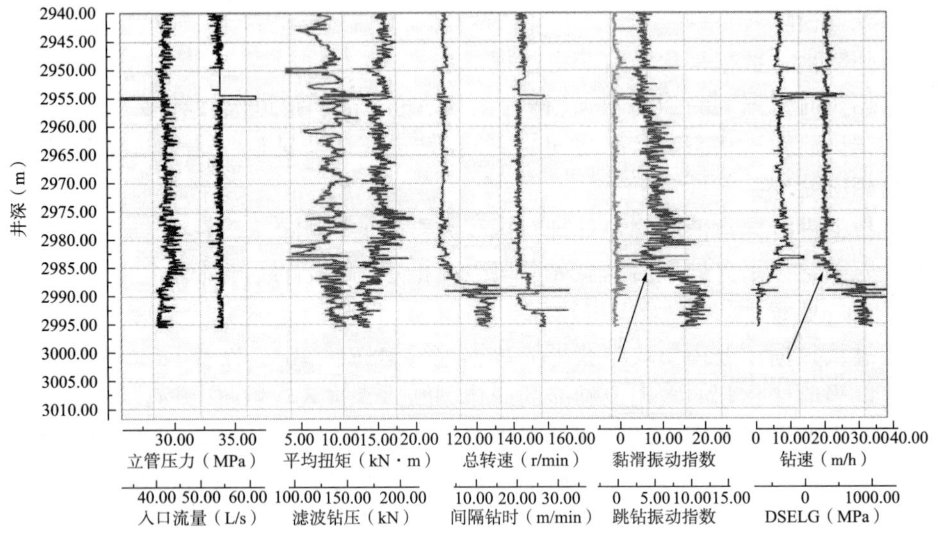

图 5　黏滑与跳钻的曲线图

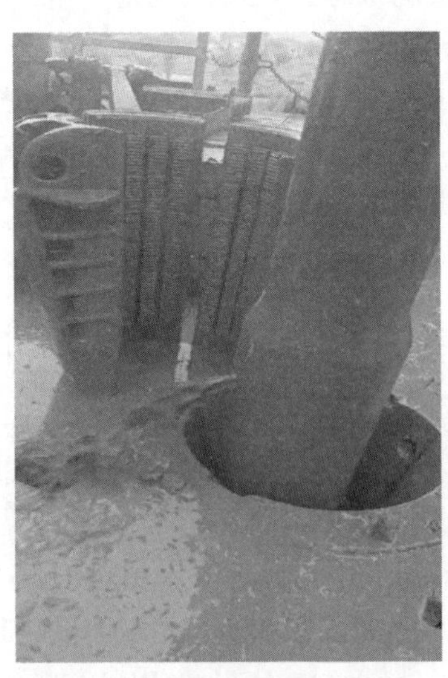

图 6　由于振动引发的钻具泄漏

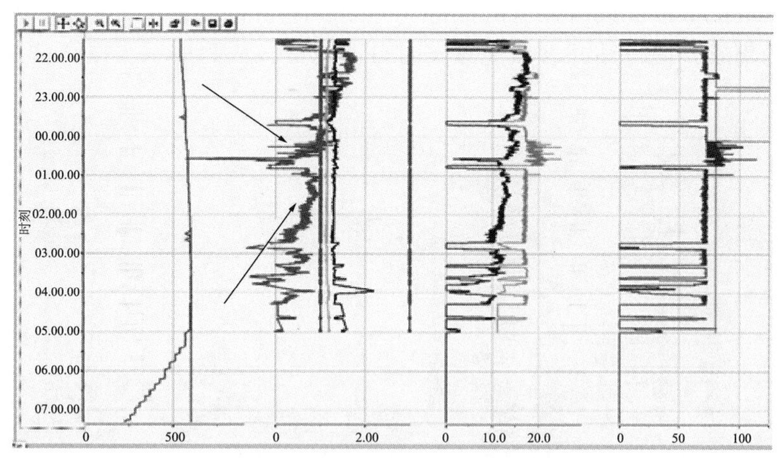

图 7　由于钻具泄漏引起的 ECD 显著下降

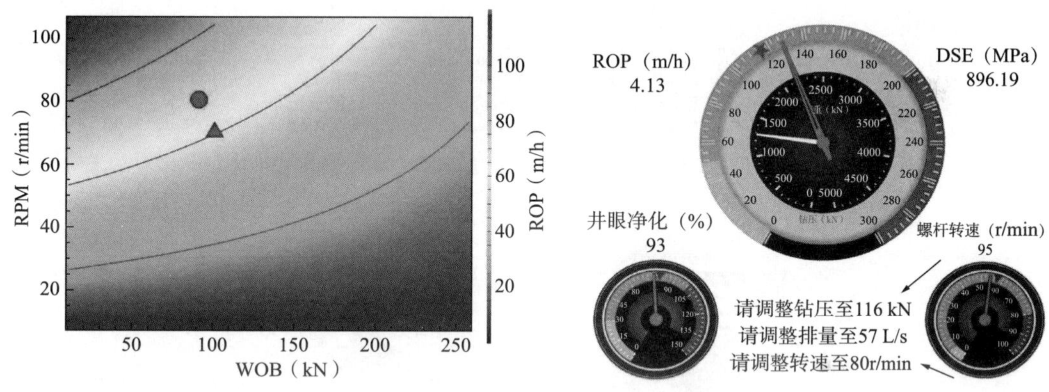

图 8　最优钻井参数展示

（2）岩性识别。

当钻进到 2985m 时，微元段 ROP 与 MSE 曲线显示模型性能下降明显（图 9），根据邻井测井数据，地层的单轴抗压强度（UCS）和可钻性均有所增加（图 10）。同时观察上返岩屑，岩性从泥岩变为石灰岩。随着地层抗压强度的增加，破岩扭矩减小并偏离了基准值（图 11）。因此，司钻根据系统推荐将转速调整到了 70r/min，调整后 ROP、黏滑振动和 MSE 等性能曲线达到最佳。

（3）钻头磨损识别。

录井地质工程师表示井深从 2886m 开始，地层并未发生变化。然而，i-DAS 系统监测微元段 ROP、黏滑，以及 MSE 曲线逐渐上升，但破岩扭矩却在下降。根据曲线的表现，i-DAS 给出了钻头发生磨损的推断。当起钻后，钻头磨损程度已超出了 50%（图 12）。

5　结论

本文提出了一种基于机器学习的实时数据驱动钻井优化方法，经过现场试验验证，该方法有效地提高了钻井效率。此优化方法已成功整合到 i-DAS 系统中，为司钻实时提供最优钻压、转速和排量等钻井参数，该系统在提高 ROP 的同时，可延长钻头的使用寿命。i-DAS 系统还设有交互式用户界面，使得司钻能够实时监控诸如钻井能量、地层岩性变化、ROP 等关键参数的变化。相较于传统的基于经验或钻井设计方案的方法，本系统能根据实时数据动态推荐最优参数，具有显著的优势。未来，笔者计划将 i-DAS 系统与自动钻井装置进行更深度的集成，使得钻井参数能够实时自动调整，从而进一步提高钻井效率。

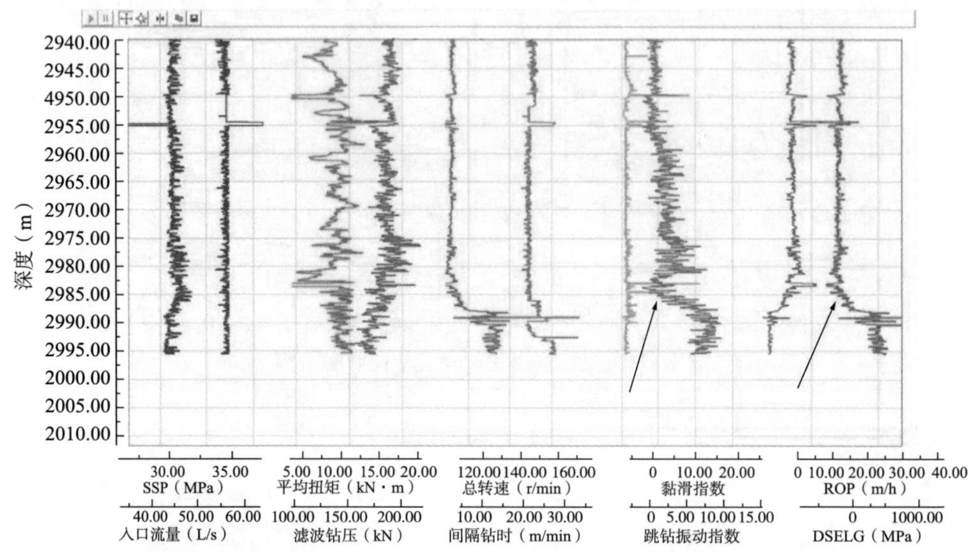

图 9 由于地层变化引起的 MSE、黏滑，以及微元段 ROP 的提升

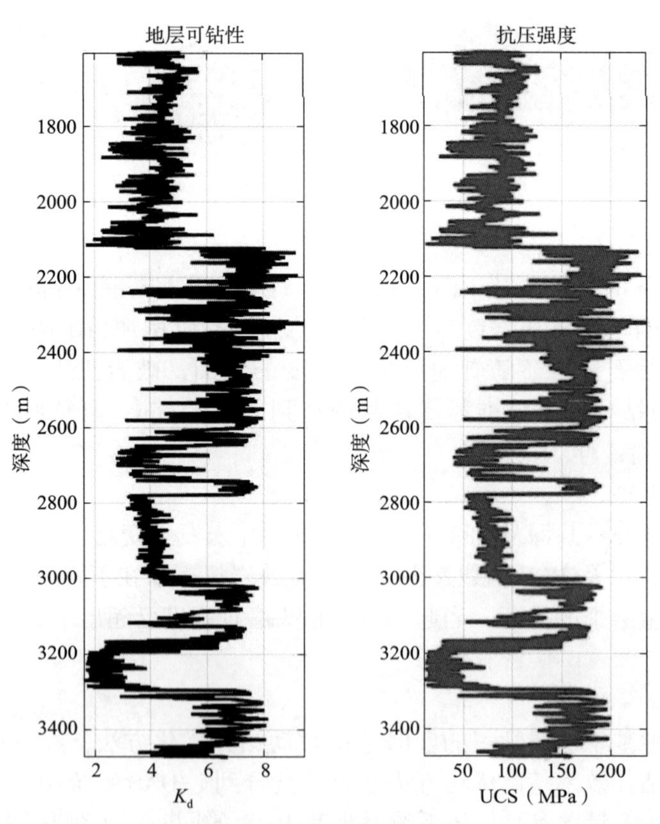

图 10 由于地层变化引起的地层可钻性和抗压强度的提高

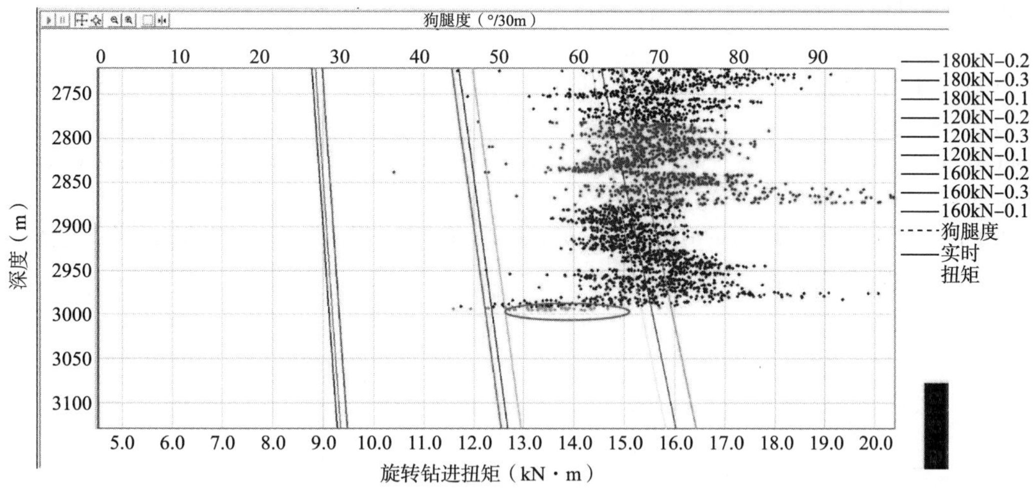

图 11　破岩扭矩偏离了基准值

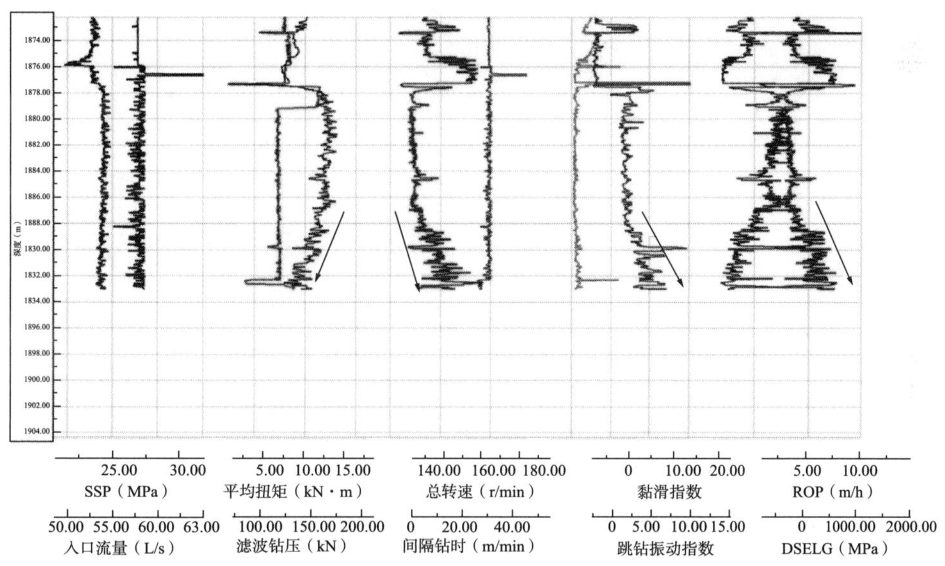

图 12　由曲线趋势的变化推断钻头发生了磨损

参　考　文　献

[1] SPIVEY B J, PAYETTE G S, WANG L, et al. Challenges and Lessons from Implementing a Real-Time Drilling Advisory System[C]. In: Proceedings of the SPE Annual Technical Conference and Exhibition, San Antonio, Texas, USA, 2017: 9-11.

[2] CUI M, SUN M C, ZHANG J, et al. Maximizing Drilling Performance with Real-Time Surveillance System Based on Parameters Optimization Algorithm[J]. Advances in Petroleum Exploration and Development, 2014, 8: 15-24.

[3] CAYEUX E, MIHAI R, CARLSEN L. A Technical Approach to Safe Mode Management for a Smooth Transition from Automatic to Manual Drilling[C]. In: Proceedings of the SPE/IADC International Drilling Conference and Exhibition, 2021: 8-12.

[4] COLEY C. Building a Rig State Classifier Using Supervised Machine Learning to Support Invisible Lost Time A-

nalysis[C]. Paper presented at the SPE/IADC Drilling Conference in the Hague, the Netherlands, 2019: 5-7.
[5] SMOLA A J, SCHÖLKOPF B. A tutorial on support vector regression[J]. Statistics and computing, 2004, 14(3): 199-222.
[6] SEGAL M R. Machine learning benchmarks and random forest regression[J]. Center for Bioinformatic & Molecular Biostatistics, 2004.
[7] ABDI H, WILLIAMS L J. Principal component analysis[J]. Wiley interdisciplinary reviews: computational statistics, 2010, 2(4): 433-459.

DQSJ-178 超声随钻井径测量系统的研制

赵志学　王振雷　王书庆　徐梓译

（大庆钻探工程公司）

摘　要：为了适应古龙页岩油开发的技术要求，同时为了解决传统机械式井径测量仪器测量精度受限、测量速度较慢、维护困难等缺点，开发了 DQSJ-178 超声井径随钻测量系统，此系统开发了四换能器设计、超声信号拖尾消除技术、随钻井径压缩算法设计。此系统已经在古龙页岩油开发地区进行了现场试验，取得了较好的效果，为页岩油开发提供了保障。

关键词：超声测距；井径测量；拖尾消除；压缩算法

井径测量系统是一种用于测量井内直径的工具，其研制对于地质勘探、石油开采领域具有重要的意义。目前井径测量方式主要有接触式的机械臂测量和非接触的超声测量两种方法。而大庆页岩油目前均为通测一体泵出式机械臂测量井径（单臂或者双臂），在起钻的同时完成测量，不可以划眼，测量误差相对较大。因此为了实现随钻测量井径数据，对超声井径测量系统进行自主研制是有实际意义的。

1　超声井径国内外发展概述

使用超声波进行井径测量最早可以追溯到 20 世纪 60 年代末。1969 年 Mobil 公司的 Zemanck 等使用超声反射成像技术成功研制第一代超声井径测量仪器。但是受限于当时的电子技术的发展，这种仪器未能经过推广；随着 20 世纪 80 年代电子信息技术的不断发展和进步，Western Atllas 公司通过优化换能器设计，增大了换能器扫描的频率，使得超声井径仪器可以适应井下高温高压，以及大密度钻井液环境。20 世纪 90 年代初期，哈里伯顿公司和斯伦贝谢公司分别推出了自己的超声脉冲仪器用于裸眼井的井壁成像作业。2011 年哈里伯顿和贝克休斯公司分别推出了自己的新一代多参数随钻成像测井仪和 LithoTrak 高级随钻测井系统。

国内相关产业发展较晚。在 20 世纪 80 年代中后期华北油田和华中工学院联合研制的 DBHTV 超声成像测量仪器投入使用；随后胜利油田也推出自己的超声成像测井仪器；2006 年中国石油集团测井公司测井技术中心通过对换能器性能、机械结构等进行了改进，提高了成像质量。

2　超声井径系统设计

2.1　超声井径测量原理概述

超声井径测量系统在工作时，换能器会向井壁方向发射超声波，声波遇到井壁会返回

作者简介：赵志学（1982—），2007 年毕业于哈尔滨工业大学机械电子工程专业，获硕士学位，现任大庆钻探钻井研究院一级工程师，从事电磁波随钻测量技术研究工作，高级工程师。通讯地址：大庆钻探工程公司钻井工程技术研究院钻井工艺研究所。E-mail：zhaozhixue@ cnpc. com. cn。

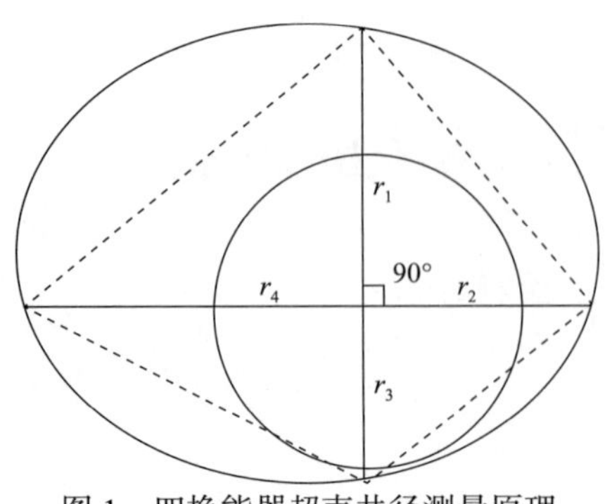

图 1 四换能器超声井径测量原理

换能器方向，被换能器接收，通过钻井液的密度计算可以得出声波在此类钻井液中的声速。目前常见的井径测量仪器大多数是通过使用三个换能器同时测量。但是在实际钻井的过程中，井径并不是一个理想的圆形，因此本设计采用四换能器设计，通过四换能器发射超声波信号，获得仪器轴心离井壁距离 r_1、r_2、r_3、r_4，通过已知椭圆内嵌三角形三边长度求解椭圆方程，计算椭圆长短轴长度(图 1)。90°均布换能器，由于一个焦点无限趋近于重合的椭圆可以看作一个类圆形，综合来看井径测量精度更高。

2.2 超声井径系统整体设计方案

测量前端主要由三部分组成：超声探头、电子线路和电路仓。超声探头为独立部件，主要由换能器组件和液压补偿装置组成。电子线路安放于钻铤内部，可与探头独立拆卸，一方面方便进行模块化维护保养，另一方面可直接配接 MWD 系统，同时只需增加电子筒长度即可挂接电池进行存储测量(图 2)。

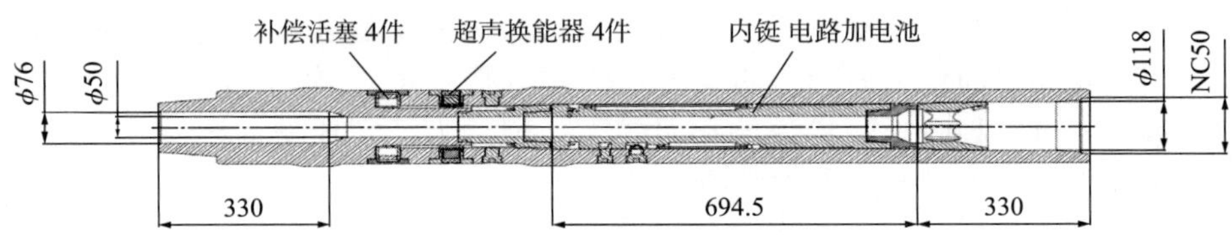

图 2 超声井径结构图

为了保证超声换能器能够正常工作，设计了补偿活塞将管外压力引入，保证压力平衡；设计了专用的高压插针，保证超声换能器的 100V 的供电和信号正常传输；设计了供电开关和通信窗口，预留了 ϕ50mm 的水眼保证过流面积。

本设计按照功能可划分为供电模块、超声激励模块、信号采集模块，以及处理与存储模块 4 个模块(图 3)。供电模块采用低压电源+/-12V 和+5V，高压电源+100V 供收发换能器使用，可以通过插拔插头来切换低功耗模式，增加仪器续航能力。核心处理器采用低功耗 ARM+FPGA 组合，可以满足高速数据采集和数字滤波运算的需求。

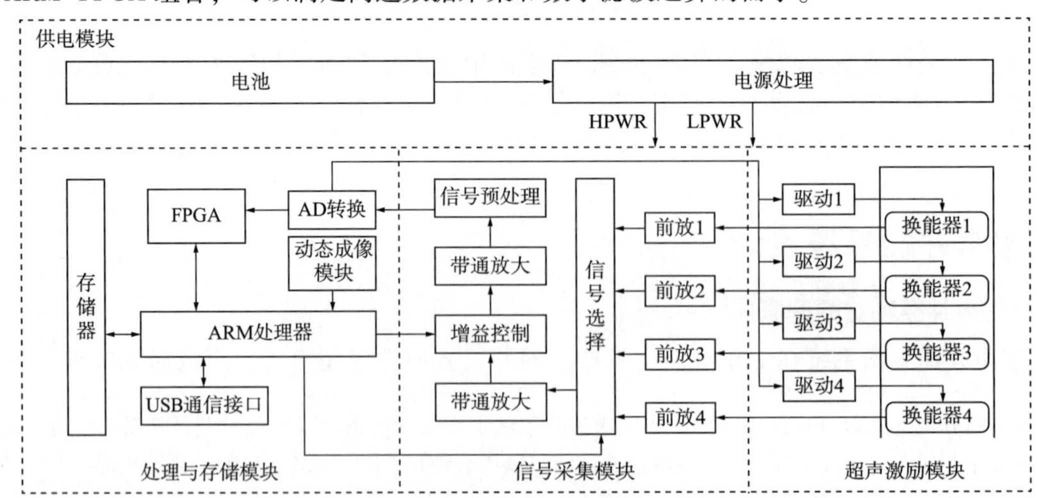

图 3 四换能器超声井径测量原理

2.3 超声井径系统硬件设计方案

2.3.1 四换能器测量方案

实际应用中仪器往往不居中，使用一个换能器测量井径很难测出井径的实际值。目前常见的井径测量仪器大多数是通过使用三个换能器同时测量。三换能器设计可以矫正仪器偏心造成的井径值偏差。如果将井筒的形状看作一个理想圆形，会对测量结果造成一定的影响。因此本设计采用四换能器设计，测量所得的四个长度值可以组成一个椭圆的长半轴和短半轴；由于一个焦点无限趋近于重合的椭圆可以看作一个类圆形，因此这种设计可以满足圆形及椭圆井眼的测量需求。

2.3.2 超声波信号拖尾消除技术

超声波拖尾是指当超声换能器由发射状态转为接收状态后，回波信号可能在拖尾没有消失时被接收，此时两信号叠加，会导致测量结果出现误差。

随钻井径仪器的超声换能器发射的时间拖尾现象约为 10μs，为了完成准确的测量，本设计选用延时材料延长超声波到达仪器外表面的时间(使返回波延时至少 15μs 再出现)。一方面可以消除换能器发射拖尾现象对接收信号的干扰，另一方面使仪器避免紧贴井壁的状态避免接收时间间隔过短，从而能获得精确的测量信号。

2.4 超声井径系统软件设计方案

2.4.1 软件整体设计

本系统的软件处理部分分为五个部分：通信、储存、参数配置、数据处理和出图。通信部分采用 USB 通信，485 和 CAN 总线。软件整体采用矩阵式软件架构，即通用底层模块，如软件、存储、出图等功能采用标准软件接口(las 格式，12M 全速 USB)，方便新设备的添加，灵活的组合方式方便系统化集成和个性化定制软件。

2.4.2 随钻井径数据压缩算法设计

为了满足石油钻井过程中对可靠性、稳定性，以及强大数据处理能力的要求，将数据的采集频率和采样间隔均进行了优化设计，可以实现井下连续工作 200h 的数据存储容量，并对数据进行了压缩算法设计(4∶1 和 2∶1)，并进行了比对；地面系统采用 USB 高速存储，最大数据读取时间控制在了 20min 以内，有效保证数据的有效性和及时性(图 4)。

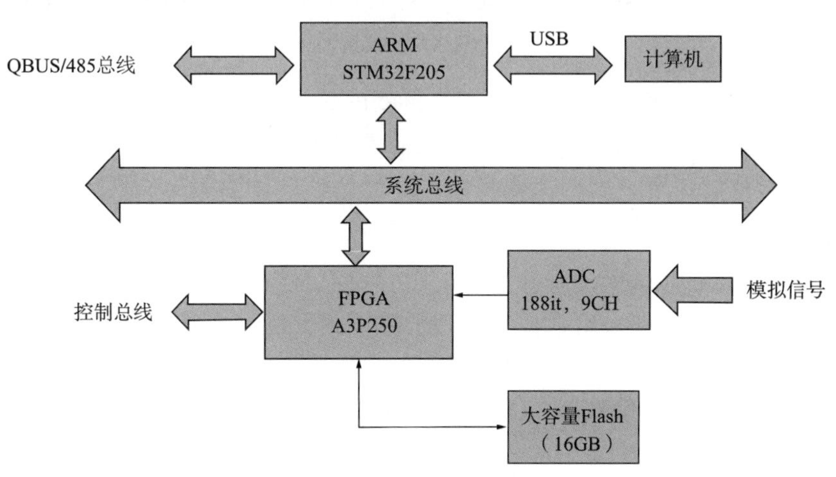

图 4　控制模块原理图

2.5 深度系统设计

深度系统主要由专用计算机、UPS 电源、深度采集盒、旋转编码器和钩载传感器组成。深度系统使用旋转编码器测量钻具运动的距离，搭配钩载传感器可以判断出钻具运行方向，由于钻井过程中存在上提钻具的情况，因此深度系统可以搭配井径系统使用，在后期进行数据处理时剔除掉重复测量的部分，消除深度系统累积误差，使仪器深度与钻具表一致，增加井径仪器测量的整体准确性。同时，井下仪器时钟与地面的深度系统时钟二者会有一定的偏差，这种偏差会造成最终曲线上平直段的出现。为了弥补这一偏差就有了时间误差调节算法，这一算法依据井下加速度和钻具状态对比，可以得出二者时间偏差的具体值，通过软件进行调节使二者保持一致(图 5)。

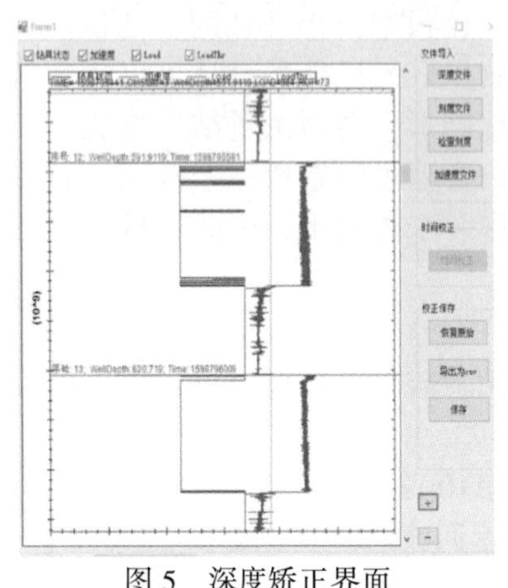

图 5　深度矫正界面

3　超声井径系统试验

3.1 室内实验

在进行现场试验前对井径测量系统进行了室内实验。室内实验分别采用两根直径为 8in 和 10in 的 pvc 管来模拟井筒，在井筒内灌注一定量的钻井液来模拟实际测量的情况，使用遮挡换能器的方法来模拟井下的收径和扩径(图 6)。

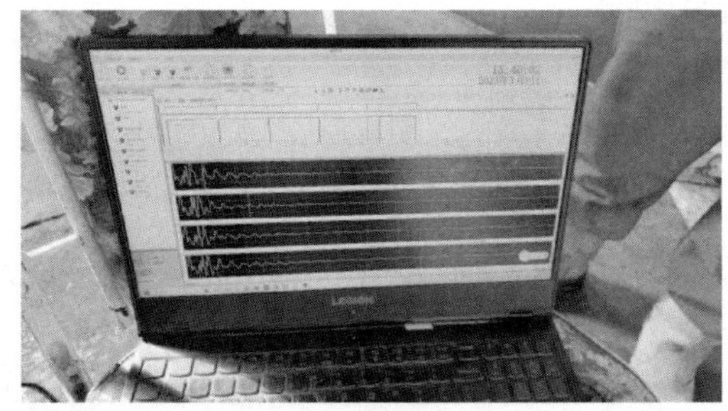

图 6　室内实验测量情况

从测量的数据图可以得知，在 1.6g/cm^3 密度的钻井液中，DQSJ-178 超声随钻井径测量系统可以准确测量井径数据并且生成的回波正常，在遮挡部分换能器模拟井下环境时能正常及时通过波形反映出来，室内实验验证了井径系统具备现场井径测量的能力。

3.2 现场试验

在古页 18 井进行通井试验，累计井下工作时间 19h，出井后观察仪器外表面轻微磨损。测得下放上提全部井段的 14 万组数据，得到了钻柱井下的偏心状态和井径井深曲线，测量结果与 5700 四臂井径测井对比，趋势基本一致，实现了通井下随钻井径测量，密封可靠，性能稳定；能够实现井下井径数据存储和地面回放；形成一套通井随钻井径测量的工艺技术和井深测量工艺(图 7)。

古页 18 井井深 1000m 以内出现多处扩径井段，本设计与 5700 测试井深基本一致，但是测量数值偏小；1000m 以后出现的扩径井段，本设计均没有测出，平均井径数值偏小，分析原因主要是下部沉降密度增大，温度和压力均升高，导致换能器回波没有显示（图 8）。

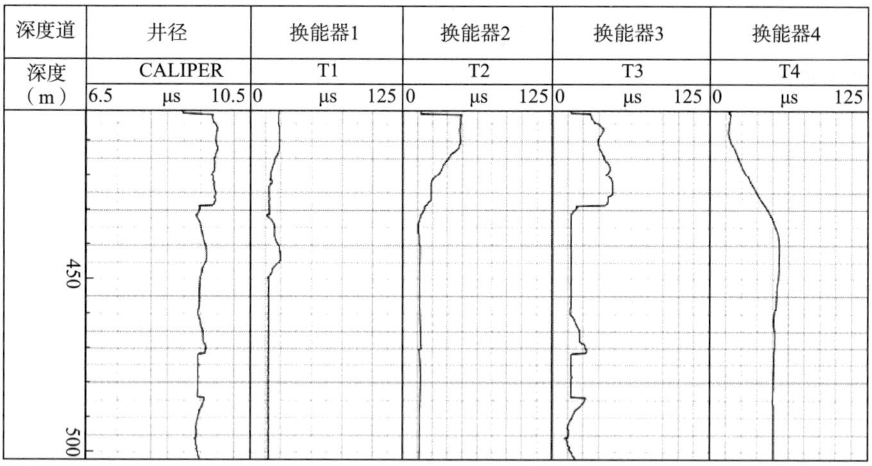

深度道
井径
换能器1
换能器2
换能器3
换能器4
深度
（m）
CALIPER
6.5 μs 10.5
T1
0 μs 125
T2
0 μs 125
T3
0 μs 125
T4
0 μs 125
450
500

图 7　古页 18 井部分现场数据

5700
DQSJ-178
5700
DQSJ-178
600
750
900
600
750
900
1150
1000
1450

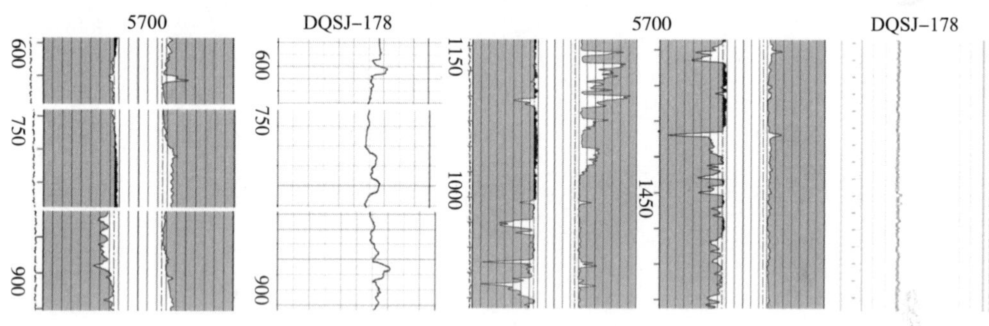

图 8　古页 18 井井径图

4　结论

（1）DQSJ-178 型随钻井径测量系统的研制，实现了完钻不通井、不测井直接进行固井作业，降低了非生产时间，缩短了钻井周期，为页岩油开发提供钻井技术支持，因此项目具有广阔的推广应用前景；

（2）开发了 DQSJ-178 超声随钻井径测量系统，创新了四换能器测量方案、超声波信号拖尾消除技术、随钻井径数据压缩算法；

（3）随钻超声井径测量的实现，可以在钻进的过程中测得第一手的井径数据，对岩层裂缝位置的确定和防漏堵漏提供重要的技术支撑；

（4）椭圆井径的随钻成像，打破了原有圆形井眼的假设，更真实地反映了井筒的真实情况，实现了井径的精确描述，具有更高实用价值。

参　考　文　献

[1] 罗明璋，彭文飞，贾思晖，等．随钻超声井径测量系统设计与实现[J]．长江大学学报(自然科学版)，2022，19(4)：75-82.

[2] 彭文飞．随钻井径测量方法研究与系统实现[D]．荆州：长江大学，2022.

[3] 穆楠．随钻测井仪实时数据处理与 Flash 均衡算法研究[D]．成都：电子科技大学，2021.

[4] 胡海杰．超声波随钻测井仪的研究[D]．杭州：浙江大学，2021.
[5] 胡凯利．超声随钻井径检测仪方案设计和模拟与控制部分实现[D]．荆州：长江大学，2014.
[6] 邹骁．超声随钻测井径仪方案设计和处理与存储部分的实现[D]．荆州：长江大学，2014.
[7] 胡凯利，余厚全，魏勇，等．超声井径随钻测井回波信号补偿方法与电路实现[J]．测井技术，2014，38(1)：90-93.
[8] 张健．超声成像测井中井径图像的偏心修正方法[J]．应用科技，2013，40(5)：62-65.
[9] 向伟．随钻声波井径检测仪的控制系统设计与研究[D]．荆州：长江大学，2013.

基于深度残差网络的岩屑自动识别方法

崔　奕　丁　燕　高热雨　崔　猛　赵　飞

(中国石油集团工程技术研究院有限公司)

摘　要：从钻屑中识别地层岩性是表征储层的关键步骤，传统方式主要为现场人工标记识别，但此类方式主观性强且工作量大。因此，为提高岩屑识别的准确性、实时性和自动化程度，本文结合现场硬件支持，提出了基于 Resnet-34 的岩屑图像分类方法，该方法通过迭代训练完成对岩屑的智能表征，并部署到现场高效地完成了岩屑的识别分类，为现场岩屑录井在线化提供了理论基础。

关键词：岩屑图像；图像处理；深度学习；残差网络；岩屑识别

在油气勘探中，通过岩屑录井识别地层岩性是一种常用储层分析方法。岩屑识别鉴定传统的做法是采用人工方式对岩屑进行分析，但现场人工识别耗时且工作量大，严重依赖现场工程师经验，主观性影响较大，因此传统岩屑描述方法已无法满足目前岩屑录井工作对实时性和可靠性的需求[1,2]。

围绕传统岩屑录井的问题，包括录井仪器生产厂商在内的人士提出了多种解决方案，主要包括 X 射线荧光、X 射线衍射和岩屑 γ 能谱这 3 种具有代表性的方法[3-5]。这 3 种方法都试图通过仪器分析手段进行岩屑识别，因此需要各类激光、脉冲发生器，以及相应的监测处理装置，导致复杂程度及运维成本高，无法在现场进行广泛应用。

随着现代图像处理技术及机器学习在图像识别分类方面取得了大量的成果，运用数字图像处理技术分析岩屑图像，从岩屑的纹理、颜色等特征角度进行岩屑岩性的识别分类便成为可能。Hossein Izadi 等开发了矿石薄片识别系统，通过对矿石薄片颜色和纹理特征的分析最终用神经网络分类取得较好的实用效果[6]。Zhou 等研究了基于无监督的 K 均值聚类和有监督的最小支持向量机方法，通过分析 X 射线实现岩石断层分类[7]。传统的图像分类算法通过提取图像的色彩、纹理和空间等特征进行分析，其在简单图像分类任务中表现较好，但在复杂图像分类任务中表现不尽如人意。

卷积神经网络(CNN)是深度学习的代表算法之一，在图像识别等领域得到了快速发展和应用，相比前馈神经网络，CNN 能够更好地适应图像的结构，通过结合局部感知区域、共享权重、空间降采样来充分利用数据本身的局部性等特征，并且保证一定程度上的位移和变形的不变性。CNN 最早由 Fukushima 于 1980 年在感受野概念的基础之上提出，在 CNN 的基础上，LeCun 构建了 LeNet-5 的神经网络架构完成了手写体图像的识别，形成了现代 CNN 的基础[8]。直到 2012 年，Krizhevsky 等提出的 AlexNet 网络模型在 ImageNet 图像分类

作者简介：崔奕(1995—)，2021 年毕业于大连理工大学软件工程专业，获硕士学位，现任中国石油集团工程技术研究院工程师，从事智能化钻完井等方面研究工作，中级工程师。通讯地址：北京市昌平区黄河街 5 号院 1 号楼。E-mail：cuiyidr@ cnpc. com. cn。

竞赛中以绝对的优势获得了冠军，使卷积神经网络成为研究热点[9]。随着 CNN 网络结构的加深，虽然性能越来越强，但过拟合、梯度消失、模型参数量巨大和难以优化等问题突出。据此，He 等提出了残差卷积神经网络(Resnet)，加深网络的同时提升了图像分类任务的性能[10]。

1　岩屑图像的智能识别方法

本文基于深度残差网络(Resnet)，优选形成了基于 Resnet-34 网络的岩屑识别分类方案，经实验验证，识别率得到了明显提高。为结合现场情况探索随钻岩屑识别的最优智能方法，建立了如图 1 所示的流程。首先，借助现场录井设备对岩屑图像进行收集整理；随后，依照专家系统的鉴定报告进行岩性的标定，建立岩屑图像样本集；根据图像的质量与数量，有针对性地对类别数量较少的图像进行数据增强，避免某种岩性图像数量多的样本影响模型泛化能力；同时，可对图像进行预处理提高图像质量，以提升网络模型训练的收敛速度；紧接着，将经过预处理后的样本集输入到 Resnet 分类模型中进行迭代训练；最后，将经过训练后的模型用于测试集准确性和稳定性的验证。

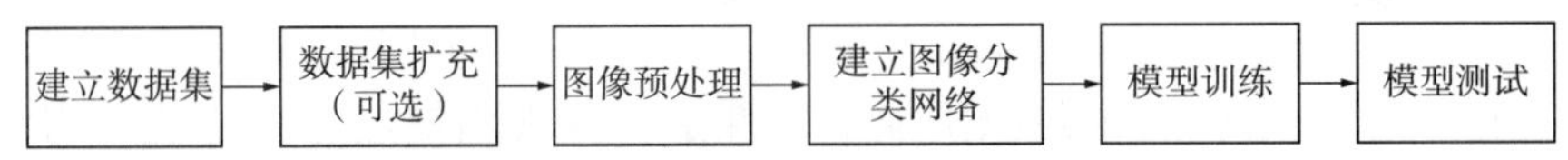

图 1　岩屑图像识别方法流程图

1.1　数据集构建

数据集为由现场随钻岩屑分析设备拍摄的现场岩屑图像，该设备包括收集、清洗、烘干岩屑等一系列岩屑预处理操作设备及多光谱视觉检测设备。该视觉检测设备采用多通道光谱设计，通过调节环形光源的颜色，实现单个岩屑样品在紫外(UV)、蓝色(B)、绿色(G)、黄色(AM)、红色(R)、红—红外(FR)、红外(IR)、白色(W)光下的快速曝光成像，尽可能保留岩屑样品的原始信息，提高深度学习算法的识别准确率。岩屑图像的标签除岩性外，还包含了地层、测深、颜色和光源类型等参数。图 2 展示了深度 5130m 的 8 通道砂岩岩屑图像。整个数据集共 657 张图片，共分为砂岩、泥岩和煤 3 种类型。将所有图片按 8 : 1 : 1的比例划分为训练集、验证集和测试集。

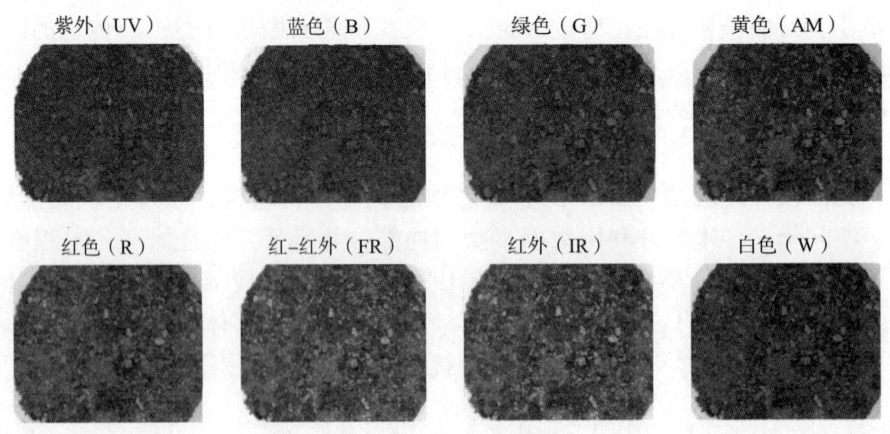

图 2　8 通道砂岩图像

1.2 数据集预处理

1.2.1 图像增强

图像增强的目的是进行样本特征不均衡处理，具体而言，便是增加小样本数据集的数量，以避免数据集内类别不均衡引起的模型偏差。传统的图像数据处理方法通常为几何变换，如：翻转、旋转、裁剪、缩放等。但岩屑图像经过几何变换通常没有任何变化，因此，本文采用接缝雕刻算法[11]进行图像处理，该方法的核心在于寻找图片中信息密度最低的梯度线，对这些线进行处理，实现放大和缩小的效果。接缝雕刻算法能够去除信息量较少或复制信息量较大的图像部分，获得特征更明显的岩屑图像。图 3 为缩放比例为 1∶0.5 的砂岩处理前后图像，可以看出，经过处理后图像的梯度信息密度变大，局部图像特征得到增强。

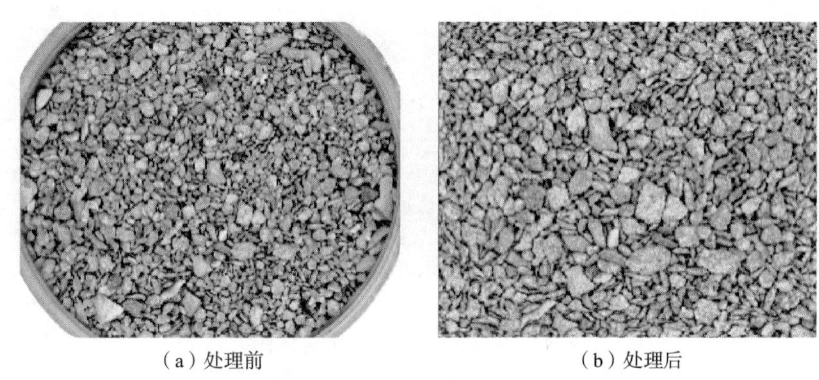

（a）处理前　　（b）处理后

图 3　接缝雕刻法处理砂岩图像的前后对比图

1.2.2 光源处理

本文采用的岩屑样本为在 8 个光源颜色下快速曝光的成像，为降低不同光源下图像复制引起的过拟合问题，需将 8 通道图像进行处理。本文采用了 5 种不同的图像处理算法，以得到每个灰度图像在不同光源下相同的亮度图像[12]。

（1）直方图均衡化（Histogram Equalization）是一种经典的数字图像处理方法，基本思想是将原图像的直方图通过累积分布函数变换成近似均匀分布，从而增强图像的对比度，均衡图像的亮度。

（2）多尺度视网膜增强方法（Multi-Scale Retinex，MSR）在维持图像高保真度的同时，可以实现颜色增强、色彩恒定的局部范围动态压缩和全局动态范围压缩。

（3）光照归一化方法（Illumination Normalization）是一种通过改变图像的照明条件，使得在不同照明条件下拍摄的图像具有类似的视觉表现，通过对输入图像进行 Gamma 校正处理以增加暗区和阴影的动态范围，同时压缩高亮和亮区，再通过高斯滤波，增强细节信息，最后通过鲁棒对比度均衡提高图像的亮度。

（4）不均匀光照补偿方法（Uneven Light Compensation Algorithm）通过双立方差值法求取源图像的亮度分布矩阵进行补偿校正。

（5）亮度归一化方法（Brightness Normalization Algorithm）通过指定亮度的平均值和标准差对图像的整体亮度进行归一化。

图 4 为采用上述 5 种光源处理方法得到的岩屑图像对比图。其中，图 4（a）为源图像，图 4（b）为直方图均衡化算法处理后的图像，图 4（c）为 MSR 方法处理后的图像；

图 4(d)为光照归一化方法处理后的图像，图 4(e)为不均匀光照补偿方法处理后的图像，图 4(f)是亮度归一化方法处理后的图像。经对比，优选直方图均衡化方法作为岩屑图像的光源处理方法。

（a）源图像　（b）直方图均衡化算法处理图像　（c）MSR方法处理图像

（d）光照归一化方法处理图像　（e）不均匀光照补偿方法处理图像　（f）亮度归一化方法处理图像

图 4　不同光源处理方法对比图

1.2.3　图像归一化

在深度学习中，不同评价指标(即特征向量中的不同特征就是所述的不同评价指标)往往具有不同的量纲，这样的情况会影响到数据分析的结果。为了消除指标之间的量纲影响，需要进行数据标准化处理，以解决数据指标之间的可比性。图像归一化通过遍历图像矩阵中的每一个像素值，根据设定的最大值和最小值、均值和标准差，进行最大最小值归一化或均值标准差归一化。本文采用均值标准差归一化：

$$x' = (x-\mu)/\sigma \tag{1}$$

式中：x'为归一化值；x 为原值；μ 为均值；σ 为标准差。

1.3　基于 Resnet 的分类模型

本文基于 Resnet 网络进行分类模型的构建。Resnet 网络由多个残差块构成，与常规卷积神经网络相比，该网络加入了输入 x 的映射。图 5 展示了两种不同残差块的结构，其中 $F(x)$和 x 分别是主流程和残差连接的特征矩阵。在相同输入的情况下，由于通道数量被压缩，图 5(b)中的参数数量远远少于图 5(a)，因此更深的 Resnet 常采用 Bottleneck 结构。

Resnet 主要有 5 种不同网络层数的版本，即 Resnet-18，Resnet-34，Resnet-50，Resnet-101 和 Resnet-152，数字代表网络的层数，层数最少的网络缺乏一定的特征表达能力，随着网络层数的增加使得参数和计算量增加，网络速度变慢，特征表达能力增强。本文综合考虑岩屑特征识别的效率和精度，通过网络模型对比，选用 Resnet-34 作为岩屑识别分类模型框架，其网络结构如图 6 所示。Resnet-34 网络首先对输入图像进行卷积操作，再依次进行包含 3 个、4 个、6 个和 3 个的残差模块(BasicBlock)，此残差模块由两个 3×3 的卷积网络串接在一起组成。然后通过平均池化层进行降采样操作，最后连接全连接层输出类别情况。由于在更深的 Resnet 中，BasicBlock 被 Bottleneck 替代，因此 Resnet-50 的参数量与 Resnet-34 几乎一致。

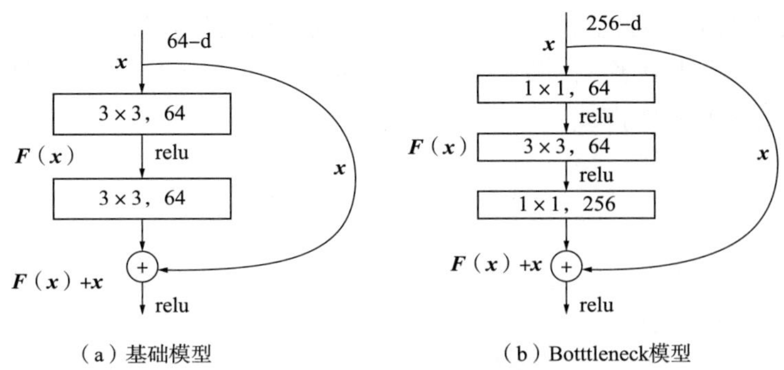

（a）基础模型　　（b）Botttleneck模型

图 5　两种不同残差连接的比较

layer name	output size	18-layer	34-layer	50-layer	101-layer	152-layer
conv1	112×112	7×7，64，stride 2				
conv2_x	56×56	3×3max pool，stride 2				
		$\begin{bmatrix}3\times3, & 64\\3\times3, & 64\end{bmatrix}\times2$	$\begin{bmatrix}3\times3, & 64\\3\times3, & 64\end{bmatrix}\times3$	$\begin{bmatrix}1\times1, & 64\\3\times3, & 64\\1\times1, & 256\end{bmatrix}\times3$	$\begin{bmatrix}1\times1, & 64\\3\times3, & 64\\1\times1, & 256\end{bmatrix}\times3$	$\begin{bmatrix}1\times1, & 64\\3\times3, & 64\\1\times1, & 256\end{bmatrix}\times3$
conv3_x	28×28	$\begin{bmatrix}3\times3, & 128\\3\times3, & 128\end{bmatrix}\times2$	$\begin{bmatrix}3\times3, & 128\\3\times3, & 128\end{bmatrix}\times4$	$\begin{bmatrix}1\times1, & 128\\3\times3, & 128\\1\times1, & 512\end{bmatrix}\times4$	$\begin{bmatrix}1\times1, & 128\\3\times3, & 128\\1\times1, & 512\end{bmatrix}\times4$	$\begin{bmatrix}1\times1, & 128\\3\times3, & 128\\1\times1, & 512\end{bmatrix}\times8$
conv4_x	14×14	$\begin{bmatrix}3\times3, & 256\\3\times3, & 256\end{bmatrix}\times2$	$\begin{bmatrix}3\times3, & 256\\3\times3, & 256\end{bmatrix}\times6$	$\begin{bmatrix}1\times1, & 256\\3\times3, & 256\\1\times1, & 1024\end{bmatrix}\times6$	$\begin{bmatrix}1\times1, & 256\\3\times3, & 256\\1\times1, & 1024\end{bmatrix}\times6$	$\begin{bmatrix}1\times1, & 256\\3\times3, & 256\\1\times1, & 1024\end{bmatrix}\times36$
conv5_x	7×7	$\begin{bmatrix}3\times3, & 512\\3\times3, & 512\end{bmatrix}\times2$	$\begin{bmatrix}3\times3, & 512\\3\times3, & 512\end{bmatrix}\times3$	$\begin{bmatrix}1\times1, & 512\\3\times3, & 512\\1\times1, & 2048\end{bmatrix}\times3$	$\begin{bmatrix}1\times1, & 512\\3\times3, & 512\\1\times1, & 2048\end{bmatrix}\times3$	$\begin{bmatrix}1\times1, & 512\\3\times3, & 512\\1\times1, & 2048\end{bmatrix}\times3$
	1×1	average pool，1000-d fc，softmax				
FLOPs		1.8×10^9	3.6×10^9	3.8×10^9	7.6×10^9	11.3×10^9

图 6　Resnet-18，Resnet-34，Resnet-50，Resnet-101 和 Resnet-152 的网络结构

2　实验结果与分析

本文基于 Resnet-34[13,14] 和 Resnet-50[15,16] 构建了包含砂岩、泥岩和煤 3 种类型的分类模型。

2.1　实验参数设置

本实验采用交叉熵损失函数衡量模型预测的类别概率输出与真实类别的差异。多分类交叉损失函数公式为：

$$L = \frac{1}{N}\sum_{i}\sum_{j=1}^{M} y_{ij}\lg_2(p_{ij}) \tag{2}$$

式中：N 为样本个数；M 为类别的数量；y_{ij}为符号函数，如果样本 i 的真实类别为类别 j 取 1，否则取 0；p_{ij}为观测样本 i 属于类别 j 的预测概率。

本实验采用 TensorFlow 框架，epoch 设置为 150，选用 Adam 优化器，隐藏激活函数为 RELU，batch size 选用 8。其中模型参数中初始学习率为 0.05，选用动态学习率优化方法，测试集每 10 次的 loss 值没有下降的话，那么学习率将下降 50%，并且加入标签平滑，可以在一定程度上避免过拟合。

2.2 实验评价指标

本文采用传统对应的模型评价选择准确率(Acc)、精确率(P)、召回率(R)，以及 F1 分数(F_1)作为评价指标，对比分析不同分类网络在进行岩屑的岩性识别过程中的效果优劣。Acc 是指在所有的判断中有多少判断是正确的，即把正的判断为正的，把负的判断为负的，这两种情况在所有判断中的占比：

$$\mathrm{Acc}=\frac{\mathrm{TP+TN}}{\mathrm{TP+TN+FP+FN}} \tag{3}$$

其中 TP、TN、FP 和 FN 分别代表真正例、真负例、假正例和假负例样本的数量。

精确率(Precision)指所有预测中真占所有正样本的比例，定义为：

$$P=\frac{\mathrm{TP}}{\mathrm{TP+FP}} \tag{4}$$

召回率(Recall)指所有正样本中正确预测的样本的比例，定义为：

$$R=\frac{\mathrm{TP}}{\mathrm{TP+FN}} \tag{5}$$

F1 分数是精确率和召回率的调和平均数，定义为：

$$F_1=\frac{2PR}{P+R} \tag{6}$$

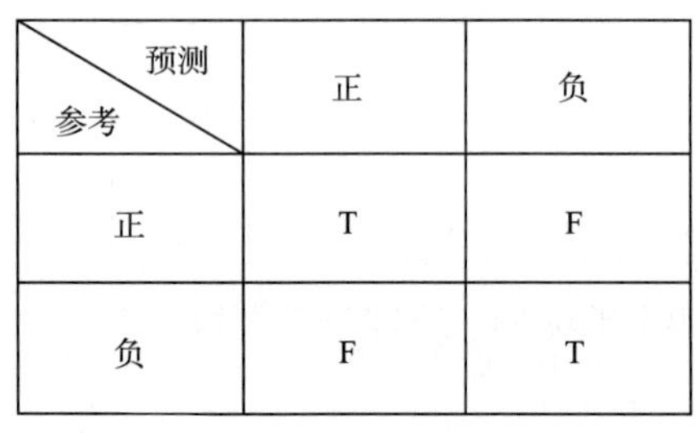

预测 / 参考	正	负
正	T	F
负	F	T

图 7　混淆矩阵的模式

混淆矩阵是一种评价分类任务的有效可视工具，在图像精度评价中，主要用于比较分类结果和实际测得值，可以把分类结果的精度显示在一个混淆矩阵里面。

2.3 实验结果与分析

作为对照，在使用了同样岩屑图像和图像处理方法的前提下，分别利用 Resnet-34 和 Resnet-50 网络模型进行训练。基于 Resnet-34 和 Resnet-50 的岩性识别模型的整体准确率分别达到了 99%、92%，混淆矩阵如图 8 所示。

两种模型的准确率均较高，但 Resnet-50 相比于 Resnet-34 模型相对复杂，预测效果并未随网络层数增加而提高，从更利于现场的快速部署应用方面考虑，优选 Resnet-34 作为岩屑识别分类模型框架，模型准确率见表 1。

表 1　Resnet-34 模型准确率结果表

岩性	准确率	精准率	召回率	F_1 分数
泥岩	0.98	1.00	0.98	0.99
砂岩	1.00	1.00	1.00	1.00
煤	0.99	0.99	1.00	1.00
平均值	0.990	0.997	0.993	0.997

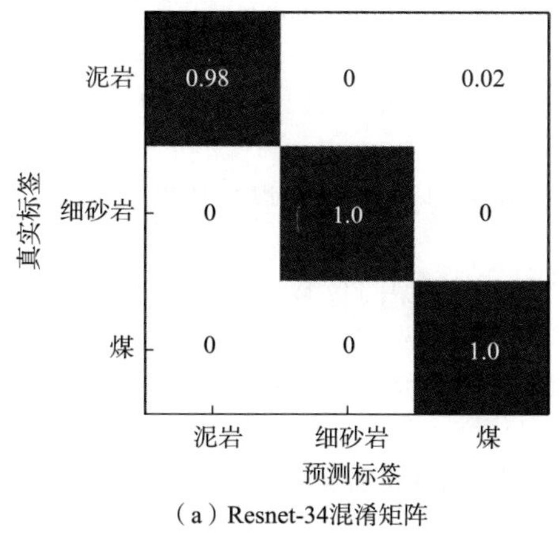

（a）Resnet-34混淆矩阵

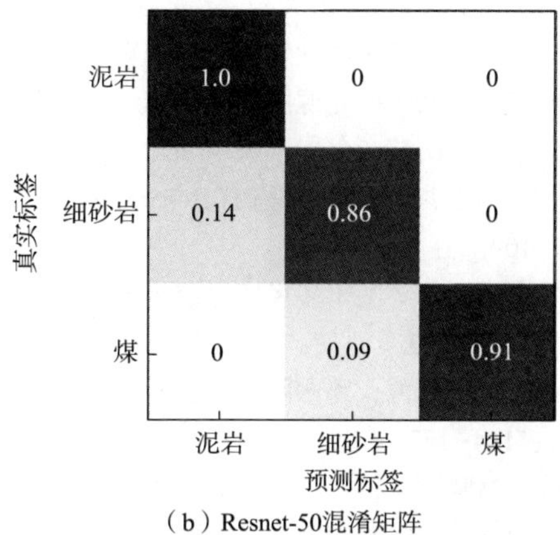

（b）Resnet-50混淆矩阵

图 8　混淆矩阵

3　结论

在同一区块内，本文所提出的方法可通过参考已钻地层的岩屑图像，对后续未钻地层的岩性进行识别。

（1）由 8 种不同光源通道下得到的岩屑图像图片可以通过图像增强、光源处理和图像归一化处理的方式提高数据集样本质量，保证每个灰度图像在不同光源下可以有相同的亮度，局部特征刻画清晰，避免同一岩屑不同光源图像特征差异和图像重复导致的过拟合问题。

（2）综合考虑岩屑特征识别的效率和精度，通过网络模型对比，优选 Resnet-34 作为岩屑识别分类模型框架，模型的整体准确率达 99%。

参　考　文　献

[1] 石晓翎．浅谈岩屑录井技术应用与重要性[J]．中国石油和化工标准与质量，2014，34(1)：106-107.

[2] 陈爱民．岩屑录井的影响因素及对策[J]．石化技术，2021，28(9)：182-183.

[3] 朱根庆．岩屑录井数字化的认识与误区[J]．录井工程，2012，23(2)：8-10.

[4] GRAU A，STERLING R H，KING R，et al. Real-Time Target Optimization and Geosteering Multi-Well Case Study Utilizing Onsite While-Drilling XRD，XRF，and Mass Spectrometry，Niobrara and Codell Formations，DJ Basin [C]. Paper presented at the SPE/AAPG/SEG Unconventional Resources Technology Conference，Denver，Colorado，USA，July 2019.

[5] DRISKILL B，PICKERING J，ROWE H. Interpretation of High Resolution XRF Data From the Bone Spring and Upper Wolfcamp，Delaware Basin，USA [C]. Paper presented at the SPE/AAPG/SEG Unconventional Resources Technology Conference，Houston，Texas，USA，July 2018.

[6] IZADI H，SADRI J，BAYATI M. An Intelligent System for Mineral Identification in Thin Sections Based on a Cascade Approach[J]. Computers & Geosciences，2017，99：37-49.

[7] 周越洋，陆旭康，夏竹君，等. X 射线元素录井技术在南海东部岩性识别中的应用[J]．化学工程与装备，2021(5)：124，139-140.

[8] FUKUSHIMA K. Neocognitron：A self-organizing neural network model for a mechanism of pattern recognition unaffected by shift in position[J]. Biological Cybernetics，1980，36(4)：193-202.

[9] KRIZHEVSKY A，SUTSKEVER I，HINTON G. ImageNet classification with deep convolutional neural networks [J]. Advances in neural information processing systems，2012，25(2)：1097-1105.

[10] HE K, ZHANG X, REN S, et al. Deep Residual Learning for Image Recognition[J]. IEEE, 2016.
[11] 刘梁. 基于视觉显著性和接缝雕刻算法的内容感知图像缩放[D]. 西安：西安电子科技大学，2014.
[12] 张德发，彤丽. 多光源图像细化和细节增强的协同图像处理算法研究[J]. 重庆邮电大学学报(自然科学版)，2014，26(2)：260-264.
[13]贾立铭，梁少华. 一种基于 Resnet 的岩石薄片识别方法[J]. 电脑知识与技术，2021，17(28)：107-109.
[14] 符甲鑫，汪琦. 基于多尺度分组卷积 ResNet34 的岩石识别模型[J]. 陕西科技大学学报，2022，40(1)：167-173.
[15] 张正超，方文博，郭永刚. 基于 Resnet50 的西藏高原地区玉米病害识别系统[J]. 高原农业，2022，6(2)：164-172，212.
[16] 刘晨，赵晓晖，梁乃川，等. 基于 ResNet50 和迁移学习的岩性识别与分类研究[J]. 计算机与数字工程，2021，49(12)：2526-2530，2578.

水平井桥塞分段压裂管外光纤监测技术与应用

董小卫[1]　李一强[1]　田志华[1]　汪　志[1]　刘旭东[2]　韩光耀[1]

（1. 中国石油新疆油田公司工程技术研究院；2. 中国石油集团测井有限公司新疆分公司）

摘　要：针对水平井分段多簇压裂过程中各簇改造效果实时监测的难题，基于分布式光纤声波传感原理，设计了水平井桥塞分段压裂管外光纤监测完井管柱结构，完成了井下铠装特种光缆、可穿越光缆扶正器、井口光缆穿越、管外光缆方位精准探测等配套关键技术研究，并在新疆油田成功开展现场试验，监测结果表明：该技术可实现压裂过程分簇射孔、各簇进液、桥塞密封、暂堵转向等动态信息的在线监测，为非常规油气水平井压裂效果实时评价探索了新方法。

关键词：水力压裂；分布式光纤；桥塞；各簇进液；实时监测

水平井细切割体积压裂已成为非常规油气开发的主体技术，开展压裂过程实时监测对设计参数优化和深化储层认识具有重要意义。现有的监测手段以压裂裂缝为主，包括近井筒监测(放射性同位素、温度测井、声波测井)、测斜仪及井下微地震等[1-3]。针对压裂过程各簇进液量认识不清引起的改造效果无法准确评价的难题，自 2011 年 Shell 公司成功使用光纤声波传感实现水力压裂监测诊断开始，Halliburton、Schlumberger 等油服公司联合 Fotech、Optasense、Silixa 等专业分布式光纤传感供应商先后投入开发套管外敷永久式光纤压裂监测技术[4-5]，据不完全统计，截至 2022 年底，该技术已在 Eagle Ford、Bakken、Monterey 等油田现场应用 300 余口井，实现了压裂过程各簇进液等动态信息监测，取得了良好的应用效果，尤其是在新区块规模开发前对主体压裂工艺和主控参数的确定起到了重要作用。

国内各油田在套管外敷永久式光纤压裂监测技术的引进和研发方面[6-8]起步相对较晚。2019 年，吉林油田联合英国 Tendeka 公司在黑页 1-2-2 井实施了分压 4 层 17 簇现场试验；2020 年，新疆油田在石炭系油藏 HW62031 井完成了 6 段 23 簇投球滑套监测攻关现场试验；2021 年，浙江油田在昭通页岩气 YS137H1-2 井进行了 13 段 125 簇桥塞分压监测现场试验；2022 年，长庆油田在鄂尔多斯盆地涧 12H3 井开展了 28 级可开关滑套监测现场试验。综合方案设计和各油田实际试验情况，桥塞压裂光纤监测的实施难度要高于滑套模式，主要因为前者需提前对管外光缆的方位进行精准探测并后期采取定向避射措施。在国内分布式光纤制造、地面监测设备逐步完善[9-10]的环境下，多因素影响下的光缆安全性成为该技术现场成功实施的前提。

作者简介：董小卫(1985—)，2012 年毕业于西安石油大学油气田开发专业，硕士。现从事油气开发井下压裂及测试技术研究工作，高级工程师。通讯地址：新疆维吾尔自治区克拉玛依市胜利路 87 号新疆油田公司工程技术研究院。E-mail：dongxw646567@ 126. com。

1　水力压裂 DAS 监测原理

分布式光纤声波传感(Distributed Acousitic Sensinger，DAS)技术是通过检测光纤背向瑞利散射光性质[11]的变化(强度、相位、频率及偏振态等)，实现光纤沿程动态监测。完井时将光缆外敷捆绑于油层套管入井、固井，压裂时利用高压流体通过小直径射孔簇孔眼所产生的高频段声信号表征整个压裂事件，认为较强的声波信号与进液活跃的压裂簇存在对应关系，同时也代表该位置正在起裂或扩展，现场以沿井筒各位置声能和随时间变化生成的能谱图进行观测评价；在后期精细解释过程中，目前普遍采用的计算流体流速方法是基于湍流流体产生声波信号的声学经验公式，结合压裂簇孔眼直径计算出各簇体积流量[12]：

$$Q=CI^{\frac{1}{3}}N^{\frac{2}{3}}H^{\frac{4}{3}}D^{-\frac{1}{3}} \tag{1}$$

式中：Q 为各簇体积流量，m^3/s；C 为常数；I 为压裂轨迹曲线测试与基础信道两者 DAS 强度差值，rad^2；N 为射孔簇中的射孔数；H 为射孔直径，m；D 为压裂液密度，kg/m^3。

2　配套关键技术

如图 1 所示，水平井桥塞分段压裂管外光纤监测完井管柱结构主要由浮鞋、浮箍、特种光缆等组成，同时油层套管每个接箍处均使用可穿越光缆扶正器进行保护。压裂时采用桥塞+定向射孔技术进行分段多簇改造，地面分布式光纤声波采集设备对压裂过程井下声波信号进行实时动态监测。

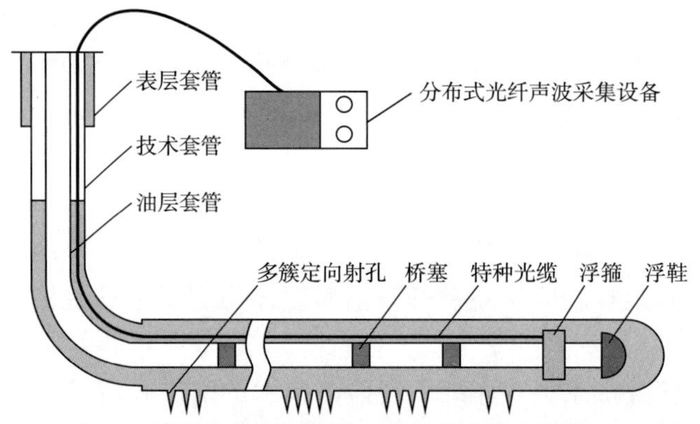

图 1　水平井桥塞分段压裂管外光纤监测完井管柱结构示意图

2.1　特种光缆

为满足光缆入井耐磨损及压裂抗冲蚀的要求，如图 2 所示，特种光缆[13]主要由纤芯、油膏、不锈钢护管等组成，采用聚丙烯注塑成缆加工，耐酸、碱腐蚀。光缆规格 22mm×11mm、耐温 150℃、耐压 130MPa、破断拉力 80kN、光纤信号衰减小于 0.40dB/km@1310nm。

2.2　可穿越光缆扶正器

油层套管接箍处采用分瓣镂空式可穿越光缆扶正器[14]进行光缆保护，如图 3 所示，扶正器主要由上本体、下本体、滚珠等组成，通过螺栓进行连接。上、下本体设计有多排滚珠阵列，减小了管柱下入摩阻，下本体内设光缆铺置凹槽进行光缆穿越，同时，扶正器与套管本体接触部分采用滚花处理，最大限度地防止因扶正器转动而引起的光缆周向旋转、断裂发生。扶正器外径 209mm、长度 315mm、通径 139.7mm、光缆凹槽尺寸 22.5mm×11.5mm。

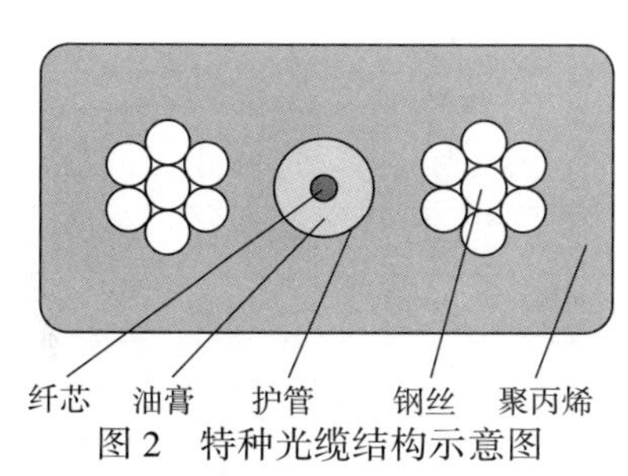

图 2　特种光缆结构示意图

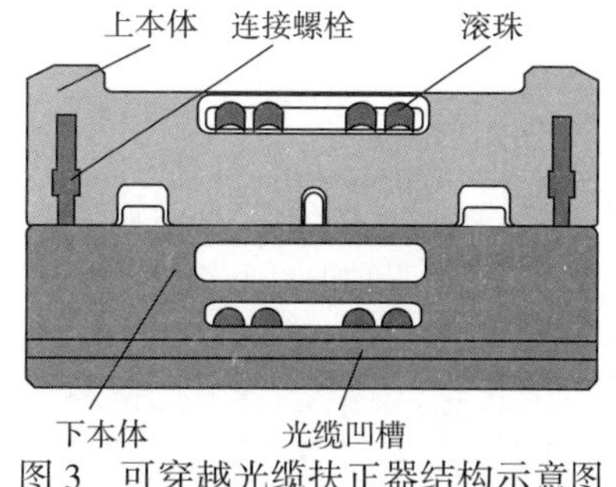

图 3　可穿越光缆扶正器结构示意图

2.3　井口光缆穿越

针对芯轴式套管悬挂器传统开孔光缆穿越工艺存在的悬挂器定制加工、选型受限(现场主要以卡瓦式悬挂器为主)、穿越耗时长的问题，如图 4 所示，设计了技术套管闸阀井口光缆穿越工艺，其操作顺序为：(1)计算最后一根套管入井后与技术套管闸阀的对应位置，并在套管本体进行标识；(2)钻台处，在套管标识位置附近进行光缆缠绕捆绑；(3)光缆随套管入井；(4)固井、候凝；(5)上提防喷器，倒出适当长度的光缆，并将光缆从技术套管闸阀通道孔穿出；(6)井口安装卡瓦式油层套管悬挂器；(7)进行出口光缆与地面光缆的熔纤接续和密封。其主要的光缆穿越和光缆密封操作在固井结束后完成，井控安全性高、现场易实施。

2.4　光缆方位探测

因水平裸眼段井眼轨迹、井径不规则，光缆下入过程中将发生扭转[15]，射孔作业前需对井下光缆方位进行探测，防止光缆被射断，以确保光纤信号正常传输。如图 5 所示，磁通量方位探测仪是基于外部金属含量影响磁场分布的原理[16]，利用仪器对接箍位置可穿越光缆扶正器进行 360°磁场扫描，获取磁通量变化及对应方位曲线[17]。由于 2.2 节所述扶正器光缆凹槽为高金属含量设计，磁通量最高值处即光缆所处位置，通过对不同深度接箍位置进行多点测量，可描绘出井下光缆的实际铺设情况，为后期定向射孔安全区域的选择提供依据。同时，利用磁通量探测仪器进行不同方位的光缆地面探测，实验结果见表 1，数据表明：磁通量探测值不小于 1060Wb、光缆定位误差不大于 3°。

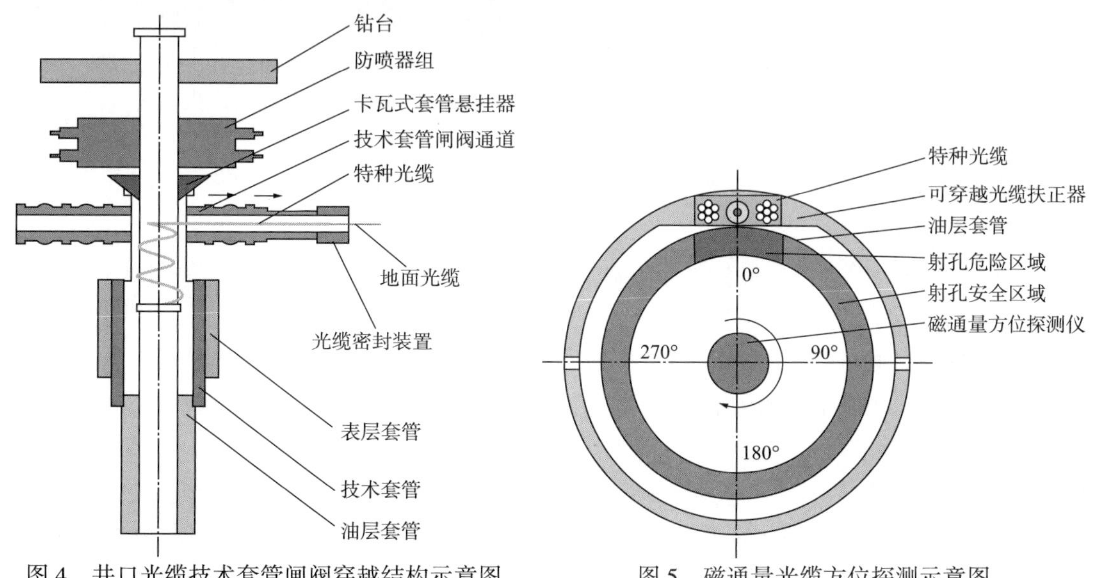

图 4　井口光缆技术套管闸阀穿越结构示意图　　图 5　磁通量光缆方位探测示意图

表 1　不同方位光缆探测实验结果

序号	磁通量(Wb)	方位(°)		
		实际值	探测值	误差
1	1060	0	2	2
2	1090	90	93	3
3	1238	180	181	1
4	1131	270	273	3

3　现场试验

2022 年 4 月，该技术在新疆油田玛湖砾岩油藏 JLHW2039 井首次进行现场试验。该井完钻井深 5132m、水平段长 1066m、最大井斜 92.46°、最大狗腿度 7.66°/30m；所使用的分布式光纤声波监测设备主要性能参数：空间分辨率 1m，声波灵敏度 50～80dB，声波频带范围 10～10000Hz。该井共完成 14 段 59 簇定向射孔及压裂施工光纤监测。

3.1　光缆探测及定向射孔

采用连续油管带磁通量探测仪自下而上对水平段共 87 个接箍位置进行光缆方位探测，结果如图 6 所示，数据表明：相邻测点光缆方位差异主体介于 0°～45°之间、井下光缆无明显的扭转现象。如图 7 所示，该井采用双线性定向射孔，方位夹角 60°、孔密 10 孔/m。

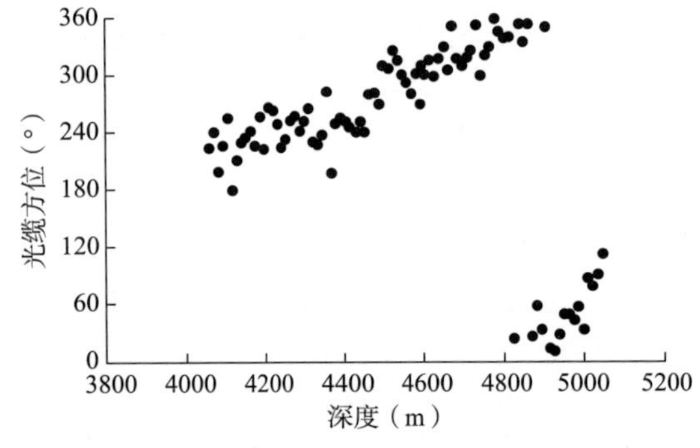

图 6　不同接箍位置光缆方位分布图

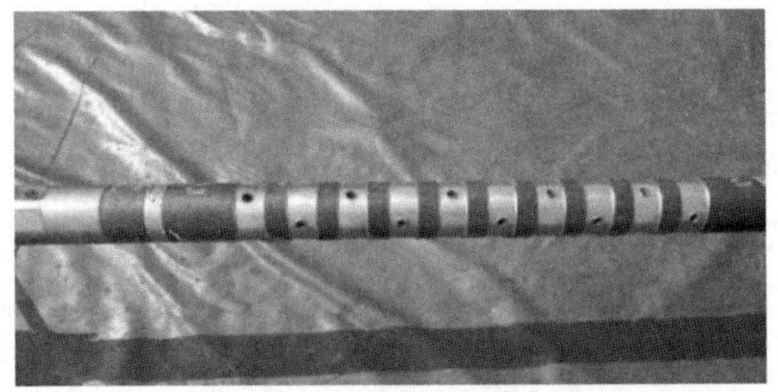

图 7　双线性布孔射孔枪实物图

3.2　典型事件

下面以 JLHW2039 井第 14 段 4 簇改造为例进行典型事件介绍。

3.2.1　分簇射孔

泵送桥塞坐封后进行分簇定向射孔作业，在射孔枪点火成功瞬间，光纤 DAS 声波信号将沿着井筒分别朝上、下两个方向进行传播，可用于进行光纤通断的判断，也可根据光纤信号的拐点进行射孔深度的校验。如图 8 所示，通过光纤 DAS 声波能谱图可以看出 4 道明显的强振动信号，光纤监测射孔位置自下而上分别为 4103m、4091m、4080m、4069m，与设计位置误差小于 0.5m。

3.2.2　各簇进液

如图 9 所示，可以看出前置液和加砂液阶段 S14-1 和 S14-4 均持续保持强声波信号，而 S14-2 和 S14-3 未发现任何声波信号，表明中间 2 簇基本不进液，存在改造不均衡。结合光纤 DAS 声波振幅强度进行各簇进液占比分析，S14-1、S14-2、S14-3、S14-4 分别为 51.7%、1.5%、1.2%、45.6%。同时，通过光纤 DAS 声波能谱未发现第 13 段桥塞坐封位置(4136m)下部存在异常振动信号，说明桥塞密封良好。

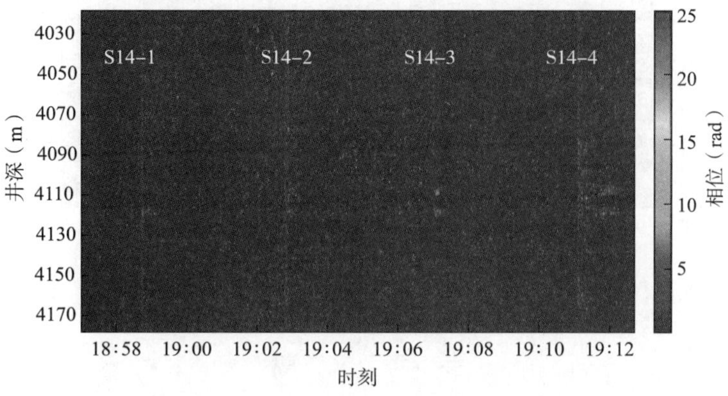

图 8　射孔阶段光纤声波能谱图

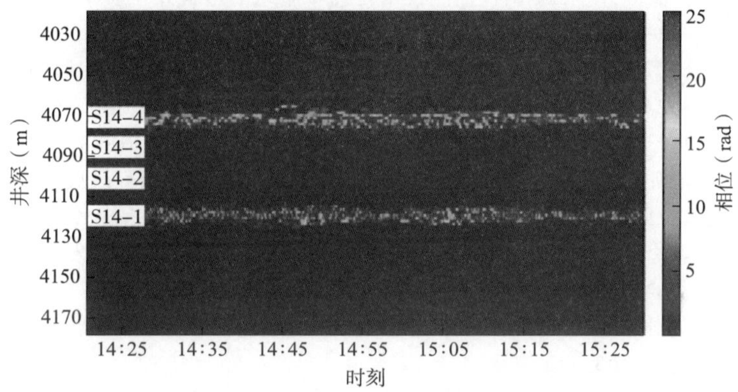

图 9　压裂阶段光纤声波能谱图

3.2.3　暂堵转向

针对第 14 段 S14-2 和 S14-3 未改造，现场采取暂堵措施，泵送绳结暂堵剂到位后，如图 10 所示，可以看出 S14-2、S14-3 开始出现强信号，原优势簇 S14-1 信号逐渐减弱直至消失，原次优势簇 S14-4 信号基本保持不变。结合 DAS 声波振幅强度进行各簇进液占比分析，暂堵后 S14-1、S14-2、S14-3、S14-4 分别为 5.3%、38.2%、26.8%、29.7%，原优势进液簇得到抑制，各簇进液均衡性有效提升。

4　结论

（1）基于分布式光纤声波传感原理，设计了桥塞分段压裂套管外光纤监测完井管柱，可利用高压流体通过小直径射孔簇孔眼所产生的高频段声信号对整个压裂事件进行表征。

（2）通过铠装特种光缆结构设计、可穿越光缆扶正器研制、井口光缆技术套管闸阀穿越工艺创新、磁通量管外光缆方位精准探测技术优选等，有效解决了光缆入井和射孔安全技术难题。

（3）现场试验结果表明：该新型技术可实现分簇射孔、各簇进液、暂堵转向、桥塞密封等井下动态信息有效监测，验证了该技术的可行性、可靠性，为非常规油气水平井密切割体积压裂改造效果的实时评价探索了新方法，具有良好的推广应用前景。

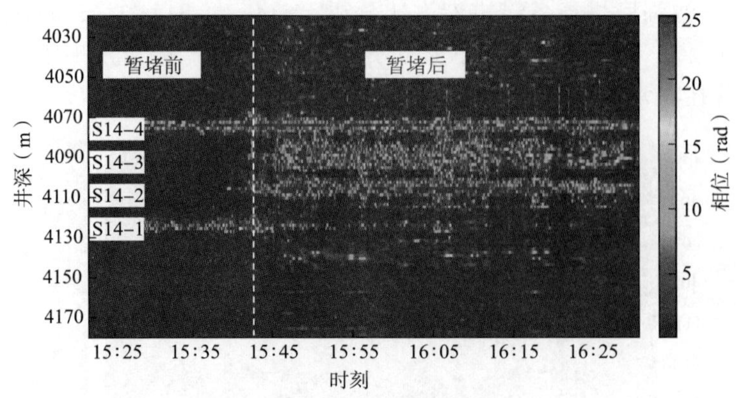

图 10　暂堵阶段光纤声波能谱图

参　考　文　献

[1] 郑彬涛，王磊，马收．示踪陶粒技术在裂缝监测中的应用[J]．断块油气田，2013，20(6)：797-802.

[2] 徐胜强，张旭东，张保平，等．测斜仪监测技术在共和盆地干热岩井压裂中的应用研究[J]．钻探工程，2021，48(2)：42-48.

[3] 杜金玲，林鹤，纪拥军，等．地震与微地震融合技术在页岩油压后评估中的应用[J]．岩性油气藏，2021，33(2)：127-134.

[4] 朱桂清，王晓娟．光纤传感技术改善油气井监测[J]．测井技术，2014，38(3)：251-256.

[5] 隋微波，刘荣全，崔凯．水力压裂分布式光纤声波传感监测的应用与研究进展[J]．中国科学：科学技术，2021，54(4)：371-387.

[6] 刘均荣，史伟新，李博宇，等．分布式光纤声音传感技术在油田中的应用及发展前景[J]．地质科技情报，2017，36(5)：262-266.

[7] 李海涛，罗红文，向雨行，等．DTS/DAS 技术在水平井压裂监测中的应用现状与展望[J]．新疆石油天然气，2021，17(4)：62-73.

[8] 李晓蓉，刘旭丰，张毅，等．基于分布式光纤声波传感的油气井工程监测技术应用与进展[J]．石油钻采工艺，2022，44(3)：309-320.

[9] 董小卫，谢斌，潘勇，等．分布式光纤声波振动传感系统研发及应用[J]．应用光学，2020，41(6)：1298-1304.

[10] 冉曾令，饶云江，王熙明，等．uDAS® 分布式光纤传感地震仪及其应用[J]．石油物探，2022，61(1)：41-49.

[11] 李登道，耿杰，王文涌．光纤的结构及其传输特性分析[J]．山东科技大学学报(自然科学版)，2004，23(4)：39-42.

[12] 隋微波，张迪，王梦雨，等．智能完井温度监测技术在油气田开发中的应用及理论模型研究进展[J]．油气地质与采收率，2020，27(3)：129-138.

[13] 赵静，缪小明，缪斌，等．一种水密铠装光缆的设计制造及其阻水工艺研究[J]．电线电缆，2022，3(2)：12-16.

[14] 李国良，杨润平，高志华，等．光缆终端接续保护卡具的研制及应用[J]．内蒙古电力技术，2021，39(3)：98-100.

[15] 周兰，孙巧雷，王高磊，等．水平井井眼曲率对膨胀管通过性的影响研究[J]．石油机械，2022，50(3)：139-145.

[16] 鲁伟俊，李斌．金属掩埋物的主动磁探测方法[J]．中国测试，2019，45(11)：40-44.

[17] 刘建光，底青云，张文秀．基于多测点分析法的水平井高精度磁方位校正方法[J]．地球物理学报，2019，62(7)：2759-2766.

压裂数字化在新疆油田的应用探索与实践

何小东[1]　李建民[1]　张德君[2]　魏　伟[2]　朱智华[1]　李　畅[1]　王小玮[1]

(1. 中国石油新疆油田公司工程技术研究院(监理公司);
2. 中国石油新疆油田公司数据公司)

摘　要：数字化发展已成为传统能源行业的大趋势。本文以压裂工程为例，调研国内外技术现状，根据油田自身业务需求，建立适用于油公司模式下的压裂数字化转型顶层设计方案。方案以数据管理、业务感知、施工质量监控、方案设计优化、协同工作平台搭建为核心，并阐述了关键技术研发思路。现场实践证明该方案可实施性强，能够实现数字化对传统压裂工程的技术赋能，有助于油公司压裂技术的高质量发展，可供国内同行业其他单位数字化建设参考。

关键词：压裂工程；数字化；顶层设计；关键技术；现场实践

以页岩油气为代表的非常规资源开发在国内油气田上产的占比越来越大，核心的开发技术是压裂改造。目前，基本形成了以电驱压裂泵、可溶桥塞、滑溜水与石英砂、工厂化作业、立体压裂的低成本体积改造 2.0 技术，再配合前置 CO_2 提高采收率；其中，压裂工具和压裂液体系在 2018 年后基本上没有发生新的变化[1]。

2022 年中国石化蒋廷学专家研究发现人工智能在压裂工程中开始逐步应用，主要包括裂缝参数及压裂参数智能优化、智能压裂流体及材料、智能压裂设备及工具、压裂风险智能预警系统、压裂参数实时优化智能控制和压裂裂缝智能监测技术等方面，但其智能化程度不一，目前尚未形成一个完整的智能压裂技术体系及配套软件系统[2]。同年，中国石油大学(北京)盛茂教授分析了人工智能在压裂增产中的应用场景，主要是构建压裂设计智能优化、施工闭环调控、返排智能控制这三方面，最终实现高质量均衡造缝和安全压裂目标[3]。

结合当前大数据人工智能发展的时代大趋势，本文认为压裂技术今后有两个发展新方向：一是压裂数字化转型、智能化发展，实现压裂业务数字化管理；二是低成本压裂光纤监测技术，实现井筒压裂可视化。本文就压裂数字化发展问题，提出油田公司模式下压裂数字化建设顶层设计方案、关键技术和现场实践应用，供国内同行参考。

1　压裂数字化技术需求

为什么要实现压裂工程的数字化转型？这是油田公司数字化转型首先要回答的核心问题。就是要利用数字技术对传统压裂工程进行赋能，提升工作效率、升级技术，降本增效。根据油田压裂实际业务，主要有以下数字化需求。

（1）全面掌控压裂数据资源的需求。自 2010 年起，水平井分段压裂改造技术开始逐步

作者简介：何小东(1985—)，2013 年毕业于西南石油大学油气井工程专业，获硕士学位，现任中国石油新疆油田公司工程技术研究院(监理公司)二级工程师，从事压裂工程数智化转型方面研究工作，高级工程师。通讯地址：新疆克拉玛依市胜利路 87 号。E-mail：hexiaodong1@petrochina.com.cn。

发展。经过十多年的应用，各大油田产生了大量的压裂相关数据，这是一笔宝贵的数据资源，需要建立统一的压裂工程数据管理系统，以便于压裂参数的综合研究和应用。

（2）人力资源减少而建产节奏快的需求。目前，油公司的管理技术人员编制日渐压缩，但产能建设目标不断提升。为了适应油田高质量发展需求，需要数字化转型，帮助技术管理人员最大限度地提升技术效率，将研究人员从低效重复的劳动中解放出来，进而有精力思考研究更好的油田开发技术。

（3）压裂施工质量与安全监控的需求。目前技术仍然停留在压裂技术人员现场跟踪管控施工质量模式，决策以设计符合率和施工安全为主，对井下管柱受力情况或裂缝改造程度等压裂效果均无法得到模拟分析，也无法根据实际地质变化而做出实时最优经济决策，压裂效果难以保证。现场压裂技术人员主要根据个人经验，无法发挥多专家协同决策工作机制；一旦现场工作面增多，技术人员不足，则压裂施工无法得到有效管理。因此，有必要建设适用于油田自身情况的压裂施工远程决策指挥中心。

（4）传统压裂难突破技术瓶颈的需求。传统的石油工程压裂理论体系对非常规水平井体积压裂适用性较弱。复杂的地质、工程参数与产量之间的内在联系难以用石油工程物理模型计算，因此，压裂参数优化依靠传统压裂方法难以产生新的突破，面临技术发展瓶颈。而如今大数据人工智能算法发展迅速，可以用于揭示多因素之间隐含的内在关联模型，给予了数字化技术赋能的空间，是压裂技术发展的新方向[4-11]。

在国外已有成功案例：Drill2Frc 公司[12-13]使用自研计算引擎形成一个井筒数据集（“甜点”剖面+钻井机械比能+气测）+神经网络+最优化算法，建立产能与数据集的映射，通过数据驱动优化水平井射孔簇位置、预测产能及完井参数优选，在北美 6 个页岩盆地试验 30 口井，平均产量比未优化 78 口井增产 27%。

2 油公司压裂数字化方案

2.1 建设目标

鉴于油公司模式主要关注数据资源管理、压裂业务掌控、质量安全监控、方案设计优化四大方面内容，本方案暂不涉及智能压裂材料、裂缝监测、设备及工具等研发方面内容。

方案建立如下目标：围绕压裂工程数字化转型技术需求，建设最终实现压裂数据全链接、压裂业务全感知、施工质量全管控、方案优化全智能、协同工作环境平台化，建成智能压裂远程决策中心，保障压裂改造质量，提高油藏生产效果，同时降低人力资源消耗，提效降本。

2.2 顶层框架

基于数字化转型五大基本要素：数据采集、数据中台、后台模型、前端应用、系统平台，压裂数字化运行顶层设计框架可以分解为：首先建立好压裂工程数据库，再基于物理或数据驱动模型，应用在业务感知、远程决策和方案优化中，最终集成在统一的协同工作平台中，在标准规范及管理制度下顺利运行，如图 1 所示。研究任务、攻关目标及主要功能详见参考文献[14]，在此不再赘述。

2.3 关键技术

顶层设计包含软件系统研发和配套管理制度两大部分，其中软件部分统称为智能压裂决策一体化平台。

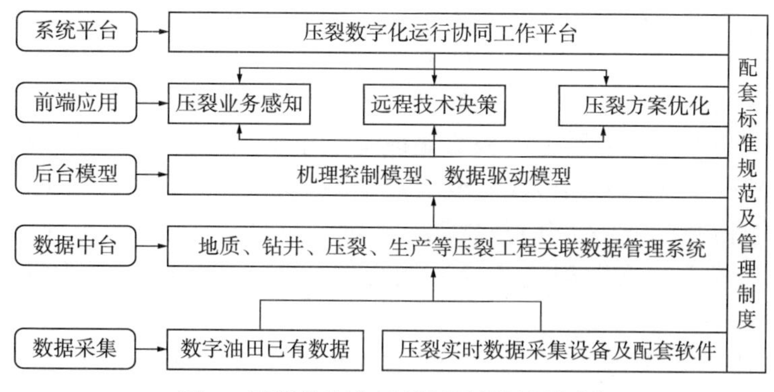

图 1　压裂数字化运行顶层设计框架图

按照顶层框架思路，可以细分成以下压裂数字化发展整体技术框架，如图 2 所示。值得注意的是：数据管理、业务感知、远程决策和方案优化四大模块基本不变，是构成油公司智能压裂系统的基础，从左至右，研发难度依次增加。而三级子模块可根据具体业务需求而优化。新疆油田根据业务需求和目前技术成熟度，将三级子模块暂定为 16 个(2023 年)。

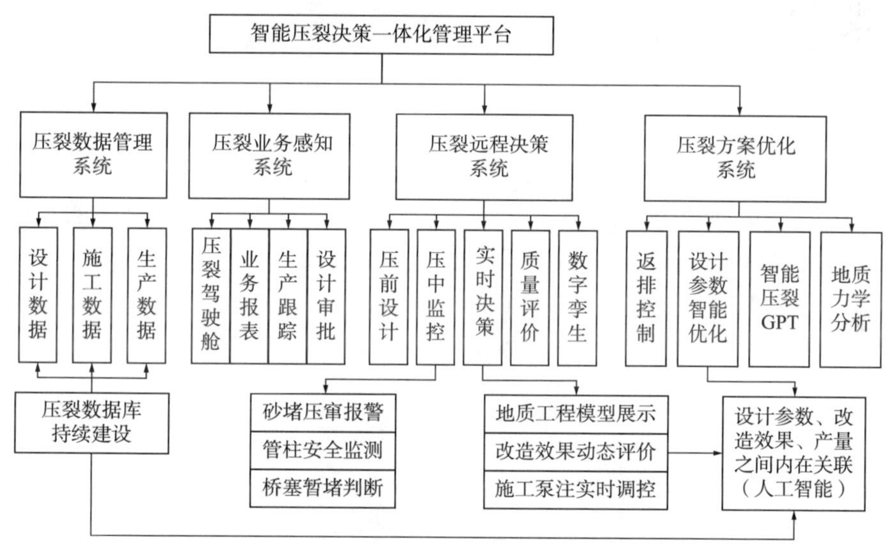

图 2　新疆油田智能压裂决策平台整体技术框架(2023 年)

其中，压裂远程决策与压裂方案优化两大系统为技术核心，包括：压前设计、压中监测、实时决策与调控、施工质量评价、压裂过程数字孪生、返排控制分析、设计参数智能优化，辅助以智能压裂 GPT 和地质力学分析。

(1) 压前设计：立足各油田自身的压裂标准设计模板，建立一套压裂在线设计生成系统，设计人员按照采油工程方案要求，录入少量关键设计参数，自动生成一份标准设计文档，通过网络审批及数据存储，大幅降低压裂设计的人力资源消耗和节约打印纸张，高效、经济、环保；最重要的是实现设计数据自动入库，方便在压中监测及质量评价模块对比应用。

(2) 压中监测：在施工质量方面，重点是实时判断桥塞坐封情况，动态监测桥塞是否滑移。如果是多簇射孔暂堵压裂工艺，则暂堵有效性也是判断重点。在施工安全方面，大规模压裂中主要有套管变形风险、砂堵风险和压窜邻井风险。

涉及的关键技术主要是施工曲线工况判断技术(推球、试挤、前置、携砂、顶替等工序的时机判断)、桥塞有效性实时判断、暂堵工艺有效性判断、砂堵风险识别、套变风险预警、邻井井口压力实时监测等[15-18]。

(3) 实时决策与调控：本部分的核心是改造效果的动态评价。技术思路如下：基于机器学习方法建立地质条件、工程参数与改造效果(主要包括：缝长、缝宽、缝高、SRV、导流能力)之间的代理模型，接入实时数据动态评价；辅助以商业地质工程模拟软件，展示地质模型和压裂设计模型。根据裂缝及导流能力设计需求，实时调整泵注设计参数，远程决策。

涉及的关键技术主要是基于人工智能的压裂改造效果动态评价、泵注实时调整程序[19]。

(4) 施工质量评价：主要是根据施工曲线自动提取关键数据(砂量、液量、排量、砂比、砂浓度、前置液比例等)，系统自动生成施工质量评价报告，主要包含实时数据传输质量、设计概况、风险监测、改造效果等，为下轮压裂设计提供参考依据。

(5) 压裂过程数字孪生：对压裂井场、地面装备、井筒结构及流体入井过程可视化进行数字化三维建模。

(6) 返排控制分析：施工完成后焖井时间与排采制度的优化问题，属于方案优化的范畴。利用压裂返排数据，评价裂缝参数、改造体积，优化控制返排参数。压裂评价与返排优化一体化分析。

涉及的关键技术是知识嵌入+返排数据，机理数据双驱动[20-24]。

(7) 设计参数大数据智能优化：基于人工智能大数据分析压裂设计参数，技术原理如图 3 所示，配合压前设计模块，形成压裂设计一键式生成系统。

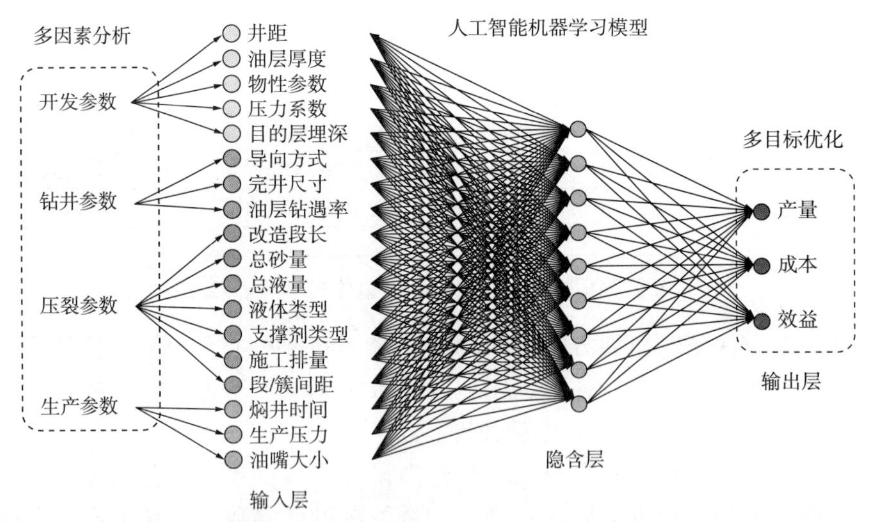

图 3　基于数据驱动的压裂设计参数优化技术原理图

涉及的关键技术主要是基于人工智能算法的产能预测、裂缝模拟、段/簇位置优化、压裂规模与施工参数优化[25-27]，后台模型以数据驱动为主，物理模型为辅。

(8) 智能压裂 GPT：当大量的压裂数据入库后，如何进一步利用是至关重要的问题。2023 年 GPT 大热，人工智能的应用前景广阔，因此顶层框架中设计了智能压裂 GPT 模块。用户直接输入想要查询的数据，系统查询生成，大幅节约数据搜索时间，方案设计效率更高。

涉及的关键技术是：压裂数据结构化处理技术、自然语言处理技术（NLP）、SQL语句智能生成技术。

（9）地质力学分析：地质力学是建立地质工程一体化的桥梁，是钻井工程安全密度窗口分析的基础，更是压裂裂缝扩展模拟的基础，重要性不言而喻。目前，油田公司做了大量岩石力学实验和测井资料的地质力学分析，但未能实现力学资料在各个专业间的互利共享，难免出现许多重复工作，不利于整个油田开发中地质力学专业的发展。如果能建立油田公司模式下统一的地质力学数据库，各专业将地质力学实验与分析数据存储在库里，应用时根据需要随时调用，将有利于建立整个油田区块的地质力学剖面，更好地服务于地质、钻井和压裂工程。

涉及的关键技术是经典的地质力学计算模型，以物理驱动模型为主。

3 油田现场实践应用

新疆油田按照“整体设计、分步实施、逐步完善、边建边用”的原则，制定了压裂数字化三大发展阶段。

3.1 第一阶段（2020—2022年）

主要任务是搭建压裂数字化管理平台，完成基础数据库建设和业务感知部分内容。

本阶段最大特征是需要既懂信息化又掌握专业的综合性研究人员，梳理好压裂相关的数据结构，形成相对完整的数据字典。2020—2022年，新疆油田智能压裂项目组建设了压裂工程大数据库基础模型，覆盖压前准备、压裂设计、压裂施工、压后评估及生产统计五大类，包含63张数据表1027个压裂相关数据字段，涵盖了油田现有的压裂业务需求。

为获取设计、施工及生产数据，配套研发了设计审批系统、压裂施工成果数据采集系统、压裂关键数据录入系统，生产数据则自动链接中国石油天然气集团公司统建的油水井生产数据管理系统（A2）数据。初步形成压裂数据管理系统。

目前，压裂感知系统主要由压裂驾驶舱、生产跟踪、业务报表、设计审批四大模块组成，后期根据公司业务需求逐渐扩展（图4）。

第一阶段完成后，压裂相关数据查询及生产跟踪业务时间缩短75%，设计审批系统每年节约经费超过200万元。

3.2 第二阶段（2022—2024年）

在数据库及基本的业务需求数字化完成后，开始第二阶段；本阶段重点建设压裂远程技术决策系统。2022年开始建设压裂远程实时监测系统，已通过川庆EISS系统实现压裂数据实时回传，形成“单人对多井”的施工监测模式（图5），主要具有砂堵、压遇天然裂缝、邻井压窜、桥塞失效判断、暂堵工艺判断、超施工限压报警等6大施工风险报警功能（图6），满足压裂远程监测需求。

2023年新疆油田公司启动水平井压裂远程监测现场试验，重点攻关工况复杂报警精度提升、管柱安全及SRV动态评价技术、压裂设计数据管理系统（实现设计数据自动入库，完成设计与施工数据的对比分析和评价等内容），完成远程监测到远程决策的技术升级。

第二阶段完成后，压裂设计编制时间缩短50%，在线设计数据入库率100%，系统监测报警精度提升至80%以上，监测井90%以上段有效改造。

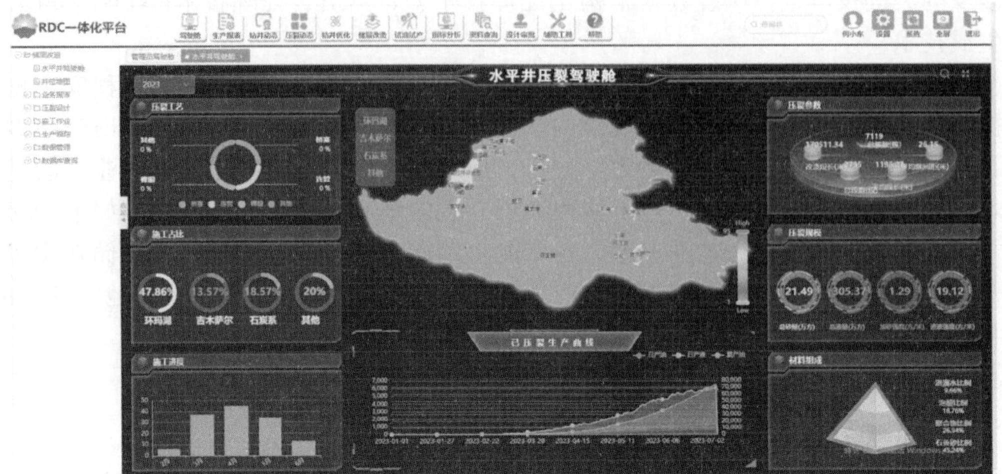

图4 压裂驾驶舱主界面设计图

压裂远程监测系统

序号		施工状态	区块	井号	井别	井型	生产单位	改造层位	压裂工艺	设计段数	当前段数	实时时间	当前工况	报警信息	施工压力MPa	施工排量m³/min
1		● 正在压裂	吉172	JHW73-11	自主实施井	水平井	吉庆油田作业区	P2l12-2	桥塞射孔	25	23-2	2023-07-09 18:15:39	前置	暂堵升压5.43MPa	56.58	3.99
2		● 正在压裂	八256	HW83028	开发井	水平井	开发公司	P2w3	连管拖动	12	9	2023-07-09 18:15:37	前置	正常	52.33	0.73
3		● 正在压裂	一区石炭系	HW1136	开发井	水平井	开发公司	C	桥塞射孔	0	3	2023-07-09 18:15:33	加砂	正常	39.55	14.05
4		● 压裂暂停	吉172	JHW72-43	自主实施井	水平井	吉庆油田作业区	P2l22-3	桥塞射孔	41	33	2023-07-09 17:27:29	本段结束	正常	0.00	0.00
5		● 压裂暂停	吉172	JHW72-48	自主实施井	水平井	吉庆油田作业区	P2l22-3	桥塞射孔	46	21-2	2023-07-09 17:02:09	本段结束	暂堵正压差比值：26.46%	41.80	0.13
6		● 压裂暂停	吉172	JHW71-37	自主实施井	水平井	吉庆油田作业区	P2l12-3	桥塞射孔	43	28-1	2023-07-09 16:59:22	本段结束	正常	1.05	0.00
7		● 压裂暂停	一区石炭系	HW1219	开发井	水平井	开发公司	C	桥塞射孔	13	4	2023-07-09 13:22:52	本段结束	桥塞坐封正常	22.34	0.00
8		● 压裂暂停	吉172	JHW72-44	自主实施井	水平井	吉庆油田作业区	P2l22-3	桥塞射孔	43	39-2	2023-07-09 13:15:13	本段结束	正常	0.00	0.00
9		● 压裂暂停	一区石炭系	HW1251	开发井	水平井	开发公司	C	桥塞射孔	10	3	2023-07-09 11:20:10	本段结束	施工限压超压	42.38	0.00
10		● 压裂暂停	吉172	JHW72-31	自主实施井	水平井	吉庆油田作业区	P2l12-3	桥塞射孔	47	44-1	2023-07-09 09:58:37	本段结束	正常	45.51	0.20
11		● 压裂暂停	一区石炭系	HW1218	开发井	水平井	开发公司	C	桥塞射孔	0	3	2023-07-09 09:16:04	本段结束	正常	24.24	0.00
12		● 压裂暂停	一区石炭系	HW1154	开发井	水平井	开发公司	c	桥塞射孔	10	4	2023-07-09 05:50:36	本段结束	桥塞坐封正常	18.67	0.00
13		● 压裂暂停	吉172	JHW72-15	自主实施井	水平井	吉庆油田作业区	P2l12-2	桥塞射孔	40	29-2	2023-07-09 05:49:32	本段结束	正常	55.30	0.00
14		● 压裂暂停	玛2	Ma20016_H	评价井	水平井	玛湖勘探开发项目部	T1b22	连管拖动	40	12	2023-07-07 16:50:26	本段结束	施工限压超压	26.07	0.00

图5 新疆油田压裂远程监测系统(动态监测)

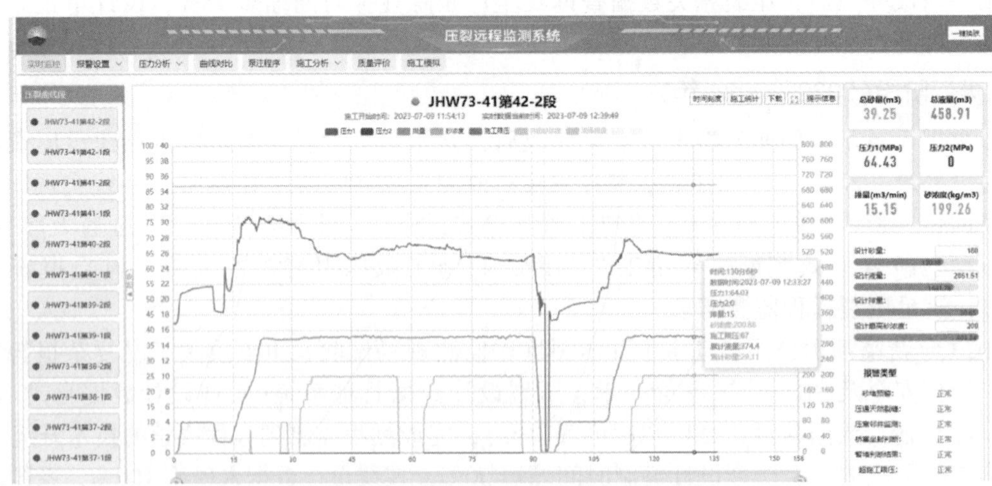

图6 新疆油田压裂远程监测系统(施工监测)

3.3 第三阶段(2023—2025年)

主要完成压裂方案智能优化的四大子模块内容(图2)，压裂设计参数智能优化正在研发中，已经建立大数据机器学习模型，正在研发配套的软件系统；其他三个模块正在立项策划中，其中智能压裂GPT已经和战略合作方形成设计原型。

第三阶段完成后，新疆油田有望实现压裂数字化转型；“十四五”末，压裂技术迈入智能化发展阶段。

4 结论与建议

(1) 本文梳理了油田公司所需的压裂数字化业务需求，并根据智能压裂技术发展现状设计了压裂数字化顶层设计方案，明确了配套的关键技术攻关方向。

(2) 新疆油田通过现场实践探索出一条适合自身压裂数字化转型的发展道路，目前基本形成了压裂施工风险自动预警系统，后期逐步向实时决策、智能设计方向拓展。

(3) 压裂数字化建设是技术攻关和信息化的高度结合，不能一蹴而就。首先做好顶层方案及进度规划，解决好技术具体实施思路，然后一步一个脚印，最终才能形成适应油田业务特色的数字化系统。

(4) 数字化建设首先要建设好基础数据库，没有数据，一切数字化皆为空中楼阁；落实好数据来源，将业务数字化，才是数字化的起点。

参 考 文 献

[1] 王欣，才博，李帅，等．中国石油油气藏储层改造技术历程与展望[J]．石油钻采工艺，2023，45(1)：67-73.

[2] 蒋廷学，周珺，廖璐璐．国内外智能压裂技术现状及发展趋势[J]．石油钻探技术，2022，50(3)：1-7.

[3] 盛茂，李根生，田守嶒，等．人工智能在油气压裂增产中的研究现状与展望[J]．钻采工艺，2022，6(2)：1-5.

[4] ALARIFI S A，MISKIMINS J. A New Approach To Estimating Ultimate Recovery for Multistage Hydraulically Fractured Horizontal Wells by Utilizing Completion Parameters Using Machine Learning [J]. SPE-204470，2021.

[5] MALHOTRA S，LERZA A，CUERVO S. Well Spacing and Stimulation Design Optimization in the Vaca Muerta Shale：Hydraulic Fracture Simulations on the Cloud[J]. SPE-204142，2021.

[6] WANG S H，CHEN S N. Insights to fracture stimulation design in unconventional reservoirs based on machine learning modeling[J]. Journal of Petroleum Science and Engineering，174(2019)682-695，2018.

[7] BAKI S，TEMIZEL C，DURSUN S，et al. Well Completion Optimization in Unconventional Reservoirs Using Machine Learning Methods[J]. SPE-206241-MS，2021.

[8] PANKAJ P，GEETAN S，MACDONALD R，et al. Application of Data Science and Machine Learning for Well Completion Optimization[J]. OTC-28632-MS，2018.

[9] THATCHER J，REHMAN A，GEE I，et al. AI for Production Forecasting and Optimization of Gas Wells：A Case Study on a Middle-East Gas Field[J]. SPE-208658-MS，2021.

[10] CLAR F H，MONACO A，PLUSPETROL S A. Data-Driven Approach to Optimize Stimulation Design in Eagle Ford Formation[J]. Unconventional Resources Technology Conference：224，2019.

[11] CROSS T，CHAPLIN J，SATHAYE K. Are Unconventional Well Performance Gains Exhausted? Investigating the Drivers of Year-over-Year Production Improvements Across the Major US Unconventional Plays Using Ma-

chine Learning[J]. Unconventional Resources Technology Conference: 5263, 2021.

[12] DOWNIE R, DAVES D. Improving hydraulic fracturing performance and interpreting fracture geometry based on drilling measurements[C]//SPE Hydraulic Fracturing Technology Conference and Exhibition, February 5-7, 2019, The Woodlands, Texas, USA. Richardson, Texas, USA: OnePetro, 2019.

[13] WUTHERICH K, SRINIVASAN S, RAMSEY L, et al. Engineered diversion: using well heterogeneity as an advantage to designing stage specific diverter strategies[C]//SPE Canada Unconventional Resources Conference, March 13-14, 2018, Calgary, Alberta, Canada. Richardson, Texas, USA: OnePetro, 2018.

[14] 何小东，朱智华．油公司压裂工程数字化转型关键技术方案及运行方式探讨[C]．中国油气智能科技大会——第五届石油石化人工智能高端论坛暨第八届智能数字油田开放论坛，2022.

[15] BEN Y X, PERROTTE M, EZZATABADIPOUR M, et al. Real-Time Hydraulic Fracturing Pressure Prediction with Machine Learning[J]. SPE-199699-MS, 2020.

[16] YU X D, TRAINOR-GUITTON W, MISKIMINS J. A Data Driven Approach in Screenout Detection for Horizontal Wells[J]. SPE-199707-MS, 2020.

[17] SHEN Y C, CAO D Z, RUDDY K, et al. Deep Learning Based Hydraulic Fracture Event Recognition Enables Real-Time Automated Stage-Wise Analysis[J]. SPE-199738-MS, 2020.

[18] HOLLEY E, MARTYSEVICH V, COOK K. Using Automation While Pumping to Improve Stimulation Uniformity and Consistency: A Series of Case Studies[J]. SPE-199742-MS, 2020.

[19] MONDAL S, GARUSINGHE A, ZIMAN S, et al. Efficiency and Effectiveness-A Fine Balance: An Integrated System to Improve Decisions in Real-Time Hydraulic Fracturing Operations[J]. SPE-209127-MS, 2022.

[20] MAITY D, CIEZOBKA J. Designing a robust proppant detection and classification workflow using machine learning for subsurface fractured rock samples post hydraulic fracturing operations[J]. Journal of Petroleum Science and Engineering, 2019, 172: 588-606.

[21] NIU W, LU J L, SUN Y P. Development of shale gas production prediction models based on machine learning using early data[J]. Energy Reports, 2022, 8: 1229-1237.

[22] GUO W, ZHANG X W, KANG L X, et at. Investigation of flowback behaviours in hydraulically fractured shale gas well based on physical driven method[J]. Energies, 2022, 15(1): 325.

[23] 郭建成．基于神经网络分析的四川龙马溪组页岩储层返排率及产能预测研究[D]．北京：中国石油大学(北京)，2020.

[24] 刘可，聂帅帅，高海军，等．基于支持向量机的水力压裂返排率优化[J]．承德石油高等专科学校学报，2020，22(3)：25-31.

[25] MOROZOV A D, POPKOV D O, DUPLYAKOV V M, et al. Data-driven model for hydraulic fracturing design optimization: focus on building digital database and production forecast[J]. Journal of Petroleum Science and Engineering, 194(2020)107504, 2020.

[26] DUPLYAKOV V M, MOROZOV A D, POPKOV D O, et al. Data-driven model for hydraulic fracturing design optimization. Part Ⅱ: Inverse problem[J]. Journal of Petroleum Science and Engineering, 208(2022) 109303, 2021.

[27] 黄家宸，张金川．机器学习预测油气产量现状[J]．油气藏评价与开发，2021，11(4)：613-620.

数据智能化水平井导向技术应用

丁大鹏

（大庆钻探工程公司）

摘　要：石油产业的发展要求石油钻井技术需要向着智能化方向发展，对地质导向技术提出了更高要求。本文简述构建智能化数据化水平井导向新技术的发展框架，总结技术难点，将智能化数据化、专家远程决策、地震资料、蚂蚁体追踪、元素分析等水平井导向技术相结合，实现钻头前方针对性预测、构造变化研判及智能化轨迹控制来提高优质钻遇率，具有良好应用前景。

关键词：智能化；数据化；地质导向；远程决策

由于深层地层的特殊地质构造，采用中浅层常规地质导向技术时，最终导致地质导向优质储层钻遇率低，这就对地质导向技术提出了更高的要求。面对深层水平井新井型、新挑战，在专家团队的指导下，以提质提效为目标，以两案一优一结为基础，以地质工程一体化理念为指导，以 EISC 远程支持平台为手段，由传统钻井向数智钻井转变，实现了由经验钻井向科学钻井跨越，数智化导向技术成为钻井技术发展的必然趋势。钻井提速提效是系统工程，地质是钻井的一部分，钻井为实现地质目的，地质为安全高效钻井服务。工程服从地质，地质兼顾工程，互为指引并相互论证，地质做好工程师的助手，发挥信息多部门数据共享优势、井场工程技术支持中心、构建多部门技术人员紧密沟通、集中办公讨论解决疑难、确定下步方案等地质工程一体化工作模式。

1　当前水平井导向技术需求

1.1　数据化、智能化地质导向技术需求

数智化导向技术成为钻井技术发展的必然趋势。钻井提速提效是系统工程，地质是钻井的一部分，钻井为实现地质目的，地质为安全高效钻井服务，并集成智能化软件应用，采用优快分析技术，提升钻井施工效率，实现数智化转型的目标。

1.2　深层水平井地质导向技术难点

深部复杂层岩性以中基性火山岩为主，局部发育酸性火山岩和低水化度硬脆性泥岩页岩，在漫长的地史发展过程中经历了多次构造运动，因而各种构造裂缝和成岩裂缝较为发育，钻进过程易发生井壁坍塌，井壁稳定问题严重，一旦发生井壁坍塌，极易导致憋跳、阻卡、填埋钻具等风险。

1.3　当前技术瓶颈

地质导向技术是 20 世纪 90 年代在随钻测量技术逐渐成熟基础上发展起来的一项新型

作者简介：丁大鹏（1981—），2007 年毕业于大庆石油学院石油工程专业，现任大庆钻探 EISC 中心地质分析工程师，通讯地址：大庆市让胡路区龙十路 12 号。E-mail：70018496@qq.com。

综合性技术，把钻井技术、测井技术及油藏工程技术融为一体[1]，利用随钻测量系统将测到的接近钻头处的井眼地层参数和井斜参数实时传输到地面，再利用地面软件系统实时做出解释与决策。从而实现真正的地质导向，降低井下施工风险，提高勘探开发效率，提高水平井的储层钻遇率和优质钻遇率[2]。

地质导向技术已经成为世界上各大油田钻井的首选技术。早在1993年斯伦贝谢、贝克休斯、哈里伯顿等公司推出这项技术以后，在北美、中东、墨西哥湾等地进行了大范围应用，现场应用中对提高单井日产量和老井复活发挥了重要作用，同时对提高机械钻速和井身质量，降低井下复杂和风险也发挥了重要作用[3]。与国外相比，我国地质导向技术存在起步晚、技术滞后、核心技术未取得突破等问题，一些高性能的无线随钻测量系统还是需要从斯伦贝谢、贝克休斯、哈里伯顿等公司引进，以满足国内深井、超深井等复杂油气藏钻井需求[4]。

2 数智化水平井导向技术应用

2.1 数智赋能，为高效地质导向发力

大庆钻探以EISC实质化运作为中心，以用促建，逐步牵引数字化采集、传输、存储和应用四平台软硬件的完善升级。以建促用，使专家人才逐步聚集，水平能力不断提高，达到少人高效。

信息化建设方面采用4G、卫星传输等多种通信手段，将钻井现场多专业数据、视频传输回后线，组建涵盖地质、工程、水平井导向等多个专家团队，运用远程监督检查、远程风险分析、远程综合导向等功能对现场进行指导与决策。同时基于大数据知识库平台，结合多井地层对比等，为前线导向提供更高效信息化服务。图1为工作流程图。

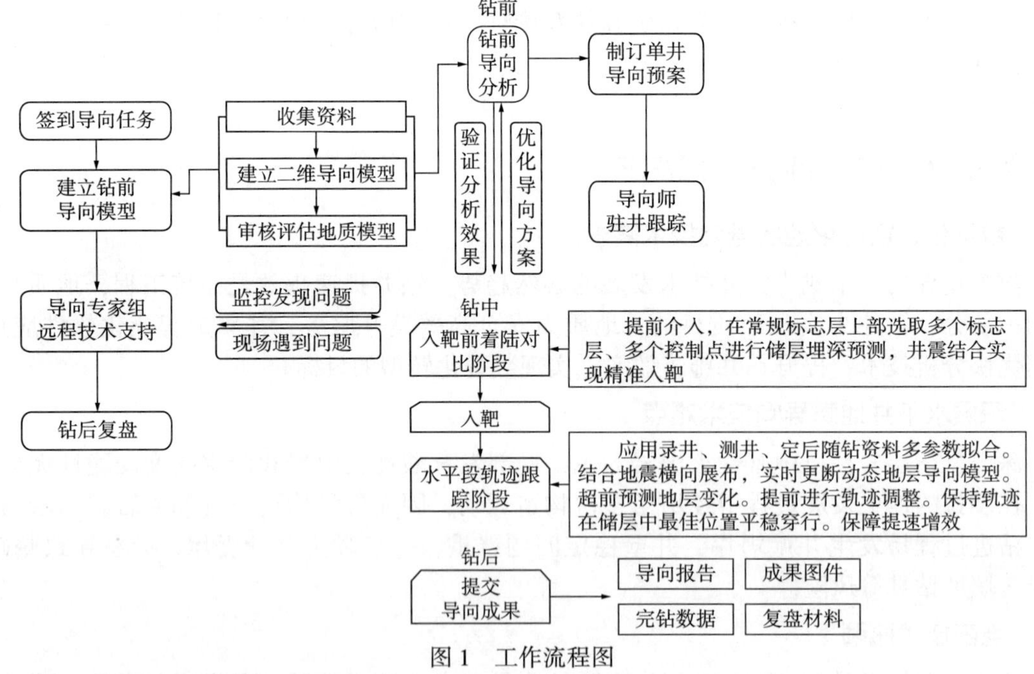

图1 工作流程图

2.2 地质导向综合模型建立技术

(1) 提升地震数据应用水平，对各个目标层进行层校正，得出构造模型。图2为构造模型图。

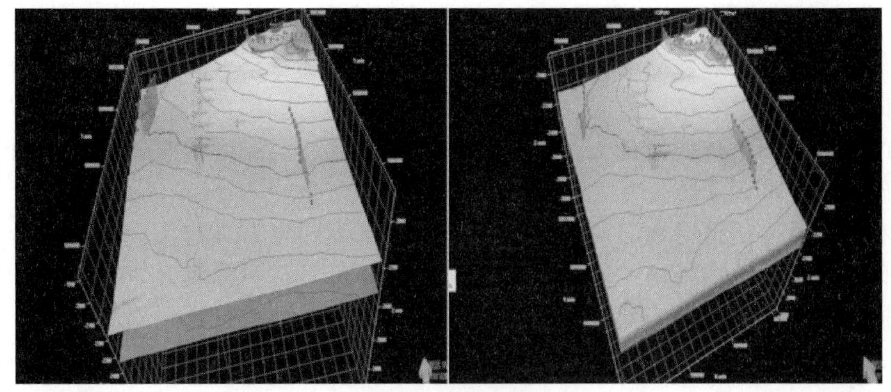

图 2　构造模型图

（2）应用地质导向系统软件基于设计轨迹结合伽马反演技术，建立初始构造模型。伽马反演技术在中浅层水平井建模中能够反映储层垂向发育情况，对水平段轨迹调整具有很好的指导意义，但在深层水平井中，伽马的高低不能反映储层的好坏，因此伽马反演在深层水平井中具有一定的局限性；但在应用地震基础上，导入地震体通过蚂蚁体属性追踪识别不同规模裂隙断层风险（图 3 为蚂蚁体平面图），使其初步掌握实际井下地质变化情况，优选钾、钙、硅、铝等参数建模，提高地质模型精度。图 4 为参数模型图。

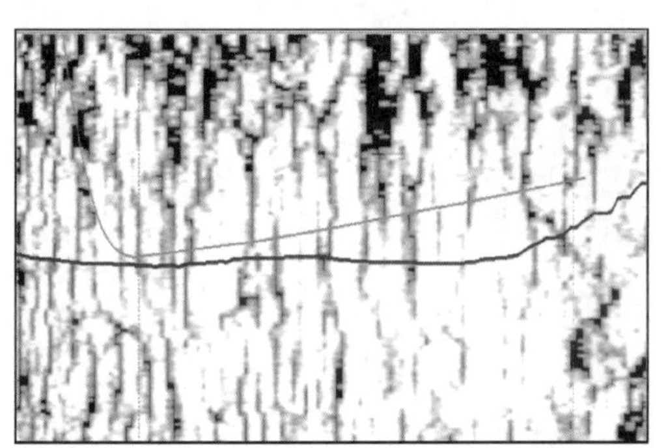

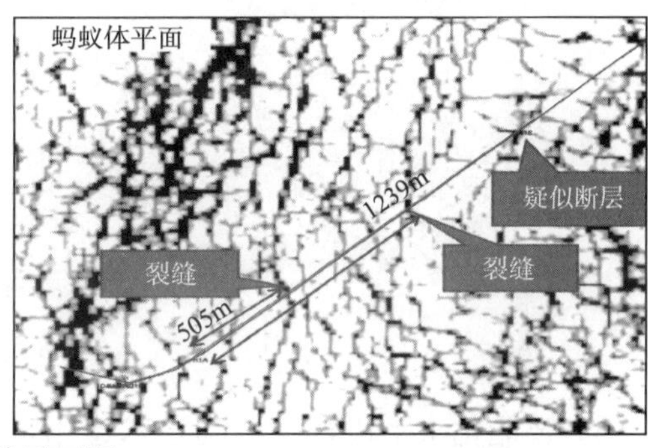

图 3　蚂蚁体平面图

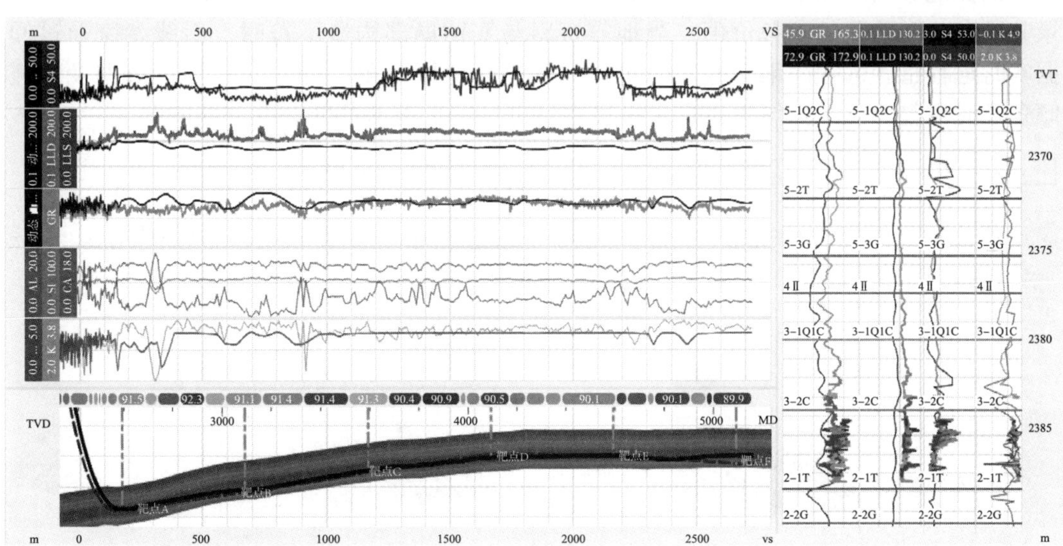

图 4　参数模型图

2.3 智能化在着陆点预测、水平段控制、钻中修模应用

（1）依托现场多专业数据回传至作业支持中心，后线专家可同时远程决策分析指导前线多井导向施工。依据实钻标志层深度，围绕 Starsteer 功能软件系统，校正地震反演剖面，在校正后的反演剖面上依据设计方位及靶前距，拾取目的层深度信息，从而及时优化待钻井轨迹，确保轨迹准确着陆。

（2）利用元素分析进行地层对比主要地质依据是不同岩石具有不同矿物组合，矿物具有一定的化学成分，组成矿物的基本单元为元素，分析岩石中常见元素的变化，就可以区分岩性，通过连续分析地层中元素变化，形成实时分析曲线进行地层对比。图 5 为入靶轨迹跟踪图。

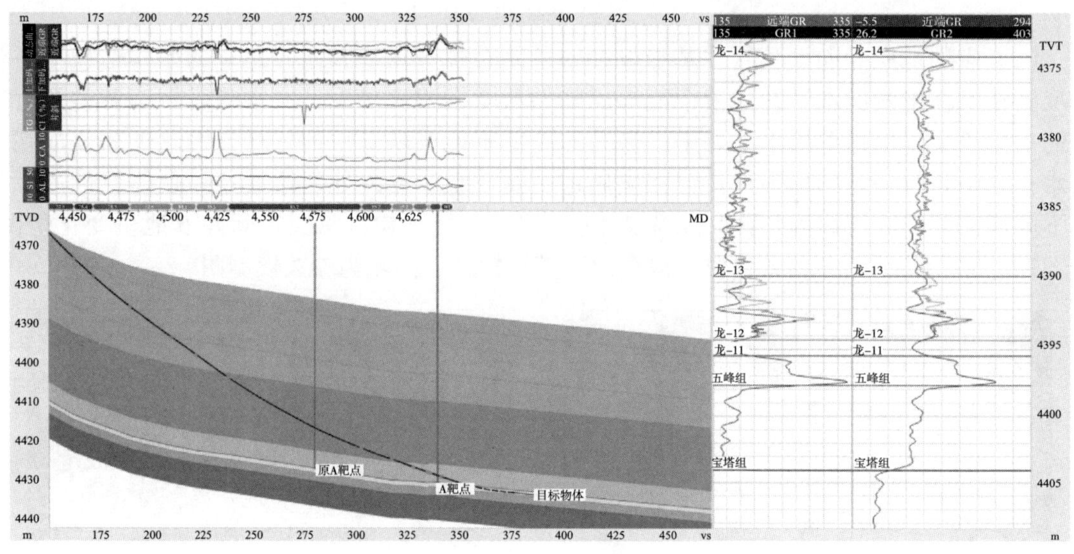

图 5　入靶轨迹跟踪图

（3）智能化水平段轨迹控制技术运用地震资料，能够清晰地反映地层的构造趋势。地震反演剖面能够反映储层横向展布特征(图 6 为地震预测剖面图)，为导向提供更多信息，对录井导向具有重要的参考价值。当地震资料与实钻局部构造不符时，后线专家通过回传数据实时远程指导远程决策，并实时进行曲线拟合地层倾角，参考元素分析数据及地震预测倾角及时调整轨迹，指导轨迹在水平段中钻进。图 7 为油藏剖面综合导向图。

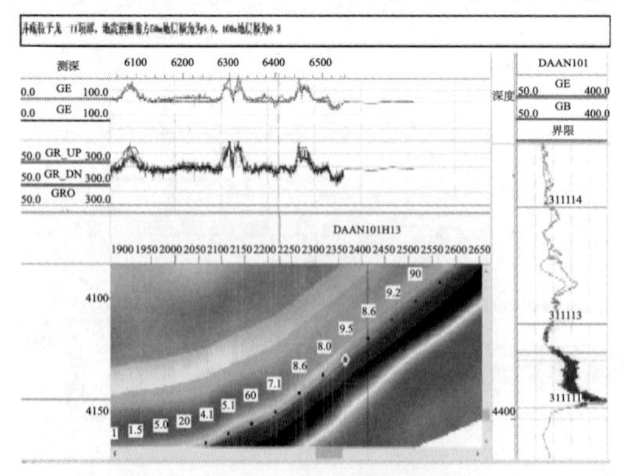

图 6　地震预测剖面图

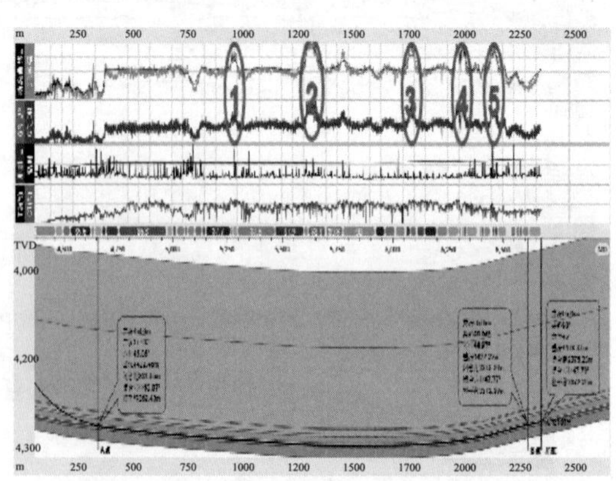
图 7　油藏剖面综合导向图

(4) 气测反演技术优选储层最佳位置钻进。在深层天然气水平井导向过程中，应用气测反演技术建立导向模型，能够在储层中区分出气测较好位置，依据储层垂向上气测显示的不同，指导轨迹沿气测较好位置钻进。

3 现场应用

在现场应用过程中，经过专家对某井的 2 次预案审核，为规避施工风险点，结合导向模型，与地震及定向沟通，进行地质工程一体化分析，完善施工方案及优化轨迹，应用 StarSteer 软件通过随钻曲线实时拟合地层倾角，应用元素分析辅助判断轨迹位于储层中的位置，结合地震宏观上对轨迹控制起到指导作用。以地质工程一体化理念为指导，以 EISC 远程支持平台为手段，实现由经验钻井向科学钻井跨越；后线专家组与现场导向师、钻井队、定向组、录井队密切配合进行远程决策，优质高效地完成导向任务。

4 结论

(1) 利用导向技术软件在钻前针对邻井低效率事件建模，查摆提速空间，钻中监控施工状态并进行钻后复盘总结助力钻井施工；应用 EISC 远程支持现场施工，实现现场多工种协同工作、实时跟踪、全程管控的一体化指挥中心，让前后线联动零距离、零延时；并不断完善管理制度，多措并举。

(2) 根据深层地层特点，通过融合数智化导向理念、综合导向模型、元素分析技术和 StarSteer 功能软件，应用于着陆点预测和水平段控制等技术措施，最终研究出一种适用于提高深层水平井优质储层钻遇率的地质导向方法。

(3) 在现场应用中，该深层水平井优质储层钻遇率的地质导向方法大幅度提高了深层水平井优质储层钻遇率，取得了较好的社会效益和经济效益，为油田深层天然气勘探开发提供了技术支撑，具有良好的应用前景。

(4) 智能化钻井技术是现代钻井的最终发展方向，随着智能化钻井技术的不断发展完善，适应能力在不断增强，应用范围在不断扩大，该技术必将在油田勘探开发后期实现大位移井、长水平段水平井、三维多目标井、特殊工艺井方面发挥越来越重要的作用。

参 考 文 献

[1] 许朝辉，王智明，姜天杰 . 钻井液正脉冲器原理研究[J]. 石油矿场机械，2011，40(7)：28-30.

[2] 刘景超，党瑞荣，马认琦 . 导向钻井命令下传的实现方法及参数分析[J]. 电气应用，2016，35(5)：38-41.

[3] 刘均，袁峰 . 钻柱和地面管道对随钻测量技术连续波信号的滤波特性分析[J]. 化工自动化及仪表，2015，42(7)：753-759.

[4] LI H T，MENG Y F，LI G. Effects of suspended solid particles on the propagation and attenuation of mud pressure pulses inside drll string[J]. Joural of Natural Gas Science and Engineering，2015，22(12)：340-347.

中国海油海外钻完井数字化关键技术进展及展望

朱海峰　王支柱　李　强

（中国海洋石油国际有限公司）

摘　要：为深入贯彻国家落实关于网络强国、数字中国、“新基建”等要求，全力推进数字化转型、智能化发展，推动云计算、大数据、人工智能、物联网等技术与石油石化工业深度融合，加强“智能油气田、智能炼化厂、智慧管网和智慧加油站”建设，加快石油石化企业数字化转型进程、实现石油石化企业高质量发展。根据国家和中国海洋石油集团有限公司的整体要求，针对海外资产的特点和面临的挑战，海油国际启动海外钻完井数字化系统建设，完成对海外所有钻完井数据的采集、迁移和分析工作，建立钻完井数据存储规范，提升数据质量，助力海油国际对海外资产的管控和提效。

关键词：数字化；智能油气田；人工智能；云计算；管理体系

中国海洋石油国际有限公司（以下简称海油国际）主要负责中国海油在境外20余个国家海外油气资产的勘探、开发、并购及经营管理。按照中国海洋石油集团有限公司（以下简称中国海油集团公司）对海外业务高质量发展的要求，针对海外资产的特点和面临的挑战，海油国际持续优化海外投资、深化海外勘探研究、提升生产组织管理效能、加强国际化资产运营管控能力。

1　背景及意义

1.1　国家信息化发展战略要求

国家高度重视数字经济的发展，已将其上升为国家战略。加快推动数字产业化，依靠信息技术创新驱动，不断催生新产业、新业态、新模式，用新动能推动新发展。要推动产业数字化，利用互联网新技术新应用对传统产业进行全方位、全角度、全链条的改造，提高全要素生产率，释放数字对经济发展的放大、叠加、倍增作用。

1.2　全球油气行业信息化数字化技术应用趋势

最近几年全球政治、经济、公共安全方面的局势快速变化，特别是全球化的影响，扩散加剧了油价波动，全球油气行业面临巨大的挑战和高度的不确定性。国内外主要油气公司纷纷投入各种应对措施，其中以信息化和数字化技术为代表的技术创新是最主要的应对手段。全球各大石油公司纷纷将数字化转型作为未来发展的战略方向之一，推进石油海外勘探、生产经营全流程数字化、智能化改造，通过信息化数字化来降低成本，让油气资产利用配置和公司管理更加智能高效，通过数字化转型实现降本增效已经成为行业共识。

作者简介：朱海峰（1984—），2006年毕业于西安石油大学资源勘查工程专业，获学士学位，现任中国海洋石油国际有限公司工程技术分中心经理，从事海外钻完井等方面管理和技术工作，高级工程师。通讯地址：北京市朝阳区太阳宫南街6号中海油大厦A座。E-mail：zhuhf@ cnoocinternational. com。

1.3 国内外钻完井采集工具调研

中国海油集团公司对钻完井的数字化工作提出“一个平台、一套系统、一湖数据、一套标准”。此外，国内已统一采用 WellReport 平台进行数据填报和采集，并计划按照相关标准和体系，统一存入数据湖管理，数据量达 14 万条，历史数据迁移量超 760 万条。

海外钻完井专业主要涉及的信息化系统为各大石油公司广泛采用的 WellView 油气井信息管理系统。其主要功能覆盖数据采集、报表自动生成、井眼可视化和数据应用。该系统对钻井、完井、试井和修井作业数据建模，通过数据的录入和计算，减少用户数据录入工作量。系统将报表与数据联动，自动生成报表及完工报告。

中国石油 KeepDrilling 系统是一个以井筒为主线，集钻井、录井、测井、井下作业数据为一体的综合信息应用平台。它最大的特色功能，就是利用云计算、大数据挖掘等互联网新技术、新应用，实现井筒工程全生命周期信息的一体化采集和一体化应用，对传统业务管理进行全方位、全角度、全链条的改造，提高全要素劳动生产率。

2 现状分析

2.1 海外钻完井业务现状

海油国际各类油气资产广泛分布于世界各地，工程技术管理采用集中管理、统一决策、分级实施的模式，投资决策和协调统一集中在总部层面，海外项目负责具体作业执行。

海外资产包括作业者、非作业者等多种业务类型，涵盖了海上和陆上石油、天然气，以及非常规油气等多种业务领域，同时也具有多种合同合作模式。这些海外油气资产的特点决定了海油国际面对的是高度复杂的国际化经营环境，全球各种政治、文化、法律、经济风险和不确定性直接影响到公司的战略决策和日常运行，对公司的生产经营提出了巨大的挑战。

截至 2022 年，海油国际钻完井遍及 6 大洲、22 个国家的近 50 个项目，涉及总井数量超过 4000 口井，北京总部已接收海外文档超过 6 万件，每年新增文档超 5000 件。数据采集目前存在以下问题：资产类型多、海外作业量大、缺乏专业工具、人力资源不足、数据基础薄弱、遗留问题多等(图 1)。

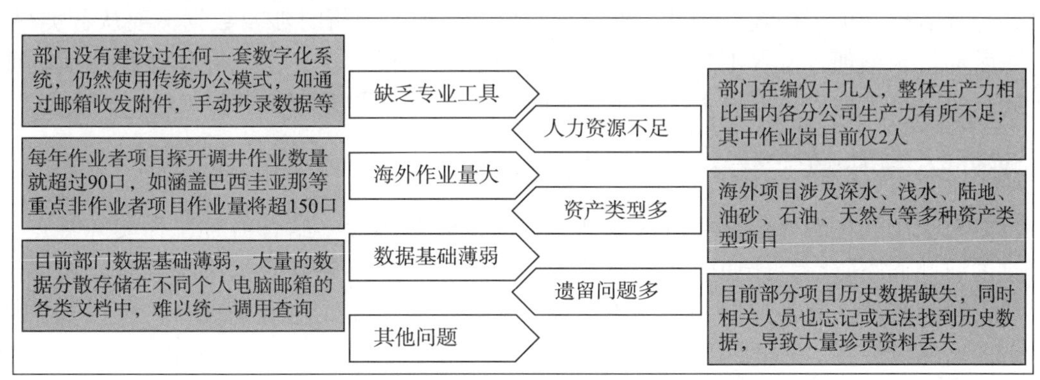

图 1　数据采集存在的问题

2.2 海外钻完井数据及其管理现状

目前海油国际尚未建立有效的数据治理体系，大量的基础数据、动态数据和成果数据以繁杂多样的原始格式长期分散保管在总部、海外项目公司，以及合作伙伴的个人计算机、共享文件夹和资料库中。作业模式的不同，导致上报的信息分散于不同格式的不同文档中。总部正在使用海油云盘存储数据，但海外无法使用；同时所有的海外数据管理及整理职责全部由总部负责。机关部门在接收、处理、保存、归档这些信息的过程中耗费大量投资和成本。同时由于没有数据库支持，数据安全、时效性无法保障，严重影响了管理效率，无法发挥数据对决策应有的价值。

2.3 存在的问题及差距

目前现有的数据管理方式和使用手段，不仅无法满足当前的业务需求，也无法满足后续业务量的增加带来的工作量的显著增加。目前需要借助数字化技术开发一套满足业务发展需求的数字化解决方案。

2.3.1 收集数据

相较国内统一使用 WellReport 采集钻完井数据，海油国际目前没有统一的数据来源，总部接收的日报，不能获取在 WellView 中的全部数据。此外，总部没有部署能够读取源文件的 WellView 系统，没有统一的采集流程和方式，总部主要依托邮箱、网盘、微信、海油云等工具获取海外数据，并没有借助统一的采集工具以优化流程，缺乏专人专岗对接海外数据，难以实现统一的数据归口。

2.3.2 查找数据

由于缺乏统一存储，导致文件分散在不同的云盘、个人电脑、邮箱和网盘，无法快速定位文件存放位置。不具备统一的文件管理工具，导致无法借助相关工具帮助查找目标文件。即使掌握目标文件存放大致路径，目前也因为云盘存储文件多，命名乱，导致查找工作效率低。文件未实施版本管理，无法辨识检索到的文件的时效性和可靠性，导致数据质量低下。对于具有很强的时效性的数据，由于存在较多历史版本，需要人工审查是否为最新版本。

2.3.3 分析数据

由于没有部署相关的数据应用系统，以及海外资产类型多、分布广的客观现状，导致在分析问题时涉及范围广，难以借助数字化的统一模板进行分析对比，目前只能人工手动统计，导致数据分析工作效率较低。没有统一数据管理，分析时涉及数据需要从各类报告、日志中手动记录整理，没有工具进行辅助。没有统一分析工具，钻完井作业往往面临作业周期短、风险高等特点，大量手工分析花费时间，导致在需要决策时效率大大降低。

3 海外钻完井数字化关键技术实施方案

针对海油国际在海外钻完井数据管理的现状及业务挑战，结合海外工作实际特点，通过详细的前期调查研究，计划建立一套适用于海油国际的钻完井数据采集系统。该系统建立将极大缓解海外钻完井数据相关的工作量，从底层工作模式上优化现有管理方式，从而为业务的高速发展提供必要的技术支撑。该项目聚焦三大建设板块：(1)建立国际钻完井数据资产目录；(2)建立钻完井数据采集系统；(3)实施国际钻完井历史数据迁移。

3.1 建立国际钻完井数据资产目录

通过前期的工作铺垫，北京总部目前收集文件约 6 万件。针对存储在总部现有的文件，需要对相关文件进行梳理。参考与借鉴国内或海油内的类似数据资产目录的规范标准与分类细则，有针对性地建设适用于海外项目的国际钻完井数据资产目录。

对于尚未传输回总部统一管理的数据，应逐一参照数据资产目录，对其中缺失的数据及文件进行系统性调研与排查。此外，还需要在数据资产目录中明确，在现有管理框架及海外法律合同允许范围内，海外业务数据资产的回传，是否存在法律风险和合规风险，详细研究是否存在某些业务数据不满足向总部回传的条件，并且，也需要在技术层面上，了解是否应当部署相关数据工具，以便总部直接读取查阅储存在总部的数据文件。

通过上述方式盘点并建立的海油国际钻完井数据资产目录，将有利挖掘数据资产价值，实现数据资产在业务层面的二次利用。对于广泛存在于总部管理及海外钻完井项目的作业日报、设计文档、科研报告，以及管理类文件等非结构化数据，该目录将有针对性地聚焦总部现有的非结构化数据资产，为后续非结构化数据入库打下坚实基础。

3.2 实现数据统一管理

该系统建成以后，具备资料收集、信息提取、智能聚类、规范化处理、资料归档、智能检索、权限管理的系统功能，针对非结构化数据，可实现按照国际公司钻完井数据的规范存储；规范化和完整性检查、及时反馈文档的规范性和完整性问题；实现不同分公司、层级、人员类型，设置相应角色及权限，执行文件的上传、删除、修改和版本管理的操作；实现作业日报、设计文档、科研报告等各类报表的收集整理；根据文件类型、文件名、内容概况对文件进行分类，实现文件按照来源、技术专业等类别分类；实现提取文档的基础信息、内容概况，对于不能直接提取的信息，使用数据转换而后提取；实现全文检索、快速检索、同义词检索、智能语义识别检索等功能、基于文件信息提取和智能聚类；实现文件分类归档并建立基本信息记录等多场景应用(图 2)。

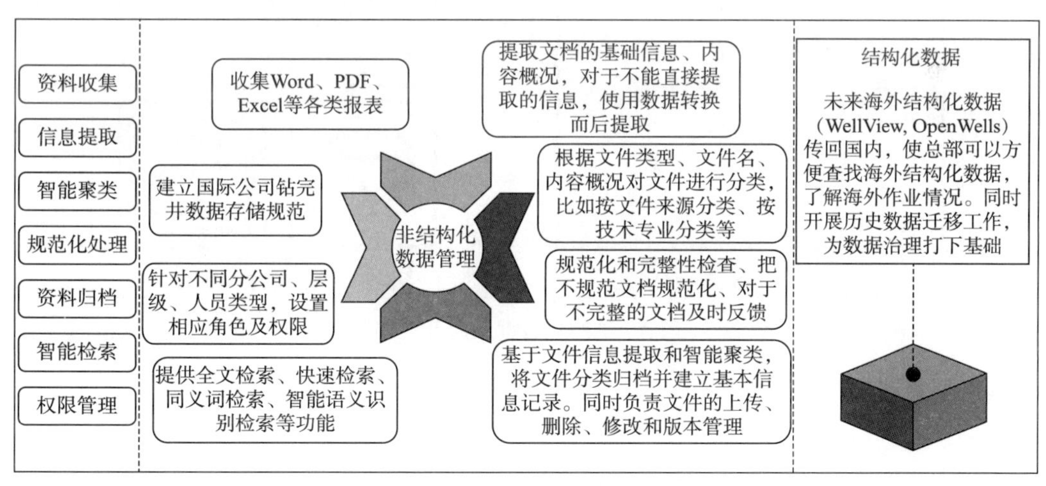

图 2　数据统一管理内容

3.2.1　数据采集

可实现上传、分类、智能搜索、在线预览、下载等功能，实现对海外文件统一存储、分类。不再使用传统邮箱、个人电脑等媒介来存储数据。

3.2.2　历史数据迁移

对总部历史数据分类并依据资产目录清传入库。方便后续对历史数据进行查找，同时对版本进行标记，了解最新上传内容。

3.2.3 开发非结构化数据转化工具

非作业者作业日志由非结构化数据转化为结构化数据。非作业者作业日志目前主要使用 WellView 及 OpenWells，每个项目的作业日志格式都相对统一(图 3)。

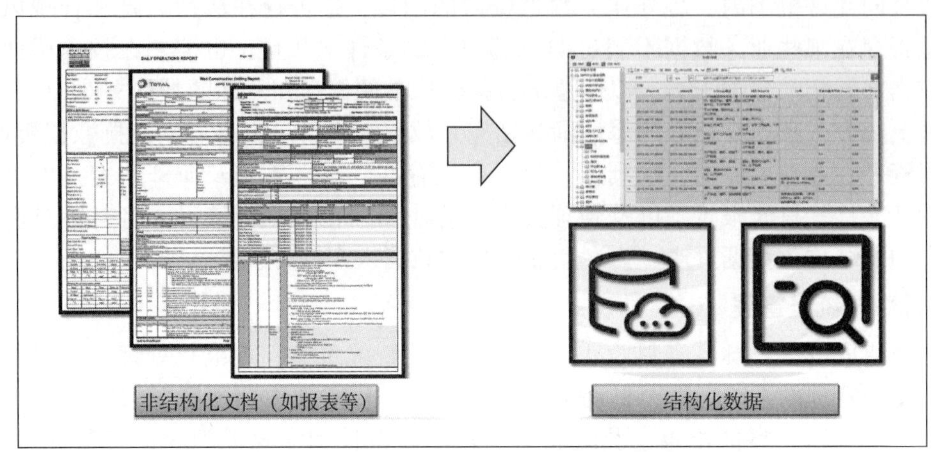

图 3 非结构化文档转换为结构化数据

3.2.4 结构化数据入库

非海外结构化数据可以传输回总部。同时可以通过采集系统查看海外结构化数据及非作业者日志转发后的结构化数据(图 4)。

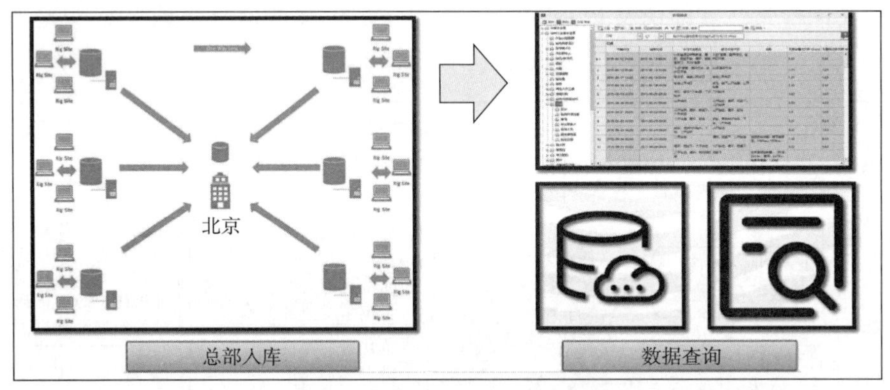

图 4 结构化数据入库及查询

3.3 实现综合查询

3.3.1 制作报表工具

直观显示有关结构化数据及需要被转化的非结构化报表日志类数据，定制表单，提高日常报表制作效率，人员查询数据效率(图 5)。

3.3.2 实时数据展示及备份

直观显示有关时序数据的曲线，可以按井名、类别等属性进行查找，实时查看。保证海外传输回 SiteCom 数据可以同步存储到存储平台(图 6)。

3.4 综合信息对比分析

直观显示有关结构化数据的各类信息，并对结构化数据进行统计、分析。其中国际公司因资产类型差异原因，需要制作多个模板进行分析。辅助日常分析工作，同时加强关键时刻决策效率(图7)。

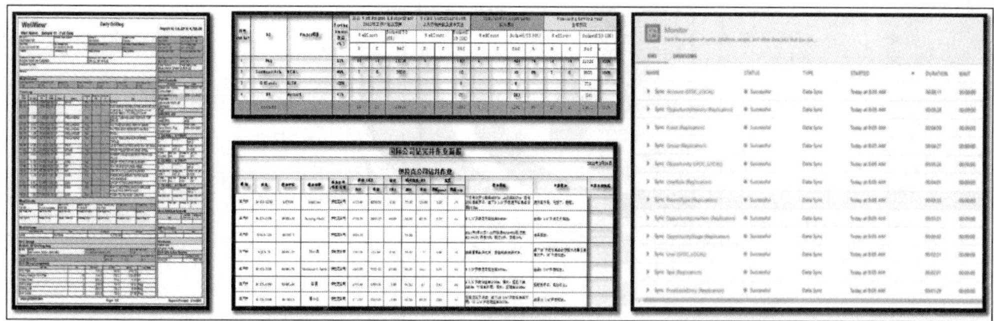

图5　制作报表及查询界面

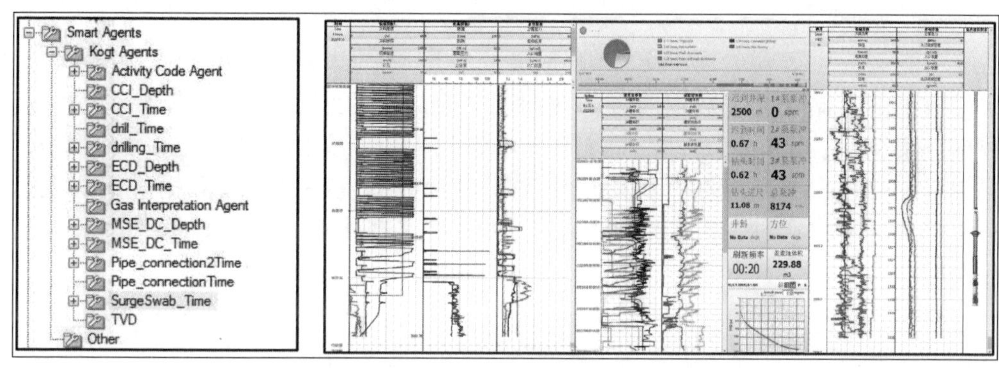

图6　实时数据展示

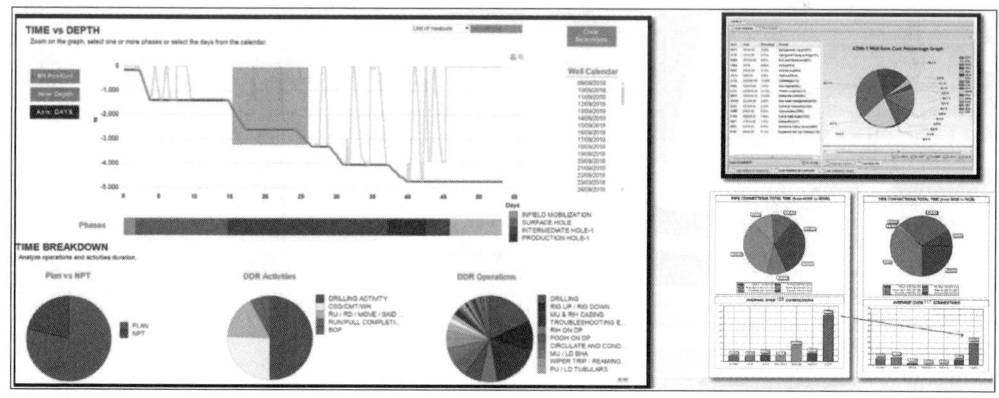

图7　综合信息对比分析

3.5　海外人员信息及权限管理

收录中方钻完井人员基本信息，组织架构，资质认证及证件管理；加入权限管理功能，对不同级别人员设置不同权限，由本人及总部进行信息维护更新(图8)。同时加入数据采集岗位人员名单，跟踪数据采集状态。

3.6　项目总体架构

通过对上述技术需求的分析，制定了项目的功能架构、技术架构和数据流向图。

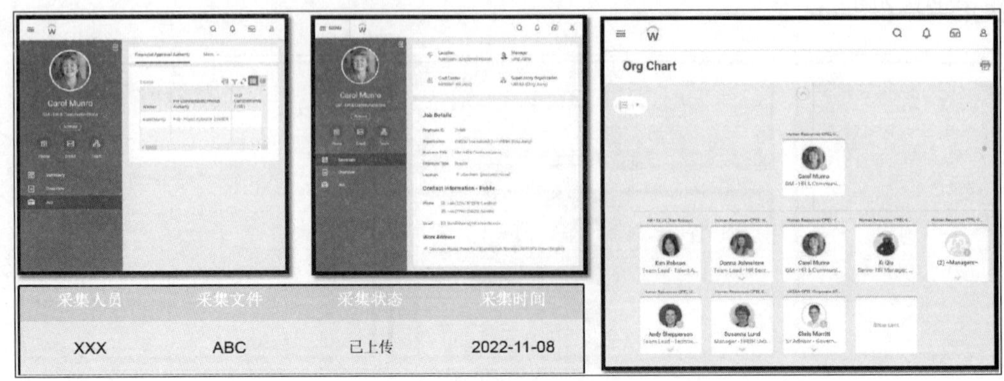

图 8　人员信息及权限管理

3.6.1　项目功能架构

系统功能架构主要包含数据层、服务层及应用层三部分。数据层提供数据、文档、现场实时数据的存储功能。数据服务为数据层与应用层的纽带，提供非结构化数据转化、实时数据汇集交互、结构化数据汇集交互、非结构化资料文档汇集交互及数据检索功能。应用层为系统与用户交互界面，应用层中主要包含数据统一管理、数据应用、人员信息管理三大模块，用户通过三大模块中的各个功能点实现作业监测、数据管理及人员动态跟踪(图 9)。

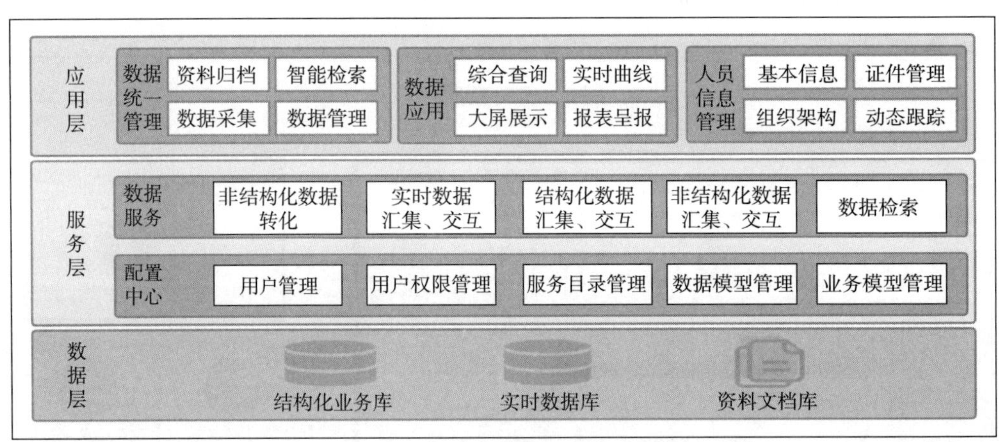

图 9　项目功能架构图

3.6.2　项目技术架构

系统遵循海油生产云的技术要求，集成成熟组件，构建生产云环境，可以复用或拓展，减少重复开发(图 10)。

3.6.3　数据流向图

系统数据来源主要包括应用系统采集及用户录入两个源头。应用系统采集数据为钻完井专业数据，主要来源为 WellView 钻完井工程数据、井场随钻实时数据及部分非结构化文档数据。该部分数据由现场作业人员产生，系统主要进行汇集、分析、映射工作后入库归档。数据经初步清洗入库后经由系统数据服务中转进行汇集、分析、计算，为后续数据管理、人员信息管理及数据应用模块提供数据支撑(图 11)。

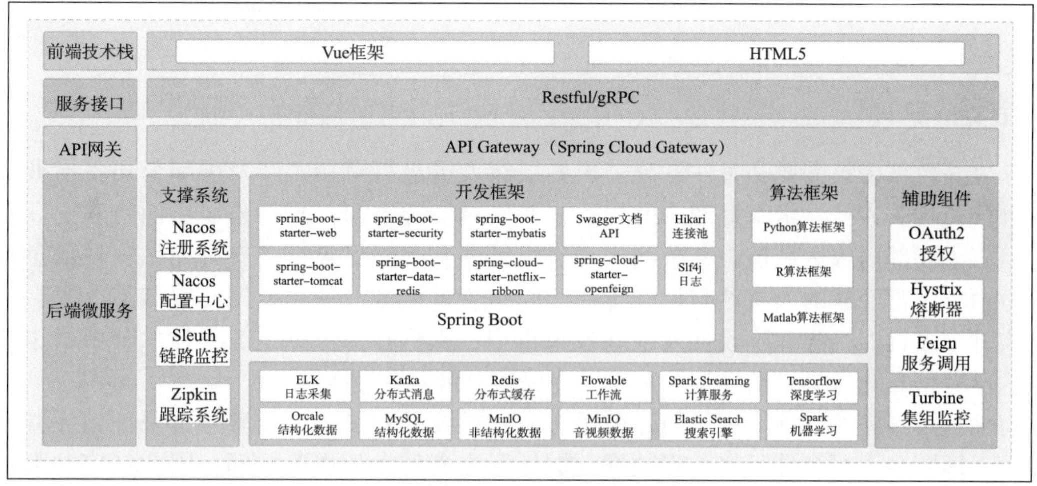

图 10　项目技术架构图

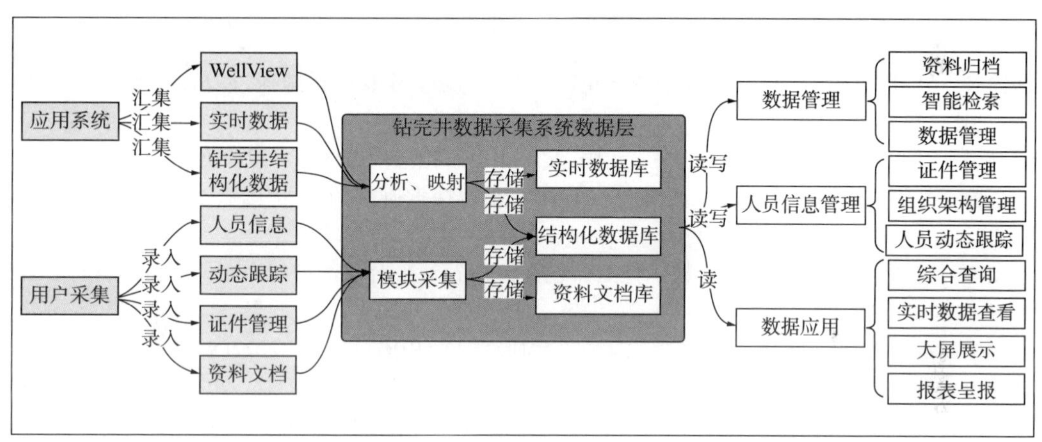

图 11　数据流向图

4　效益分析

4.1　预期效果

（1）建成一套适用于海油国际的钻完井数据采集系统；

（2）形成海油国际数据资产目录和数据标准；

（3）实现钻完井项目覆盖率 100%，数据完整性、准确率 95%，当前海油国际总部采集钻完井数据主要依靠 Excel、邮件等，数据采集系统建成后实现总部、各海外公司数据同步采集；

（4）实现海油国际钻完井数据的综合查询和应用，提高钻完井数据分析管理效率。

4.2　效益分析

结合目前海外情况，如果依托专业公司每年取回并保存海外数据，每口井成本约 10 万元人民币，作业者项目一年作业约 90 口井，每年可节省 900 万元人民币。而以单次复杂情况决策为例：借助大屏展示，总部快速对比历史类似案例，快速分析，为现场作业提供可靠技术支持和决策，相比传统手工分析，节省钻井周期 0.5d，一口重点井可节省钻井成本

400 万元人民币。对于数据分析而言，以单人单日传统手工处理数据为例：进行 10 份文档归档，3 次数据查找，1 次数据分析图表制作，需 4 个工时，借助该系统仅需 0.5 个工时。

5 结论

钻完井数据采集需要和海外各分公司各层级人员进行对接，涉及国际公司各专业部门及海外公司相关人员，组织管理难度较大。在应对措施方面，国际公司层面将建立联合项目组，将主要部门或区域核心人员纳入工作组，建立组织保障，并安排在钻完井信息系统建设方面有丰富经验的人员参与设计工作，聘请管理业务专家、数据专家和系统平台专家给予实施全过程的指导和阶段性及最终成果审查，提供技术保障，工程技术分中心也会借鉴国内已有信息化成果并调整相关策略，确保项目可以顺利实施。

海油国际钻完井数据采集对国际公司有着很重要的意义，目前海外不限于钻完井的各类数据，国际公司对海外所有工程数据掌握情况有着较大的提升空间。因此钻完井数据采集可以帮助国际公司在管理海外数据上迈出坚实的一步。

参 考 文 献

[1] 谈锦锋，曾勇，庞淼，等. 石油企业数字化转型中的网络安全保障措施探讨[J]. 网络安全技术与应用，2023(7)：128-130.

[2] 秦紫函. 石油石化行业数字化转型潜力无限[N]. 中国石化报，2023-04-17(005).

[3] 陈心怡，方伟，徐婷，等. 标准数字化在石油工业的探索研究[J]. 中国石油和化工标准与质量，2023，43(5)：7-9.

[4] 王朝卿，王杨健，王永召，等. 数字化工作包在海洋石油平台建造中的应用[J]. 石油和化工设备，2023，26(2)：75-77.

[5] 温小艳. 石油化工企业生产调度数字化运营平台研究[J]. 中国信息化，2022(9)：83-84，92.

[6] 肖立志. 数字化转型推动石油工业绿色低碳可持续发展[J]. 世界石油工业，2022，29(4)：12-20.

[7] 王延斌，王玉鹏，李海燕. 数字化钻井技术加速页岩油勘探开发[N]. 科技日报，2023-07-11(005).

[8] 吕凤军，苏兴华，李宝宝. 数字化转型视角下钻井企业数字文化建设实践与思考[J]. 中国石油企业，2022(11)：79-84.

南海深水气田智能完井技术研究与应用

蒋东雷　邹　鹏　刘嘉文　刁　欢　王　恒　刘云迪

(中海石油(中国)有限公司海南分公司)

摘　要：智能完井技术作为一种集动态监测、实时控制与生产优化为一体的先进油藏生产管理技术，能够有效降低井下作业成本，提高油气采收率，在复杂井、深水油气田开发中优势显著。研究表明，智能完井可实现井下实时监测，从而及时调整油藏方案，实施分层开采及多层合采，有效减少修井次数。本文以南海某深水气田某井为例，介绍了智能完井技术的组成、特点优势及应用情况，对我国今后深水气田智能完井技术应用具有一定借鉴意义。

关键词：智能完井；超深水；高效开发；井下监测；分层开采

1　某气田开发概况

某气田位于南海琼东南盆地北部海域，为中央峡谷水道沉积的高孔高渗透型深水气田。该气田共设计开发 11 口井，包含 5 口定向井和 6 口水平井，采用水下井口、水下生产系统与半潜式生产平台形式开发，投产后，每年可为海南自贸试验区及粤港澳大湾区等地稳定供气 $30\times10^8m^3$，满足大湾区四分之一的民生用气需求。

2　智能完井技术概述

2.1　国内外研究现状

20 世纪 80 年代，国外部分油田开始利用安装在采油树及油嘴附近的传感器对油藏实施远程控制，实现初级的智能管理[1]。随着技术的不断发展，1997 年 8 月，在挪威北海 Snorre 油田世界上首次成功应用智能完井技术[2-4]。国外的石油服务公司在智能完井系统的研发上都进行了各自的探索，也研发出相对成熟的智能完井系统。贝克休斯公司开发出液压型 InForce 智能完井系统，该系统利用光电传感器、井下封隔器，以及 HCM 型液压滑套[5]，可以对多个产层流量进行远距离控制。随后开发的 InCharge 智能完井系统还引入了 IPR 电控滑套，通过集成压力温度传感器和可调节流阀，该系统将控制、信号，以及电力集成在一根电缆内，在实现精准控制并大幅提升系统可靠性的同时，减少了作业成本和时间。Weatherford 公司的 InWell 系统是光纤—液压式智能井，采用光纤压力温度传感器，与液控型流量控制阀相结合，能够完成全井立体实时监测，方便快捷地调整井下多个储层的开采。斯伦贝谢公司开发的 RMC 系统将油藏检测和控制系统相结合[6]，从而可以实时进行油藏管理和生产决策。其主要类型可分为电控和液控两类，其中电控系统集成了机电式的流量、温度、压力传感器，以及可调节流阀，通过管外电缆进行操作。Halliburton 公司研发

作者简介：蒋东雷(1985—)，男，回族，安徽临泉人，硕士，高级工程师，主要从事深水钻完井勘探开发工作。通讯地址：海南省海口市秀英区长滨三路 6 号荣成铂郡。E-mail：jiangdl2@ cnooc. com. cn。

的 SmartWell 智能井系统采用双向驱动的液控系统，能有效解决生产过程中腐蚀、结垢而导致的大摩阻问题[7]。

国内的智能完井技术起步较晚，有关企业及科研院所也先后进行了相关探索，在各个子系统上均取得了一定的进展[8]，实现了部分功能的入井试验，可实现初级的井下实时动态监控。但相比国外差距较大，相关技术尚存在许多不足。西南油气田研发了气井永久性地下系统监测系统，用以实时获取目标产层中流体的流量、压力及温度等状态信息[9]。中国石油集团科学技术研究院针对液控滑套开展了技术研究[10-11]。胜利油田有限公司从国外引进的直井多层永置式监控系统可以实现每个油层的压力、温度、流量、含水等参数监测[12]。辽河油田将地层监测系统与热力注采结合应用于油井实时压力监测系统中。中国海油围绕地面控制、井下监测及生产优化控制三大系统，开发了海上油田液控智能采油技术。大庆油田开发的智能井技术已成功应用，但所使用的流量阀为单向控制且缺少相匹配的井下传感器[13]。虽然国内在常规井下传感器技术已相当成熟，但仍缺乏系统的地层数据监测技术，同时与智能井系统相配合的软件也存在明显不足，在数据分析处理、高端井下智能设备制造等方面依然有很大的进步空间[14]。

经过二十多年的改进和完善，智能完井技术已经可适用于深水油气田，以及直井、水平井、大位移井、多层开采井等复杂结构井，同时可与下部防砂管柱、人工举升等结合形成多功能智能完井管柱[15]。智能完井技术作为一项先进的完井技术在世界范围内也得到了各大石油公司的认可。截至 2020 年底，国内外累计有超过一千口井应用了智能完井系统，在巴西 Santos 和 Campos 盆地盐下储层、马来西亚 Sabah 油田、北海油田等地取得了良好的应用效果[16]。

2.2 智能完井系统组成

智能完井系统通过在井下安装温度、压力、流量传感器，以及井下流动控制装置，实时获取井底压力、温度数据，从而远程监测、分析、控制井下产量和压力，实现多油层之间的分层开采及多层合采[17]。如图 1 所示，智能完井系统可以划分为以下三大部分组成：

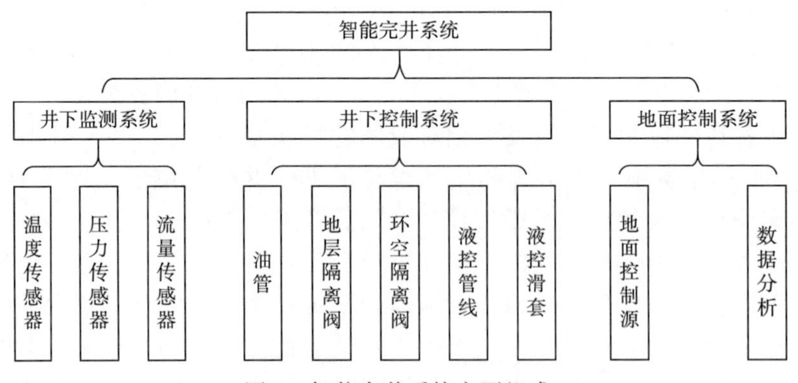

图 1　智能完井系统主要组成

2.2.1 井下监测系统

通过安装井下温度、压力等传感器，实时监控井下各生产层段的温度和压力数据，并利用井下电缆或光纤，将数据回传至地面分析处理，实现对油藏开发的实时管理。

2.2.2 井下控制系统

井下控制系统可以实现井下流体的流动控制，改变地层生产状态，主要由井下封隔器、液控/电控滑套等相关设备组成。井下监测系统的温度、压力传感器，以及化学药剂注入阀等井下工具，通过对应的液压、电控或者光纤管线，利用穿越接头，穿过生产封隔器及油管挂，从而与地面控制系统相连，以实现井下信号的传递与控制。

控制滑套，依据控制原理的不同，主要可分为液控、电控，以及电液复合控制三种。其中最常用的是液控滑套，其结构示意如图 2 所示。液控滑套的开启和关闭各分别受 1 根液控管线控制，配备 1 根公用紧急关闭管道，其生产工艺较成熟，可靠性较高，可适用于高温高压和易腐蚀的环境。

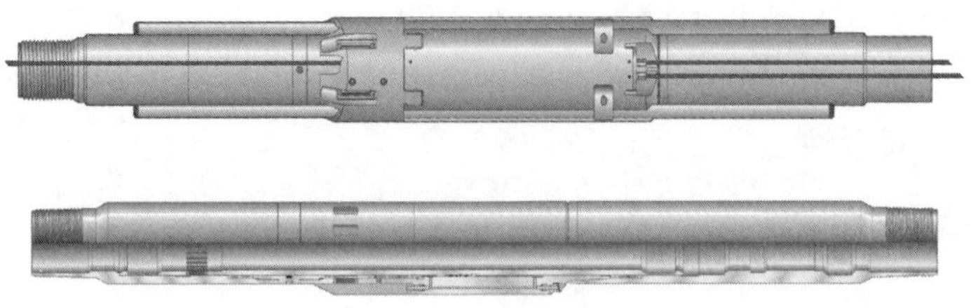

图 2　智能滑套

2.2.3　地面控制系统

地面控制系统通过实时获取井下生产数据，科学分析模拟相关参数，得出相关优化工艺措施，将相关调节参数回传到井下控制系统，实现对井下各油层的遥控管理。地面控制系统从功能上主要划分为井下控制部分和数据分析部分。对于液控系统，可以利用地面液压控制柜对井下智能滑套进行调节，控制各储层生产情况。

2.3　智能完井特点及优势

相较于常规完井技术，智能完井系统通过实时监测并优化油气井开采方案，有效避免了多油层段产层间相互干扰的问题。在生产后期，根据井下压力情况，可以及时调整高含水和产层生产情况，对各产层进行封隔，及时分配产量，延长生产时间，大幅度提高油气藏的采收率。此外，也可以大幅降低常规测试、修井等作业的周期和成本，提高油气井生命周期内的有效生产时间，在深水井、复杂结构井、大斜度井、多分支井，以及高产井中具有巨大应用前景。与常规井相比，智能井技术的显著特征见表 1。

表 1　常规井与智能完井对比

对比特征	常规井	智能完井
层间干扰	影响大	基本无影响
采收率	一般	可以分层优化，精细开采
适用范围	普通生产井	深水井、复杂结构井等适用
修井工作量	需要暂停生产	井下动态控制
生产资料获取	部分数据	实时连续监测

2.3.1　提高油田最终采收率

智能完井技术可以实时控制油藏各层段生产动态，通过井下滑套的远程遥控，降低油藏层间和平面非均质性对生产的影响，避免储层之间相互干扰，选择性地生产特定产层。生产过程中，能够对各层段中所含有的油、气、水进行实时监测，一旦监测到了水、气锥进，就可对相应的层段进行动态调整，改善油水剖面，提高波及效率，延长油井生命周期。

2.3.2 实时获取连续生产资料，优化生产

通过多种井下永久性传感器获取实时且连续的各项参数信息，对井下的生产情况展开连续的、实时的监测与控制。利用井下控制系统，实现实时井筒控制，消除了关井时径向流动的影响，可以对单个产层的压力变化进行精准分析。通过高质量的井下各层段的温度、压力、流量、含水等数据，筛选出所需要的单井及井间关键信息，从而大幅度降低测井工作量，为后续油藏管理和生产优化提供有力支持。

2.3.3 降低作业成本及风险

智能完井技术可以在不关井不停产的情况下，调节井下生产状态，有效节省深水后续高成本修井作业时间及成本。同时，通过优化采油工艺技术，减少作业所耗成本，提高了井下生产效率和作业安全性。

3 智能完井技术应用

3.1 智能完井管柱结构

该智能完井作业位于南海某气田东区，采用独立井口开发 2 层气组开发层，且上下开发层之间存在厚层大水体，后期见水风险高。因此，对该井采用智能完井分层开发，在生产后期可以对见水产层进行关断。同时，考虑到防砂需求，采用两层单独砾石充填防砂，并结合智能完井，实现了智能完井与分层防砂一体化，其系统组成如图 3 所示。

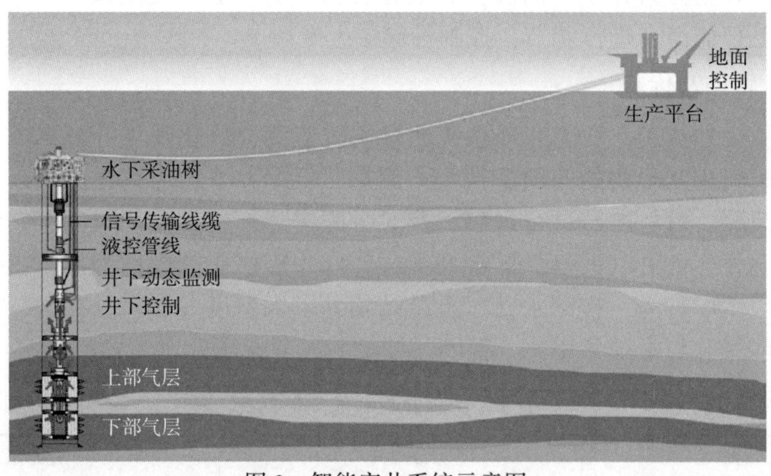

图 3 智能完井系统示意图

该井的完井管柱结构如图 4 所示，该井采用 9⅝in 套管射孔+砾石充填完井，考虑到产量、轴向载荷、流动保障等因素，油管尺寸选择 4½in，防砂筛管选择 5½in 优质筛管。通过一系列生产封隔器、中部悬挂封隔器，以及分层防砂及沉砂封隔器，配合智能滑套、智能环空隔离阀及井下隔离阀实现分层开采与合采。

管柱中的地层隔离阀采用智能压力控制，无须单独下入工具即可打开，降低了作业成本和风险，在上部井段作业及起下管柱期间隔离地层并建立保护屏障，在保证井控安全的同时使储层免受井内液体污染。所采用的三源压力计只需连接一个压力计，提供三个测点，可以获取环空(上层)、油管内(下层)、下部(合)三处的温度、压力数据。

3.2 现场应用实例

在南海某深水气田某井成功进行了智能完井技术应用，通过采用智能完井防砂一体化

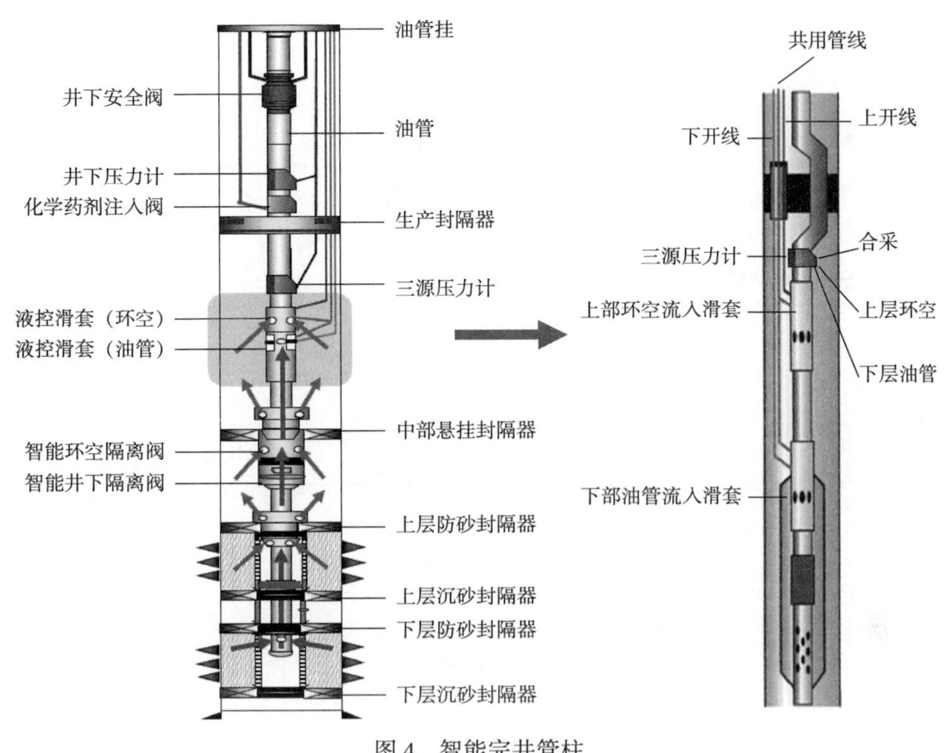

图 4 智能完井管柱

技术满足了防砂、气层分采合采、实时监测、远程控制等生产要求。该井生产年限达 30 年，其油藏参数见表 2。

表 2 油藏参数

名称	参数	名称	参数
井深(m)	3500	地层温度(℃)	88~95
水深(m)	1464	平均渗透率(mD)	543
地层压力系数	1.20	平均孔隙度(%)	31

通过与水下采油树及地面控制系统相结合，可实现井下温度、压力和井筒温度剖面的实时测量，也可实现生产状态的实时调控。该井开发的气组共包含 3 个射孔段，通过智能完井管柱使用封隔器将射孔段分成上下两层。如图 5 和图 6 所示，在清井放喷及系统试井期间，动态监测系统和井下控制系统运行良好，对井下两层多点温度、压力数据进行了实时采集传输，真实反映井下的生产情况。

完井管柱在上下两个层段各部署了液控滑套，使用了 3 根 1/4in 的液控管线进行开关控制。在生产管柱下井后，通过地面控制系统经由液压控制管线对井深 3127~3133m 的滑套进行远程遥控，成功打开和关闭了油管流入及环空流入滑套。

如表 3 所示，先后依次打开油管流入及环空流入滑套，上下层同时清井排液；再保持环空流入滑套打开，关闭油管流入滑套，对上层气组求产；关闭环空流入滑套，打开油管流入滑套，对下层气组求产。下层压力恢复后，打开油管流入滑套，进行上下两层同时求产。通过井下实时动态监测系统及地面测试系统数据进行了对比验证。结果表明，智能生产管柱圆满实现了智能井远程控制的功能，满足了分层开采及两层合采的需求，实测日产量超百万立方米，超配产26%，应用效果良好。

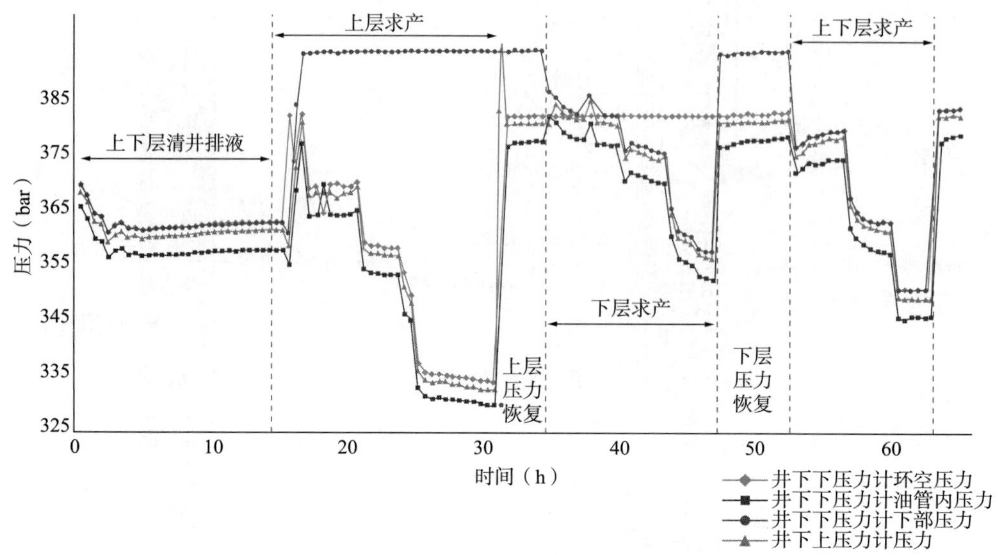

图5　智能井各层压力实时监测数据

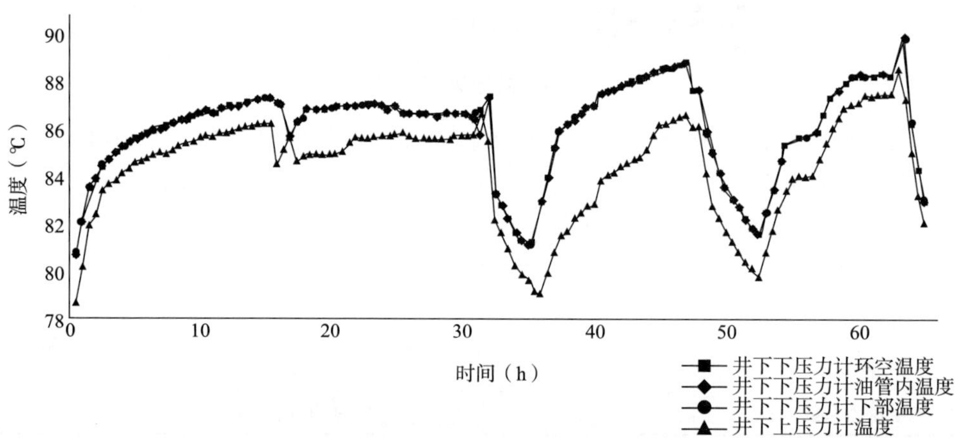

图6　智能井各层温度实时监测数据

表3　滑套状态与生产情况

油管流入滑套状态	环空流入滑套状态	生产情况
开	开	清井排液
关	开	上层求产
开	关	下层求产
开	开	上下两层合采

4　结论

（1）智能完井技术作为当今最先进的完井技术之一，在我国首个自营深水大气田中成功应用，效果良好，为我国今后智能完井技术的发展应用积累了宝贵经验。

（2）智能完井技术在精细化分层开采、动态监测、实时调节等方面优势明显，可以实现油藏科学管理与高效开发。随着我国分支井、水平井，以及深水油气勘探开发力度的加大，智能完井技术未来应用前景广泛。

(3) 我国智能完井技术研究应用刚刚起步，方兴未艾。智能完井系统亟须我国科研院所和油田企业通力合作，实现智能完井关键工具的自主研发制造，并在智能完井控制及数据分析系统方面取得突破，促进国内油气开发迈向智能化及信息化。

参 考 文 献

[1] CARPENTER C. Successful Application of Intelligent Completions in AlKhalij Field[J]. Journal of Petroleum Technology, 2015, 67(1): 111-113.

[2] 沈泽俊，张卫平，钱杰，等．智能完井技术与装备的研究和现场试验[J]．石油机械，2012，40(10)：67-71.

[3] 柯珂，王志远，郑清华，等．深水智能完井关键设备组合优化模型的建立与应用分析[J]．中国海上油气，2015，27(1)：79-85.

[4] 谭绍栩，宋昱东，王宝军，等．渤海油田智能注水完井技术研究与应用[J]．石油机械，2019，47(4)：63-68.

[5] 薛德栋，张凤辉，王立苹，等．海上油田液控智能采油工艺研究[J]．石油机械，2020，48(4)：60-65.

[6] BIDMUS H, MEHROTRA A K. Measurement of the Liquid Deposit Interface Temperature during Solids Deposition from Wax Solvent Mixtures under Sheared Cooling[J]. Energy & Fuels, 2008, 22(2): 4039-4048.

[7] 张敏峰．智能完井技术的发展现状及趋势探讨[J]．当代化工研究，2017(10)：14-16.

[8] 余金陵，魏新芳．胜利油田智能完井技术研究新进展[J]．石油钻探技术，2011，39(2)：68-72.

[9] CHEN J, YAN K L, CHEN G J, et al. Insights into The Formation Mechanism of Hydrate Plugging in Pipelines[J]. Chemical Engineering Science, 2015, 122: 284-290.

[10] 王立苹，张凤辉，徐兴安，等．海洋深水智能井液压八档位控制阀结构优化设计与试制[J]．中国造船，2019，60(1)：1-9.

[11] 王兆会，曲从锋，袁进平．智能完井系统的关键技术分析[J]．石油钻采工艺，2009，31(5)：1-4.

[12] 党文辉，刘颖彪，石建刚，等．多节点智能完井技术研究与应用[J]．石油机械，2016，44(3)：12-17.

[13] YAN K L, SUN C Y, CHEN J, et al. Flow Characteristics and Rheological Properties of Natural Gas Hydrate Slurry in the Presence of Anti-Agglomerant in A Flow Loop Apparatus[J]. Chemical Engineering Science, 2014, 106: 99-108.

[14] 谷磊．智能完井关键技术进展及应用[J]．海洋工程装备与技术，2020，7(3)：152-156.

[15] 车争安，修海媚，谭才渊，等．Smart Well 智能完井技术在蓬莱油田的首次应用[J]．重庆科技学院学报(自然科学版)，2017，19(2)：47-50.

[16] ADAM W. First Three-Zone Intelligent Completion in Brazilian Presalt: Challenges and Lessons[J]. Journal of Petroleum Technology, 2018, 70(4): 68-69.

[17] 廖成龙，张卫平，黄鹏，等．电控智能完井技术研究及现场应用[J]．石油机械，2017，45(10)：81-85.

基于有限元仿真的竖直排管装置安全评定

王新忠[1]　曹　刚[1]　黄生松[2]　李　涛[1]　魏松波[1]
聂永晋[3]　刘冬欢[4]　童　征[1]　徐连会[3]

(1. 中国石油勘探开发研究院；2. 长城钻探工程公司；
3. 中国石油渤海石油装备辽河钻采公司；4. 北京科技大学)

摘　要：修井作业是维持油气水井正常生产的重要工作，工作量大，占用油田大量人力物力。近些年，油田加大了修井作业自动化装置的应用力度。本文针对竖直排管装置进行了有限元建模，对装置在自重、负重、风载等工况下的变形、应力及抗倾覆能力进行了分析。研究结果表明，在典型工况下排管架结构的最大等效应力远低于结构材料的屈服应力，同时机械手位置的最大位移满足定位精度的设计要求，整体结构无倾覆风险。

关键词：有限元分析；安全评定；竖直排管装置；抗倾覆

修井作业贯穿于油气田开发的全生命周期，是油、气、水井日常生产、管理、优化、维护的核心[1]，修井作业主要包括井筒清洁、起下井下工具、检泵、冲砂、解卡打捞、找堵漏、套管检测及修复等[2-3]，其中油田检泵等起下管柱的维护性小修作业量大，占井下作业总作业量的一半以上。传统修井作业由于设备简陋、自动化程度低，导致劳动强度大、生产效率低、安全性差[4]，近年来，中国石油和中国石化的一些油田在小修作业设备中一定程度上实现了自动化，初步实现了地面送管、悬吊、上卸扣等系统的自动化作业，极大地改善了现场操作人员劳动强度，并节约了人力。但小修作业自动化作业还存在自动化作业装置安装复杂费时、抽油杆不能实现自动化作业、油田现场操作人员劳动强度大等问题，根本原因在于：小修自动化作业技术仍不成熟、自动化作业程度低。

攻关高效率、高可靠管/杆自动起下及上卸扣技术是推动小修作业智能化发展的重要工作[4]，其中油管或抽油杆自动输送和自动排管作业是实现修井作业自动化非常关键的一个环节，在油管自动化输送和排放方面国内已有很多成果，如中国石油辽河油田的戴长生、中国石化胜利油田分公司宋辉辉和沈阳航天新乐有限责任公司姜影等都研制了基于传统猫道接送管和平铺排管的油管自动化作业装置[5-7]，如图 1 和图 2 所示。这些平铺式排管装置普遍可应用于油管的自动送管和自动排管。

由于抽油杆直径小，起下管柱过程中从井口向自动化输送装置转接，以及在平铺式管排架上排管都容易造成抽油杆弯曲变形，故现有自动化输送及排管作业装置并不能实现抽油杆自动化作业。

中国西部油田多处于山地、丘陵地貌，油气开发以平台井建设为主，平台井井场空间有限，井间距小，一般为 3~5m，采用传统平铺式自动化油管输送和排放装置布局困难。中国石油科学技术研究院有限公司研制了全自动竖直排管装置(图 3)，该装置采用竖直排管

作者简介：王新忠，就职于中国石油勘探开发研究院。E-mail：wxzh@petrochina.com.cn。

的作业方式，修井作业时将油井中起出的抽油杆和油管竖直排放在排管架上，彻底解决丛式井平台小修作业场地空间限制，全自动竖直排管装置可实现油管和抽油杆从井口抓取、井口到排管架运移，以及在排管架上排放的全流程无人工干预的自动化作业模式，由于装置在排管过程中油管或抽油杆始终处于竖直状态，不存在常规油管自动输送装置和油管排放装置自动化排管作业中从竖直到水平的动作，从而可显著提高油管、抽油杆排管的作业效率，大大提升小修作业效率，同时降低操作人员劳动强度，并减少现场操作人员。

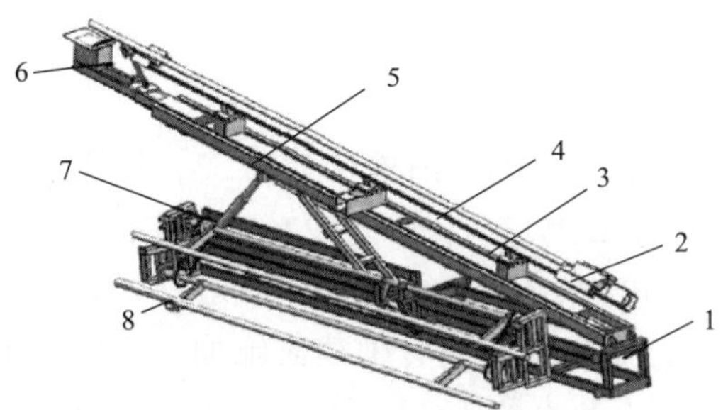

图 1　油管自动输送装置结构示意图[6]

1—基座；2—滑车；3—“V”形槽；4—油管；5—输送臂；6—举升滚轮；7—举升缸；8—抓取臂

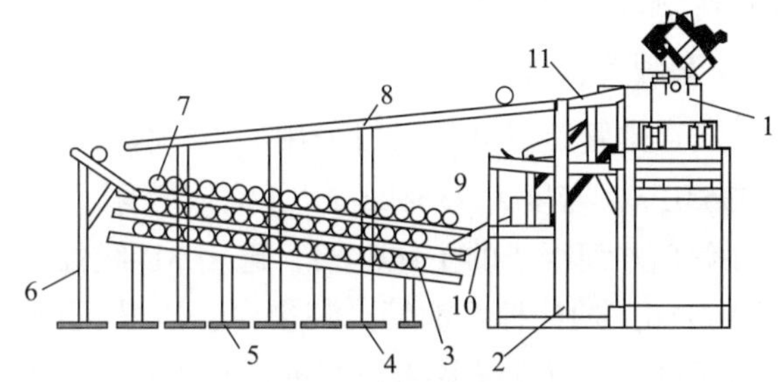

图 2　油管排放装置结构示意图[6]

1—油管输送装置；2—油管轨道端部支撑；3—油管横担；4—油管轨道悬臂支撑；5—油管凳；6—导向装置；7—油管；8—油管轨道；9—油管挡块；10—油管抓取臂；11—导向杆

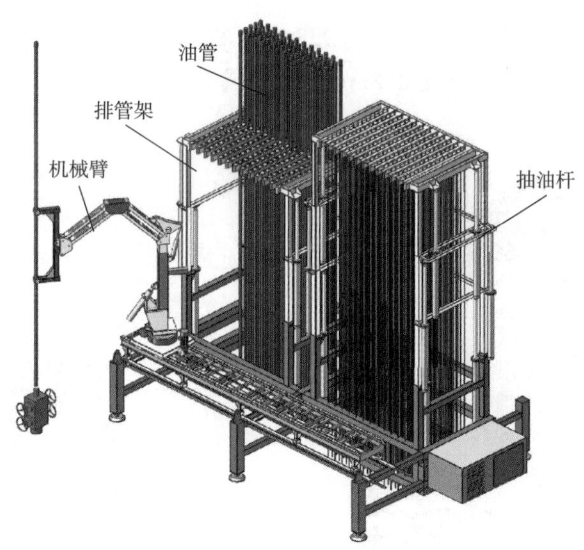

图 3　全自动竖直排管装置

在竖直排管装置中，抽油杆以悬挂的方式排布在排管架上，油管则是以落地的方式直接竖直排布在排管架中，鉴于竖直排管装置全新的排管作业方式，对其开展了在自重、满载及风载作用下的有限元结构安全评定。

1　竖直排管装置有限元模型

1.1　竖直排管装置结构概述

竖直排管装置结构主要分为排管架和机械臂两个部分，机械臂通过滑动导轨与排管架框架连接为一体，实现水平方向的抽油杆和油管的运移作业。抽油杆和油管分置于竖直排管装置排管架两侧，油管底部直接落于地面的底板上，上部由排管架气动拨叉固定锁住，抽油杆悬挂于排管架抽油杆指梁固定槽位内。竖直排管装置排管情况如图 4 所示。

本文基于 ANSYS 软件建立了竖直排管装置结构的有限元模型，模型主要使用了三种型钢：圆柱形钢、空心方形钢，以及工字形钢，在建模时忽略附属结构，比如框架上的油缸，油缸在作业过程中是非承载结构，并对部分机械结构做了等效简化处理，着重关注于危险截面处的材料强度及变形情况。

1.2 有限元模型的建立

竖直排管装置结构材料采用 Q235 钢，弹性模量为 210GPa，泊松比为 0.33，屈服极限为 235MPa，密度为 7850kg/m^3。整体有限元模型共有 129513 个单元，226560 个节点。对于由空心方钢组成的主体框架，选用 3D 线性梁单元 BEAM188 进行模拟，单元数 2218，节点数 2166。抽油杆、油管夹装平台，以及机械臂运行平台为方便后续载荷施加，选用壳单元 SHELL181 将其等效为平面进行建模，单元数 1496，节点数 1632。机械臂部分建模均选用 3D 实体单元 SOLID186 进行模拟，单元数 125617，节点数 222918。在支撑柱下半部分因为存在较多加固设计，假设其抗弯刚度为 Q235 钢的 3 倍，密度保持不变。而工字形机械手部分因存在较多传感装置，以及中空的构造，为了更准确地对机械臂主体的位移进行仿真计算，将机械手假设为刚体。

主体框架有限元模型如图 5 所示，模型自重 15t，长度 8.3m，宽度 2.4m，外展宽度 5.8m，油管架高度 6.84m，抽油杆架高度 9.34m。机械臂有限元模型总重 920kg，全部展开时，距滑轨垂直高度 4m，外展长度 2.8m(不含夹具)。

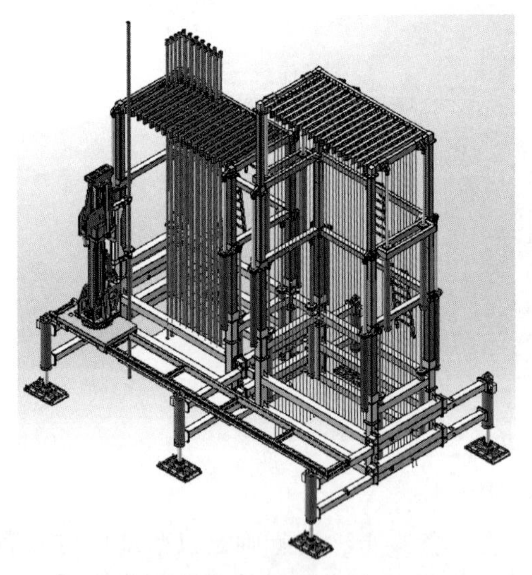

图 4 竖直排管装置结构示意图

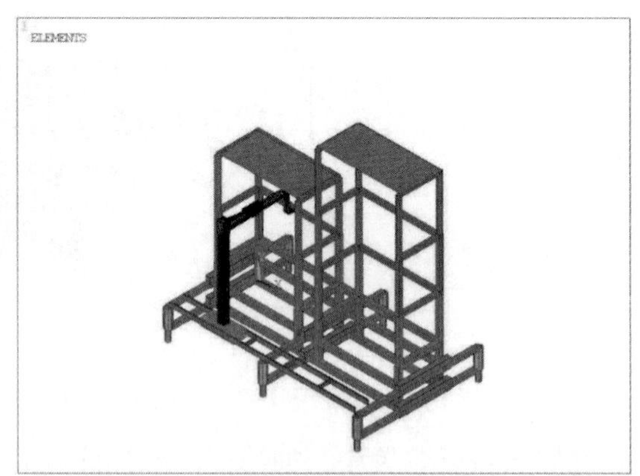

图 5 有限元实体模型

1.3 风载荷的确定

考虑油管倾斜排放时对排管装置的压力作用(假设该力垂直于油管)，其对夹装平台的作用力可以按如下方式算出。单根油管的受力分析如图 6 所示。

可得到框架受水平力 F_x 和竖直力 F_y 分别为：

$$F_x = 0.25G\sin 2\theta + 0.5qS \quad (1)$$

$$F_y = 0.5G\sin^2\theta \quad (2)$$

另外，参考 GB/T 25428—2015《石油天然气工业　钻井和采油设备　钻井和修井井架、底座》得到风压载荷为[8]：

$$P = 0.611v_k^2 C_h C_s \quad (3)$$

式中：P 为风压；v_k 为风速；C_h 为风压高度变化系数，取为 $C_h = 1$；C_s 为形状系数，对于塔形井架和轻便井架取 $C_s = 1.25$。

在考虑风载且满立根时可承载风速应不小于 36m/s，此时计算标准大气下的计算风压为 792N/m^2。

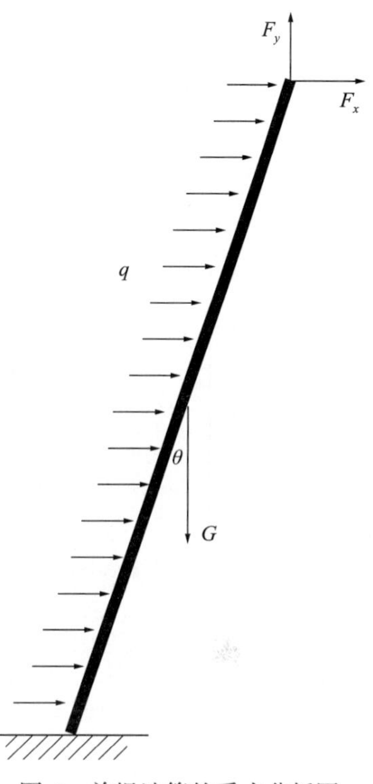

图 6　单根油管的受力分析图

2　有限元仿真结果分析

2.1　结构变形和应力

为了更准确地反映机械臂在将油管放入机架时各部分的受力及变形情况，将机械臂移动到底部 1/4 处位置。考虑机械臂伸出最远距离的情况，油管每根约 160kg，且只放在最内部一排(16 根)，假设与竖直方向有 2°倾角，倾斜向后。计算风速取为 36m/s(向后)。抽油杆满载，每根约 30kg，长 9m，悬挂于机架顶面。一共 16 列，每列放 13 根，总重约 6t。机械臂夹持钢管，旋转角度向后进行取放油管作业，框架底部支脚固定约束。有限元模型施加的载荷分布如图 7 所示，图 8 和图 9 分别给出了结构整体及机械臂的等效应力云图。

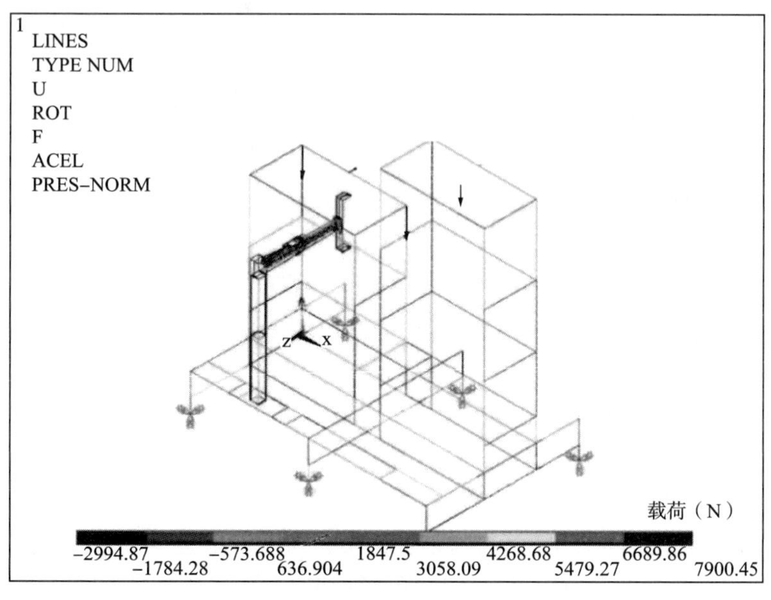

图 7　载荷分布示意图

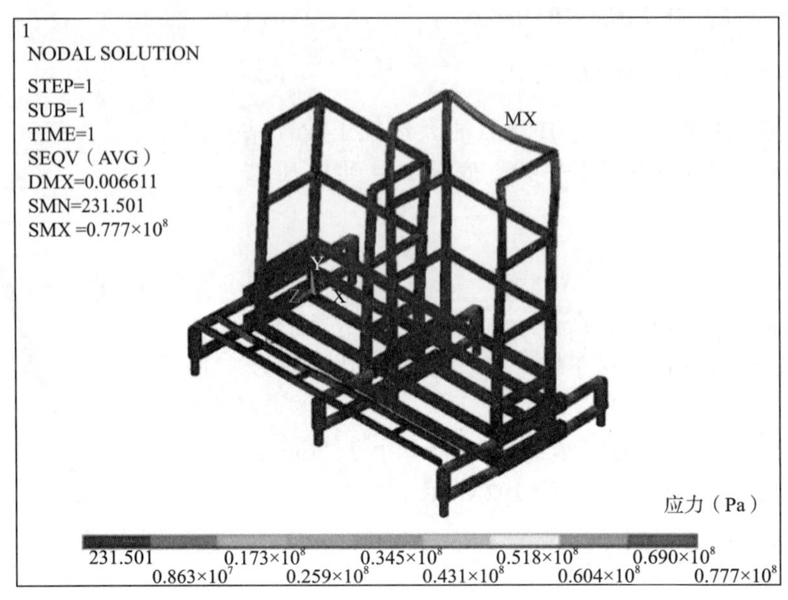

图 8　框架应力云图

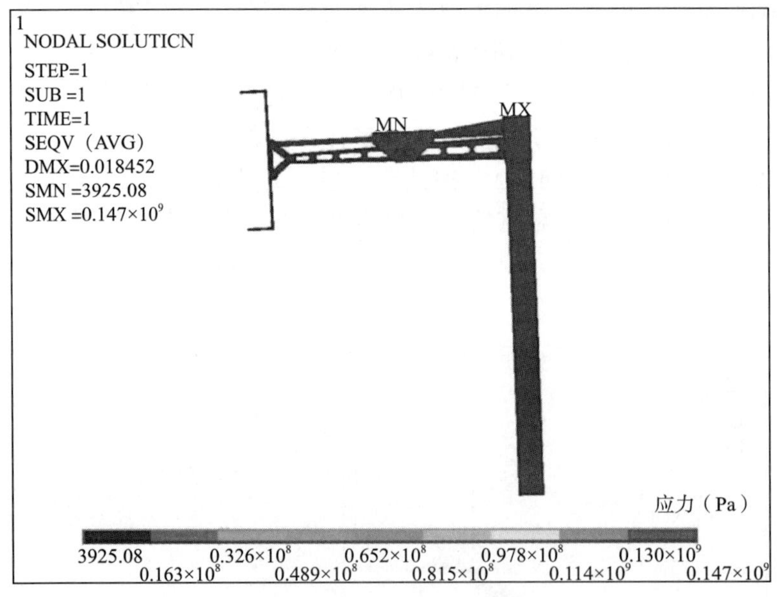

图 9　机械臂应力云图

如图 8 所示，在此工况下，排管架主体框架上最大等效应力为 77.7MPa，远小于材料的屈服极限 235MPa。而最大等效应力出现在机械臂后端连接处，为 147MPa，该位置为一个液压传动装置。

图 10 进一步给出了结构的位移云图，可以看出整体最大位移出现在机械臂前端，最大总位移约为 18mm，其中 Y 轴方向(上下方向)的位移对定位精度基本无影响，而在水平面内 X 轴方向(沿框架长度方向)上位移也仅为 0.068mm。选取连接机械手的三角形传动结构作为研究机械臂定位精度的对象，对定位精度影响较大的 Z 轴方向(垂直于框架长度方向)上的位移云图如图 11 所示。

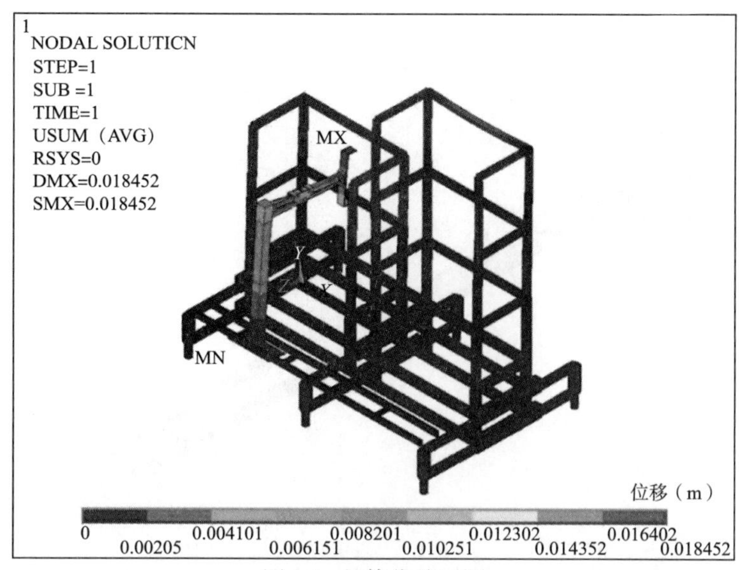

图 10　整体位移云图

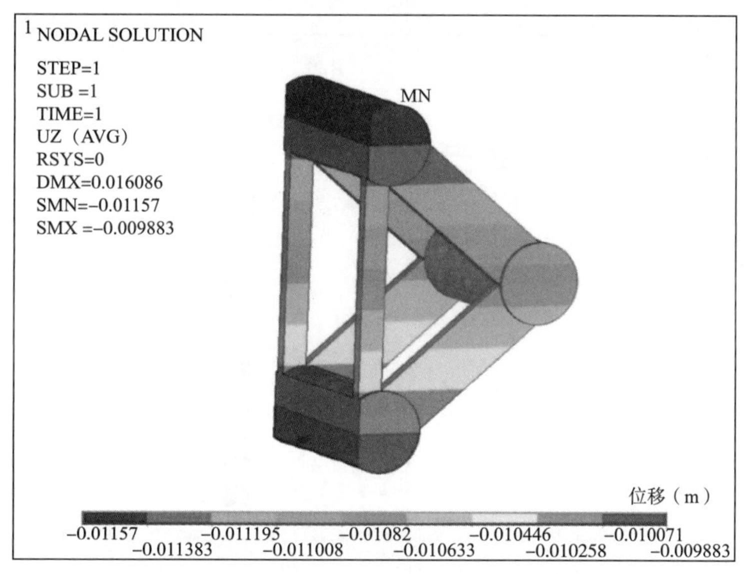

图 11　*Z* 轴(垂直于框架长度方向)位移云图

从图 11 可以看出此时机械臂在 *Z* 轴方向最大位移为 9.88mm。为进一步验证机械臂位移的主要来源，图 12 和图 13 分别给出了与机械臂相连的滑轨的位移云图，以及固定约束机械臂滑轨平台后的机械臂位移云图。

从图 13 可以看出，在滑轨平台固定约束后，机械臂最大位移仅 1.8mm，远低于机械臂 10mm 的定位精度，这表明机械臂的刚度是足够的。同时，从图 12 的滑轨位移云图可以看出，两侧滑轨之间存在明显的竖直(*Y* 轴)方向的位移差。由此可知，影响机械臂定位精度的前端最大位移，更多的是由主体框架及滑轨变形引起的刚体位移。

2.2　抗倾覆能力评估

在结构自重、负重、风载共同作用下，考虑最有可能倾覆的工况，其中油管满载，抽油杆装载一排，油管倾角向后 2°，风速选择 36m/s(向后)，机械臂(夹有油管)旋转 180°。

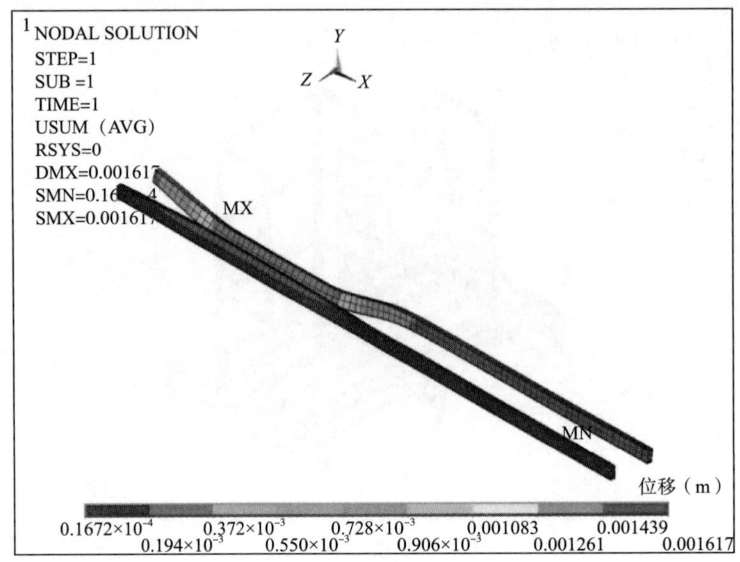

图 12　滑轨位移云图

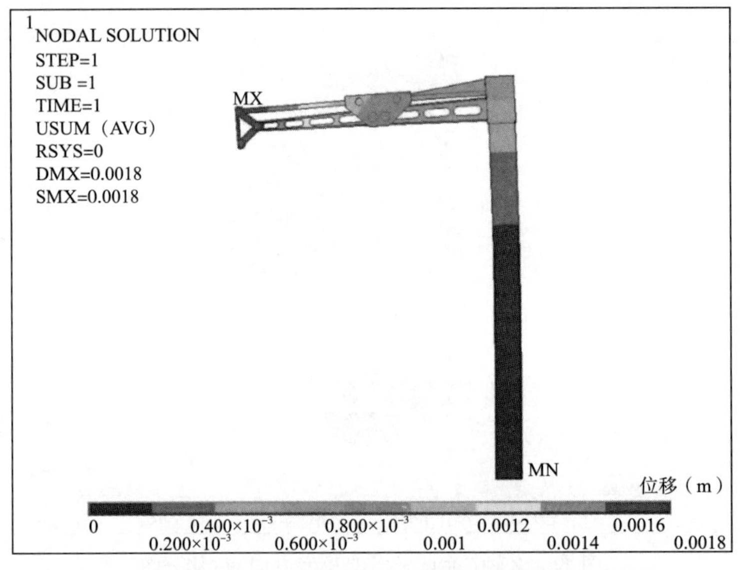

图 13　平台固定约束下的机械臂位移云图

竖直排管装置在风载荷下的倾覆力矩为框架、油管、抽油杆、机械臂的倾覆力矩之和，即：

$$M_{\mathrm{T}}=M_{框架}+M_{油管}+M_{抽油杆}+M_{机械臂}=\sum P_i \cdot h_i \tag{4}$$

式中：M_{T} 为总倾覆力矩；$M_{框架}$，$M_{油管}$，$M_{抽油杆}$，$M_{机械臂}$分别为风载作用下在框架、油管、抽油杆和机械臂上产生的倾覆力矩；$P_i(i=1,\ 2,\ 3,\ 4)$分别为框架、油管、抽油杆和机械臂所受的风压载荷；$h_i(i=1,\ 2,\ 3,\ 4)$分别为框架、油管、抽油杆和机械臂上的风载荷作用点高度。

竖直排管装置在重力作用下会产生稳定力矩，计算公式为：

$$M_{\mathrm{s}}=\sum G_i \cdot d_i \tag{5}$$

式中：M_s 为稳定力矩；$G_i(i=1, 2, 3, 4)$ 分别为框架、油管、抽油杆和机械臂的自重；$d_i(i=1, 2, 3, 4)$ 分别为框架、油管、抽油杆和机械臂的重心到倾覆转轴的水平距离。通常，若 $M_s>M_T$，则认为竖直排管装置不会发生倾覆事故[9]。其中各部分倾覆力矩的计算结果见表 1。

表 1　各部分倾覆力矩

参数	框架	油管	抽油杆	机械臂	M_T	M_s	是否倾覆
力矩(N·m)	22500	18500	4300	3600	48900	325000	否

与此同时，经过结构静力学计算得到各个支座约束节点在竖直方向上的支反力，见表 2。

表 2　约束节点支反力

支座节点编号	3264	3269	3274	3279	3284	3289
支反力 F_y(N)	9439.4	29526	17011	26326	30965	40779

从表 2 也可以看出，各个支座的约束反力均大于零，提供的是竖直向上的支反力，这表明结构是压在地面上的，竖直排管装置无倾覆风险。

3　结论

（1）小修作业已初步实现自动化，并开始在各油田逐步推广应用，对改善现场操作人员劳动强度、减员增效起到很大作用。但目前小修作业自动化技术还存在自动化设备可靠性低、自动化作业效率不高和现场应用不匹配等问题。

（2）设计了全自动竖直排管装置，形成始终以竖直状态将油管和抽油杆从井口抓取、井口到排管架运移，以及在排管架上排放的全流程无人工干预的自动化作业模式，具有显著提高油管、抽油杆排管的作业效率，适应丛式井井场布局要求。

（3）对竖直排管装置在自重、负重，以及风载等作用下排管架框架所受应力、变形，机械臂抓取端位移，以及竖直排管装置整体抗倾覆能力性能进行了有限元仿真分析检验，通过验证各指标均符合设计要求，无安全风险。

参　考　文　献

[1] 雷群，李益良，李涛，等．中国石油修井作业技术现状及发展方向[J]．石油勘探与开发，2020，47(1)：155-162.

[2] 雷群，李益良．井下作业[M]．北京：石油工业出版社，2019.

[3] 吴奇，张守良，王胜启，等．井下作业监督[M]．3 版．北京：石油工业出版社，2014.

[4] 郑新权，师俊峰，曹刚，等．采油采气工程技术新进展与展望[J]．石油勘探与开发，2022，49(3)：565-576.

[5] 戴长生，管恩东．修井起下作业中的油管机械化拉排装置技术研究[J]．油气井测试，2007，16(S)：19-21.

[6] 宋辉辉．油管机械化输送及排放装置研究与应用[J]．钻采工艺，2016，39(3)：83-86.

[7] 姜影，张东雪，李永成，等．一种修井作业油管杆自动输送装置及其输送方法：CN106401505B[P]．2016-11-07.

[8] 全国石油钻采设备和工具标准技术委员会．石油天然气工业　钻井和采油设备　钻井和修井井架、底座：GB/T 25428—2015[S]．北京：中国标准出版社，2016.

[9] 徐兴盛．天线支撑杆的抗倾覆仿真分析[J]．机械，2022，49(1)：31-36.

一种凸轮机构驱动的顶驱下套管装置的研制

孟令峰　石　坚　窦金永　于成龙　马晓伟

（大庆钻探工程公司）

摘　要：随着页岩油的不断勘探，水平井开采的增加，水平段不断加深，随之带来套管下放困难的问题，为此研制一种具有独特的凸轮结构的顶驱下套管装置，能够实现耐低温，随时循环钻井液功能，相比较传统液压式可靠性高，运移安装便捷。本文简述了该装置的基本结构及工作原理，对同类设备的研发具有一定的参考价值。

关键词：机械式；顶驱下套管装置；水平井

目前国内页岩油勘探和开采力度不断加大，水平井的数量不断增多。由于其完井方式以长水平段配合多级水力压裂为主，因此开采的井型基本上都是水平井，随着开采的需要，水平段长度也逐渐增加。在下套管作业过程中，易出现下套管困难、处理井下异常不及时，以及常规下套管方式的轴向冲击载荷对套管造成损伤等问题，需要提高安全下套管技术水平。顶驱下套管装置能够顺利实现旋转套管、上提及下放套管柱、随时循环钻井液，这些优势可以避免处理井下异常不及时而造成更大的复杂事故。国外顶驱下套管装置的研发起源于20世纪90年代，主要生产厂家有Tesco、Canrig、Franks等。产品类型主要分为液压驱动型和机械驱动型两种，根据卡紧方式又可分为内卡式和外卡式两类。通过发展完善，国外顶驱下套管装置进入到成熟应用阶段。国内最近几年才开始对顶驱下套管装置进行研发，研究单位主要有北京石油机械有限公司、宝鸡石油机械有限公司、天意石油装备有限公司等。其中北京石油机械有限公司和宝鸡石油机械有限公司已经形成产品，都为液压驱动型[1]。总体来看，国内的顶驱下套管装置还处在发展完善阶段。因此创新设计了一种机械式旋转下套管装置，不受温度影响，更适应寒冷地区，安装和运输更加方便，是顶驱下套管技术下一步的发展方向。

1　技术分析

1.1　顶驱下套管装置整体组成

顶驱下套管作业中设备的整体组成如图1所示，顶驱下套管主要由顶驱配合连接顶驱下套管装置，再配备有延伸吊环及对扣导引工具，另外还需要吊卡、背钳、卡瓦，以及下套管扭矩监控系统等的配合[2]。

1.2　工作原理

卡紧套管及上扣原理：下行顶驱使该下套管工具进入到套管内部，直至缓冲器与套管

作者简介：孟令峰，2020年毕业于吉林化工学院自动化专业，获学士学位，现任中国石油大庆钻探钻井工程技术研究院科研项目经理，从事控压钻井技术及钻井工具等方面研究工作，助理工程师。通讯地址：大庆市红岗区八百垧钻井工程技术研究院。E-mail：1244403822@qq.com。

接箍上的螺纹保护器相接触(下压 1～2.5t)；正向旋转主轴，心轴通过花键带动锁套、保护壳、上凸轮正向旋转；由于中凸轮与上凸轮采用反向螺纹连接，中凸轮相对下行；由于凸轮锁仅在与上凸轮紧靠且主轴反向旋转时锁紧，此时凸轮锁解锁；中凸轮与下凸轮为坡面接触，使得中凸轮、下凸轮、凸轮锁、缓冲器与卡瓦笼形成一体并形成下行趋势；由于缓冲器与套管接箍相接触，致使心轴向上移动；此时心轴相对卡瓦笼上行，在卡瓦内壁与心轴外壁之间倒锥形坡面作用下，卡瓦伸出，卡紧套管内壁；主轴继续旋转，实现上扣。

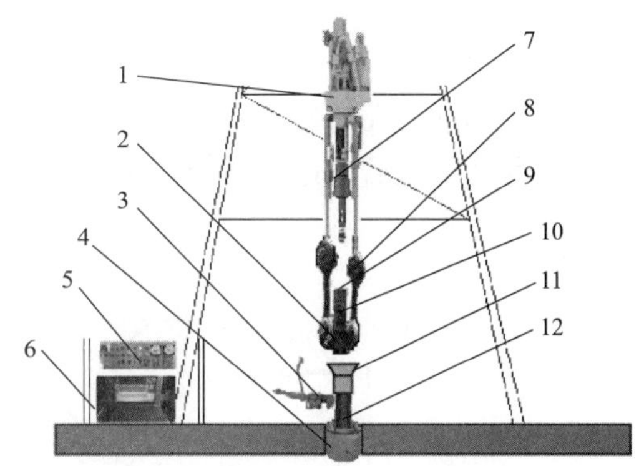

图 1　顶驱下套管装置的组成图

1—顶驱；2—套管吊卡；3—背钳；4—卡瓦；5—顶驱控制箱；6—扭矩监测系统；7—顶驱下套管装置主机；8—延伸吊环；9—螺纹保护器；10—待下套管；11—对扣导引工具；12—已下套管

松开套管原理：套管坐卡后，下行顶驱，使缓冲器与套管接箍上的螺纹保护器相接触(下压 2.5～4t)；反向旋转主轴，中凸轮在反向螺纹作用下上行；致使下凸轮、凸轮锁、缓冲器、卡瓦笼上行；卡瓦笼上行，在倒锥形坡面作用下，卡瓦收回，实现松开套管；由于凸轮锁仅在与上凸轮紧靠且主轴反向旋转时锁紧，当凸轮锁上行到位后实现与上凸轮的锁紧。

1.3　主要技术参数

主要技术参数见表 1。

表 1　顶驱下套管装置主要技术参数

序　号	项 目 内 容	技 术 参 数
1	适用套管的范围	5½in 套管
2	抗拉荷载	2000kN
3	上扣扭矩	30kN · m
4	密封压力	35MPa
5	装置高度	1235mm
6	适应环境温度	-40～60℃

2　关键技术

2.1　机械式驱动机构的设计

设计一种凸轮驱动机构，包括上凸轮、中凸轮、下凸轮、固定锁块、推靠锁(图 2)，上凸轮与心轴通过螺纹和花键相对固定，中凸轮与上凸轮间通过多头锯齿螺纹(左旋)连接，实现旋转和轴向运动，多头螺纹的应用可以使得轴向运动传递更快，下凸轮套在心轴上并与中凸轮通过斜面接触，推靠锁通过所述固定锁块与下凸轮相连。通过锁扣实现与上凸轮的锁紧，推靠弹簧为滑块提供上行支撑力，缓冲碟簧为推靠锁提供缓冲。

2.2　高可靠性卡紧机构的设计

滑行卡紧机构是主机上的核心机构，主要涉及心轴、特制卡瓦、回位拉环、保持架，以及卡瓦笼(图3)，其中特制卡瓦通过其外侧的卡瓦牙来实现对套管的卡紧，卡瓦笼与心轴相对滑动用于实现对特制卡瓦动作的控制，特制卡瓦受到卡瓦笼的限位，相对于卡瓦笼只在径向上移动，在特制卡瓦和心轴之间还需要安装回位拉环，以实现特制卡瓦的顺利复位，特制卡瓦安装后通过保持架固定在工作位置。

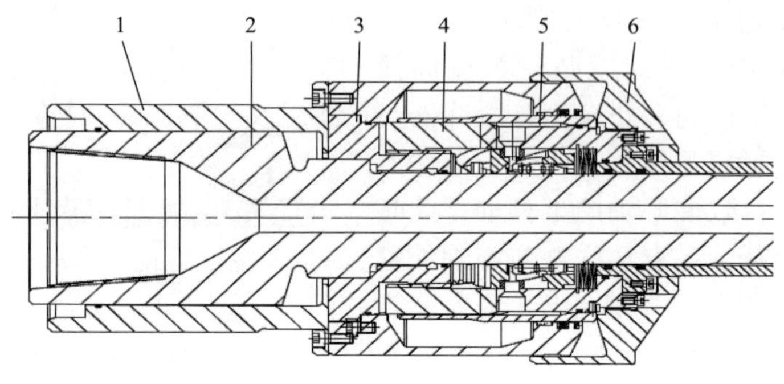

图2　驱动机构的结构图

1—外体；2—心轴；3—上凸轮；4—中凸轮；5—下凸轮；6—缓冲器

2.3　高耐压小尺寸密封机构的设计

由于空间有限，最可采取的方法是应用被动式封隔器，通过橡胶的挤压变形来填充顶驱下套管装置和套管内壁之间的环空，利用管内压力助封来实现高压密封，最大密封压力可达35MPa。密封机构的核心组件为封隔皮碗(图4)，皮碗架为中空结构，钻井液通过该通道进入套管内部，实现循环；封隔皮碗具有密封唇边，在循环压力的作用下形成自密封[3]。

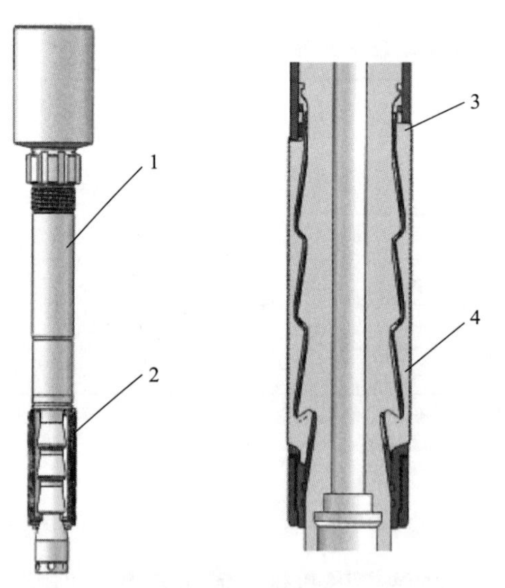

图3　卡紧机构的组成

1—心轴；2—特制卡瓦；3—卡瓦笼；4—保持架

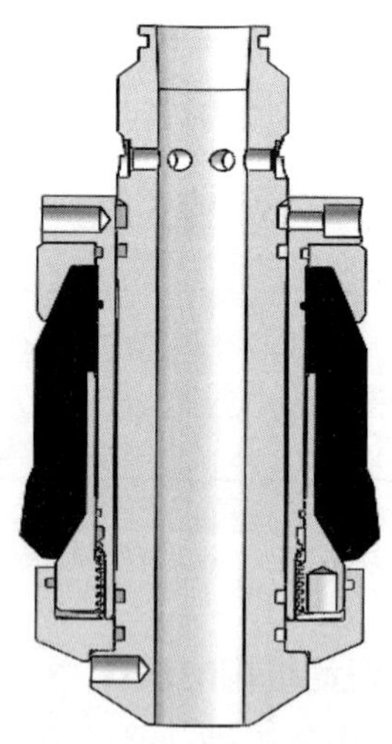

图4　密封机构组成图

3　强度校核

3.1　滑行卡紧机构强度校核

心轴材料选用40CrNiMo，其屈服应力为1256MPa。

3.1.1 抗内压强度计算

心轴最薄处厚度为12.525mm，其抗内压能力为：

$$F_{抗内压}=1.75\sigma_s\frac{t}{D}=1.75\times1256\times10^3\times\frac{12.525}{57.05}=482558\text{kPa} \tag{1}$$

按指标计算安全系数为：

$$n=\frac{F_{抗内压}}{F_{指标内压}}=\frac{482558}{35000}=13.78 \tag{2}$$

3.1.2 有限元校核

对整体进行有限元强度校核，极限载荷下总体变形量0.0257mm，总体长度1.56m，该件理论弹性变形$=F\cdot L/(E\cdot A)=(1960000\text{N}\times1.56\text{m})/(210\times10^9\text{Pa}\times0.43212\text{m}^2)=0.337\times10^{-4}\text{m}=0.0337\text{mm}$，极限载荷下总体弹性变形安全系数为1.34(图5)。极限载荷下等效应力最大校核应力669.6MPa，材料屈服强度980MPa，极限载荷下等效应力安全系数1.46[4](图6)。

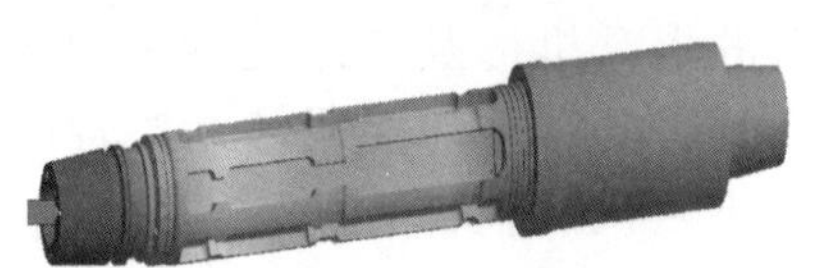

图5 最大应变校核图

最大变形量1.211mm，在材料的弹性变形范围内，工作时不会发生塑性变形

图6 等效应力校核图

极限载荷下等效应力最大校核应力669.6MPa，材料屈服强度980MPa，极限载荷下等效应力安全系数1.46

3.2 密封机构强度校核

连接筒材料选用35CrMo，其屈服应力为835MPa。

连接筒最薄处厚度为9.84mm，其抗内压能力为：

$$F_{抗内压}=1.75\sigma_s\frac{t}{D}=1.75\times835\times10^3\times\frac{0.00984}{0.05167}=278279.4\text{kPa} \tag{3}$$

按指标计算安全系数为：

$$n=\frac{F_{抗内压}}{F_{指标内压}}=\frac{278279.4}{35000}=7.95 \tag{4}$$

4 试验验证

4.1 装置各项功能的试验

试验步骤：将装置插入套管内部，确定缓冲器与套管接箍相接后，下压1~3t，正向旋转主机，卡瓦顺利伸出，实现对套管的卡紧，继续正向旋转实现对套管的上扣功能。再次下压3~5t，反向旋转主机，到位后卡瓦松开套管，卡瓦顺利从套管内拔出。经试验200次该装置的各项功能正常(图7)。

图 7　主机试验实物图

4.2　拉力、扭矩试验

试验步骤：顶驱下套管装置卡瓦卡紧套管后，以额定工作拉力、额定扭矩为试验的上限值，按规定从 0 逐级拉伸、扭转，测试顶驱下套管装置的提升机构及卡瓦夹持机构的抗拉、抗扭性能。在试验套管的额定拉力、扭矩范围内，卡瓦与套管之间无明显相对轴向滑动，卡瓦对套管无明显咬伤，咬痕深度不超过 1mm。经过上百次的拉伸、扭转，该装置最大拉力 200t，最大扭矩 30kN · m。

4.3　密封压力试验

试验步骤：密封机构的主密封元件的密封性能在整机上进行试验（图 8）。试验压力值应不低于对应的密封耐压。以密封耐压为试验压力的上限值，按规定从 0 逐级增压，测试顶驱下套管装置密封总成的密封能力。稳压后保持测试压力 5min，最大压降不得大于 1.0MPa（图 9）。

图 8　密封试验架图

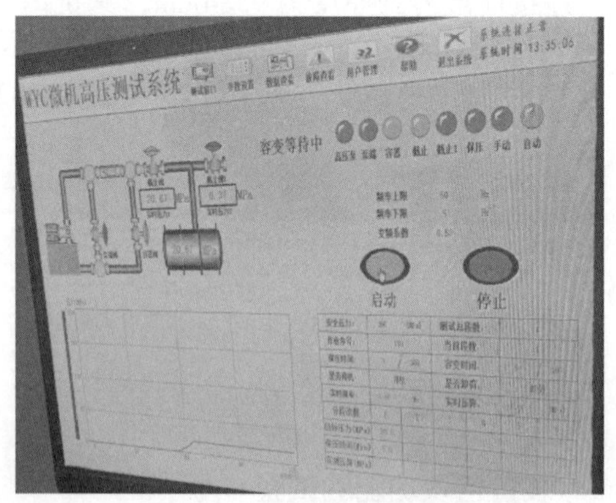

图 9　高压测试系统图

4.4　卡瓦和密封套磨损试验

测试卡瓦及密封套磨损程度、重复拉伸、扭矩等功能，考虑到厂家检测装置承受能力有限，扭矩设置在 25kN · m，拉力设置 160t，重复此动作 200 次。均未出现卡瓦打滑及密封套破裂现象(图 10)。

图 10 卡瓦及密封套磨损图

5 结论

(1) 系统的可靠性更高：该机械式旋转下套管装置创新采用机械式机构驱动，能够在旋转套管过程中对套管柱持续施加预紧力，同时无须液压源及液压管线，避免了液压失效风险，不受低温环境影响，因此与传统液压式旋转下套管装置相比可靠性更高。

(2) 运移及安装更便捷：该机械式旋转下套管装置结构小巧、附件少，高度 1.2m，质量不到 200kg，与同类产品比较，高度降低，质量减轻，另外省掉了液压站、液压管线、操作台等。

(3) 对锥形坡面推靠机构、密封机构等关键机构进行了优化设计。对于同类设备的研发具有一定的参考价值。

参 考 文 献

[1] 王峰，崔波，贾军，等．浅析顶驱旋转下套管技术[J]．中国设备工程，2019(14)：115-117.

[2] 马晓伟．机械式顶驱下套管装置研制[J]．石油矿场机械，2016，45(8)：58-60.

[3] 徐慧斌，赵义鹏，邓冲，等．新型顶驱下套管工具的设计及研究[J]．机电工程技术，2022，51(1)：65-68.

[4] 李文金，田志欣，雷鸿，等．顶驱下套管技术及应用[J]．石油矿场机械，2017，46(6)：51-56.

基于机器学习方法的非常规钻井钻时预测

纪　磊

（中海油能源发展股份有限公司工程技术分公司）

摘　要：钻时预测是目前“新优快”钻井中的重点解决问题。本文以现场实钻数据为基础，使用机器学习方法，构建了地质参数、钻井参数与钻时之间的响应关系。以鄂尔多斯盆地某区块3口致密砂岩气井的实钻数据为例，基于11个钻井参数和4个地质参数，采用递归消除特征法确定影响钻时主控因素，建立了基于地质工程一体化的随机森林算法钻时预测模型，并对结果进行了总结、分析。研究结果表明，随机森林算法构建的模型对钻时预测有最好的预测效果，其测试集均方根误差仅为0.303。

关键词：钻时预测；随机森林；致密砂岩气；地质工程一体化

钻井作业是整个油气勘探开发过程中至关重要的环节。钻井速度又是反映钻井作业效率的重要指标之一，钻时预测对于优化参数、缩短钻井周期、降低作业成本、提高开发经济效益具有重要意义。当前，国内外各大钻井公司、研究学者对钻速的预测方法进行了大量的研发。通过基于不同的施工参数或地层物性，建立了施工参数或地质参数与钻速之间的预测模型，用以提高钻井作业效率、降低施工成本。例如孟英峰等、Chen 等提出了基于机械比能理论的钻速预测与优化方法[1-2]；刘军波等则把钻头转速的影响带入传统的三维钻速方程，用以提高钻速预测的精度[3]；邹德永等提出通过迭代钻头力学平衡方法，完成对定向钻井中 PDC 钻头的钻速预测[4]。

目前，提高钻时的主要方法有优化井身结构、改良井眼轨迹、筛选钻具组合，以及智能算法优化。智能算法、数据挖掘、机器学习等新型计算机前沿科学技术带动油田勘探开发智能化、数字化转型。同时，面对更加严峻的国际形势，智能化也成为各油服公司应对低油价挑战、环保要求和高质量发展的新途径[5]。智能化使用各种计算机科学中的成熟算法预测钻速就成为优化钻井作业、降低作业成本的关键技术。Bataee 等[6]将神经网络算法引入到机械钻速的预测中，通过与常规模型进行对比分析，模拟结果表明神经网络算法具有更优秀的预测能力，预测误差仅为1.50%；Hegde 等[7-8]评估了试验驱动型模型与人工智能算法模型的效果，结果表明数据驱动的机器学习算法模型相较于其他模型具有更低的模拟误差，算法预测误差约为12%。

对于各种机器学习方法，各国内外学者基于不同的现场参数，先后建立了多种不同的钻速预测模型。但由于地层的复杂性、影响钻速的因素众多，同时相关领域理论体系的不完备，目前所使用的算法模型对钻时预测的精度还有待提高。尤其是对于非常规气藏的开

作者简介：纪磊(1994—)，2020年毕业于长江大学油气田开发工程专业，获硕士学位，现任中海油能源发展股份有限公司工程技术分公司工程师。主要从事智能化钻完井方向研究工作，中级工程师。通讯地址：天津市滨海新区闸北路。E-mail：jilei3@ cnooc. com. cn。

发，更需要探索新的方法。因此，本文在前人研究的基础之上，利用鄂尔多斯盆地致密气井的现场钻井数据与地质数据，使用机器学习中的随机森林算法对钻时进行预测。

鄂尔多斯盆地致密气藏属于典型的低渗透、低孔隙、低压力、低丰度、分布广的多层系致密砂岩气藏。钻井过程中地层更是存在岩性复杂、非均质性强的特征，导致钻进过程复杂情况多，影响钻井效率。随着井身结构、井眼轨迹优化和钻具组合的优选，致密砂岩气井的钻井效率得到了进一步的提高。但是，对于不同的地层物性，精细控制钻井施工参数、加快钻井速率仍然是“优快”钻井的一大难题。

1 数据来源与相关性分析

1.1 数据来源

本次研究的原始数据集来自鄂尔多斯盆地某地区，由 3 口致密砂岩气井的 3580 个实钻井数据及测井数据组成，共包括钻井工程和地质物性 2 个方面 15 个特征参数(钻压、转速、扭矩、泵压、排量、电导率等)，见表 1。其中钻时是衡量钻井效率的重要参数。

表 1 影响因素汇总表

一级参数	二级参数					
工程参数	钻压	转速	扭矩	泵压	排量	钻井液密度
	电导率	温度	DC 指数	地层压力梯度	破裂压力梯度	
地质参数	自然电阻率	渗透率	孔隙度	含气饱和度		
预测参数	钻时					

1.2 数据预处理

对于数据分析、机器学习，数据是所有工作的基础。数据预处理决定着最终结果的上限，而算法模型努力地接近这个上限。基础数据的质量决定了最后预测模型精度的上限[7-10]。因此，在进行钻时预测前，需要对数据进行预处理，提高数据集的质量，保证最后所建模型的准确性。

通过对数据进行异常值分析、缺失值处理、标准化等预处理之后，对选取得到的数据进行划分，从整个数据集中随机选取 80%的数据作为训练集，用于模型训练；20%的数据作为测试集，用于测试模型性能。

1.3 特征处理结果

在本文的研究中，主要使用了递归消除特征法组成的特征方案。基于支持向量机的递归消除特征法(RFE-SVM)需要估算并更新排序标准，同时在每个步骤中消除具有最小标准的特征。Guyon 等[11]首先提出了该方法，并使用 SVM 作为其模型函数。RFE-SVM 算法可以归纳如下：(1)训练支持向量机(SVM)模型；(2)计算特征的重要性指标；(3)删除最不重要的特征；(4)重复步骤(1)至(3)，直到不再有新特征留下为止。在完成这些程序之后，就可以确定得到最佳的特征子集。基于支持向量机的递归消除特征法的算法流程如图 1 所示。

最终的特征处理结果如图 2 所示，其中，纵坐标的交叉验证评价得分表示：不同数量影响因素组合对钻时的重要度。从图 2 中可以看到：交叉验证的曲线呈先下降后上升再下降的趋势，8 个特征影响因素组合的交叉验证得分最低，即：8 个特征影响因素组合具有最优的预测效果。这 8 个特征影响因素分别是：钻压、DC 指数、地层压力梯度、破裂压力梯度、GR、渗透率、孔隙度、含气饱和度。基于以上 8 个特征影响因素，采用随机森林算法可构建钻时预测模型。

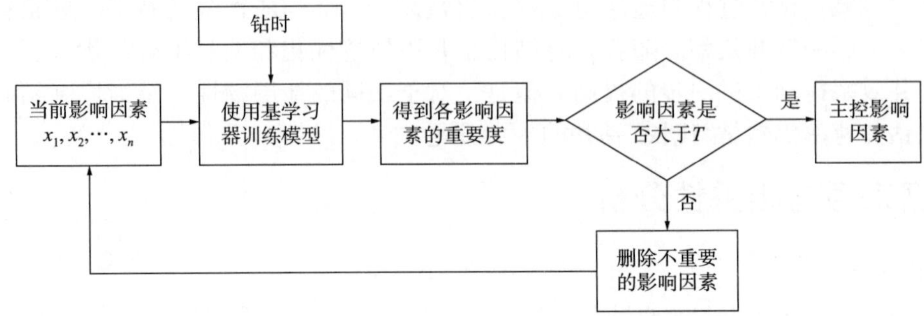

图 1 基于支持向量机的递归消除特征法的算法流程图

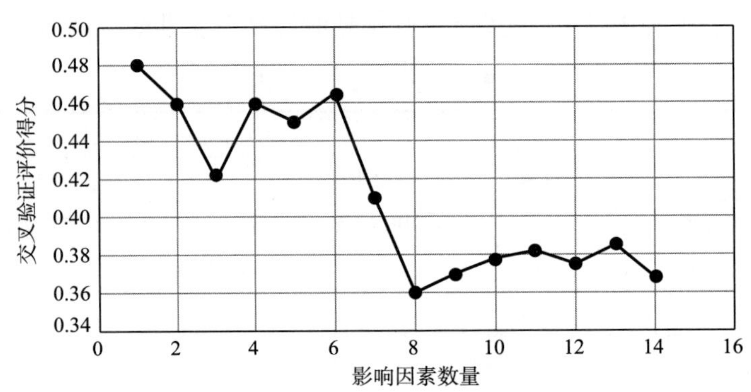

图 2 基于 RFE-SVM 的影响因素排序图

2 基于机器学习方法预测钻时

2.1 随机森林算法

2001 年，Breiman[12]创建了随机森林算法，该算法属于机器学习方法中集成学习方法的最流行的一种。集成学习方法由多个学习器组成，通过整合多个学习器的输出结果来完成学习任务，计算流程如图 3 所示。集成学习方法通常由多个基学习器(Base Learner)在特定的规则下组成：相同类型的基学习器组合称为同质集成；不同类型的基学习器组合称为异质集成，集成的学习器被称为“组件学习器”(Component Learner)。

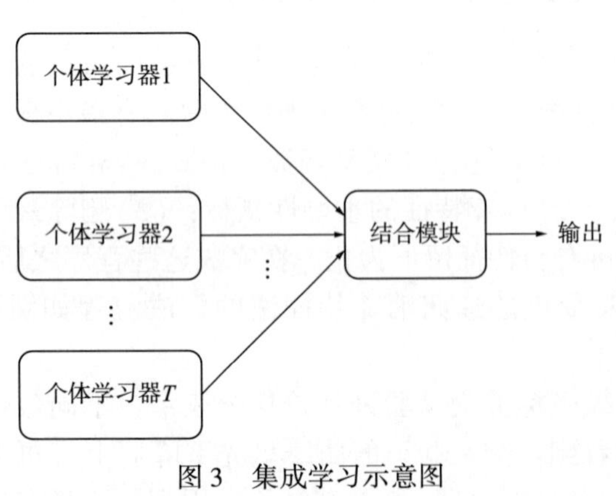

图 3 集成学习示意图

根据集成学习方法理论，随机森林算法中的基学习器选定为使用最广泛的 CART 决策树。相比于其他决策树模型，CART 决策树使用自助采样法从原始样本集合中抽取训练子集，不仅能够降低样本对结果的干扰，还保证了 CART 决策树的高效性。同时，将随机属性选择引入到了 CART 决策树的构建中，全面增加了随机森林算法中基学习器的泛化性。相比决策树，该算法的上述种种措施提高了泛化性，具有更好的预测效果。

随机森林算法在构建好 CART 决策树后，需要对多个 CART 决策树的输出进行整合，从而得到最后的输出结果。随机森林算法的整合方法是平等原则，即：每一棵 CART 决策树输出的结果具有相同权重。对于钻时预测，随机森林算法会将多个 CART 决策树的输出结果求平均值，从而得到最终的预测结果[13]。

通过引入随机属性选择，增加基学习器数目，以及局部参数遍历优化功能，使得随机森林算法会有更好的效果。随机森林算法步骤如下：

（1）从原始样本中随机选出 m 个样本，构成一个训练集。此操作循环进行 n 次，生成 n 个训练集。

（2）对于 n 个训练集，使用 CART 决策树模型，可以分别训练 n 个 CART 决策树模型。

（3）将生成的 n 个 CART 决策树模型进行整合，得到随机森林模型。同时在随机森林模型中加入超参数自动搜索功能，优选随机森林模型中的各个参数。最终的预测输出，由各 CART 决策树模型结果的平均值得到。

随机森林算法的原理过程如图 4 所示。

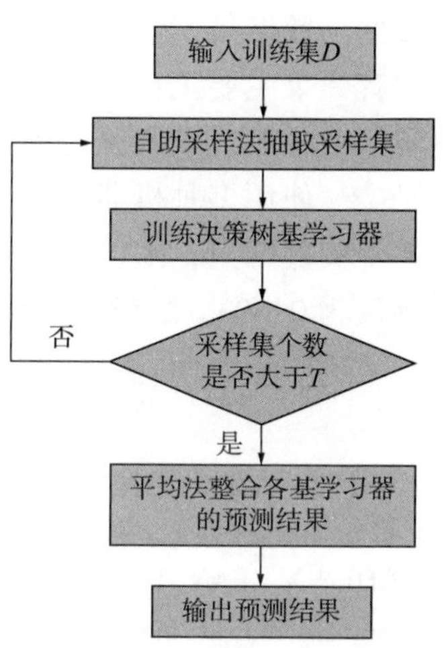

图 4　随机森林算法原理流程图

2.2　钻时预测分析

确定主要影响因素之后，采用随机森林算法来构建钻时的回归预测模型，同时，选择其他 3 种主流的机器学习方法——Lasso 算法、内核邻回归算法、支持向量机算法，作为基准算法，对比预测效果。根据特征组合方案，由 4 种机器学习方法的回归预测模型计算所得到的模型评估指标结果见表 2。

表 2　钻时预测模型的训练集/测试集预测统计

模型	确定系数 R^2	训练集均方根误差	测试集均方根误差
Lasso	0.902	0.124	2.788
内核邻回归	0.965	0.135	3.932
支持向量机	0.887	0.125	0.372
随机森林	0.932	0.204	0.303

基于支持向量机的特征递归消除法（RFE-SVM）的特征组合，各个模型所得到的训练集和测试集的评估指标见表 2，从表 2 中确定系数、训练集和测试集的均方根误差三个角度来评价预测效果。根据训练集和测试集的预测结果，4 种主流机器学习方法的预测效果有较大的差别。从表 2 中可以看出，随机森林算法能对测试集具有最佳预测（均方根误差为 0.303），优于其他算法。同时，随机森林算法的良好性能也符合该算法在其他领域的研究结果。

Lasso 模型与内核邻回归模型具有良好的确定系数（R^2）和训练集均方根误差，但是测试集均方根误差表现较差（2.778、3.932）。确定系数较高，说明线性模型有较高的拟合能力。但是，测试集均方根较大则说明 Lasso 模型与内核邻回归模型泛化性不足。随机森林算法构建的模型有第二高的确定系数 R^2(0.932)，还有最好的测试集均方根误差(0.303)，究其原因：随机森林模型具有良好的泛化性能，能够在训练集与测试集中均有良好的表现，有效避免了过拟合情况。

3 结论

本文选择随机森林算法，以鄂尔多斯盆地某区块为研究对象，以实钻数据和测井解释数据为基础，优选钻时影响因素，构建基于机器学习方法的钻时预测模型。结论如下：

(1) 基于特征递归消除法，构建钻时关键影响因素集合。以致密气井的实钻数据、测井数据为数据集，使用特征递归消除法(RFE-SVM)对影响因素进行特征处理，得到影响钻时的有 8 个主要工程、地质影响因素的特征方案，主要影响因素依次为：钻压、DC 指数、地层压力梯度、破裂压力梯度、GR、渗透率、孔隙度、含气饱和度。

(2) 使用多种机器学习方法，构建致密气井钻时预测模型。基于特征方案(RFE-SVM)的 8 个关键因素，随机森林算法构建的钻时预测模型有最好的预测效果，其测试集均方根误差仅为 0.303。后续为精细控制钻井参数提供有效参考意义。

参 考 文 献

[1] 孟英峰，杨谋，李皋，等. 基于机械比能理论的钻井效率随钻评价及优化新方法[J]. 中国石油大学学报(自然科学版)，2012，36(2)：110-114.

[2] CHEN X，FAN H，GUO B，et al. Real-time prediction and optimization of drilling performance based on a new mechanical specificenergy model[J]. Arabian Journal for Science and Engineering，2014，39(11)：8221-8231.

[3] 刘军波，韦红术，赵景芳，等. 考虑钻头转速影响的新三维钻速方程[J]. 石油钻探技术，2015，43(1)：52-57.

[4] 邹德永，王家骏，卢明，等. 定向钻井 PDC 钻头三维钻速预测方法[J]. 中国石油大学学报(自然科学版)，2015，39(5)：82-88.

[5] 高志亮，石玉江，王娟，等. 数字油田在中国及其发展[J]. 石油科技论坛，2015，34(3)：33-38.

[6] BATAEE M，IRAWAN S，KAMYAB M. Artificial neural network model for prediction of drilling rate of penetration and optimization of parameters[J]. Journal of the Japan Petroleum Institute，2014，57(2)：65-70.

[7] HEGDE C，DAIGLE H，MILLWATER H，et al. Analysis of rate of penetration(ROP) prediction in drilling using physics-based and data-driven models[J]. Journal of Petroleum Science and Engineering，2017，159：295-306.

[8] HEGDE C，GRAY K E. Use of machine learning and data analytics to increase drilling efficiency for nearby wells[J]. Journal of Natural Gas Science and Engineering，2017，40：327-335.

[9] 李大伟，熊华平，石广仁，等. 基于全球典型油气田数据库的数据挖掘预处理[J]. 大庆石油地质与开发，2016，35(1)：66-70.

[10] 王倩，郑希科，孟凡宇，等. 基于数据挖掘的超声波多普勒多相流测井解释方法[J]. 大庆石油地质与开发，2018，37(6)：146-150.

[11] GUYON I，WESTON J，BARNHILL S. Vladimir Vapnik. Gene selection for cancer classification using support vector machines[J]. Machine，2002，46(1/3)：389-422.

[12] BREIMAN L. Random Forests[J]. Machine Learning，2001，45(1)：5-32.

[13] 周志华. 机器学习[M]. 北京：清华大学出版社，2016.

基于改进蚁群算法的三维水平井轨道优化设计方法

于长华　刘玉斌　孙　念　闫雪冬　刘志坤　王六鹏

（大庆钻探工程公司）

摘　要：针对三维水平井轨道设计由于轨道剖面复杂，其迭代求解方法存在易陷入局部最优解、收敛速度慢等不足，难以在满足工程约束下实现轨道精确入靶，增加了设计难度，本文提出一种改进的蚁群算法可有效解决上述不足。首先以井眼轨道坐标增量差平方和最小为目标函数，井深增量、井斜角和方位角等为约束条件，建立多目标约束三维水平井轨道设计非线性约束方程，其次以上述目标函数作为改进蚁群算法中的启发式函数，然后对约束条件的连续空间采用不等长离散化方法进行网格划分，实现多目标约束三维井眼轨道设计求解。实例验证表明，提出的改进蚁群算法具有良好的收敛速度与求解精度，可为工程设计人员提供科学有效的计算方法。

关键词：三维水平井轨道；多目标约束；改进蚁群算法；连续空间求解

2022 年 6 月首次提出了工程作业智能支持中心（简称 EISC）建设方案。EISC 实现远程数据的实时采集、现场基础数据查询、实时工程预警、协同和工程模拟计算等技术。基于 EISC 建设方案，本文提出基于改进蚁群算法的三维水平井[1-4]轨道优化设计方法，其井眼轨道优化设计不仅可降低工程困难，进一步提高油藏开发效益，而且可以为其他井的轨道优化提供辅助决策。常规优化设计方法是给定地质靶点坐标要求设计轨道准确穿越靶点，然而由于靶点位置及工程条件的制约，往往难以寻找一条既满足工程约束又准确入靶的最优轨道。目前国内外众多学者提出了三维水平井井眼轨道优化设计模型[5-6]，赵廷峰等针对传统的五段式三维水平井轨道难以满足优快钻井需求提出了七段式三维水平井井眼轨道设计模型[7]。何万里等针对三维水平井井眼的轨道设计，建立了多目标模糊优化模型，并利用模糊方法把该模型转化为基于满意度水平下的普通非线性规划问题，再利用遗传算法对模型进行求解[8]。胥豪等通过对 4 种常见三维轨道计算模型进行分析，优选出斜面圆弧法作为三维水平井计算模型，并对三维水平井轨道形式进行优化，提出六段制水平井设计方法，以克服油藏垂深和造斜率 2 个不确定因素[9]。虽然众多学者对三维井眼轨道设计展开深入研究，但是往往难以寻找一条既满足工程约束又准确入靶的最优轨道，实际设计时通常为调整靶点坐标后重新设计，需耗费大量人力及计算工作。

目前，对于非线性超越方程组的求解，常规求解思路是将该方程组转换为连续空间非线性约束求解问题，通过构造迭代公式[10]并代入初值逐次逼近。然而迭代的精度、收敛性与初值紧密相关，若初值不合理则存在迭代陷入局部最优解、收敛速度慢甚至发散的不足。为此，需研究一种新的方法来求解。蚁群算法[11]作为一种全局搜索的智能算法能够有效避

作者简介：于长华（1973—），男，东北石油大学石油工程专业，工程智能支持中心领域，从事钻井工程。单位：中国石油大庆钻探工程公司，邮编：163000。E-mail：yuchhua@cnpc.com.cn。

免局部最优，在离散优化问题求解方面已凸显其优越性，如在旅行商最短路径问题、工程调度问题、二次分配问题等方面取得了广泛的应用[12]。然而，基本蚁群算法解决连续空间优化问题不太适用，在工程实际应用中需进一步完善。因此，本文提出一种改进蚁群算法用于解决连续空间优化问题，并应用于三维水平井轨道设计。通过实例验证，本文提出的改进蚁群算法具有良好的收敛速度及精度，可为钻井工程设计人员进行待钻井眼轨道设计提供科学计算方法。

1　五段制三维水平井轨道优化模型的建立

求解多目标约束三维水平井轨道设计问题时，待优化设计参数记为 $x_1=H_A$、$x_2=K_1$、$x_3=\alpha_B$、$x_4=\varphi_B$、$x_5=L_{BC}$、$x_6=K_2$、$x_7=L_{DT}$。针对“直—增—稳—增扭—稳—水平段”五段制三维水平轨道[13-14]，分别建立以最小入靶精度和最短井深双目标函数的最优化轨道设计模型，见式(1)。

$$\begin{cases} \min F_1 = [(\sum_{i=1}^{s}\Delta N_i - N_\tau)^2 + (\sum_{i=1}^{s}\Delta E_i - E_\gamma)^2 + (\sum_{i=1}^{s}\Delta H_i - H_\gamma)^2] \\ \min M = \sum_{i=1}^{s}\Delta L_i \end{cases} \tag{1}$$

1.1　多目标约束三维水平井轨道设计非线性约束方程

在式(1)中，第一优化目标函数 F_1 为最小入靶精度，第二优化目标函数 M 为最短井深。显然，目标函数 F_1 在无约束条件下极小值为 0，而满足条件的最优解为准确穿越首靶点 T 的设计轨道，然而在三维轨道优化设计中存在实际工程约束，此时难以找到满足目标函数 F_1 极小值。因此给定入靶精度为 $e(e\geqslant0)$后，放宽目标函数 F_1 极小值位于 $F_1\leqslant e$ 范围内，此时最优解为由 $|X_1^*|+\varepsilon$ 所构成的邻域范围，在该邻域范围应用优化目标函数 M 即可得到最短轨道长度。轨道的坐标参数及井深计算见公式(2)。

$$\begin{aligned}
&\theta=a\cos[\cos x_3\cos\alpha_T+\sin x_3\sin\alpha_T\cos(\varphi_T-x_4)] \\
&\Delta N=\frac{180\times30}{\pi x_2}(1-\cos x_3)\cos x_4+x_5\sin x_3\cos x_4+\frac{180\times30}{\pi x_6}\tan(\theta/2)(\sin x_3\cos x_4+\sin\alpha_T\cos\varphi_T) \\
&\quad +x_7\sin\alpha_T\cos\varphi_T \\
&\Delta E=\frac{180\times30}{\pi x_2}(1-\cos x_3)\sin x_4+x_5\sin x_3\sin x_4+\frac{180\times30}{\pi x_6}\tan(\theta/2)(\sin x_3\sin x_4+\sin\alpha_T\sin\varphi_T) \\
&\quad +x_7\sin\alpha_T\sin\varphi_T \\
&\Delta H=x_1+\frac{180\times30}{\pi x_2}\sin x_3+x_5\cos x_3+\frac{180\times30}{\pi x_6}\tan(\theta/2)(\cos x_3+\cos\alpha_T)+x_7\cos\alpha_T \\
&\Delta L=x_1+\frac{180\times30}{\pi x_2}x_3+x_5+\frac{180\times30}{\pi x_6}\theta+x_7
\end{aligned} \tag{2}$$

其中，所有未知参数为不等式约束，取值范围可根据工程实际约束条件或工程经验确定，见式(3)：

$$\begin{cases} H_A^{\min} \leqslant x_1 \leqslant H_A^{\max} \\ K_1^{\min} \leqslant x_2 \leqslant K_1^{\max} \\ \alpha_B^{\min} \leqslant x_3 \leqslant \alpha_B^{\max} \\ \varphi_B^{\min} \leqslant x_4 \leqslant \varphi_B^{\max} \\ L_{BC}^{\min} \leqslant x_5 \leqslant L_{BC}^{\max} \\ K_2^{\min} \leqslant x_6 \leqslant K_2^{\max} \\ L_{DT}^{\min} \leqslant x_7 \leqslant L_{DT}^{\max} \end{cases} \tag{3}$$

1.2 已知定靶点坐标时水平段方向的计算

在井眼轨道设计之前，根据地质给定井口坐标、首靶点及末靶点坐标参数，计算出水平段方向，可用首靶点 T 处的井斜角及井斜方位角表示，见式(4)和式(5)[15-16]。

$$\alpha_T = \arctan\sqrt{\frac{(N_{T'}-N_T)^2+(E_{T'}-E_T)^2}{H_{T'}-H_T}} \tag{4}$$

$$\begin{cases} \varphi_T = \arctan\dfrac{E_{T'}-E_T}{N_{T'}-N_T} \quad (N_{T'}>N_T) \\ \varphi_T = \pi+\arctan\dfrac{E_{T'}-E_T}{N_{T'}-N_T} \quad (N_{T'}<N_T) \\ \varphi_T = \dfrac{\pi}{2} \quad (N_{T'}=N_T \text{ 且 } E_{T'}>E_T) \\ \varphi_T = \dfrac{3\pi}{2} \quad (N_{T'}=N_T \text{ 且 } E_{T'}<E_T) \end{cases} \tag{5}$$

式中：N_T，E_T，H_T，$N_{T'}$，$E_{T'}$，$H_{T'}$ 分别为首靶点 T 和末靶点 T' 的北、东和垂深坐标，m；α_T，φ_T 为首靶点 T 处的井斜角、方位角，(°)。

1.3 已知造斜率时造斜半径的计算

造斜段或增斜扭方位段造斜斜面圆弧半径依据造斜工具造斜率来确定，当给定造斜率时计算公式如下：

$$R = \frac{180\times30}{\pi K} \tag{6}$$

式中：R 为造斜半径，m；K 为给定造斜工具造斜率，°/30m。

1.4 待优化设计参数

在本文建立的“直—增—稳—增扭—稳—水平段”五段制水平井轨道优化设计中，已知参数有：井口坐标及首靶点 T、末靶点 T' 坐标参数。待优化设计参数有：造斜点垂直深度

H_A；增斜段造斜率 K_1；增斜段末井斜角、方位角 α_B、φ_B；造斜后稳斜段长度 L_{BC}，增斜扭方位段狗腿度 K_2，增斜扭方位段后稳斜段长度 L_{DT}。当这些未知参数确定后，可唯一确定一条五段制三维水平井设计轨道。

2 多目标约束三维水平井轨道优化模型建立及求解

2.1 基本蚁群算法模型

基本蚁群算法是人工模拟自然界蚂蚁搜索食物时选择最短路径的行为，蚂蚁根据状态转移规则确定移动方向，通过信息素实现相互之间通信。信息素存在挥发机制，使蚂蚁不受过去经验的过分引导，从而引导蚂蚁向新方向进行搜索，避免早熟收敛而确保全局性最优[17]。算法的基本流程描述如图 1 所示：

（1）初始化：初始化各节点路径信息素，把 m 只蚂蚁随机放置在节点上；

（2）m 只蚂蚁根据转移规则在节点之间路径上移动搜索；

（3）当所有蚂蚁搜索完毕后，选择最优蚂蚁；

（4）根据信息素更新规则，对最优蚂蚁所经过的路径按照一定比例释放信息素，同时信息素随时间挥发，引导蚂蚁向有利路径搜索；

（5）输出最优蚂蚁搜索的结果。

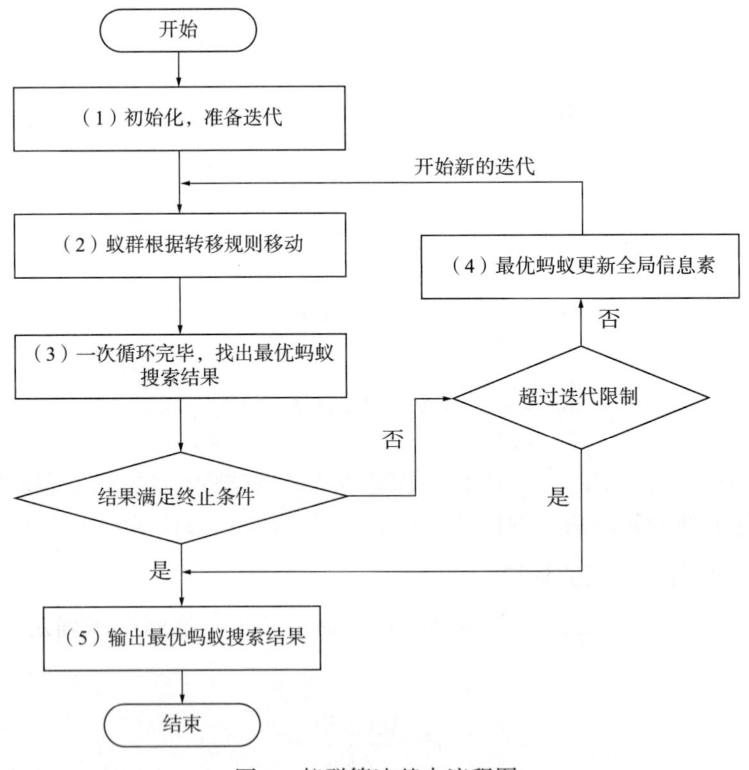

图 1　蚁群算法基本流程图

状态转移规则由节点间能见度因数和节点路径上信息素强度的计算结果依据先验知识或转移概率来确定，位于节点 r 的蚂蚁向下一个节点 s 转移规则可用式(7)来确定，根据该式蚂蚁按照先验知识或转移概率来选择下一步移动的节点。

$$s=\begin{cases}\underset{u\in allowed_k}{\arg\max}\{[\tau(r,\ u)]^{\lambda}\cdot[\eta(r,\ u)]^{\beta}\}，若 q\leqslant q_0，按先验知识\\ P，否则，按照转移概率搜索\end{cases} \tag{7}$$

式中：$u\in allowed_k$ 表示下一步允许移动的相邻节点集合，蚂蚁经过节点后该节点状态修改为“不允许”来避免陷入重复；$\tau(r,\ u)$为从节点 r 到 u 路径上的信息素强度，表示该路径对蚂蚁的吸引程度，在初始时刻为一常数；$\eta(r,\ u)$为节点 r 到 u 之间的能见度因数，根据特定的启发式函数确定；λ 和 β 为两个参数，分别表示蚂蚁在移动过程中积累的信息素强度和启发信息的相对重要度；q 是在[0，1]区间均匀分布的随机数；q_0 为先验知识的一个参数($0\leqslant q_0\leqslant 1$)；$P$ 为按照概率分布所确定出的一个随机变量，表示蚂蚁在从节点 r 向 u 转移的概率，见式(8)：

$$P_{rs}(t)=\begin{cases}\dfrac{\tau_{rs}^{\lambda}(t)\eta_{rs}^{\beta}(t)}{\sum\limits_{u\in allowed_k}\tau_{ru}^{\lambda}(t)\eta_{ru}^{\beta}(t)},\ t\in allowed_k\\ 0，其他\end{cases} \tag{8}$$

在基本蚁群算法中，当蚁群完成一次迭代，最优蚂蚁对各条节点路径上的信息素根据式(9)至式(10)更新。

$$\tau(t+n)=(1-\rho)\tau(t)+\rho\Delta\tau(t,\ t+n) \tag{9}$$

$$\Delta\tau(t,\ t+n)=\begin{cases}(L_{rs})^{-1}，(r,\ s)属于最优节点路径\\ 0，其他\end{cases} \tag{10}$$

式中：ρ 为信息素挥发参数，通常取值小于1，可以避免节点路径上的信息素无限累加；$\Delta\tau$ 表示在本次循环过程中信息素的增量，L_{rs} 表示本次循环搜索的全局最优节点路径，由式(10)可知，只有属于全局最优节点路径边的信息素才会有增量。

2.2 改进蚁群算法求解

本文对基本蚁群算法进行了改进，提出连续空间不等长离散化网格划分、目标函数差值启发式函数，建立了多目标约束三维水平井轨道设计问题的非线性约束方程数学模型，使得改进后的蚁群算法更适于该问题的求解。

2.2.1 连续空间不等长离散化网格划分

建立三维水平井轨道设计非线性约束方程后，需要对约束条件连续空间离散化网格划分[17]。由于约束条件井深增量(x_1)、井斜角(x_2)和方位角(x_3)取值变化范围较大，本文提出不等长离散化网格划分方法，将 ΔL_0 至 ΔL_1 划分 N 等份，α_0 至 α_1 划分 M 等份，φ_0 至 φ_1 划分 K 等份，可得$(N+1)\times(M+1)\times(K+1)$个离散节点，蚂蚁在离散节点中的路径组成了连续空间一个解，如图2所示：

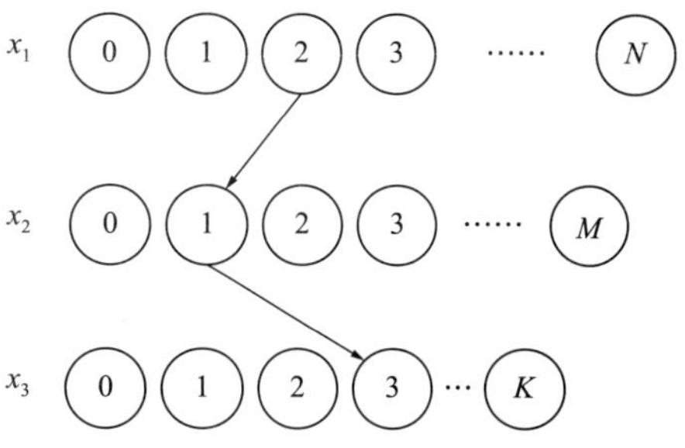

图2 连续空间不等长网格划分示意图

对于图3中所表示的空间网格节点(2，1，3)，所对应的解为：

$$(x_1,\ x_2,\ x_3)=\left(\Delta L_0+\frac{\Delta L_1-\Delta L_0}{N}\times 2,\ \alpha_0+\frac{\alpha_1-\alpha_0}{M}\times 1,\ \varphi_0+\frac{\varphi_1-\varphi_0}{K}\times 3\right) \tag{11}$$

2.2.2 改进启发式函数

在基本蚁群算法中启发式函数通常为把两个离散点之间的距离倒数，而连续空间中不存在距离这一概念，需改进启发式函数。因此本文提出以目标函数差值作为启发式函数的改进蚁群算法。假定蚂蚁当前节点为 i，该节点的目标函数值为 F_i，与其相邻节点 j 所对应的目标函数值为 F_j，记两点之间的目标函数差值为：

$$\Delta F_{ij}=F_i-F_j \tag{12}$$

则改进启发式函数定义如下：

$$\eta(t)=\begin{cases}\Delta F_{ij},\ \Delta F_{ij}>0\\ 0,\ 其他\end{cases} \tag{13}$$

把式(13)代入式(7)和式(8)即可得到蚂蚁的转移规则。

算法搜索终止条件定义如下：当蚂蚁当前节点的所有相邻节点状态都为“不允许”或相邻节点函数差值小于0时，意味着搜索到局部最优解，结束本次循环；当所有蚂蚁完成搜索之后，由最优蚂蚁更新信息素，所有循环完成后由最优蚂蚁得到全局最优解。

3 实例验证

为了验证本文提出的改进蚁群算法的有效性，下面分别给出了两组实钻井底坐标数据、井眼方向和目标点坐标数据进行三维水平井轨道设计，已知数据见表1。

表1 已知数据表

编号	井深(m)	井斜角(°)	方位角(°)	垂深(m)	北(m)	东(m)	狗腿度(°/30m)	工具面(°)	造斜率(°/30m)
1	150.00	0	0	150.00	0	0	0	0	0
2	781.62	51.02	25.15	701.40	238.18	111.82	2.423	25.15	2.423
3	1505.40	51.02	25.15	1156.71	747.51	350.95	0	0	0
4	2433.50	89.87	116.36	1531.77	901.77	1079.54	2.937	92.86	1.256
5	2839.90	89.90	116.33	1532.60	721.40	1443.80	0	307.88	0

改进蚁群算法的初始化参数设为：蚂蚁个数 $m=10$，$\lambda=0.99$，$\beta=0.5$，$\tau(0)=1$，$\rho=0.5$。应用本文算法与常规迭代算法计算两组数据并对结果进行比较，结果见表2。

表2 计算结果对比数据表

编号	本文算法		常规迭代算法	
	迭代次数 I	坐标增量差平方和 F	迭代次数 I	坐标增量差平方和 F
1	425	0.0016	2204	0.0018
2	662	0.0023	3344	0.0029

从表2结果可以看出，在井眼轨道坐标增量差平方和 F 达到同样量级时，本文的改进蚁群算法迭代次数明显少于常规迭代算法，并且具有更高的精度。

为了进一步对比两种算法的收敛速度，图3给出了两种算法的坐标增量差平方和随迭代次数变化曲线。从图 3 中可以看出，常规算法的迭代在初始下降之后收敛速度变缓，本文算法下降趋势明显，井眼轨道坐标增量差平方和 F 在较少的迭代次数 I 时快速接近 0 值，本文算法不仅收敛速度快而且具有良好的收敛精度。

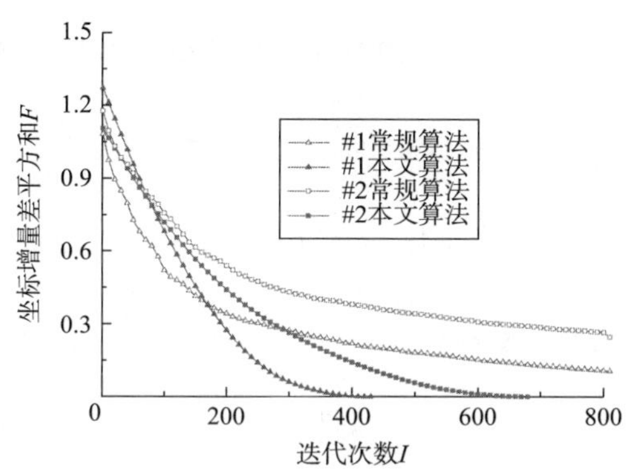

图 3　坐标增量差平方和 F 随迭代次数变化曲线

4　结论

（1）针对三维水平井轨道设计，建立了以最小坐标增量差平方和为目标函数，井深增量、井斜角和方位角为约束条件的非线性约束方程。

（2）提出约束条件连续空间不等长离散化网格划分，以目标函数差值作为启发式函数的改进蚁群算法来解决三维水平井轨道设计。

（3）实例验证结果表明，本文所提出的算法具有良好的收敛速度，同时具有较高的收敛精度，表明该算法具有良好的应用性。

（4）本文提出的三维水平井轨道优化设计方法，可用于 EISC 建设方案，为其他的水平井轨道优化提供技术支撑，实现辅助决策。

参　考　文　献

[1] 李小平，李伟峰，贾红娟，等．三维水平井轨道优化对齐设计模型[J]．西安石油大学学报(自然科学版)，2022，37(4)：49-54.

[2] 鲁港，刁伟东，来建强．三维圆弧型井眼轨道设计模型的拟解析解[J]．石油学报，2020，41(12)：1679-1685.

[3] 闫吉曾．非均质储层三维水平井轨道设计研究与应用[J]．西南石油大学学报(自然科学版)，2018，40(2)：151-158.

[4] 周新荣．大庆油田水平井井眼轨道设计及优化[J]．西部探矿工程，2018(7)：68-70.

[5] 张小平．吴起油田常规井五段制轨道调整实用性探讨[J]．石化技术，2021，28(8)：176-177.

[6] 牛似成．JPH-411 井三维井眼轨道设计及轨道控制技术[J]．石油地质与工程，2020，34(6)：93-97.

[7] 赵廷峰，叶雨晨，席传明，等．七段式三维水平井井眼轨道设计方法[J]．石油钻采工艺，2023，45(1)：25-30.

[8] 何万里．三维水平井轨道设计模糊优化模型及算法[J]．青岛大学学报(自然科学版)，2017，30(3)：125-130.

[9] 胥豪，牛洪波，牛似成，等．六段制三维水平井轨道优化设计与应用[J]．石油钻采工艺，2017，39(5)：564-569.

[10] 陈飞，王海军，曹苏玉．求解非线性方程组的改进不精确雅可比牛顿法[J]．计算机工程与应用，

2014，50(14)：45-47，179.
[11] 李士勇．蚁群算法及其应用[M]．哈尔滨：哈尔滨工业大学出版社，2004.
[12] 段海滨，马冠军，王道波，等．一种求解连续空间优化问题的改进蚁群算法[J]．系统仿真学报，2007(5)：974-977.
[13] 韩志勇．两个不准确条件下的水平井轨道设计[J]．石油大学学报(自然科学版)，1993，17(1)：24-30.
[14] 王六鹏，魏磊，高云文，等．基于多目标约束三维水平井轨道优化设计研究[J]．钻采工艺，2020，43(1)：8，17-20.
[15] 韩志勇．定向钻井设计与计算[M]．东营：中国石油大学出版社，2007.
[16] 刘修善．井眼轨道几何学[M]．北京：石油工业出版社，2006.
[17] 杨勇，宋晓峰，王建飞．蚁群算法求解连续空间优化问题[J]．控制与决策，2003，18(5)：573-576.

智能安全监控系统在海上钻完井作业中的应用

张　博[1]　杨保健[1]　王宝军[1]　赵　杰[1]　段　鹏[2]　韩松辰[2]　方　牧[2]

(1. 中海石油(中国)有限公司天津分公司；2. 中海油能源发展股份有限公司工程技术分公司)

摘　要：随着海上油气勘探开发钻完井作业量持续攀升，钻完井安全风险防控面临巨大挑战，基于"工业互联网+安全生产"，为推进智能化油气田建设，实现钻完井专业不安全行为等关键安全风险的职能监控预警，海上油气钻完井智能监控系统试点运行，该系统可提高海上钻完井作业安全风险管控能力，未来通过形成标准化设计指南及操作规程，使智能监控系统在海上油田具有可推广性。

关键词：海上；钻完井；智能化；监控系统

"十四五"期间，随着海上油气勘探开发钻完井作业量持续攀升、人员设备摊薄，双深井、高温高压井等复杂井不断增多，严重安全事故仍时有发生，钻完井安全风险防控面临巨大挑战。

为落实党和国家要求，促进新技术与生产作业结合，以新一代信息技术赋能现场作业安全为目标，聚焦现场作业人为不安全行为、装备不安全状态、井筒不安全因素、管理不安全缺陷等安全关键风险，创新构建贯穿现场、陆地公司的多层级风险监测预警体系，支撑建立现场作业安全风险监测预警保障技术平台，提高海上钻完井作业安全风险管控能力。

1　国外监控系统介绍

(1) 为加速石油技术和数字技术的创新，近年国外石油公司也进行了相关技术的研究和试用，根据调研，国外海上监控系统主要有 Seadrill 公司的人工智能监测技术(Vision IQ)，以及贝克休斯与 BP 公司研制的全井筒高清监控系统。

(2) Seadrill Vision IQ 视频监控系统：该视频监控系统可以在钻台红区(即危险性最高的区域)提供先进的潜在风险监测。Vision IQ 集成了 AI、激光成像/检测/雷达(LiDAR)和边缘计算技术，确保使用该技术的钻机和钻井船钻台红区作业更高效、更安全。同时结合 Vision IQ 的 AI 功能，可以对钻台红区实现实时的 3D 可视化监测(图 1)。Vision IQ 专为海上钻井而设计，可以集成到钻机的防撞系统中，从而建立更加统一作业安全控制方法。

(3) 全井筒高清监控系统(BP 公司)：该系统通过一个可靠的实时性系统来监测远程海上油井。不仅能提供现场压力、温度数据，还可以监测井筒的完整性、防砂效果和人工举升效能，其远程监控功能减少了常规性井筒干预(如生产测井)对监视操作的需求(图 2)。实现海上干预最小化，可有效降低运营成本，并减少干预人员进出平台的次数。总体而言，

作者简介：张博(1979—)，2003 年毕业于中国石油大学(华东)石油工程专业，获工学学士学位，现为中海油天津分公司工程技术作业中心完井资深工程师，从事海上智能化钻完井等方面研究工作，高级工程师。通讯地址：天津市滨海新区海川路 2121 号。E-mail：zhangbo2@ cnooc. com. cn。

该系统有助于降低油井生命周期的费用支出。

图 1　Seadrill Vision IQ 视频监控系统

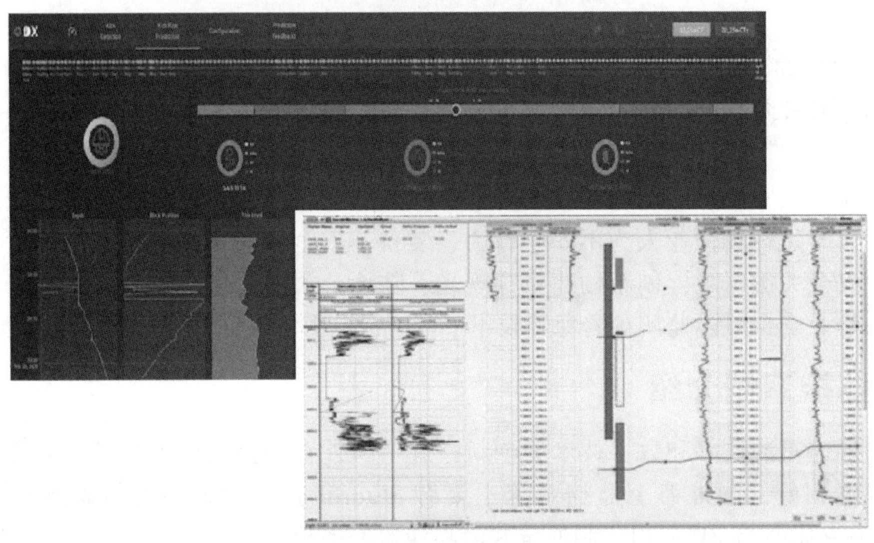

图 2　全井筒高清监控系统

2　国内海上油气钻完井智能安全监控系统

基于“工业互联网+安全生产”，为实现钻完井专业不安全行为等关键安全风险的智能监控预警，中国海油在渤海油田选取了某海上平台作为智能监控系统的试点。由于海上钻井平台具有现场空间有限、网络通信带宽有限、数据来源和形式复杂等一系列陆地钻井所不具备的特色问题，若不充分掌握情况，每一个细节都可能影响监控系统未来在现场的实施效果。

2.1　硬件建设

针对试点先行的模块钻机的实际情况，完成相应的改造设计、硬件选型工作。主要通过平台已有硬件设备摸底、硬件设备采购与改造计划、各硬件设备连接方案设计、具体部署安装方案图纸设计等实施硬件建设方案(图 3)。

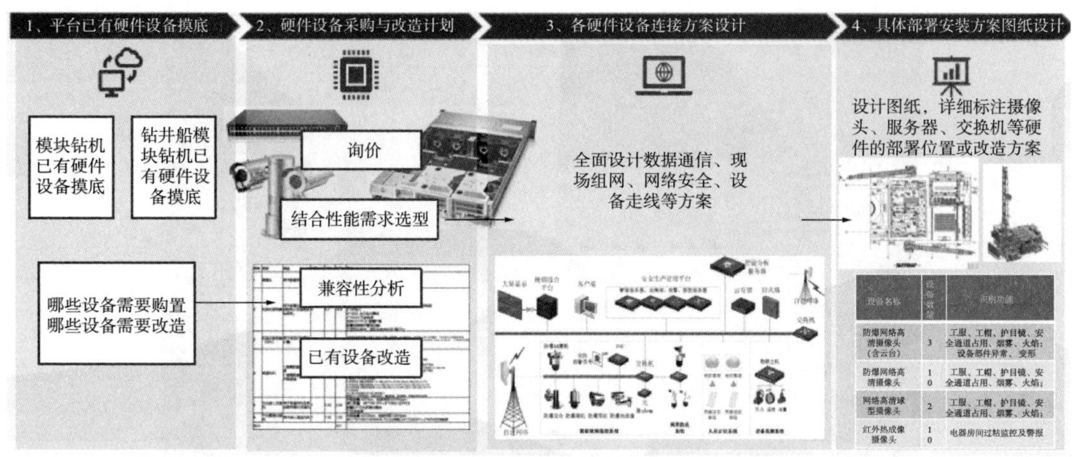

图 3　硬件建设方案

2.2　软件建设

借鉴海上智能油田已实现的安防功能，挖掘钻完井特色场景，完成软件开发工作，将海上模块钻机智能安全监控系统设计出三个层级，分别为海上平台、陆地分子公司、陆地集团公司，共计 10 个一级功能(图 4)。

(1) 海上平台—首页。

海上平台—首页可以综合性地查看本平台的关键统计数据，可以更好地帮助平台的领导进行辅助决策(图 5)。

(2) 海上平台—视频监控。

视频监控功能将初始化五种不同类型用以进行便捷监控，分别为按位置区域监控、按识别类型监控、按摄像头监控、按监控路线监控、按分布图监控。可点击选择不同的监控类型进行实时监控视频的查看及报警信息监控片段的对比查看(图 6)。

(3) 海上平台—单位信息。

该页面主要用于管理海上平台上所有单位的基本信息，支持条件查询及导入、导出功能(图 7)。

(4) 海上平台—人员信息。

该功能主要用于分单位查询展示海上平台的人员的基本信息，并进行人员出海天数、证件到期的提前预警。同时该功能可用于监控记录平台上各区域人员进出的情况(图 8)。

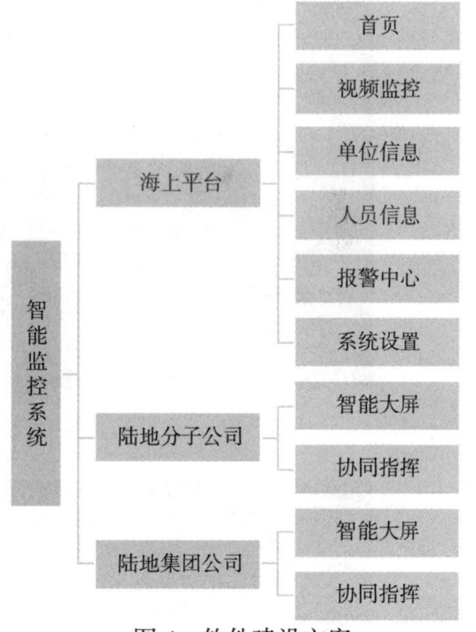

图 4　软件建设方案

(5) 海上平台—报警中心。

该功能主要用于存储展示各类报警信息，并且平台上的安全监督角色人员可通过此功能进行报警信息的二次确认及处理确认(图 9)。

(6) 海上平台—系统设置。

该部分设置主要针对视频识别监控的基础设置，主要包括摄像头设置、监控类型设置(图 10)。

图 5　海上平台—首页界面

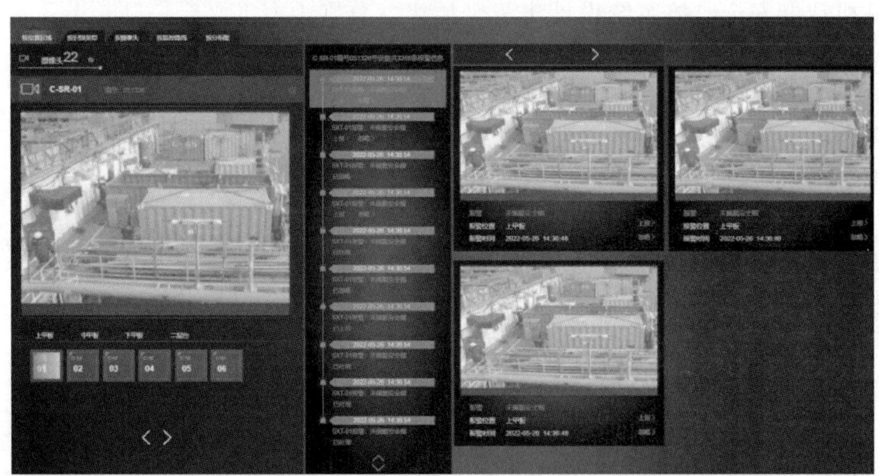

图 6　海上平台—视频监控界面

图 7　海上平台—单位信息界面

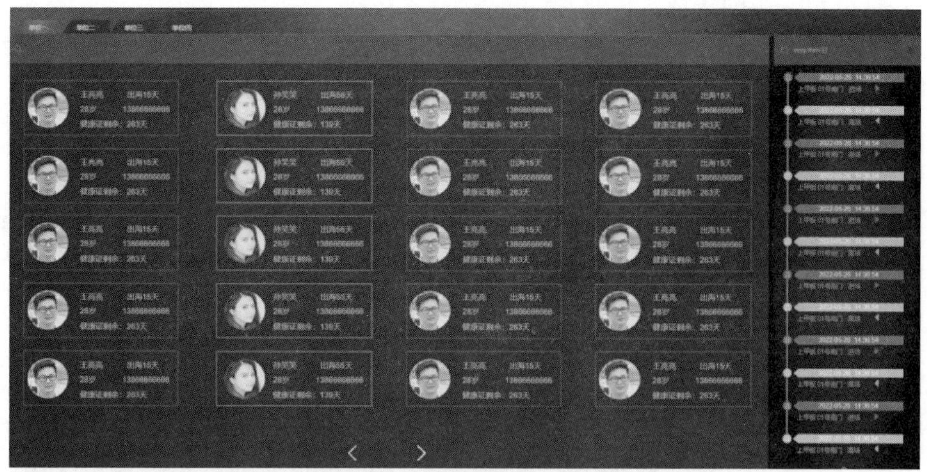

图 8　海上平台—人员信息界面

图 9　海上平台—报警中心界面

图 10　海上平台—系统设置界面

（7）陆地公司—协同指挥。

该部分主要用于陆地公司通过查看平台的实时监控、录井数据等基础信息，对平台情况进行准确把控，方便进行协同指挥(图 11)。

图 11 陆地公司—协同指挥界面

3 试点版现场应用效果分析

为保障“智能监控系统”工程建设推进扎实稳健、功能设计深度结合现场需求，中国海油天津分公司研究院先行启动算法研究和软件开发任务，力求尽快将试点运行版在海上平台启动，积累经验、发掘问题。通过现场试点运行，优化整体建设架构的每一个环节，主要分为视频识别模型优化，系统软件优化，组网优化，系统架构优化升级。

（1）视频识别模型优化。

基于现场采集到的视频数据，拓展机器视觉模型训练数据集，完成了试点版本五个通用性安全风险监测场景，具体效果如图 12 所示。

识别不同类型的工服

识别下楼梯不扶扶手

识别火焰

不佩戴安全帽识别

识别踩踏小盖板

图 12 安全风险监测场景

（2）系统软件优化。

① 系统界面：全面优化系统界面，调整布局。

② 平台端管理统计模块功能丰富：预留数据接口，数据介入后可直接实现功能，更加直观展示。

③ 视频监控切换速度提升：直接使用海康威视 SDK，提升切换视频时的加载速度。

④ 视频识别场景数量提升：不佩戴安全帽识别、不穿戴工服识别、火焰识别、违规踩踏井口小盖板识别、上下楼梯手不扶楼梯扶手识别。

⑤ 可同时查看更多摄像头。

⑥ 报警响应速度巨幅提升：响应速度小于 1s，同时快速定位报警摄像头对应平台位置。

⑦ 系统各模块服务一键快速启动：如因避台需要关机或重启，现场可便捷操作。

（3）组网优化。

① 平台上便捷查看：打开电脑，直接通过浏览器即可使用智能监控系统及配套的数据库服务。

② 陆地端远程访问：可从陆地端远程访问系统，紧急情况下可查看任何一个摄像头的实时视频。

③ 远程运维、更新系统：远程运维调试，更新系统。

④ 方便进行安全检查：配合公司落实网络安全相关工作，随时可接受安全检查。

（4）系统架构优化。

随着信息化项目研究的逐步深入，结合实际需求和现场实际运行情况，整体架构不变，适时适当考虑微调技术细节，提升性能、优化用户体验(图 13)。

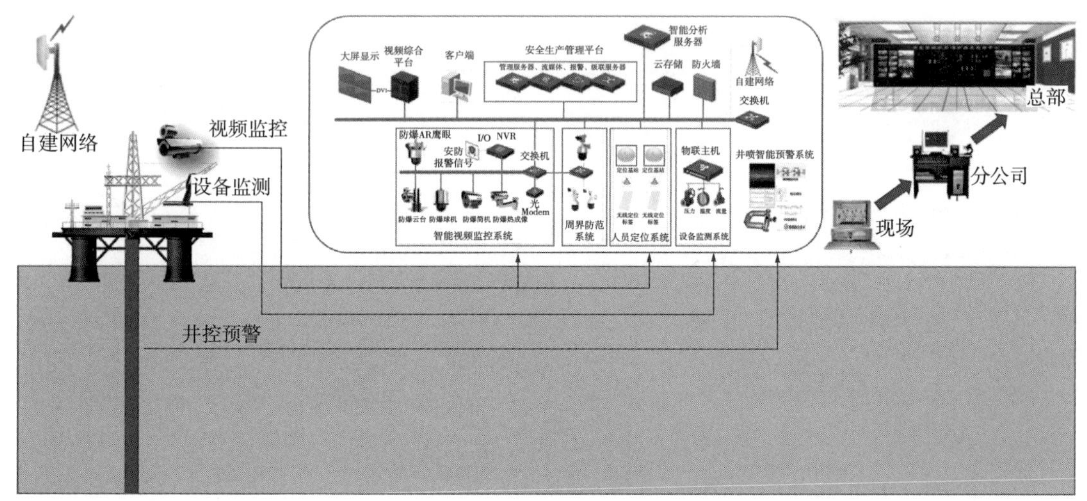

图 13　系统架构界面

4　下步工作展望

智能化、网络化、数字化是智能视频监控系统的发展方向，具体实现方式主要是硬件升级和软件优化，未来海上智能监控系统将继续提升综合性能，实现其他基于视频监测不安全行为的应用场景，充分利用监控系统的实时传输影像功能，为现场安全作业提供双重把关，促进海上油田智能系统能力提升，形成基于物联网的海洋油气钻井作业安全智能监测预警系统标准化设计指南及操作规程，使智能监控系统在海上油田具有可推广性。

参 考 文 献

[1] 王昆，曲直，施晓东，等．智能视频监控系统在海上油田的应用[J]．天津科技，2021(2)：56-61.

[2] 王伦，钟磊．海洋钻井平台视频监控系统升级改造[J]．海洋石油，2020(12)：79-84.

[3] 齐赋宁．基于 CCTV 视频监控系统整合技术研究与设计[J]．电子技术应用，2022，48(3)：54-58.

[4] 刘玉豪．海上石油平台视频监控系统与火灾探测系统联动设计及应用[J]．信息记录材料，2022(3)：148-150.

[5] 沈竺霖．油田智能视频监控系统研究[J]．电视技术，2022，46(3)：18-20.

智能钻井系统关键技术研究

罗　磊　栾　苏　张革民　秦羿涵

（宝鸡石油机械有限责任公司）

摘　要：智能钻井系统利用人工智能、数据分析和自动化技术来优化和改进钻井作业，系统包括自动化钻具控制、井下设备自动化、钻井液循环控制等，利用智能软件识别钻井作业存在的各种风险，包括地质风险、工程风险和操作风险等。智能钻井系统能够提高钻井作业的安全性，为钻井工程师和司钻操作人员提供了更好的决策支持和作业管理工具，推动了钻井行业的创新和发展。

关键词：石油钻机；智能钻井；智能软件；网络环境

石油是我国当前经济发展的重要能源之一，随着计算机技术和人工智能技术的发展，近钻测量、智能导向、智能钻机等技术随之突破，石油钻井技术的智能化程度和自动化程度不断提高。在信息化时代中，石油钻井自动化、智能化新技术的应用具有广泛的前景，运用钻井新工艺、新技术，不断提高钻井质量和效率，向低成本、高精度、自动化、智能化方向快速发展，为深层天然气资源高效开发提供坚实保障。

1　智能钻井技术特点

油气钻井是油气资源勘探开发工程中的基本环节，它是一项多功能集成的技术工程。综合近年来石油钻井工程技术发展看，智能钻井研究动向主要有以下特点：第一，井下智能工具技术，尤其随钻测量、智能导向工具的应用，在钻井过程中可实时获取钻头位置、井筒状态等信息；第二，地面装备智能控制技术，钻井装备的智能化是智能钻井的重要载体，设备的智能化才能提高质量和效率，降低成本；第三，智能软件系统，智能软件可以对大量钻井数据进行分析，从而找到规律及趋势，通过数据分析可识别各种工况及风险，从而为钻井决策提供参考；第四，信息高速传输技术，钻井过程需要多个复杂系统组成，系统之间数据交互协议一致、数据传输稳定才可为智能钻井提供数据支撑。

2　钻井系统智能化关键技术

2.1　智能井下工具

（1）随钻测量技术。

随钻测量技术主要包括随钻测量、随钻测井、随钻测压、随钻声波测井、随钻地震、随钻核磁测井，以及随钻地层评价。通过在钻铤或测量工具中安装各种传感器，如测斜仪、

作者简介：罗磊（1985—），2012 年毕业于兰州理工大学控制理论与控制工程专业，获硕士学位，现任宝鸡石油机械有限责任公司国家油气钻井装备工程技术研究中心高级工程师，从事钻机控制系统等方面研究工作，高级工程师。通讯地址：陕西省宝鸡市金台区东风路 2 号。E-mail：roily123@163.com。

地磁仪、压力传感器和密度测量装置等，实时测量地层参数(图1)。这些传感器能够测量钻井方向、倾角、地磁场强度、岩石密度和流体压力等信息。测量数据可以通过电缆或者无线传输到地面接收机，并经过处理和分析后提供给工程师使用。

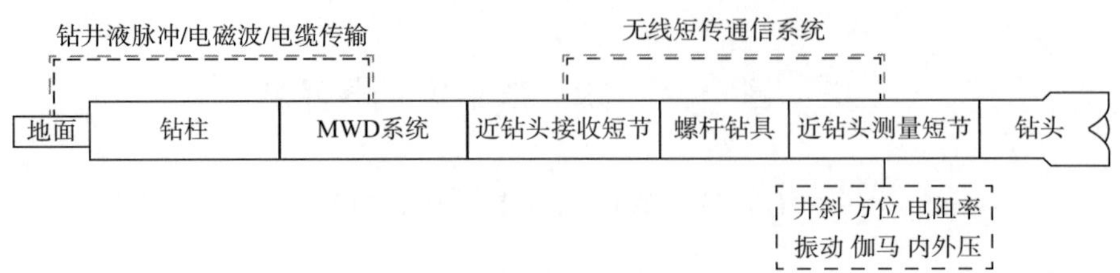

图1 随钻测量系统组成示意图

(2) 智能导向钻井技术。

地质导向钻井技术的应用主要通过控制油气层、测定井下地质信息的方式来引导钻井操作轨迹，确保钻头围绕油气层进行作业(图2)。根据随钻测量的井下地质信息和井眼轨迹参数，利用人工智能算法对钻进方向和井眼轨道进行智能优化，自动调整钻头喷嘴方向、钻井液流速和流量，控制钻头的钻进方向，及时调整井眼轨道与产层的位置关系，确保钻头围绕目标油气层钻进。

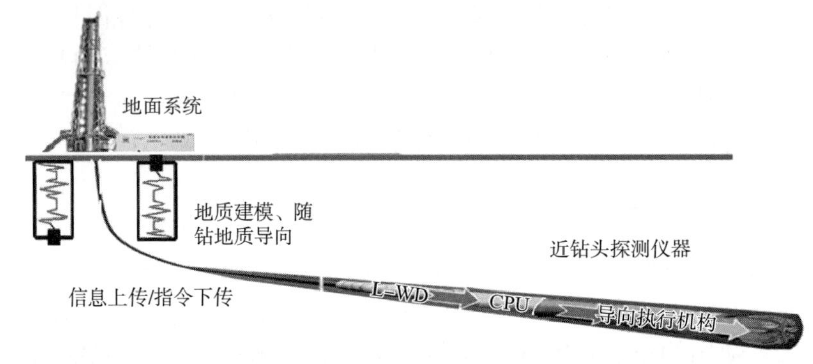

图2 智能导向钻井原理

(3) 智能钻柱。

利用传感器、通信和数据分析技术，实现对钻柱状态和钻井过程的实时监测和控制(图3)。智能钻柱采集钻柱内部的各种参数和数据，如钻柱的应力、扭矩、振动、温度等。这些数据通过传感器收集，并通过无线或有线通信方式传回地面或其他监控设备。智能钻柱的应用可以带来多重好处。首先，它可以实时监测钻柱的健康状态，识别可能的故障或损坏，并提前采取措施进行维修或更换，从而减少钻井作业中的意外和停工时间。其次，它可以提供钻柱工作参数的实时反馈，帮助钻井工程师监测钻井过程中的振动、扭矩和应力等情况，以实现更稳定和高效的钻井操作。此外，智能钻柱还可以与其他智能化设备和系统进行数据交互和协同工作，实现更全面的钻井自动化和智能化。

图3 智能钻柱芯片

(4) 智能钻头。

智能钻头安装智能芯片与井下传感器，在钻进过程中，自动感知地层压力、地层温度、钻头角度和深度，实时识别钻遇地层特性，调节钻头工作性能和切削参数，使钻头处于最佳工作状态。智能钻头还可以通过集成的控制单元和算法，实现自动化控制功能，如主动避震、自适应钻进、实时调节转速等。这些功能可以提高钻头的稳定性和可靠性，减少钻井过程中的人工干预，提高钻井效率。

2.2 智能钻机

(1) 高精度管柱系统机器人。

高精度管柱系统机器人用于起下钻、接单根过程中的管柱拆卸及排放(图 4)。起下钻、接单根流程占用钻井时间较多，提高管柱处理时效是钻机自动化组成部分和自动钻井的重要因素。

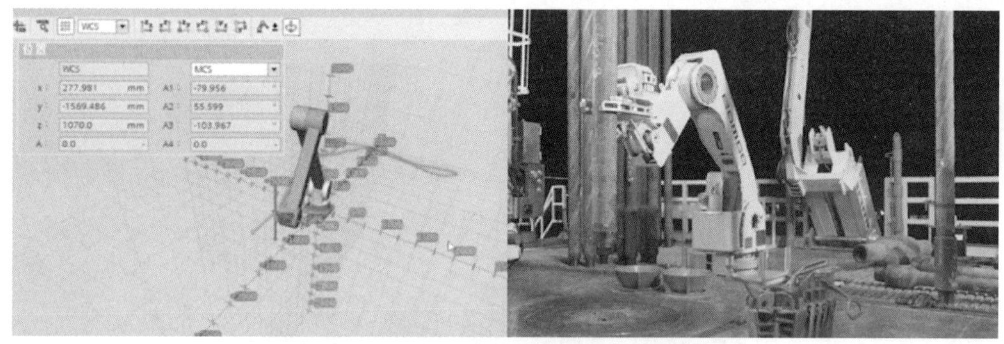

图 4 高精度钻台机器人

高精度管柱系统机器人通常由多个模块组成，包括机械臂、传感器、控制系统和通信模块等。机械臂可以灵活地操作和移动管柱，实现自动化的钻井流程。传感器可以实时监测管柱的位置、姿态和位移等参数，并将这些数据传输到控制系统进行处理和分析。控制系统根据传感器数据来计算和调整机器人的动作，以实现高精度的管柱控制和定位。

(2) 智能化钻机控制平台。

智能化钻机控制平台是钻机控制中枢，是集合钻井过程、钻井监控、设备控制、设备维护、安全管理、数据记录/报警、智能化、专家系统等一体化的系统；实现了钻机所有控制设备的指令统一“监管”，信息实现统一“规划”，消除了信息孤岛(图 5)。系统具有完善的防碰互锁机制和故障诊断功能，保障了钻机设备运行稳定、安全、高效作业。通常具备以下特点和功能：

① 实时数据采集：平台可以接收和处理来自钻机的各种实时数据，如钻井参数、传感器数据等，以保持对钻井过程的实时监测。

② 自动化控制：平台具备钻机自动化控制的能力，可以根据事先设定的算法和规则，自动调节和控制钻机的操作，优化钻井过程的效率和质量。

③ 故障诊断和预测：平台通过对实时数据的分析和处理，可以识别钻机操作中的潜在故障和问题，并做出预测和提前干预，以避免可能的故障发生或减少停机时间。

④ 柔性配置和适应性调整：平台可以根据不同的钻井需求和条件，灵活配置和调整钻机的参数和工作模式，以适应不同的钻井环境和目标。

⑤ 数据分析和智能优化：平台利用大数据分析和机器学习等技术，对历史数据和实时

数据进行分析和挖掘，提取有价值的信息，为钻机操作和钻井决策提供智能化的优化建议和指导。

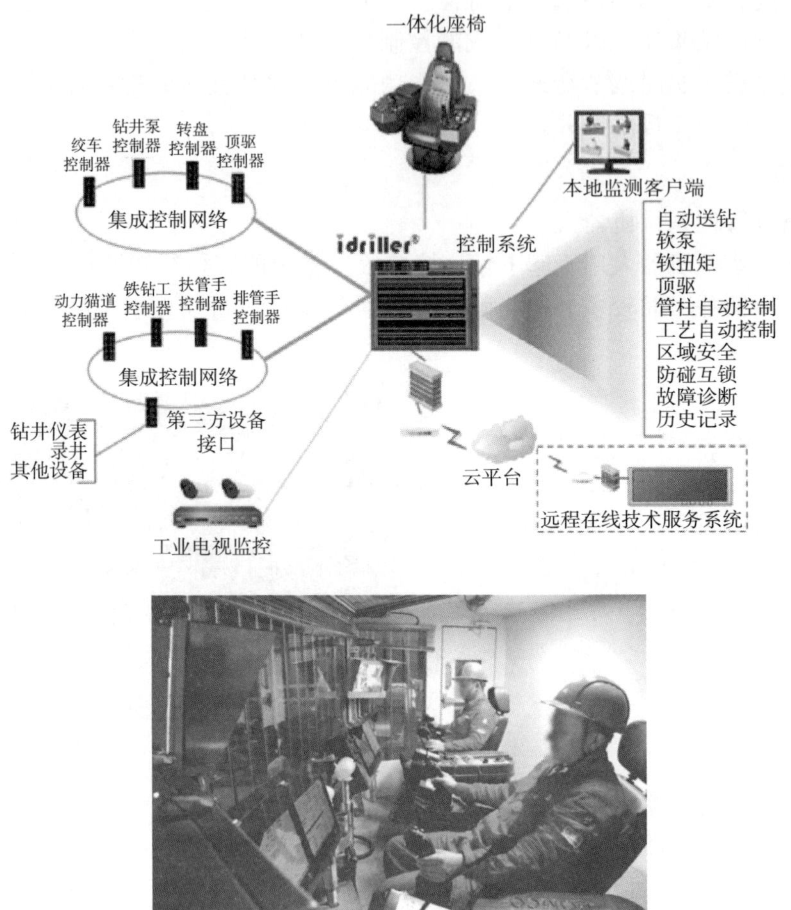

图 5　智能化钻机控制平台

(3) 钻井液智能处理系统

钻井液智能处理系统是一种利用智能化技术对钻井液进行处理和管理的系统。它结合了实时数据采集、数据分析和自动化控制等功能，基于数据分析和预测结果，系统可以自动调整钻井液的配方和参数，以优化钻井液的性能和稳定性。例如，根据地层情况自动控制加入防止井壁塌陷的药剂剂量。

(4) 钻机远程监测与故障诊断系统。

采用先进的云原生、大数据分析、智能算法、物联网，以及数字可视化展示等技术，整体部署实施采用“云+端”的方式。主要功能包括：云平台管理、设备管理、远程监控、智能分析和可视化；“端”的部分，主要是实现现场生产设备数据的自动采集。大数据分析提供一整套面向数据分析的统计和分析算法，以及提供大规模数据处理的快速通用的计算引擎。在此基础上，数据分析区还应支持基于算法的各类分析模型开发、测试、存储能力，以及计算结果的可视化、可定制化和交互性功能，为用户提供完整的分析解决方案(图 6)。

图 6　钻机远程监测与故障诊断系统

2.3　智慧应用软件

（1）井眼轨迹优化。

井眼轨迹的优化需要综合考虑地层特征、钻井目标、地质结构和钻井设备的能力等因素。可以利用计算机模拟和仿真技术，结合地质数据和工程经验，进行井眼轨迹设计和优化。同时，还可以通过实时数据监测和反馈，进行钻井作业的动态调整和优化，以应对地层变化和实际钻井情况。

（2）井下振动智能识别控制。

通过井下传感器、振动监测设备等，实时采集井下设备工作时的振动数据，包括振动频率、振幅、加速度、冲击力等信息，智能识别诊断井下工况，及时识别异常振动，预警相关人员采取措施以防止事故发生。控制系统联动减振稳扭工具减少井下冲击和振动等不利影响，通过振动控制和优化，可以提高井下设备的工作效率和可靠性，降低设备的振动损伤和故障风险，提高生产效率和安全性。

（3）钻井风险预测。

利用历史数据和经验教训，结合工程模拟和数据分析技术，构建预测模型和风险评估系统，包含地质风险预测、工程风险预测、操作风险预测等方面。在钻井过程中利用大数据技术可实时更新和优化模型，有助于钻井工程师和操作人员在实际作业中提供全面的钻井风险预测和管理建议，从而降低事故风险，保障钻井作业的安全性和高效性。

（4）远程智能钻井决策系统。

远程智能钻井决策控制系统包括数据采集传输、信息处理、工程设计、实时监控、施工作业与决策分析功能，具有实时、稳定、可靠、自学习优点。该系统利用数据仓库、大数据分析、分布式计算和协同决策等技术对钻井过程进行仿真模拟；利用人工智能技术进行钻井参数优化、井身结构设计、故障智能诊断、风险识别与预测；基于智能决策系统，做出实时分析决策，跨地域实现钻井作业的远程实时控制。

3　智能钻井实施方案

智能钻井系统应用井下工况计算模型，给出钻压、排量、扭矩、悬重等参数的推荐值，通过与钻机控制系统交互，给出司钻操作人员的优化建议，实施高效、一致、标准的钻井作业，提高作业安全性和缩短作业的非生产时间。它由多个组成部分组成(图 7)，包括以下几个主要组件：

(1) 实时数据采集与传输：智能钻井系统利用各种传感器和监测设备，实时采集钻井作业过程中的各种数据，如井口参数、钻具状态、地层信息、钻井液性质等。这些数据通过通信网络传输到中央系统以进行进一步分析和处理。

(2) 数据存储与管理：智能钻井系统需要对采集到的海量数据进行存储和管理。这些数据包括实时数据、历史数据、地质数据等。合理的数据存储和管理系统可以支持后续的数据分析、建模和优化。

(3) 数据分析与实时决策支持：智能钻井系统利用数据分析和模型建立，对实时采集的数据进行处理和分析，提取有用的信息和特征。基于这些信息，系统可以提供实时决策支持，帮助钻井工程师做出钻井参数调整、钻具操作优化等决策。

(4) 自动化钻井控制系统：智能钻井系统利用自动化技术，控制和优化钻井过程。这包括自动化钻具控制、井下设备自动化、钻井液循环控制等。自动化系统能够根据实时数据和预设算法，实现对钻具工作状态、钻进速度、方向控制等的智能调整。

(5) 风险预测与安全管理：智能钻井系统通过分析数据和建立模型，预测和识别潜在的钻井风险，如井壁塌陷风险、井控失效风险等。同时，系统还能提供实时监测和安全管理，及时发出报警和提醒，确保钻井作业的安全性。

(6) 远程监控与操作支持：智能钻井系统具有远程监控和操作支持功能，钻井工程师可以通过远程终端监视和控制钻井作业，实时获取数据和报告，进行远程协调和决策，提高作业效率和响应能力。

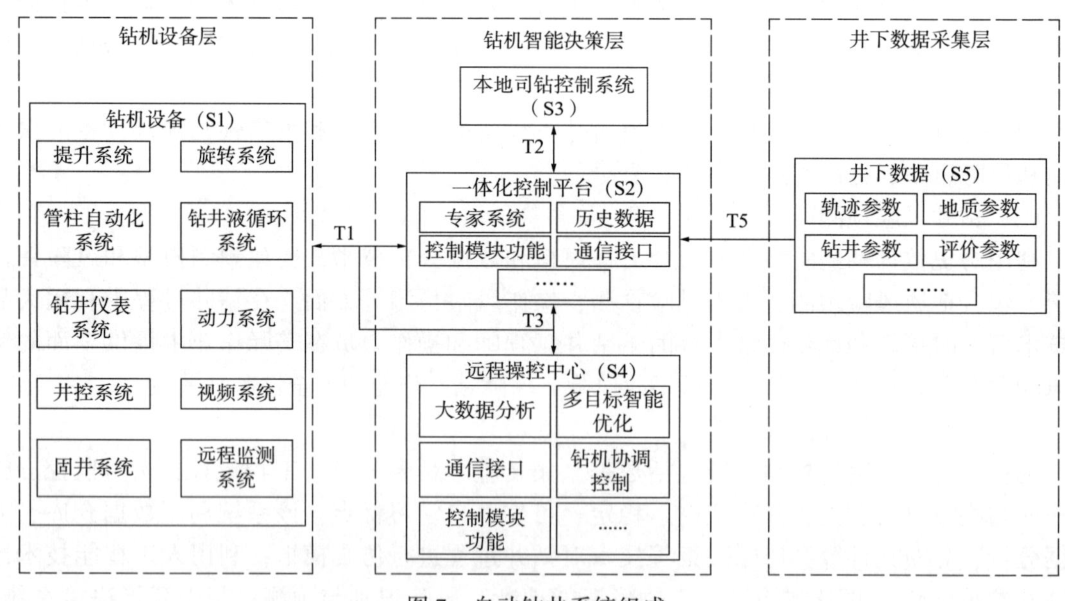

图 7　自动钻井系统组成

4　结束语

目前地面智能化钻井设备融合集成化水平不高，无法实现数据信息共享；井下随钻测量的主要是井斜、方位等参数，井深数据无法随钻测量，导致不能实时判断钻头井下空间位置等问题，随着石油钻井装备正向设备高度自动化、司钻集成控制系统高度智能化等方向发展，通过钻机的远程操作、智能控制、故障诊断等功能完善，未来的石油钻机将实现无人化控制。

参 考 文 献

[1] 李根生，宋先知，田守嶒．智能钻井技术研究现状及发展趋势[J]．石油钻探技术，2020，48(1)：1-8.

[2] 魏培静，于兴军，刘向军，等．idriller石油钻机集成控制系统研制概要[J]．石油矿场机械，2016，42(11)：88-92，93.

[3] 张鹏飞，朱永庆，张青锋，等．石油钻机自动化、智能化技术研究和发展建议[J]．石油机械，2015，43(10)：13-17.

[4] 闫铁，许瑞，刘维凯，等．中国智能化钻井技术研究发展[J]．东北石油大学学报，2020，44(4)：15-21.

顶驱齿轮箱监测诊断系统的开发与应用

王亚东　马晓伟　白晓捷　张　磊

(大庆钻探钻井工程技术研究院)

摘　要：顶驱是提高钻井作业能力和效率的关键钻井装备，齿轮箱是顶驱的核心部件之一，目前尚无针对齿轮箱的监控系统，随着重视程度和对顶驱可靠性要求的提高，急需实时监控并诊断顶驱齿轮箱的运行状态。本文介绍了顶驱齿轮箱监测诊断系统的监控方法及装置、电子设备和存储介质技术方案。结合数字化及人工智能高效率、快决策等优点，通过与设备结合，实现对顶驱齿轮箱运行参数的在线监测、数据无线传输、故障报警诊断、状态评估及维修决策，从而提高设备现场运行的安全性及可靠性。经现场应用验证，该系统监测诊断实时性及稳定性较高，对顶驱智能诊断系统的发展具有较好的指导意义。

关键词：顶驱齿轮箱；人工智能；监控方法；无线传输；故障报警诊断

目前国内外现有成熟的顶驱产品，均具有对输出转速扭矩、电控系统运转情况、油液压力和流量等方面进行实时监测的功能，从而反映出自身及井下工况的状态，帮助使用者更好地做出决策，但目前尚无针对齿轮箱的监控系统。而在传动方面，基本上都是采用电机—齿轮箱的形式输出和传递动力，齿轮箱不仅是传递动力的枢纽，还是顶驱的机架，起着承上启下的作用，各种电机、辅助设备、管路等都依附在齿轮箱的表面或内侧，齿轮箱决定着顶驱能否正常、安全地工作。

同时，在近几年顶驱维修中，齿轮箱漏油、裂缝等问题频繁出现，且齿轮箱往往需返厂维修，从而造成等停时间过长，钻井日费成本增加和效率降低，重则还会出现安全事故。为解决上述问题，调研原因得出：(1)齿轮箱位置特殊，不便检查，疏于日常巡检；(2)齿轮箱内部问题，检查人员无法发现，从而将小问题演变为大问题。基于上述原因，开发一种能远程实时监控顶驱齿轮箱状态的系统，将齿轮箱纳入在线监测范围，特别是对监控方法的开发，使其能在环境恶劣的情况下，稳定持久接收顶驱齿轮箱的采集信号及控制信号，这至关重要。

1　系统概述

顶驱齿轮箱监测诊断系统的开发，可实现设备预测性维护保养，有效规避安全事故，保障作业安全，从而达到安全生产、降本增效的目的，其主要从以下三部分进行：第一是优选系统监测参数。运行参数需能准确在线监测、实时采集，然后通过模型及算法的处理，

作者简介：王亚东(1997—)，2021 年毕业于平顶山学院电气工程及其自动化专业，获学士学位，现任中国石油大庆钻探钻井工程技术研究院技术员，主要从事顶驱及旋转防喷器试验检测研究工作，助理工程师。通讯地址：大庆市红岗区八百垧南路 37 号。E-mail：2465538901@ qq. com。

精准反映出齿轮箱的运行状态，从而达到监测目的。第二是研究一种监控方法。通过对运行参数进行优先级别划分，实现顶驱齿轮箱状态的分级监控，并进行状态评估、故障报警诊断及维修决策，保证顶驱齿轮箱在使用寿命周期内处于良好状态。第三是开发一种稳定可靠的无线信号传输系统，此方式可代替多芯电缆的布线施工，提高系统灵便互联性及安全可靠性。

2 系统构成

该系统以齿轮箱为主体，在主体上设计监控装置，包括集电机构、监控单元、信息处理单元和通信单元等。顶驱电控房内配置智控终端，通过软硬件系统结合，实现信息传输及监测诊断等功能。顶驱齿轮箱监测诊断系统整体安装示意图及电子设备框图分别如图 1 和图 2 所示。

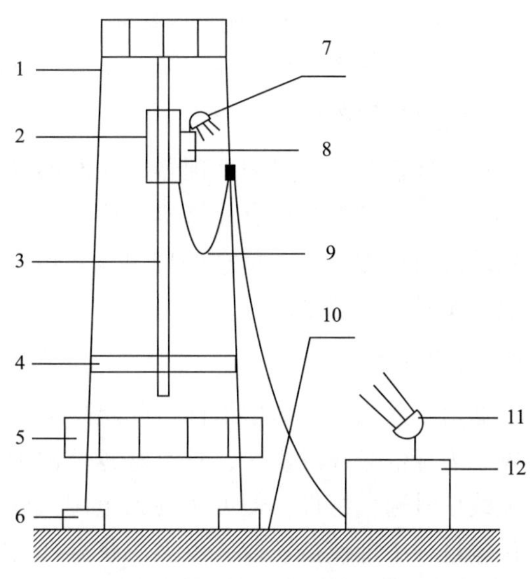

图 1 顶驱齿轮箱监测诊断系统整体安装示意图

1—井架；2—顶驱；3—顶驱固定导轨；4—反扭矩梁；5—操作平台；6—井架底座；7—收发天线；8—顶驱齿轮箱监控装置；9—顶驱线缆；10—地面；11—跟踪收发天线；12—顶驱电控房

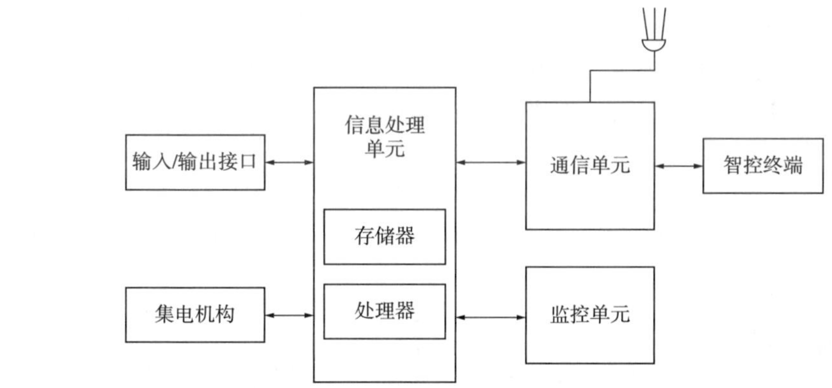

图 2 顶驱齿轮箱监测诊断系统电子设备框图

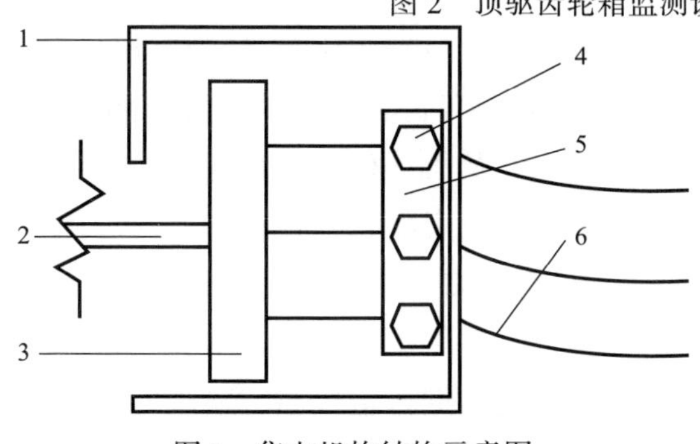

图 3 集电机构结构示意图

1—集电器外壳；2—系统供电线路；3—集电器支架；4—连接端子；5—集电器连接板；6—顶驱电路

2.1 集电机构

集电机构主要为整个系统供电，其外侧设有外壳，起到安全保护作用，具体结构如图 3 所示。主体为集电器支架，集电器支架内侧具有集电器连接板，其连接板上具有连接端子。顶驱电路与连接板一侧端子连接，另一侧与系统电源连接，为整个系统供电。

2.2 监控单元

监控单元与信息处理单元连接，包括：

(1)获取单元，用于获取顶驱齿轮箱的运行参数对应的优先级别；(2)监控单元，通过一系列传感器，实时采集顶驱齿轮箱的运行参数，并对顶驱齿轮箱进行监控提示。

2.3 信息处理单元

信息处理单元主要为处理器、存储器等电子元器件。存储器可以是非易失性计算机可读存储介质，其上存储有计算机程序指令，处理器通过调用存储器存储的程序指令，以执行系统的监控方法[1]。信息处理单元与通信单元连接，主要用于存储通信单元发送的运行参数及实时处理控制信号。

2.4 通信单元

通信单元为无线通信组件，此组件为防爆型，进行顶驱齿轮箱采集信号及控制信号的传输。内置信号收发模块，具有跨越范围大、灵活性和互联性强的特点，通过安装若干防爆无线信号通信组件，便可实现大范围无线信号全覆盖。引入编码解码通信协议，使数据在传输过程中即使被窃取，也无法获得真实的数据，有效地解决了数据安全问题。

2.5 智控终端

智控终端作为系统的大脑，位于地面顶驱电控房内。主要由控制台、操作面板、可编译控制器(PLC)、电气元件等硬件组成，并辅以软件程序、模型及算法，进行监测诊断。首先对通信单元的信息进行数据融合和智能分析，实现阈值告警及系统控制；其次通过故障诊断模块进行故障诊断，并根据信度网络模型及算法进行故障原因分析；然后通过状态评估模块进行整体状态评估及状态趋势预测；最后通过专家知识库和工程作业智能支持系统，实现远程专家支持与维修决策[2]。从而使系统实现对顶驱齿轮箱的智能预警、智能诊断、状态评估及维修决策，进而指导工作人员开展预测性维护保养工作。

3 系统分析

本部分主要从监测参数的确定及采集、监控方法、策略和警告条件、信度网络建模与故障诊断分析等方面进行介绍。

3.1 监测参数确定及采集

3.1.1 监测参数的确定

顶驱齿轮箱的基本结构形式大体可分为箱盖、箱体和定位套固定部件、传动轴系和输出轴运动部件、齿轮油泵润滑系统。经过对顶驱齿轮箱各部件的调查研究和维修问题分析，确定运行实时采集监测参数，包括：顶驱齿轮箱运行速度及所处位置、齿轮箱中定位套的第一载荷及其应力状态、箱盖及箱体承受的第二载荷及其应力状态、传动轴系对应的第一信息、输出轴系对应的第二信息、润滑系统对应的油相关信息。

3.1.2 监测参数的采集

通过在各部位安装相应传感器，在箱盖和箱体中布置数据传输线槽，实现对顶驱齿轮箱所测参数的测量：(1)顶驱齿轮箱运行速度及所处位置可通过位置及速度传感器采集。(2)传动轴系对应的第一信息，其运行参数包括：监测轴、齿轮和轴承对应的扭矩信号、温度信号、振动信号，分别在监测轴、齿轮和轴承设置扭矩传感器、温度传感器及振动传感器进行采集。(3)输出轴系对应的第一信息，其运行参数包括：输出轴的载荷信号、扭矩信号、温度信号、振动信号，可通过在输出轴设置载荷传感器、扭矩传感器、温度传感器和振动传感器进行测量[3]。(4)润滑系统对应的油相关信息，运行参数包括：压力信号、流量信号、温度信号及油品品质信号，通过在润滑系统布置压力传感器、流量传感器、温度及油品品质传感器进行采集，实时监测润滑系统工作状态及效果[4]。

3.2 监控方法及策略

系统采用分级监控方法，具体分两步：(1)先获取顶驱齿轮箱的运行参数对应的优先级别；(2)基于优先级别实时采集顶驱齿轮箱的运行参数，并进行监控提示。因此，此方法首先需确定并设定系统监控参数的优先级别。顶驱齿轮箱监控方法流程图如图4所示。

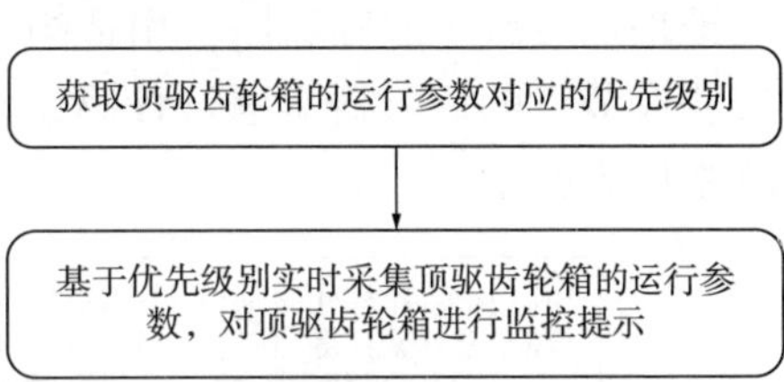

图4 顶驱齿轮箱监控方法流程图

3.2.1 监控参数优先级别划分

系统将监控参数优先级别划分为三个级别，见表1。

表1 监控参数优先级别划分表

序号	优先级别	对应级别
1	第一优先	定位套的第一载荷及其应力状态
2	第二优先	传动轴系对应的第一信息及输出轴系对应的第二信息
3	第三优先	箱盖及箱体承受的第二载荷及其应力状态，以及润滑系统对应的油相关信息

3.2.2 监控策略及警告条件

系统监控策略如下：(1)实时采集优先级别中的第一优先级别对应的运行参数，若参数满足停机条件，控制顶驱齿轮箱停机；(2)若第一优先级别对应的运行参数不满足停机条件，则实时采集优先级别中的第二及第一优先级别对应的运行参数，若第二优先级别对应的参数满足报警条件，且不满足停机条件，则控制顶驱齿轮箱进行相应的报警；(3)若第二优先级别对应的运行参数不满足报警条件，则实时采集优先级别中的第三、第二及第一优先级别对应的运行参数，若第三优先级别对应的运行参数满足预警条件，且不满足停机和报警条件，则控制顶驱齿轮箱进行相应的预警。

上述各警告状态所满足的条件为：(1)停机：检测定位套的第一载荷及其应力状态，若状态大于或等于设定载荷及应力状态，则判断满足停机条件。(2)报警：检测传动轴系对应的第一信息及输出轴系对应的第二信息，若状态大于或者等于对应的设定值，则判断满足报警条件；其中，第一信息和第二信息的对应设定值，即使在相同运行参数下，其值也可不同。例如第一信息中温度信号对应的设定值可以为350℃，而第二信息中温度信号对应的设定值可以为380℃。(3)预警：检测箱盖及箱体承受的第二载荷及其应力状态，以及润滑系统对应的油相关信息，若状态大于或者等于对应的设定值，则判断满足预警条件。

此外，系统还需实时采集顶驱齿轮箱所处位置，以便在无线信号传输系统中，可以使信号调节跟踪天线对顶驱齿轮箱进行实时追踪调节。

3.3 信度网络建模与故障诊断分析

信度网络又称贝叶斯网络，是基于概率推理的图形化网络和贝叶斯方法的扩展，是目前不确定知识表达和推理领域最有效的理论模型之一，而贝叶斯公式则是这个概率网络的基础。基于概率推理的信度网络，是通过一些变量的信息来获取其他的概率信息的过程，它对于解决复杂设备不确定性和关联性引起的故障有很大的优势，在多个领域中获得广泛应用[5]。本文将运用信度网络模型进行故障分析诊断，该方法对系统参数具有实时动态更新的优点，可以很大程度上提高顶驱齿轮箱故障诊断效率。信度网络建立完成以后，可以适当地增加或减少故障原因，用适当的节点表示出来。根据先验概率与条件概率表相结合对应相应节点的后验概率进行计算，清晰地计算出后验概率的大小，明确诊断顺序。具体流程如图 5 所示。

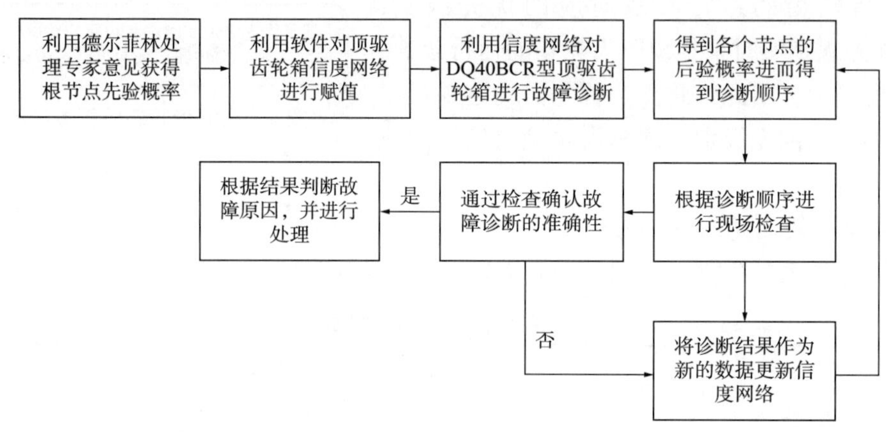

图 5　信度网络诊断分析流程图

4　无线通信系统

现有顶驱动力和控制传输系统均采用拖挂动力电缆和多芯控制线缆的游动线缆方式，但线缆受使用场所恶劣环境影响，经常存在线缆保护层破损、线缆折断的情况。经研究，系统选择以无线电通信的方式进行信号传输，实时采集顶驱齿轮箱所处位置，并实时调节信号跟踪天线方位和发射/接收频率，以便更好地接收顶驱齿轮箱的采集信号及控制信号，提高运行参数及控制信号的传输稳定性和准确率。此种方式不仅避免因线缆问题导致通信失败的问题发生，也可有效解决信号接收出现失效的问题。

4.1　顶驱齿轮箱位置的确定

确定顶驱齿轮箱位置是调节跟踪天线的关键，关系到系统能否准确地接收和发送采集信号及控制信号。具体方法为：(1)获取跟踪天线距离地面的第一高度；(2)获取调节顶驱齿轮箱位置信号距离地面的第二高度；(3)确定所述跟踪天线与所述顶驱齿轮箱的高度差；(4)获取调节跟踪天线与顶驱齿轮箱在水平方向的水平距离；(5)根据所述水平距离及所述高度差确定顶驱齿轮箱位置，进而根据方位调节信号调节跟踪天线的方位。

4.2　跟踪天线的调节

基于跟踪天线与所述顶驱齿轮箱的高度差及水平距离满足直角三角形的勾股定理，因此，直角三角形的斜边即为跟踪天线方位中的俯仰角度。通过控制跟踪天线，按照方位调节信号中的水平角度和俯仰角度，在水平及垂直面上进行转动，使跟踪天线的天线面朝向顶驱齿轮箱通信单元，从而使跟踪天线更好地实时接收通信单元发送的运行参数，或通信单元更好地接收跟踪天线发送的控制信号。

4.3 发射/接收频率的调节

该系统在完成跟踪天线的调节后，为了确保无线通信的成功与稳定，需进行发射/接收频率的调节，使其保持一致。例如，通信单元或跟踪天线对应的预设发送/接收频率均设置为5Hz时，即1s可以接收到5次运行参数或控制信号，当设置通信单元为接收状态时，通信单元1s可以接收到5次控制信号，当设置通信单元为发送状态时，跟踪天线1s可以接收到5次运行参数。因此，需进行发射/接收频率的调节，否则会造成信号无法被正确接收、通信错误率增加及信号质量下降等后果。

发射/接收频率的调节方法有如下两种：(1)增大通信单元或跟踪天线的功率。发送信号的功率与带宽、频率及传输距离均有关系，在通信单元或所述跟踪天线的功率增至最大功率后，若实际发送/接收频率仍小于所述预设发送/接收频率，顶驱齿轮箱控制相应的报警机构进行报警提示，并按方法(2)继续进行调节。(2)按照微调方位信号对跟踪天线进行微调。微调方位信号包括：水平方向调节步长及对应的步数、垂直方向调节步长及对应的步数。其中，进行微调整可以为向左向上、向左向下、向右向上，以及向右向上的不同步的组合，若实际发送/接收频率等于所述预设发送/接收频率，则停止调整。

5 顶驱齿轮箱监测诊断实例分析

顶驱齿轮箱监测诊断系统开发于2020年，同年申请发明专利《顶驱齿轮箱的监控方法及装置、电子设备和存储介质》，并于2022年9月公布，申请公布号：CN112761549B。开发过程中，在相关车间对DQ40BCR型顶驱进行顶驱齿轮箱监测诊断系统的试验及优化，成熟后开始现场应用。

5.1 故障诊断实例

以中国石油浙江油田某钻井平台生产过程中，DQ40BCR型顶驱装置齿轮箱故障为例。顶驱装置在日常钻井中，齿轮箱部位时常发生异响，且振动明显，但外观无异常。通过本文所开发的监测诊断系统进行故障诊断与分析，发现齿轮箱径向跳动大，得到输出轴的上圆锥滚子扶正轴承存在磨损概率较大，并提出需尽快维修的维修决策。后经过返厂维修检查确认，证明导致顶驱装置的故障原因与诊断预测结果相符，反映了设备的可行性，且避免了设备损害范围扩大和返厂大修的风险。

5.2 应用效果分析

在钻井现场环境下，系统整体运行可靠。信号传输距离约150m，达到现场使用要求。无线信号传输稳定，经与有线传输对比，完整性达98%以上，可实现对顶驱齿轮箱系统状态评估、超前预警等功能。此外，系统响应速度较快，实时性较高，警告正确率达100%，可进行故障预警和诊断，并给出维修决策。经现场验证，应用效果良好，实现了顶驱齿轮箱监测功能。

6 结论

(1) 该顶驱齿轮箱监测诊断系统结构简单、尺寸较小、成本较低，且具备安全试验条件和现场需求，能够为现场操作人员提供一种实用性强、操作简便的检测手段。

(2) 系统可实现对顶驱齿轮箱的全面检测评估，提高顶驱齿轮箱的现场应用可靠性及安全性，延长其使用寿命，保证钻井的安全施工。

（3）随着试验检测设备的设计要求逐渐向集成小型化和通用型发展，系统后续需做进一步优化改进：(1)将系统各部分模块化，便于安装，从而适合各型号顶驱齿轮箱的检测和维修；(2)集电机构改为锂电池单独供电，并优化装置空间，以实现小型化的目标；(3)针对漏失监测参数指标进行优化设计，并后续改进监测，使系统更加完善。

（4）最后，若能将顶驱各监测系统进行深度融合，实现系统一体化，将对顶驱智能诊断系统的发展具有较好的指导意义。

参 考 文 献

[1] 白晓捷，张磊，杨决算，等．一种顶驱齿轮箱的监控方法及装置、电子设备和存储介质：CN112761549B[P]. 2022-09-30.

[2] 梁天，郭永新．海上平台电气设备监测管理系统的开发与应用[J]. 石油和化工设备，2023，26(2)：67-71.

[3] 魏龙，顾伯勤，孙见君．机械密封计算机辅助试验装置的研制[J]. 润滑与密封，2006(4)：136-139.

[4] 祁玉龙，王恒，杨海，等．移动制砂机稀油润滑系统及控制策略[J]. 内燃机与配件，2018(5)：22-23.

[5] 于涛．基于故障树贝叶斯网络的 TDS-8SA 顶驱装置故障分析与诊断[D]. 大连：大连理工大学，2018.

钻井液性能在线测量系统与现场应用

孙　健　万发明　郑瑞强　于小波　王洪潮

（大庆钻探工程公司钻井工程技术研究院）

摘　要：钻井自动化是石油行业发展的必然趋势，钻井液性能自动化测量技术也已开始从室内走向现场。钻井液在线测量系统可以实时监测钻井液参数并由此预测和诊断井下复杂。该系统测量参数包括：密度、黏度。能够在钻井现场恶劣环境下应用，在线测量结果与常规离线测量结果基本相符，通过无线传输让现场技术人员及后线专家团队及时掌握钻井液性能变化情况，为安全高效钻进提供数据支撑。对加速钻井自动化、信息化、智能化升级有着非常重要的意义。

关键词：钻井液性能；实时监测；在线测量；安全高效钻进

钻井各领域都趋于自动化、数字化、智能化。目前录井主要测量钻压、机械钻速、井深、烃值等参数，缺少钻井液性能参数实时监测。而通过对钻井液密度、黏度等参数的监测可以反映出当前钻井是否出现异常。目前钻井液性能参数多采用人工方式测量，存在测量工作量大、间隔较长、预警时间迟滞、依赖操作者责任心等弊端。因此，研发一套钻井液参数在线连续测量系统，实现实时监测钻井液性能参数及变化情况，并通过软件对照设计参数及时预警，在遇到复杂情况可以实现及时调整钻井液性能，为钻井液快速适应地层及井况变化分析提供可靠数据支撑。同时加速钻井自动化进程是对石油装备自动化、信息化、智能化迭代升级的有效促进，是国家油气安全战略的需要，对本行业技术的发展有着十分重要的意义。

1　钻井液性能在线测量技术现状

当前国外钻井液在线测量技术主要包含钻井液密度、钻井液流变性、破乳电压、固相含量自动在线测量，或者选配加入钻井液离子浓度在线测量技术，少有钻井液失水测量和摩阻性能测量装置，钻井液密度和流变数值在线测量技术已经较为成熟。主要有下面几家公司能够提供钻井液在线测量技术，美国的 Halliburton 公司 BaraLogix™ Density and Rheology Unit 自 2008 年开始研究，一直到 2017 年才取得良好效果，该钻井液连续测量装置每隔 5~10min 测量一次钻井液密度，每隔 10~60min 测量一次流变数值。

美国 Brookfiel 的实时密度和黏度测量装置，采取橇装式或墙壁式安装，可以测量流体密度、流变性能，赫歇尔巴克利流变指数 n、K 值等，该设备特点：需要定制安装，节省空间，测量方法遵照 API 标准。以色列 Aspect AI 公司的 FLOWSCAN 采用核磁共振技术原理，5min 在线测量一次钻井液黏度。

MISWACO 公司研制的 RheoProfiler 自动流变仪是一种井下监测钻井液黏度和密度的自动化仪器，配合 PRESSPRO RT 软件进行数据的采集分析，能够提供先进的水力学模型。瑞士苏黎世联邦理工学院研制的 Rheonics SRD 在线过程密度计和黏度计，利用传感器与计算

作者简介：孙健（1989— ），2008 年毕业于哈尔滨石油学院石油工程专业，现任中国石油大庆钻探工程公司钻井工程技术研究院钻井机械研究与应用所工程师，从事钻井工具提速、智能化方面研究工作，中级工程师。通讯地址：黑龙江大庆市红岗区八百垧南路 37 号。E-mail：sunjian004@ cnpc. com. cn。

机模型相结合，能够检测出最小的钻井液性能变化，为钻井液处理提供数据支撑。巴西国家石油公司流变性测量仪采用 Brookfield 生产的 Couette 旋转式在线黏度计 TT-100，采用巴西 Metroval 公司的 PA 密度计，自动在线测量结果与常规测量结果基本一致。

当前国内钻井液在线测量技术主要包含钻井液密度、钻井液黏度、失水量、固相含量、离子浓度在线测量技术，大多为实用新型专利，能够用于现场在线测量的仪器较少。其中胜利钻井工艺研究院研发的 DREAM-DF 钻井液性能在线监测系统比较成熟，由科氏力质量流量计、变径异型管测量计、pH 电极、离子电极、离子电极保护套、差压传感器组成，能够连续测量钻井液漏斗黏度、表观黏度、塑性黏度、动切力、流性指数、稠度系数等流变参数，以及密度、pH 值，Cl^-、S^{2-} 的离子含量等参数，已在中国石化胜利区块、中国海油南海区块、中国石油塔里木油田满深 2 井等，应用效果良好，但是该套系统使用费用及维护成本较高。

2 钻井液性能在线测量系统的研制

钻井液性能在线测量系统是一套低使用成本和维修成本，可以连续在线测量钻井液密度、黏度参数，具有实时测量、连续记录、数据传输等功能的智能仪器，能更好地预判井下情况，应对突发问题，并且使用成本和后期维护成本较低。

2.1 钻井液性能在线测量系统的基本原理

钻井液密度、黏度连续测量系统测量模块始终保持浸入待测钻井液中，每 1～10s(可调)将所测数据通过有线传输到数据显示及传输一体防爆箱中，防爆箱通过直接显示及无线传输功能，实现了测量数据在钻井液工操作平台、工程师房等处的实时显示，达到实时监测的目的；通过远程传输，可以在手机和电脑端查看数据，实现专家实时查看钻井液基础性能，可以为钻井施工安全生产提供保障(图 1)。

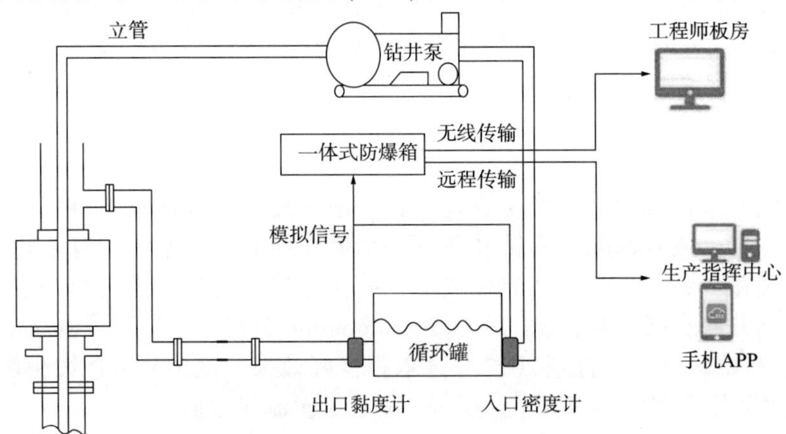

图 1　钻井液性能在线测量系统模块工艺流程图

2.2 钻井液性能在线测量系统组成

钻井液密度、黏度连续测量系统是一套在线测量钻井作业液的黏度、密度参数并实现测量参数的本地显示、无线传输、网络远程传输的综合监测设备。整套系统分为数据测量模块、数据传输模块、终端处理模块、防爆系统。

2.2.1 数据测量模块

数据测量模块主要由密度测量仪和黏度测量仪组成，主要负责测量钻井液相应参数，将所测数据通过电信号传输给一体式防爆箱。

(1) 密度传感器选型。

密度的测量方法可分为压差式密度测量法、称重式密度测量法、伽马测量法、超声波式密度测量法、浮力式密度测量法等，应用较广泛的是压差式密度测量法，优点是测量钻井液在不同深度的静压差值来算出钻井液密度，简单易行，在钻井液自动化在线测量技术中普及应用率非常高。

（2）黏度传感器选型。

黏度的测量方法有很多种，最常用的有旋转法、管流法、漏斗法、振动法等。旋转法是目前应用最广泛的一种测量液体黏度的方法，尤其在现场钻井液黏度测量中得到了广泛应用。该方法的适用范围广，测量方便，可以获取大量数据，但测量精度相对较低。单筒旋转黏度计只能测定低剪切速率下的黏度，而实际钻井中钻井液的速度梯度较高，因此需要具备广泛调幅范围的直流力矩电机，这增加了选择合适电机的难度。因此，设计上常采用双筒式旋转黏度计。然而，双筒式旋转黏度计存在内、外筒之间钻井液的顶替问题，因此需要解决很多问题才能使用旋转法在线测量钻井液的黏度。毛细管黏度计制造简单，可以进行黏度的绝对测量，传统的管流法不能实现钻井液黏度的实时测量，且容易导致管道堵塞问题。当前国内外多使用振动式黏度测量仪，因其体积小、测量精准，在钻井液自动化在线测量市场应用率高。所以本文采用了振动式黏度测量仪，经过了大量的室内实验验证，振动式黏度测量仪测得的数值与六速旋转黏度仪所测基本相同(图 2)。

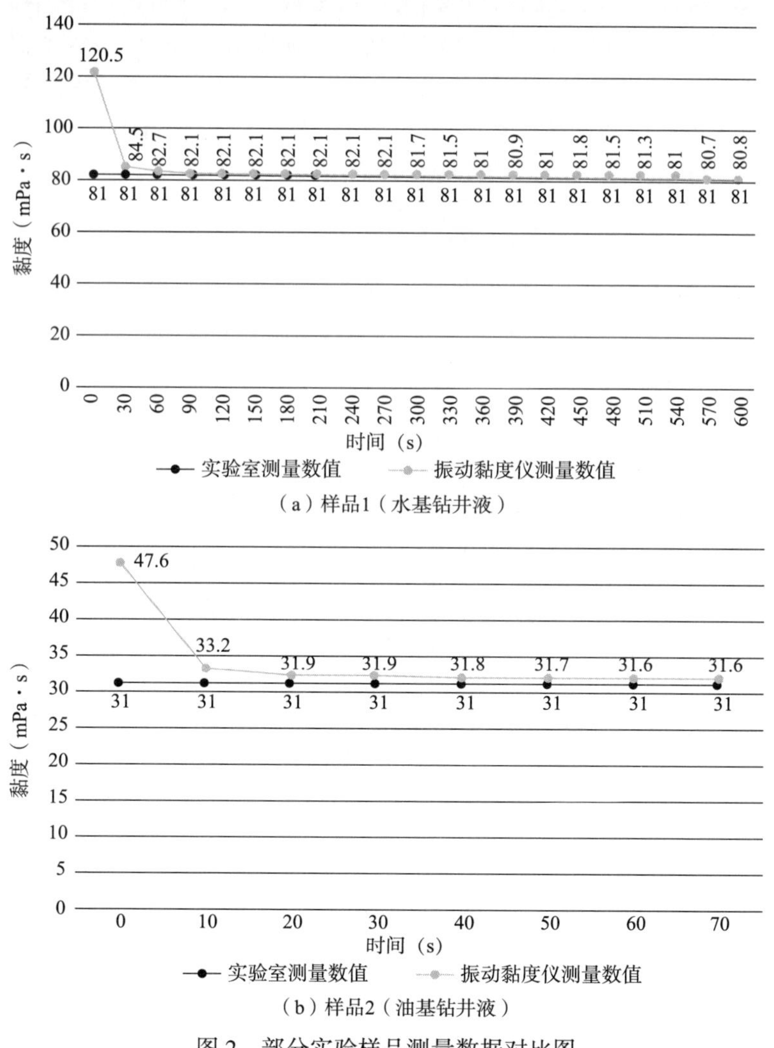

（a）样品1（水基钻井液）

（b）样品2（油基钻井液）

图 2　部分实验样品测量数据对比图

(3) 测量参数技术指标。

测量参数技术指标见表1。

表1 测量参数技术指标

参数名称	参数单位	测量范围	误差
塑性黏度	mPa·s	1~100	±2
密度	g/cm^3	0~4	±0.01

2.2.2 一体式防爆箱

一体式防爆箱集成本地报警、远程报警功能、测量参数的本地显示、测量参数近距离无线传输、网络远程传输等功能。

2.2.3 工程师板房显示仪表

工程师板房显示仪表为触摸屏，安装数据解析软件后，即可实时查看当前钻井液各项参数。天线安装到板房外部，吸附到板房外墙壁上，方便接收无线信号。

2.2.4 数据采集处理及传输程序研究

(1) 设备上电初始化，本地仪表显示相关运行参数；(2)判断各种传感器在线情况，如果不在线或者初始化失败，则本地显示并传输到工程师板房；(3)如果各个仪表正常，连续检测各个仪表的技术参数，并本地显示；(4)按照设置运行参数，本地无线数据传输、网络数据传输；(5)再次检测传感器在线情况后，进行运行参数检测循环；(6)突发报警与数据参数设置时，程序中断进行报警与参数设置(图3)。

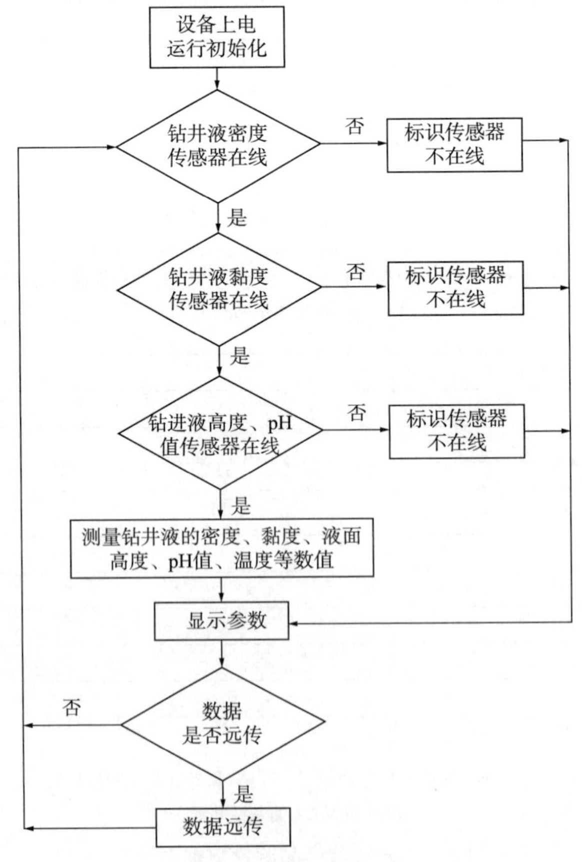

图3 数据处理流程图

3 钻井液性能在线测量系统应用情况及市场前景

钻井液性能在线测量系统在大庆油田区块中 91-平 312 井等三口井进行现场试验。试验中系统稳定运行，正常钻进时测得数值与人工测量数值基本一致，并可实现通过网络发送测量数据，可实现手机、电脑远程查看历史数据、实时数据等功能。其中密度测量数值与人工测量相差在±0.01g/cm^3 以内，黏度测量数值与人工测量塑性黏度数值相差在±2mPa · s 以内(图 4)。

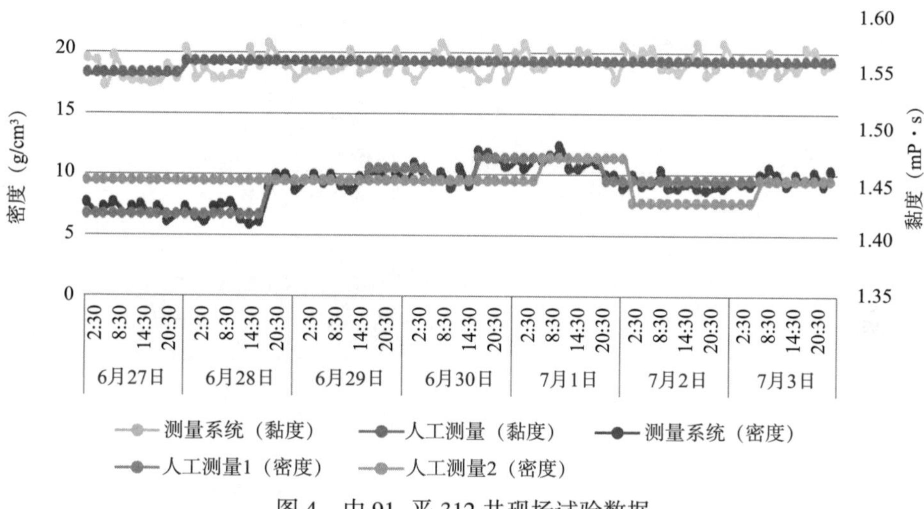

图 4 中 91-平 312 井现场试验数据

系统监测的钻井液实时参数可通过网络远传到远程终端中，可供后线专家及部门领导及时掌握钻井液性能变化情况，实现了远程实时监测，确保钻井施工安全，如果出现问题，可及时同步钻井液性能参数，根据实时参数制定解决方案，提升处理复杂情况的效率(图 5 至图 7)。

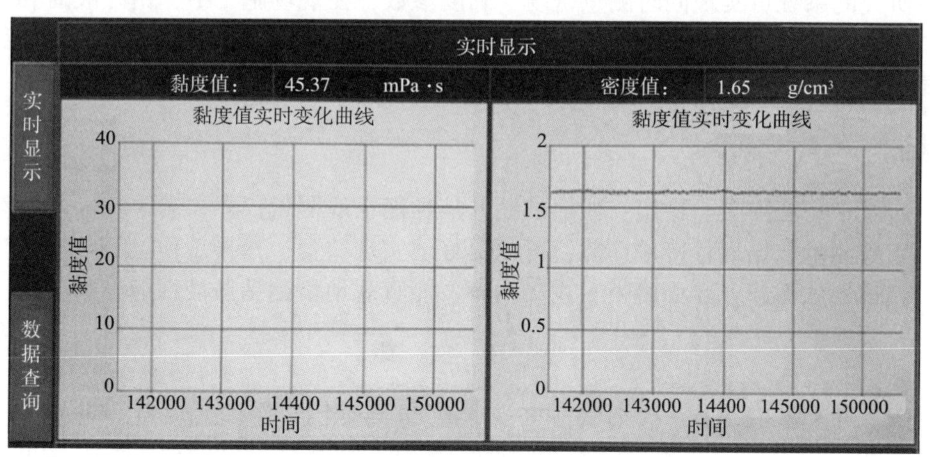

图 5 软件界面图

本项目研制的监控系统能够减少现场施工人员的工作量，减轻劳动强度，提高服务质量，通过密集的、连续不断的钻井液参数数据采集及记录分析，及时发现钻井液性能的趋势性变化，对钻井液进行优化，方便更好地控制钻井液性能，与录井设备的数据互补，能全面反映钻井工程情况，保障钻井安全的同时提高生产效率，也有助于节省钻井液维护成本和钻井成本。

系统管理软件可以与现场管理系统对接，通过预警来保障钻井安全，同时可以自动生成报表，减少人工操作，便于管理。钻井液参数在线连续监测系统具有良好的社会效益与广阔的市场应用前景。

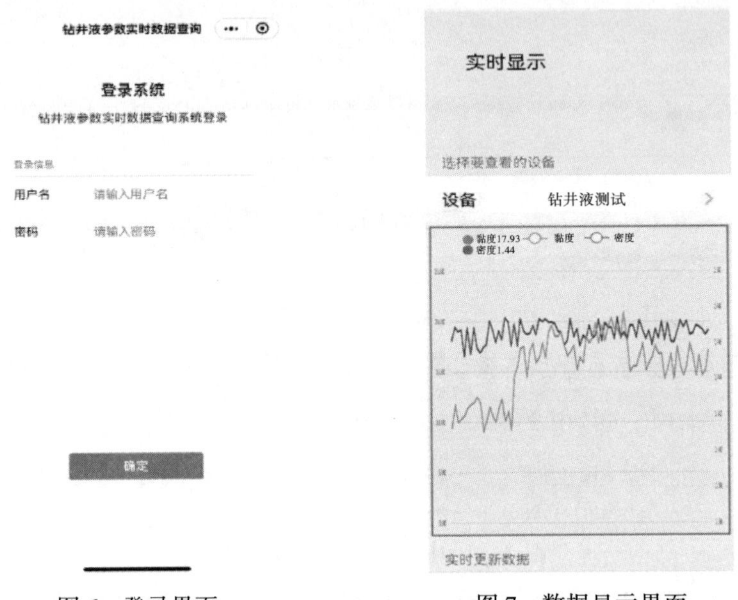

图 6　登录界面　　　　图 7　数据显示界面

4　下一步优化改进方向

目前研究的系统可实现同时测量密度、黏度参数，在现场施工中，钻井液的 pH 值，动切力、离子含量等参数都很重要，需继续完善系统设计，使其更具有全面性，满足现场施工的需要。

5　总结

（1）研发了一套安全、稳定、便捷的钻井液性能在线测量仪器。

（2）实现测量数据远程传输功能，可以更好地实现监督、指导工作。

（3）该仪器软件部分界面清晰、逻辑明确、能直观地检测钻井液性能参数。

参　考　文　献

[1] 高玉凯．钻井液黏度在线检测技术试验研究[J]．油气田地面工程，2002，27(1)：67-68.

[2] 刘保双，王忠杰，马云谦，等．钻井液流变性在线检测新方法[J]．钻井液与完井液，2016，34(4)：56-59.

[3] GHILARDI，PEDRO，DE MARI. Real time drilling data diagnosis implemented in deepwater wellsa reality [J]．OTC 24275，2013.

[4] SAASEN A，OMLAND T H，EKRENE S. Automatic measurement of drilling fluid and drill-cuttings properties [J]．SPE 112687，2009.

基于 LSTM+Attention 的钻井机械钻速智能预测模型

蒋振新　陈明珠　高　鹏　田　龙　钟尹明　柯迪丽娅·帕力哈提

（中国石油新疆油田公司工程技术研究院（监理公司））

摘　要：准确预测机械钻速对于优化钻井参数、提高钻进效率具有重要意义。玛湖砾岩岩性致密、研磨性高、非均质性强，机械钻速准确预测受到制约。针对上述问题，本文建立了一种基于 LSTM 和注意力机制的深度学习算法，通过将注意力机制融合到 LSTM 网络中，可以更好地提取数据信息，提高模型预测准确率。同时，本文将融合模型与 BP、RNN、LSTM、GRU 等模型进行对比，结果表明融合模型效果最好，预测 MSE 达 0.0232，R^2 达 0.9782，可为提高钻井速度提供技术支持。

关键词：机械钻速；LSTM 神经网络；注意力机制；钻速预测

准噶尔盆地玛湖致密砾岩油藏是近几年新疆油田战略发展的主攻领域，但在开发过程中存在着很多技术瓶颈。尤其是三叠系百口泉组地层岩性致密、硬度大、研磨性高，导致机械钻速低、钻井周期长、成本居高不下，机械钻速准确预测受到制约。在钻井过程中，准确预测机械钻速（ROP）可以有效地帮助计算钻井成本和钻井时间，从而优化钻井参数，合理安排人员，为钻井过程提供工作依据。因此，高效准确地预测出机械钻速对于提高钻井效率、降低钻井成本具有非常重要的意义[1-2]。

随着大数据技术的飞速发展及数据规模的急速增长，采用人工智能、深度学习的方法对数据进行挖掘并应用到钻井过程当中，与基于物理模型的方法相比，机械钻速的预测精度有着显著的提高。通过智能算法建立的机械钻速预测模型，能够更优质更快速地进行钻速结果的预测，从而辅助缩短钻井周期，降低钻井成本，提高钻井质量和钻井效率，增强钻井的安全性和可控性，使钻进过程更加高效和安全。

在钻速预测模型方面，Omogbolahan[3-4]等建立了基于 KNN、决策树、支持向量机等算法的钻速预测模型[5-6]。Melvin 等[7]利用 ANN 网络建立定向井机械钻速预测模型[8-9]，在数据量充足且数据质量高的情况下，建立的 ANN 网络计算的钻速预测精度可以满足用户的需求。Omid[10]和 Abiodun[11]利用多种遗传算法对神经网络算法进行优化，并从 R^2、MSE 等方面对算法的效果进行比较分析。Husam[12]等采用基于测井和轨迹数据的循环神经网络算法预测钻速，算法预测的准确率高达 85%。

本文实现了一种基于 LSTM，融合 Self-Attention 的混合算法来实现机械钻速预测，通过

作者简介：蒋振新（1988—），2015 年毕业于中国石油大学（北京）油气井工程专业，获硕士学位，现任中国石油新疆油田工程技术研究院（监理公司）工程技术监督中心副主任，从事钻井工艺及智能化钻井等方面研究工作，中级工程师。通讯地址：新疆克拉玛依市克拉玛依区胜利路 87 号。E-mail：jiangzhenxin@petrochina.com.cn。

引入注意力机制到网络中进行辅助预测，同时与 BP，RNN，LSTM，GRU 等算法进行了效果对比，发现融合 Self-Attention 的 LSTM 算法能够较好地进行机械钻速的预测。

1 原理

1.1 LSTM 介绍

LSTM 神经网络，又名长短期记忆神经网络，是一种能够记忆短期和长期信息的神经网络。长短期记忆神经网络(LSTM)由 Hochreiter 和 Schmidhuber 在 1997 年提出[13]。在深度学习的繁荣时期，LSTM 被 Felix Gers，Fred Cummins 等多次修改完善。最终，形成了较为系统完整的 LSTM 算法，并在许多领域得到了广泛的应用。

长短期记忆神经网络是一种特殊的递归神经网络算法。递归神经网络(RNN)对短期信息敏感，很少使用长期信息。因此，处理长期信息间的依赖关系是很困难的。传统的递归神经网络(RNN)存在梯度消失的问题，而 LSTM 可以有效地避免这一问题。

LSTM 存在两种传输状态，分别为细胞状态 cell state (c^t)和隐藏状态 hidden state (h^t)。在 LSTM 的整个运算流程中，c^t 的变化非常缓慢。通常情况下，每个不同节点输出的 c^t 都是 c^{t-1} 加上某些信号。而 h^t 的变化是非常剧烈的。在 LSTM 算法中，每个神经元中都包含三个门来控制细胞状态，这三个门分别称为遗忘门、输入门和输出门。整个 LSTM 的结构如图 1 所示。

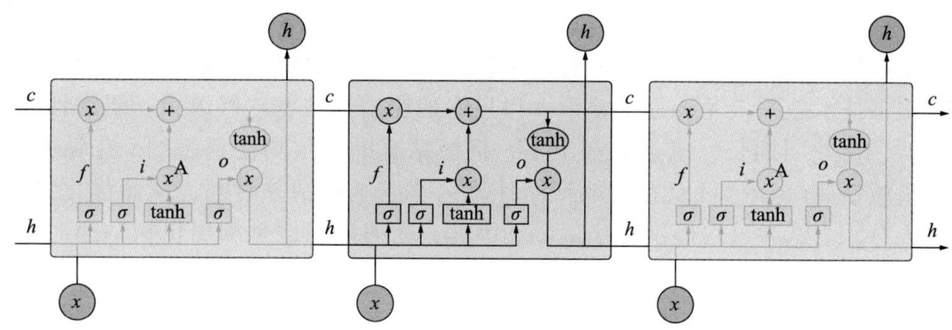

图 1 LSTM 神经网络结构

每个 LSTM 单元中都包含以下三个部分：

遗忘门：遗忘门是 LSTM 单元中的关键组成部分，它可以控制输入的哪些信息被神经网络保留，哪些信息被遗忘，避免了梯度消失和梯度爆炸的问题。遗忘门决定了神经网络从之前的细胞状态中丢弃哪些信息。遗忘门通过输入 h_{t-1} 和 x_t，然后通过 sigmoid 函数将它们映射到 0~1 之间的信号 f_t 中。最后，信号 f_t 与前一个细胞状态的 c^{t-1} 相乘来确定哪些信息被丢弃，哪些信息被保留。信号为 1 表明信息被完全保留，信号为 0 表示信息被完全丢弃，遗忘门的结构如图 2 所示。

$$f_t=\sigma(W_f\cdot[h_{t-1},\ x_t]+b_f) \tag{1}$$

输入门：输入门用于控制有多少输入的信息被保存到记忆细胞中，输入门由两部分组成。首先，输入门将通过 tanh 层生成当前单元的候选状态 $\tilde{c}_t$。其次输入门中的 sigmoid 函数产生一个介于 0 到 1 之间的信号 i_t。它用于控制候选状态 $\tilde{c}_t$ 需要保存多少信息(图 3)。

$$i_t=\sigma(W_i\cdot[h_{t-1},\ x_t]+b_i)$$

$$\tilde{c}_t=\tanh(W_c\cdot[h_{t-1},\ x_t]+b_c) \tag{2}$$

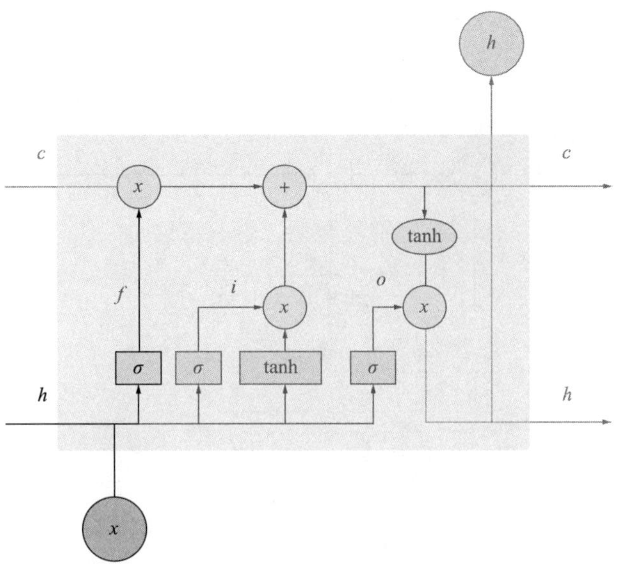

图 2　遗忘门结构

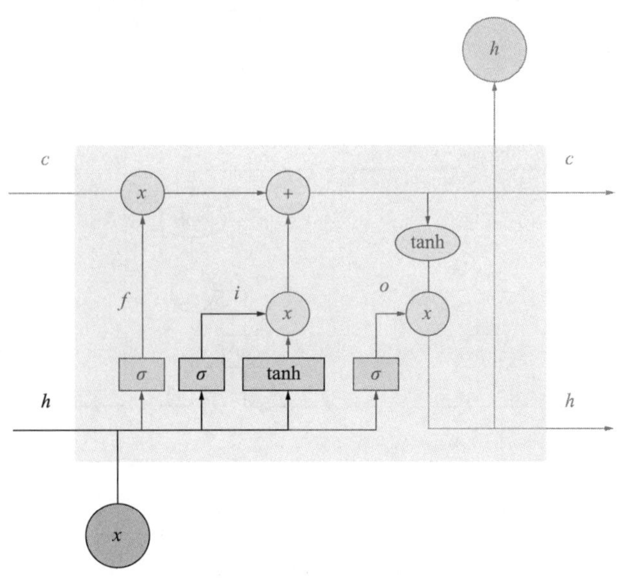

图 3　输入门前置结构

通过输入门，旧的细胞单元将被更新为新的细胞单元，新的细胞单元c_t将由遗忘门产生的信号$f_t * c_{t-1}$，由 sigmoid 函数产生的信号i_t和由 tanh 层产生的候选状态 $\tilde{c}_t$ 决定(图 4)。c_t获得的计算方式如下所示：

$$c_t = f_t * c_{t-1} + i_t * \tilde{c}_t \tag{3}$$

输出门：输出门包含两个流程，首先输出门中的 sigmoid 函数会产生 0 到 1 之间的控制信号o_t。然后，将输出信号 $\tanh(c_t)$ 和控制信号 o_t 相乘得到最终输出信号 h_t。输出门控制着当前细胞的影响，也就是细胞的哪一部分将在时间 t 输出(图 5)。

$$o_t = \sigma(W_o \cdot [h_{t-1}, x_t] + b_o)$$
$$h_t = o_t * \tanh(c_t) \tag{4}$$

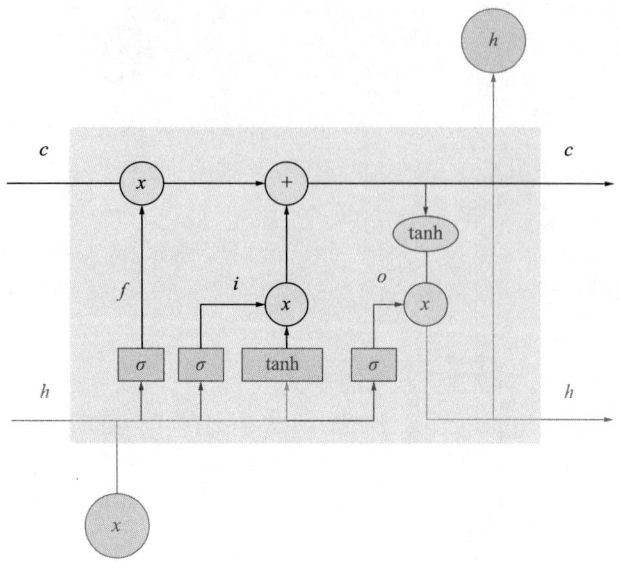

图 4　遗忘门后置结构

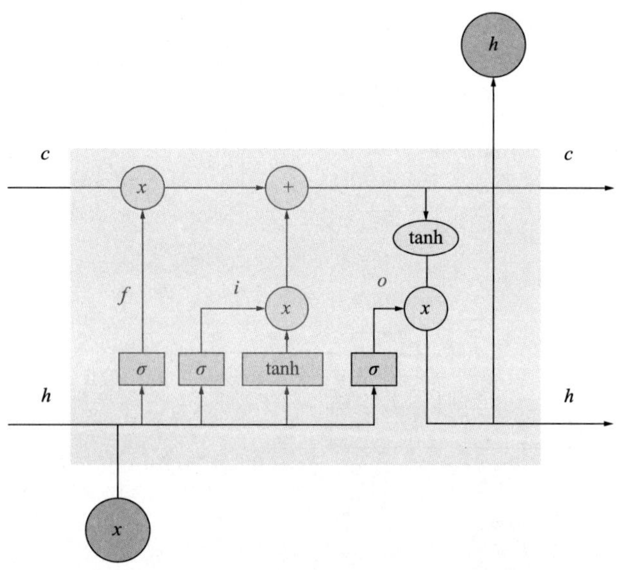

图 5　输出门结构

通过 LSTM 单元，整个网络可以建立长期信息之间的依赖关系，整个过程可以用方程(5)来简单描述：

$$\begin{bmatrix} \tilde{c}_t \\ o_t \\ i_t \\ f_t \end{bmatrix} = \begin{bmatrix} \tanh \\ \sigma \\ \sigma \\ \sigma \end{bmatrix} \left(W \begin{bmatrix} x_t \\ h_{t-1} \end{bmatrix} + b \right) \tag{5}$$

$$c_t = f_t \odot c_{t-1} + i_t \odot \tilde{c}_t$$

$$h_t = o_t \odot \tanh(c_t)$$

1.2 注意力机制介绍

注意力机制[14]是近年来一个新颖的深度学习机制，其被广泛应用于时间序列预测问题中，注意力机制是指，对于给定任务目标，通过生成一个权重系数对输入进行加权求和，通过该权重来识别输入的特征中，哪些特征对于目标结果是重要的，哪些特征对于目标结果是不重要的。

注意力机制将输入的原始数据看作键值对的形式，根据任务目标中的查询值计算输入与输出之间的相似系数，以此获得输入值对应的权重系数，之后再用该权重系数对输入进行加权求和，进而获得输出结果。注意力机制通过对键值对的计算来形成一个注意力权重向量，然后对输入进行加权求和获得融合了注意力的全新输出。

自注意力机制，最早由 Google 在 2017 年提出，在 Transformer 语言模型中得到了应用，并取得了优异的成果，自注意力机制可以在编码或解码中单独进行使用，相较于注意力机制，它更注重输入项之间的内部联系，通过在不增加网络参数的前提下，对各个序列元素赋予不同的权重，使其能够更加关注某些更加重要的元素，同时削弱某些不重要的元素。

通过将注意力机制与 LSTM 网络结合，使其能更好地处理时间序列的数据，提高了模型的预测准确率，LSTM 网络模型结构可以避免梯度消失或梯度爆炸等问题，更加适用于存在长期依赖关系的时间序列数据，而注意力机制可以帮助更好地处理序列数据之间的关系，更好地为 LSTM 网络提供各个时间步不同的辅助信息，帮助提高预测准确率。

2 模型建立

2.1 数据预处理

在实际钻井过程中，机械钻速受到地面工程参数和钻井液参数的共同影响。本文综合考虑了地面工程参数、钻井液参数和地层参数对钻速的影响，使用钻井深度，钻压，转速，扭矩，泵冲，立管压力，钻井液密度，钻井液黏度，钻头进尺，GR，RT，SP，AC，DEN 共 14 个参数，为了降低数据的冗余性和数据中所存在的异常值问题，需要对输入的数据进行数据平滑、数据清洗和标准化等操作，然后再基于该数据预处理后的数据进行机械钻速的预测。

对数据进行平滑处理可以使数据变得更加平缓、连续，使其更容易被处理，数据平滑也可以消除数据中存在的噪声或者不规则性，使得数据更加易于分析和理解。

数据清洗就是指利用数据分析，将采集到的错误数据转化为符合要求的数据，钻井数据的清洗过程主要包括错误数据的检测、删除，以及缺失数据的去除和补全。

数据的标准化是由于输入的数据参数之间存在数据量纲差距较大的问题，会对后续的模型学习造成隐患，所以需要对数据使用标准化处理来缩小量纲差距。

最后因为在本实验中，需要使用滑动窗口的方式进行时序模型的训练，所以需要将数据进行同等长度的数据分割。在本实验中，将每 50 个数据作为一个新的数组，将数据进行分割，并进行对应的钻速结果标定。

数据处理的效果如图 6 所示。

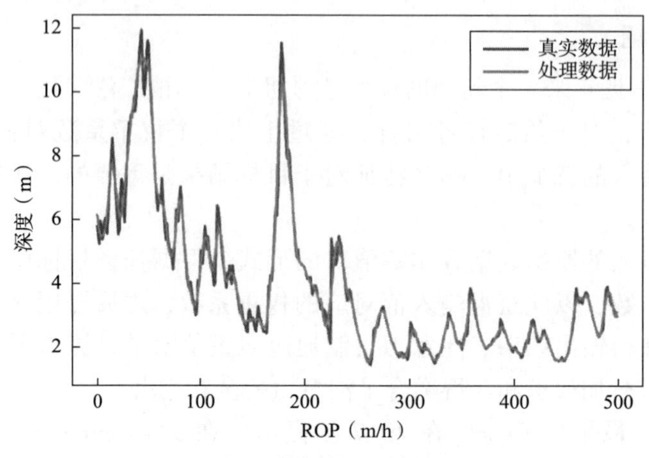

图 6　数据处理示例图

2.2　模型构建

融合 Self-Attention 的 LSTM 模型的建立包含以下 4 个部分，第一部分为数据预处理部分，即对井场实测的钻井数据进行数据平滑、数据清洗和标准化等操作。第二部分和第三部分为深度学习模型的建立，模型通过 embedding 对输入的序列进行向量空间映射，将输入数据中的所有变量映射到一个连续的向量空间中，然后，使用前向推断和反向推断的双向 LSTM 网络层进行参数的输入和模型计算，以此获得的结果，再通过注意力关系矩阵计算注意力权重，使用 softmax 函数将权重归一化并计算注意力向量，将注意力向量与 LSTM 计算出的结果输出进行关系运算从而进行最终结果的计算输出。第四部分是神经网络的训练过程，通过输入经过第一步数据处理后的玛湖区块大量实钻数据进行 LSTM+Attention 模型的训练。经过调试对比之后，设置模型的激活函数为 ReLU 激活函数，使用的优化器为 Adam 优化算法，学习率为 0.001，滑动窗口范围设置为 50，使用 MSE 损失函数作为模型更新的 Loss 计算，使用的样本数量为 16，迭代次数为 300 次。

注意力机制的结构如图 7 所示。

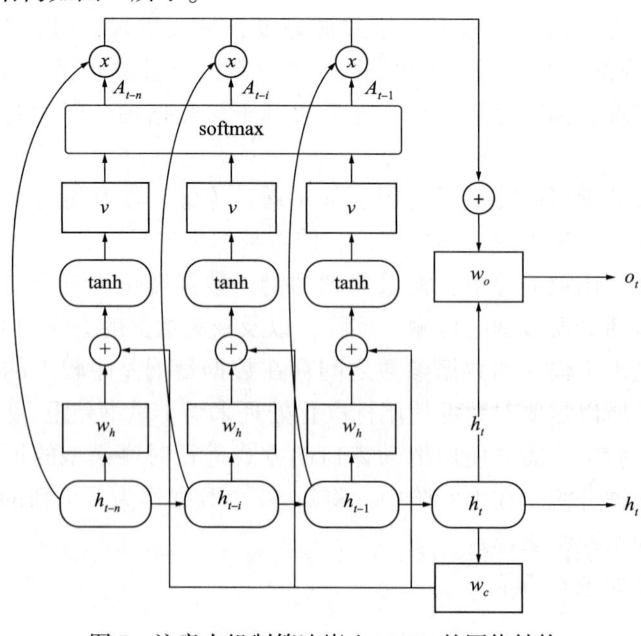

图 7　注意力机制算法嵌入 LSTM 的网络结构

3 现场实例验证

选用新疆油田玛2井区一口预探井，该井设计井深3860m，完钻井深3880m，采用套管完井方式，该井钻遇百口泉组，主要含油层系位于下乌尔禾组。该井采用三开井身结构，使用七只钻头，钻井周期91d，平均机械钻速5.29m/h。

为了验证LSTM+Attention较其他模型是否具有优越性，将其与BP、RNN、LSTM、GRU模型进行对比。

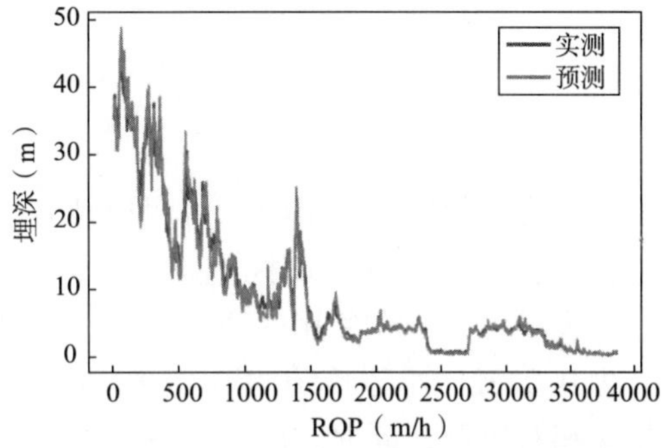

图8 LSTM融合Self-Attention模型的预测结果

图8为基于LSTM融合Self-Attention模型的预测结果，图9为BP、RNN、LSTM、GRU模型的预测效果。图8和图9中各模型的预测值与实际测量值折线走势一致，可见各模型均能实现钻速预测，但各模型存在一些差异。

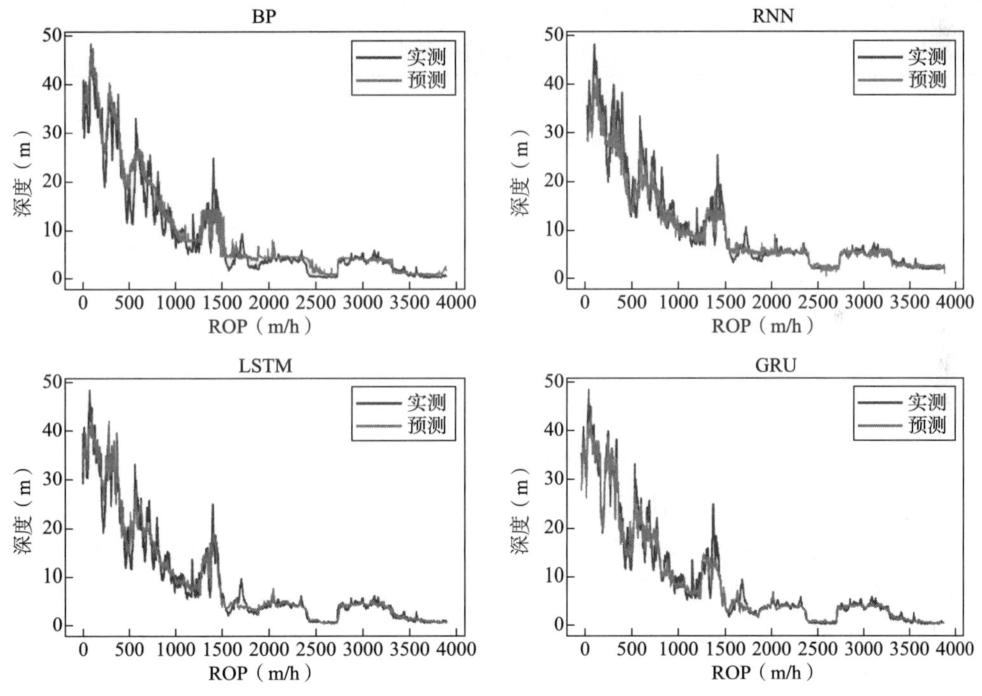

图9 多模型效果对比

为了评价多种模型的预测效果，这里使用MSE均方误差（Mean Squared Error）和R^2进行多种模型的效果评价。

MSE均方误差表示预测值与真实值之间差的平方的平均值。计算公式如下：

$$\mathrm{MSE} = \frac{1}{n}\sum (y_i - \hat{y}_i)^2 \tag{6}$$

式中：n为样本数量；y_i为真实值；$\hat{y}_i$为模型预测值。MSE是一个非负指标，MSE的值越小，说明模型精度越高。

R^2 是衡量回归模型拟合程度的一种统计量，它表示回归模型中可由因变量解释的变异总量占总变异总量的比例，其计算公式为：

$$R^2 = 1 - \frac{\sum_{i=1}^{n}(\hat{y}_i - y_i)^2}{\sum_{i=1}^{n}(\bar{y}_i - y_i)^2} \tag{7}$$

式中：$\bar{y}_i$ 为平均值。R^2 越大，表明回归模型越好，即回归模型对实际值的拟合程度越高；反之，R^2 越小，表明回归模型越差，即回归模型对实际值的拟合程度越低。

由表 1 可知，在使用的所有模型中，融合了注意力机制的 LSTM 模型在 MSE 上表现最小，为 0.0232，小于传统的 BP、RNN、LSTM 和 GRU 模型，说明其模型针对钻速预测问题的精度相对较高；同时，融合了注意力机制的 LSTM 模型在 R^2 上的表现最大，为 0.9782，大于传统的 BP、RNN、LSTM 和 GRU 模型，说明其模型针对钻速预测问题能够更好地针对输入项进行真实拟合。由此可见，LSTM+Attention 模型的效果相较于其他 4 种模型，具有最好的预测性能。

表 1　模型效果对比

模型	MSE	R^2
BP	0.0265	0.9078
RNN	0.0253	0.9516
LSTM	0.0239	0.9615
GRU	0.0252	0.9618
LSTM+Attention	0.0232	0.9782

4　结论

（1）针对机械钻速预测问题，在 LSTM 神经网络模型基础上引入注意力机制，使其能够更好地处理时间序列数据，提高模型的预测准确率。

（2）在数据采集过程中，由于机器或者人为记录的误差，会使数据存在大量噪声。因此有必要对数据平滑和异常值处理，有利于提高模型预测精度。

（3）应用 LSTM+Attention 预测模型，克服了传统神经网络稳定性差的缺陷，提高了预测结果的精度，能够满足工程精度需要。

（4）高精度钻速预测模型，有望为新疆油田玛湖区块钻井提速提供技术支撑。

参　考　文　献

[1] 李祖奎，徐济银．通用钻速预测方程的试验研究[C]//岩石破碎理论与实践—全国第五届岩石破碎学术会论文选集．西安：陕西科学技术出版社，1992，187-193.

[2] 徐济银，李祖奎，王绍先，等．胜利油田通用钻速预测方程的建立与验证[J]．石油钻探技术，1995（1）：15-17，61.

[3] OMOGBOLAHAN S A，ADENIRAN A A，SAMSURI A. Computational intelligence based prediction of drilling rate of penetration：A comparative study[J]. Journal of Petroleum Science and Engineering，2018，172：1-12.

[4] BARBOSA L F F M, NASCIMENTO A, MATHIAS M H, et al. Machine learning methods applied to drilling rate of penetration prediction and optimization - A review[J]. Journal of Petroleum Science and Engineering, 2019, 183(C): 106332.

[5] 潘永强，杨决算，于兴东，等．大庆深层水平井钻井提速技术[J]. 西部探矿工程，2021，33(3)：43-46.

[6] 赵颖，孙挺，杨进，等．基于极限学习机的海上钻井机械钻速监测及实时优化[J]. 中国海上油气，2019，31(6)：138-142.

[7] DIAZ M B, KIM K Y. Predicting rate of penetration during drilling of deep geothermal well in Korea using artificial neural networks and real-time data collection[J]. Journal of Natural Gas Science and Engineering, 2019, 67: 225-232.

[8] 景宁，樊洪海，纪荣艺，等．基于数据挖掘技术的深井钻速预测方法研究[J]. 石油机械，2012，40(7)：17-20.

[9] ESKANDARIAN S, BAHRAMI P, KAZEMI P. A comprehensive data mining approach to estimate the rate of penetration: Application of neural network, rule based models and feature ranking[J]. Journal of Petroleum Science and Engineering, 2017, 156: 605-615.

[10] OMID H, AGHDAM S K, GHORBANI H, et al. Comparison of accuracy and computational performance between the machine learning algorithms for rate of penetration in directional drilling well[J]. Petroleum Research, 2021, 6(3): 271-282.

[11] ABIODUN A I, SANGKI K, MOSHOOD O. Prediction of rock penetration rate using a novel Antlion optimized ANN and statistical modelling[J]. Journal of African Earth Sciences, 2021, 104287.

[12] ALKINANI H H, AL-HAMEEDI A T T, DUNN-NORMAN S. Data-driven recurrent neural network model to predict the rate of penetration: Upstream Oil and Gas Technology[J]. Upstream Oil and Gas Technology, 2021, 7.

[13] HOCHREITER S, SCHMIDHUBER J. Long short-term memory [J]. Neural Computation, 1997, 8(9): 1735-1780.

[14] VASWANI A. Attention Is All You Need[J]. arXiv preprint, arXiv: 1706.03762 [cs. CL] 2017.

智能完井测试决策系统研究与应用

许发宾　郭宇堃　马　磊　韩　成　徐　靖　韩云龙

(中海石油(中国)有限公司湛江分公司)

摘　要：油气井测试是海洋油气勘探开发的关键环节。针对南海西部油田高温、高压环境及复杂储层特性，考虑设计与现场测试作业偏差及测试工艺与储层匹配性，采用神经网络与系统工程方法，形成了南海西部油田测试参数设计及优化方法，结合数据库管理、采集和实时传输，建立了南海西部油田智能完井测试决策系统，累计指导完井测试54井次，为南海西部油田后续测试作业打下坚实基础。本文研究可为今后完井测试设计和决策提供理论依据。

关键词：南海西部油田；完井测试；参数预测方法；决策系统

推动海洋油气田勘探开发是实现我国能源自给自足目标的重要一环，油气井测试作为海洋油气勘探开发的关键环节，是准确评价一个油气田的重要依据[1-4]。据统计，为了响应国家海洋强国的号召，南海西部油田累计测试油气井180多口，为包括陵水17-2气田、涠洲12-1油田群、东方13-2气田等多个油气田的成功开发提供了坚实基础。

然而，南海西部高温高压环境及复杂储层特性也给测试作业带来极大挑战[1]。南海西部储层特性复杂，包含有海陆相不同孔渗储层、不同温压储层、稠油储层，物性、流体参数预测没有系统的预测方法，不同储层区域性特点在测试设计中体现不足，导致现场测试作业与设计存在偏差。随着低孔低渗透储层的增多，测试成本日益高涨，是否测试及如何测试，经常难以及时达成一致，其结果是留给测试准备的时间很短，在与前期准备方案差异较大或者相左时，部分设备调运仓促，极易出现设备保养不到位，运转故障频发，进而增大了完井测试作业失败可能性，导致南海西部油田2004年至2013年测试失败率达13%(含返工及未取得资料)，损失作业时间达1083.69h，累计直接经济损失7735.80万元。

目前海洋石油完井测试虽已研发了部分测试工艺技术[5-6]，积累了现场作业经验，但仅凭经验设计和选择施工参数，缺乏数据支持，容易造成储层特性与测试工艺的匹配性研究不够深入，在经验与实际偏差较大时会使得实际结果与预期目标相差较大，最终导致测试作业失败。除了储层特性及流体特性难以预测外，测试工艺与储层匹配性研究不够深入[7-8]，现场测试数据不能实时传输回基地，不能为测试决策提供实时支持，也是造成测试决策效率低下的原因之一。

随着完井测试理论与测试工具、测试设备的日趋成熟，储层认识不足及工艺适应性分析已日益成为阻碍完井测试技术进一步发展的瓶颈[9]。因此，亟须考虑各专业应用的需求，针对南海西部油田储层特性，研究有效的储层特性预测方法，建立设计针对性测试方案的

作者简介：许发宾(1984—)，2009年毕业于中国石油大学(华东)，石油工程专业，现任中海石油(中国)有限公司湛江分公司工程技术作业中心工程师，从事海洋钻完井研究，高级工程师。通讯地址：广东省湛江市坡头区南调路1398号。E-mail：xufb@cnooc.com.cn。

基础，加深储层特性与测试工艺的匹配性研究，进一步提高测试决策的准确性、及时性，建立了一套规范的测试设计、施工和安全控制的决策系统，为提高测试作业成功率和实时跟踪指导提供途径。

1 测试参数设计及优化方法

1.1 储层参数预测

针对南海西部油田复杂储层特性，将整个试决策过程分为“钻前”“钻后”及“地层测试后”三个阶段。钻前阶段，利用“已有井”及地震资料，采取平面插值、纵向控制的方法，对储层物性参数进行预测；钻后阶段，即获得测井或岩心资料后，通过测井解释或岩心实验数据获得测井或岩心渗透率；地层测试后阶段，根据地层测试资料可取得试井渗透率，并对钻后阶段参数回归公式进行修正，以提高预测系统的精确度。

利用神经网络模型建立输入层、隐含层及输出层三层，通过输入地层深度、地层压力、地层温度及泥质含量，使用已有油组资料对模型进行训练，以调整隐含层节点的权值及阈值，使模型收敛，系统获得输入变量后，启动已训练好的模型进行预测，输出孔隙度和渗透率预测值(图 1)。

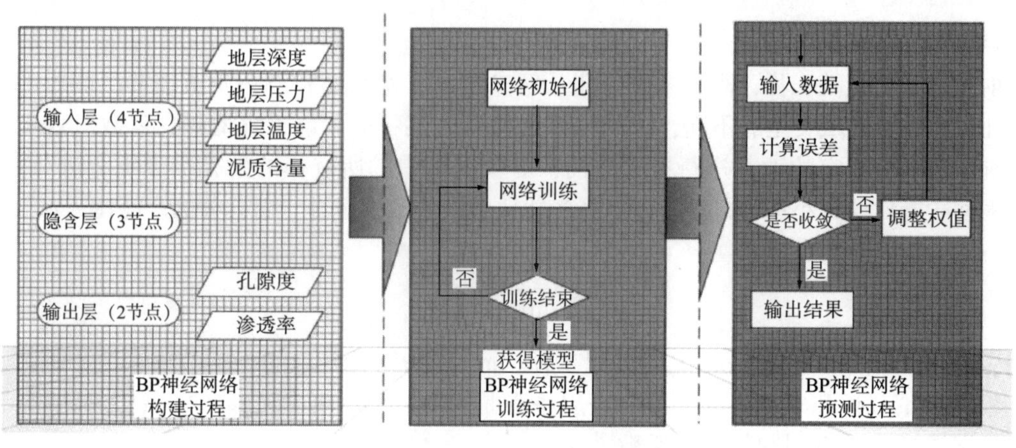

图 1 BP 神经网络方法功能实现流程图

1.2 测试工作制度设计

测试产量序列选择及开井时间的确定是产能测试设计的重要内容，合理分配产量和开井时间是录取高质量测试资料、提高产能评价准确性的关键。对于油井，通用的测试方法为回压试井，要求在开井放喷后，依照产量从小到大的顺序连续以 3~4 个工作制度生产，使每一阶段压力和流量达到相对稳定。

利用已有邻井测试资料，回归分析得到生产压差经验公式，输入基本参数计算得到各级流量和生产压差(待细化)，测试开关井次数根据不同类型测试的目的要求和地层特征来确定，提供包括裸眼井和套管井测试工作制度。

(1) 裸眼井。

对于中途裸眼测试，由于测试风险大和测试时间短，一般只进行一次开井和一次关井。一次开井求产能液性，一次关井获得地层压力和参数。对坐封在套管内测试裸眼段时，也可进行两次开井两次关井的工作制度设计。

（2）套管井。

低渗透储层地层渗透率较高时(10~50mD)采用两开两关或三开两关工作制度，一次开井流动主要是为了消除液柱压力对地层的影响，并有诱喷和一定的解堵作用；一次关井是为了取得产层的原始地层压力；二次开井流动是通过较长时间的流动来扩大泄油半径，求准产层的产量和取得合格的样品；二次关井是为了测取压力恢复曲线，计算油层参数；三次开井流动是观察地层流体能否喷出地面，并进一步落实产能液性。对于自喷层，应按常规试油标准录取产能和液性资料；对于非自喷层能抽汲的，进行抽汲排液，准确确定液性和油水比例。

特低渗透层(5~10mD)，一般采用两次开井一次关井，一次开井尽可能扩大波及范围；一次关井恢复取地层压力和计算油层参数；二次开井流动主要目的是落实液性，取得合格的样品或通过抽汲求取产能液性。对其中渗透性相对较好的地层，也可采用三次开井两次关井的工作制度。

超低渗透地层(小于5mD)，由于储层物性差，压力传导速度慢，进行多次开关井由于受时间限制难以取到地层压力，所以只选用两开一关或一开一关的工作制度。超低渗透地层(小于5mD)受海上油气田平台及海上条件的限制，考虑到成本问题，目前基本不具有开发条件，所以对这类储层测试的主要目的是探明储层的产液能力及液性。

1.3 射孔参数优化

射孔是一个系统工程，需要考虑射孔几何参数、压差和钻井液污染对油井产能影响，根据岩性、物性、油藏类型的不同，采用针对性射孔方案释放产能，降低射孔参数对表皮系数的影响。在一口给定的油井进行射孔之前，对数据库中的所选择的射孔枪弹组合进行计算，然后根据产能比的大小进行排序，以选择产能比最大的枪弹组合。射孔井的产能比为：

$$\mathrm{PRI}=\frac{\ln(r_e/r_w)}{\ln(r_e/r_w)+S_t} \tag{1}$$

式中：r_e为油井泄油半径，m；r_w为井眼半径，m；S_t为射孔井总的表皮系数。

根据理论分析和实验研究，总的表皮系数是射孔参数和地层参数的函数，包括由于射孔和地层渗透率降低引起的表皮系数[10]：

$$S_t=S_{bf}+\frac{1}{b_f}\left[\frac{1}{\gamma}(S_p)+\frac{1}{20}(9+11b_f)S_{\theta d}\right] \tag{2}$$

式中：S_t 为总的完井表皮系数；S_{bf}为局部射开地层的表皮系数；γ 为校正系数；S_p为射孔表皮系数；$S_{\theta d}$为井斜表皮系数。

校正系数考虑射开流动的层段与生产层位置关系[10]：

$$\gamma=\lg\left(\frac{h_p}{r_w}\right)\left[0.66-0.62\left(\frac{r_{dd}}{h_p}\right)^{0.33}\right]+1.12\left(\frac{r_{dd}}{h_p}\right)^{0.33} \tag{3}$$

局部射开地层的表皮系数：

$$S_{bf}=1.35\left(\frac{h_t}{h_p}-1\right)^{0.825}\left\{\ln\left(h_t\sqrt{\frac{K_H}{K_V}}+7\right)-\left[0.49+0.1\ln\left(h_t\sqrt{\frac{K_H}{K_V}}\right)\right]\ln(r_{wc})-1.95\right\} \tag{4}$$

Cinco-L 等提出的井斜表皮系数[11]：

$$S_{\theta d}=-\left(\frac{\theta'_{d}}{41}\right)^{2.06}-\left(\frac{\theta'_{d}}{56}\right)^{1.856}\lg\left(\frac{h_{tD}}{100}\right) \tag{5}$$

1.4 测试管柱组合

调研表明[8-9]，国内外没有油气井测试管柱与地面流程智能化决策与设计技术，且井下工具、管具类型多，测试管柱的设计完全依靠设计者经验进行，使得组配方式多，工具长度、扣型等依靠现场调配，需变扣短节种类多，所以建立海上油气井测试管柱的决策方法，设定平台类型、油/气井类型、完井方式、封隔器型号、取样方式、钻具类型 6 个层次决策边界条件，将测试管柱工具名称数字化，自动生成测试管柱，能实现结合水深、地层深度自动配置钻杆/油管长度，自动判断连接扣型是否匹配、提示修改(图 2)。

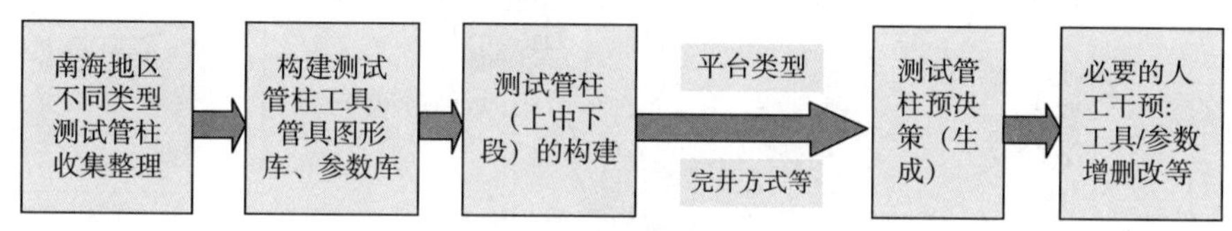

图 2　测试管柱设计流程图

根据海上油气井的测试工况，其测试过程中管柱可能面临的风险主要有结蜡或凝管、水合物、气井井底积液、出砂与冲蚀、管柱强度与变形等，从预设测试管柱安全系统工程的高度出发，对流动障碍进行分析，综合分析测试过程中各个因素对管路系统流动性的影响，研究保障管路系统流动安全的技术措施。

通过建立举升工艺设备参数库，针对平台类型、气液比进行举升工艺可行性分析，计算不同举升工艺在最大测试流量下，井底流压能否满足测试要求，判断该工艺是否满足要求。地面流程设计与测试管柱设计流程类似。

2　决策系统建立与应用

为帮助油田专家在办公室可以动态查看现场的不同来源的各种实时数据，方便专家进行实时分析和快速决策，基于 VisualStudio 2010 / Qt Creator 2.5.2(Qt 4.8.2)开发工具，采用 Qt/C++/C# 语言进行混合编程，考虑各专业应用的需求及南海西部油田现有的 A2 系统进行专业数据库的设计，结合 web 端基于 wits0 标准接收现场实时测试数据并在网页上以图形化(柱状图、仪表盘、曲线)的方式显示测试数据，建立了一套规范的测试设计、施工和安全控制的南海西部油田智能完井测试决策系统。

该系统综合了测试前参数设计与优化、测试时数据实时传输和测试后数据分析对比，将建立的测试参数设计及优化方法融入南海西部油田智能完井测试决策系统作为理论计算依据，统筹数据库建立和数据采集与实时传输，形成了一个能通过神经网络自适应在测试全寿命周期过程中进行分析决策的系统，有利于测试产能分析和测试制度的实时调整，是一个智能化、专业化的系统工程软件(图 3)。

2.1 数据库管理

利用包括历史数据引用、静态数据管理和权限管理等多项数据库管理手段，设置可视化的数据编辑管理界面、类 Excel 的数据准备及管理方式，缩短了数据录入时间，并支持撤销、恢复机制，减少误操作带来的不利影响。为提高数据质量，根据业务梳理和专业定义，制定质检规则，为数据质量提供了一定保证，同时支持不同单位之间的转换，系统根据专业信息定义一套默认标准量纲，不同来源、不同量纲的数据入库根据实际量纲进行转换(图 4)。

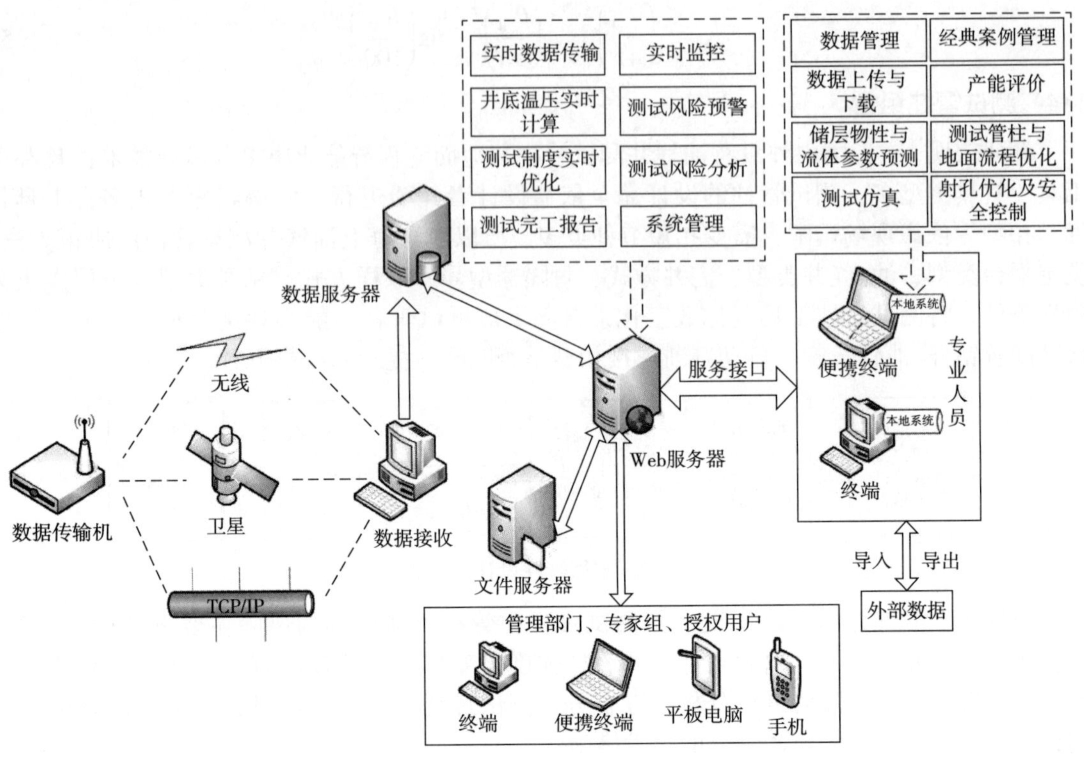

图 3　系统设计方案流程图

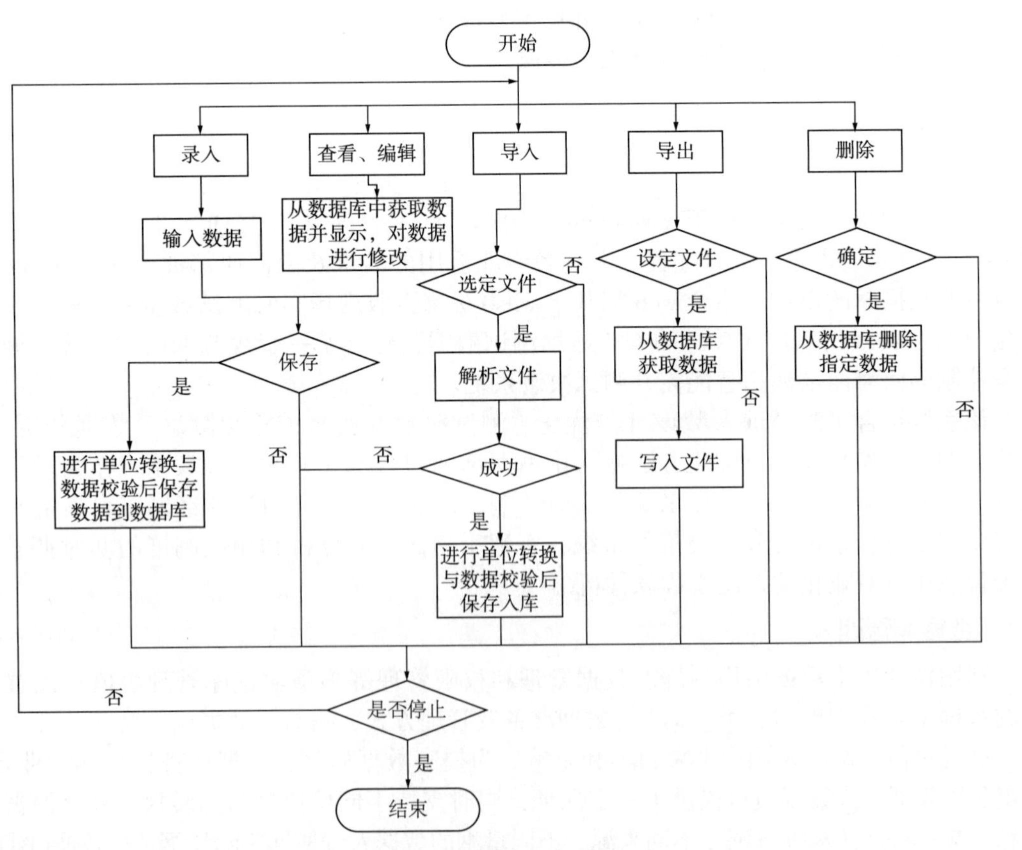

图 4　数据管理流程图

2.2 数据采集与实时传输

在数据传输表的基本结构信息基础上，配置测试系统实时数据接收解析所需的配置文件，通过以 WITS/WITSML 为标准数据源，实现与油田服务商无缝连接，目前与斯伦贝谢、贝克休斯、威德福、哈利伯顿等随钻服务商仪器均能无缝连接。利用可动态配置的服务器地址，根据研究需要定制需要的实时曲线，建立连接后主动推送数据，可满足客户端对实时测试数据进行处理的需要，实时数据展示主要是以表格或图形的方式实时显示井场实时传输回基地的数据，可以对图形显示模板进行动态配置，并可以对历史数据进行查看，如图 5 所示。

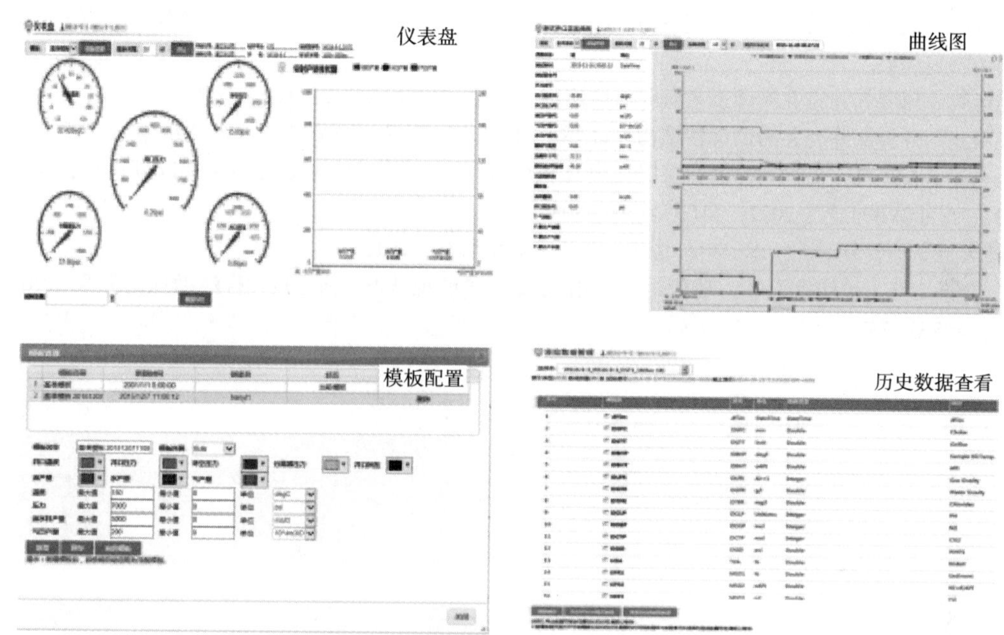

图 5　数据采集及实时传输示意图

2.3 决策系统应用

截至目前，南海西部油田智能完井测试决策系统应用区块包括北部湾涠洲、文昌油田，以及乐东、崖城和陵水气田等多个不同类型储层，包括直井、定向井和水平井等多种井身结构，累计指导完井测试 54 井次，完成了测试全寿命周期的跟踪决策目标，达成了现场作业数据到陆地的 100%实时传输，为南海西部油田后续测试作业打下坚实基础。

3 总结

本文建立的适应南海西部复杂地质条件的具有自主知识产权的完井测试决策平台，通过采用先进计算机技术，有效确保软件质量和效果，界面友好、简洁、方便、实用，可有效提高测试决策的规范化、流程化、科学化，满足跨学科、跨专业、跨部门的协调作业的需求，降低了测试施工作业风险，提高了测试作业时效，为实现油藏地质目的最大化提供保障，带来显著经济效益，为海油勘探开发增储上产助力。

参 考 文 献

[1] 黄熠，杨进，王尔钧，等．南海超高温高压气井裸眼完井测试关键技术[J]．石油钻采工艺，2020，42

(2)：150-155.
[2] 李加明，黄天朋，金强．雅达瓦兰油田“四高”油气井完井测试工艺技术[J]．油气井测试，2019，28(1)：25-31.
[3] 尹邦堂，李相方，杜辉，等．油气完井测试工艺优化设计方法[J]．石油学报，2011，32(6)：1072-1077.
[4] 潘登，徐茂荣，黄船，等．射孔—酸化—测试—封堵及完井一体化工艺技术[J]．钻采工艺，2014，37(1)：8-10，131.
[5] 胡钟琴，蒋龙军，刘大永．川西海相三高深井完井测试难点及对策[J]．油气井测试，2016，25(2)：54-56，60，77.
[6] 李云超，金玉堂，胡宏发．油气完井测试工艺优化设计方法[J]．中小企业管理与科技(下旬刊)，2016(3)：245.
[7] 林运辉．深层气井完井测试工艺研究与应用[J]．内蒙古石油化工，2011，37(8)：38-40.
[8] 苏剑波．分析深井完井测试管柱结构设计要点[J]．化工管理，2020(24)：96-97.
[9] 王宴滨，石小磊，高德利，等．深层高温高压气井完井测试管柱失效分析——以顺南地区某井为例[J]．石油钻采工艺，2022，44(3)：302-308.
[10] 陆大卫．油气井射孔技术[M]．北京：石油工业出版社，2012.
[11] 刘合，王峰，王毓才，等．现代油气井射孔技术发展现状与展望[J]．石油勘探与开发，2014，41(6)：731-737.

钻机智能送钻技术研究

夏 辉[1,2] 杨双业[1,2] 秦羿涵[1,2] 康 宁[1,2]

(1. 宝鸡石油机械有限责任公司；2. 中油国家油气钻井装备工程技术研究中心有限公司)

摘 要：对井下管柱受力进行了分析，明确了水平井管柱摩阻是影响井底钻压的关键因素。阐述了基于 Johancsik 和 Aadnoy 3D 模型的井下管柱模组计算方法，依托计算机循环计算，实现井底钻压的精准预测。构建了钻机智能送钻系统，以井底预测钻压及目标钻压为驱动，完成绞车的速度控制，实现高精度智能送钻，确保了井底钻压与目标钻压的一致性，达到提高钻进效率、降低钻井成本的目标，为提高我国非常规水平井钻井装备控制水平提供技术支撑。

关键词：钻压；摩阻；智能送钻

钻井自动化、信息化、智能化是当今石油钻井工程发展的趋势[1-2]。自动送钻作为自动化钻机的核心功能，现已在加拿大、美国等地区的陆地钻井中广泛应用[3]。自动送钻技术的引入，有效提升了钻机的机械钻速，降低了作业成本。目前，以 NOV、Pason 为代表的国际钻井装备公司在自动送钻领域起步早，技术积累深厚。我国在该领域的研究起步较晚，相较于国外，存在一定的差距。

为加快我国钻机送钻技术的发展，有效解决水平段摩阻大、不易施加钻头载荷，而且钻井过程中无法准确获得作用于钻头上的钻压，导致井下工具、钻头的性能无法有效地发挥，或者由于钻压过大导致钻井事故的难题，亟须开展钻机智能送钻技术研究，提高钻进效率、降低钻井成本，为加速我国钻井智能化发展，提高非常规水平井钻井装备控制水平提供技术支撑。

1 井底钻压预测

钻头的性能主要通过机械钻速来评判，而井底钻压是影响机械钻速的主要参数，特别对于水平井，其水平段的摩阻大、不易施加钻头载荷，导致井底钻压与地面钻压差异较大。因此精准控制井底钻压是提高送钻效率的前提条件。

通常情况下，井眼垂直段几乎没有摩阻和扭矩，扭矩和摩阻出现在曲线段、斜直井段，也必然会出现在水平段(图 1)。常用的 Johancsik 模型[4]和 Aadnoy 3D 模型[5]都忽略了钻柱的刚度，认为钻柱是有重量的软绳。为了更准确地预测井壁与钻柱间的摩擦系数，从而更好地预测井底钻压，根据井筒的结构特点，综合考虑 Johancsik 模型和 Aadnoy 3D 模型并考虑管柱刚度，基于钻柱动力学理论，分别研究钻柱和井壁的相互作用力学行为，建立钻柱

作者简介：夏辉(1986—)，2006 毕业于西安石油大学机械电子工程专业，获硕士学位，现任宝鸡石油机械有限责任公司中油国家油气钻井装备工程技术研究中心有限公司智能控制研究所设计，从事石油钻井装备控制系统设计与开发工作，高级工程师。通讯地址：陕西省宝鸡市东风路 2 号。E-mail：jy3385759@163.com。

的摩阻模型，从而进行摩阻系数与井底钻压的计算[6]。综合模型分为斜直井段、弯曲井段受拉、弯曲井段受压，摩阻扭矩模型的计算公式如下所示：

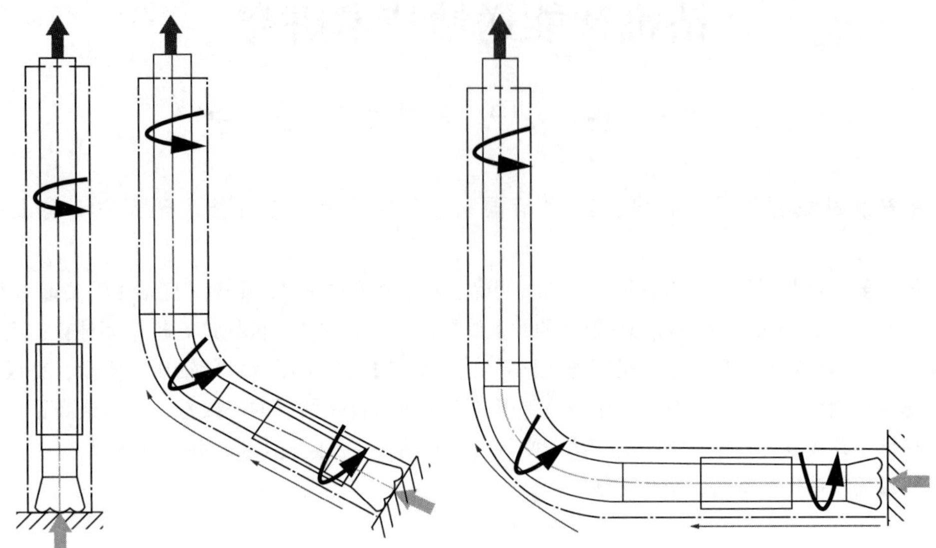

图 1　垂直井、定向井、水平井管柱受力示意图

（1）斜直井段：

$$F_{top}=\beta w\Delta L(\cos\alpha\pm\mu\sin\alpha)+F_{bottom} \tag{1}$$

（2）弯曲井段：

管柱受拉时：

$$F_{top}=\beta w\Delta L\left(\frac{\sin\alpha_{top}-\sin\alpha_{bottom}}{\alpha_{top}-\alpha_{bottom}}\pm\mu\times\frac{\cos\alpha_{top}-\cos\alpha_{bottom}}{\alpha_{top}-\alpha_{bottom}}\right)+F_{bottom}\times(\pm\mu|\theta|) \tag{2}$$

管柱受压时：

$$F_{top}=\beta w\Delta L\cos\left(\frac{\alpha_{top}+\alpha_{bottom}}{2}\right)\pm\mu F_n+F_{bottom} \tag{3}$$

其中：

$$F_n=\left\{\left[F_{bottom}(\varphi_{top}-\varphi_{bottom})\sin\left(\frac{\alpha_{top}+\alpha_{bottom}}{2}\right)\right]^2+\left[F_{bottom}(\alpha_{top}-\alpha_{bottom})+\beta w\Delta L\sin\left(\frac{\alpha_{top}+\alpha_{bottom}}{2}\right)\right]^2\right\}^{\frac{1}{2}} \tag{4}$$

$$T_{top}=\mu r\left\{\left[F_{bottom}(\varphi_{top}+\theta_{bottom})\sin\left(\frac{\alpha_{top}+\alpha_{bottom}}{2}\right)\right]^2+\left[F_{bottom}(\alpha_{top}+\alpha_{bottom})+\beta w\Delta L\sin\left(\frac{\alpha_{top}+\alpha_{bottom}}{2}\right)\right]^2\right\}^{\frac{1}{2}}+T_{bottom} \tag{5}$$

式中：w 为钻井元件重力，N/m；ΔL 为钻井元件长度，m；β 为浮力系数；φ 为方位角，

rad;α 为井斜角(测点井眼方向线与重力线间的夹角)，rad；μ 为摩擦因数；θ 为狗腿角，rad；r 为钻杆接头半径；F_{top}为钻柱上端受力，N；F_{bottom}为钻柱下端受力，N；F_n 为钻柱与井壁接触的正压力，N；T_{top}为钻柱上端扭矩，N·m；T_{bottom}为钻柱下端扭矩，N·m。

根据上述模型，从钻头开始计算轴向力一直到大钩，得到大钩载荷井底钻压的预测值，计算分两步，先用钻头空钻数据计算钻柱与井壁间的摩擦因数，然后用所得摩擦因数预测钻井时的井底钻压。

根据上述建立的钻柱摩阻扭矩模型，在 Visual C++2013 的集成开发环境下，利用 C#语言编写能够利用钻井数据自动计算井底钻压的程序，然后利用钻头空钻数据计算钻柱与井壁间的摩擦因数。摩擦因数具体的实现流程如图 2 所示。

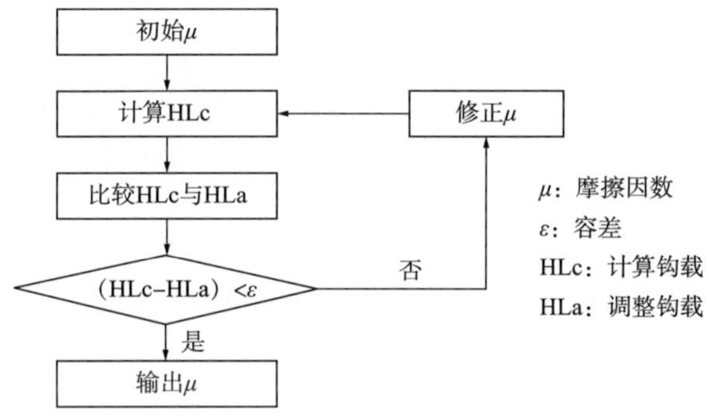

图 2　摩擦因数计算流程图

上述计算大钩载荷时假定摩擦因数已知，但真实的摩擦因数是未知的。因此，根据已知的大钩载荷反算摩擦因数，具体步骤是：从井底钻头空转且向下运动时处开始计算，选取长为 ΔL_0 的钻柱单元，设摩擦系数为μ，确定 ΔL_0 段形态，运用公式(2)得出 ΔL_0 段钻柱单元上的 F_{top0}。再选取与 ΔL_0 段连续的钻柱单元 ΔL_1，以 ΔL_0 上的 F_{top0}作为 ΔL_1 的 $F_{bottom1}$，来计算 ΔL_1 上的 F_{top1}，迭代计算至顶端钻柱的 ΔL_n，此时 F_{topn}等于计算钩载 HLc(Hook Load calculate)。比较计算钩载和调整钩载 HLa (Hook Load adjusted)的差值，若 $|HLc-HLa|<\varepsilon$,则假设的μ 正确；否则重新假设摩擦因数，再次计算大钩载荷，直到满足要求。

利用程序求出在不同井深条件下的摩擦因数，进行数据处理后，做出钻柱与井壁间的摩擦因数随井眼轨迹的变化图，可以看出摩擦因数不是一个定值，具体如图 3 所示。

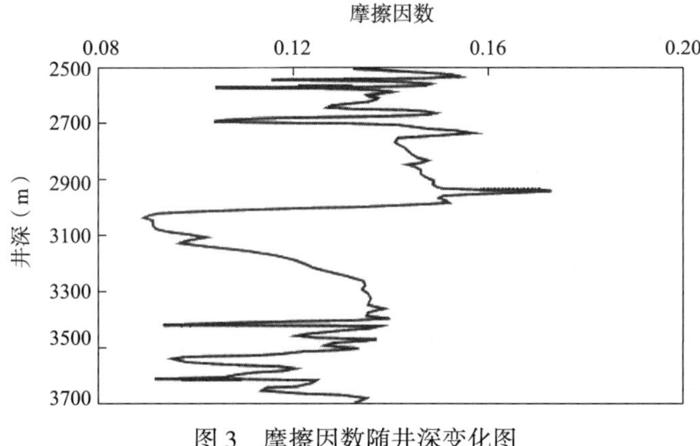

图 3　摩擦因数随井深变化图

求出摩擦因数后，就可以根据建立的钻柱摩阻扭矩模型求井底钻压，其步骤与摩擦因数的计算相似，具体步骤是：假定一个初始钻压，利用摩阻扭矩模型计算大钩载荷 HLc；比较计算值 HLc 与已知大钩载荷 HLa(已知的大钩载荷是对直接测出的大钩载荷去除钻井绳与滑轮的摩擦修正得到的)，若计算值与修正的测量值很接近，即小于给定的容差 ε，则认为假定的钻压为所求；否则重新假设钻压，再次计算大钩载荷，直到满足要求为止(图4)。

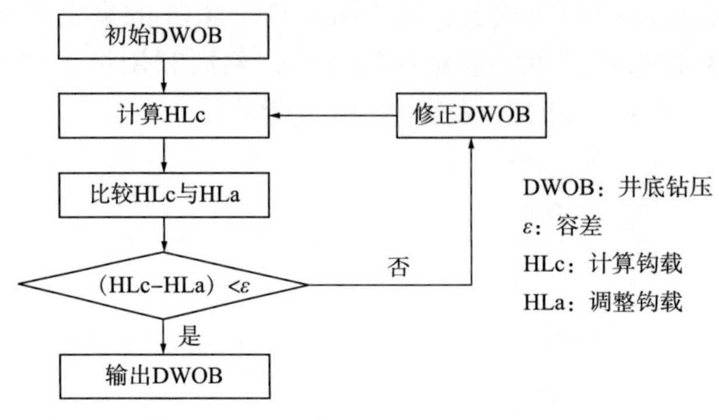

图 4　井底钻压计算流程图

2　智能送钻系统设计

智能送钻系统由载荷传感器、核心控制 PLC、井底钻压预测服务器共同构成，如图 5 所示。

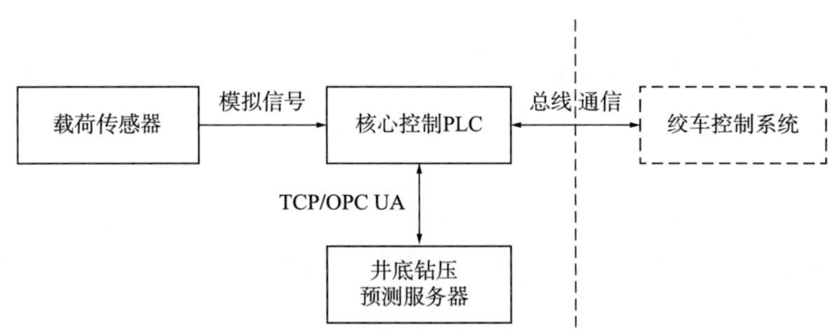

图 5　智能送钻系统构成图

载荷传感器实时检测大钩载荷信号，以模型信号的方式发送至核心控制 PLC。核心控制 PLC 采用 TCP、OPC UA 等方法与井底钻压预测服务器进行数据交互，实时将大钩载荷信号发送至井底钻压预测服务器，并接收服务反馈的井底钻压值。

核心控制 PLC 动态对比井底钻压预测值与送钻钻压设定值，根据钻压差值进行绞车速度调整。当井底预测钻压低于送钻设定钻压时，核心控制 PLC 将加快送钻速度，提高井底钻压。当送钻速度高于操作人员设定的最快送钻速度时，核心控制 PLC 将以最快送钻速度进行送钻控制。当井底预测钻压高于送钻设定值时，核心控制 PLC 将降低送钻速度，逐步降低井底钻压。

核心控制 PLC 使用总线通信技术与绞车控制系统进行数据交互，实时向绞车控制系统发送绞车送钻速度指令。

3 结论

（1）油气钻井作业过程中，水平段摩阻大，载荷复杂，导致地面钻压与井底钻压之间存在较大的差异，难以确保井底钻头持续保持最佳的钻进工况，制约了钻井效率的提升。

（2）本研究所形成的钻机智能送钻方案，可对井底钻压进行动态预测，根据井底预测钻压动态调整钻井绞车送钻速度，大幅提升送钻系统对井底钻压的精准控制，进而大幅提高钻头寿命和综合钻进效率。

参 考 文 献

[1] 王世栋，陈以沫，耿成园．海洋深水自动化钻井设备与流程[J]．地质装备，2020，21(2)：11-15.

[2] 王磊．试论自动化智能化钻井新技术[J]．石化技术，2019，26(10)：1，123.

[3] 王文娟．基于井底钻压自动送钻控制系统设计及仿真[D]．西安：西安石油大学，2020.

[4] JOHANCSIK C A，FRIESEN D B，DAWSON R. Torque and Drag in Directional Wells-Prediction and Measurement[J]．Journal of Petroleum Technology，1984，6(36)：987-992.

[5] AADNOY B S，FAZAELIZAOEH M，HARELAND G. A 3D Analytical Model for Wellbore Friction[J]．Journal of Canadian Petroleum Technology，2010，10(49)：25-36.

[6] 吴泽兵，郭龙龙，潘玉杰．水平井钻井过程中井底钻压预测及应用[J]．石油钻采工艺，2018，40(1)：9-13.

钻井液流变性在线测量装置及方法研究

刘可成[1]　王建龙[2]　姚旭洋[1]　叶　成[1]　鲁铁梅[1]　巩加芹[1]　于永生[1]

（1. 中国石油新疆油田公司工程技术研究院；2. 中国石油集团工程技术研究院有限公司）

摘　要：目前井场钻井液流变性测量方法为使用范式六速旋转黏度计进行手动测量，存在测量时间过长、人工操作误差大、耗费人力等问题。本文采用管径不同的双测量管技术，将两根流量相等、流速不相等测量管串联，基于流变学、流体力学知识，同时结合质量流量计测量的钻井液流变性参数，建立不同流体和流态下的各流变参数计算模型，利用钻井液流变性实时测量装置进行实验测试，结果显示实验测量值误差在 4%以内，可以有效满足现场自动测量要求。

关键词：钻井液流变性；在线测量装置；双测量管技术；压差传感器；流变性能参数

在石油钻井工程中，钻井液的性质和功能是一口油气井钻井成功与否的重要条件之一，钻井液具有清洗井底[1]、携带岩屑、冷却润滑钻头钻柱、传递水功率、控制和平衡地层压力等作用。钻井液的流变性能和失水造壁性能[2]是保证钻井作业正常进行的两项基本工艺性能，这两项性能对于提高钻进速度、保持井下安全、保持油气储层、降低钻井成本都有着直接影响，所以及时准确地监测钻井液的流变性能是很重要的环节。

最初美国 Brookfield 家族开创了旋转黏度测量法，利用其独特的转子与流体之间产生的剪切和阻力之间的关系而得出全新的黏度值，开创了动力黏度的测量先河。Brookfield 家族以自己家族的名字为品牌设计了世界上第一台动力黏度测量仪，也就是旋转黏度测量仪，也就是今天的布氏黏度计。从开始的表盘式黏度计开始，旋转黏度计经历了 75 年的改造升级，其性能越来越好，之后逐渐出现的数显黏度计 DV-Ⅰ，DV-Ⅱ，DV-Ⅲ更是在黏度测量上有了很大的进步。为了实现流体黏度的在线测量，使数据具有良好的实时性与自动操作能力，张家田研发了钻井液流变参数自动检测系统软件设计[3]，刘希民、刘保双等研制了一种直管式黏度计[4]，尤其适合钻井液的实时在线测量，但还是不够完全自动化。魏凯、严梁柱等建立了非线性流变模式的回归模型，开发了配套的钻井液流变模式优选计算软件[5]，为快速优选钻井液流变模式提供了有效的工具。

基于以上需求，本文提出了一种钻井液流变性在线测量装置，目的在于实时准确地监测钻井液流变性能。首先，采用管径不同的双测量管技术，通过将两根流量相等、流速不相等测量管串联，进而通过在两测量管中的压差传感器测得两个压差值；其次，利用流变学、流体力学知识，同时结合质量流量计测量的钻井液流变性参数，建立不同流体和流态下的各流变参数计算模型，进而有效分析流变性能。

作者简介：刘可成，硕士研究生，工程师。研究方向：钻井液技术。E-mail：liukecheng2014@163.com。

1　总体方案

采用管径不同的双测量管技术，将两根测量管串联使得其流量相等、流速不相等、进而实现安装在两测量管中的压差传感器测量得到两个压差值，同时结合质量流量计测量出的钻井液密度、温度、质量流量等参数，利用流变学、流体力学知识，建立不同流体和流态下的各流变参数计算模型，实现对密度、温度、塑性黏度、动切力、稠度系数、流性指数、静切力等流变参数的实时测量。

1.1　钻井液性能

钻井液的流变性是钻井液在流动过程的流变性和静止状态下触变性的流体力学表现，该特性通常用钻井液的流变曲线和塑性黏度、动切力、静切力等流变参数来进行描述。

（1）剪切速率 γ。

指垂直于流速方向上单位距离流速的增量，$\gamma = dv/dx$，流速单位：m/s；距离单位：m，因此剪切速率单位：s^{-1}。流速越大，剪切速率越大。

（2）剪切应力 τ。

液流中各层的流速不同，故层与层之间必然存在着相互作用。由于液体内部内聚力的作用，流速较快的液层会带动流速较慢的相邻液层，而流速较慢的液层又会阻碍流速较快的相邻液层。这样在流速不同的各液层之间会发生内摩擦作用，即出现成对的内摩擦力(即剪切力)，阻碍液层剪切变形。通常将液体流动时所具有的抵抗剪切变形的物理性质称作液体的黏滞性。

剪切应力 τ：流体单位面积上的内摩擦力。

牛顿内摩擦定律：液体流动时，液体层与层之间的内摩接力(F)的大小与液体的性质及温度有关，并与液层间的接触面积(S)和剪切速率(γ)成正比，而与接触面上的压力无关：

$$F = \mu S \gamma \tag{1}$$

内摩擦力 F 除以接触面积 S 即得液体内的剪切应力，即：

$$\tau = F/S = \mu\gamma \tag{2}$$

式中：F 为流体的内摩擦力，N；S 为面积，m^2；μ 为黏滞系数，Pa·s，实际应用中一般采用 mPa·s。

通常将剪切应力与剪切速率的关系遵守牛顿内摩擦定律的流体，称为牛顿流体；不遵守牛顿内摩擦定律的流体，称为非牛顿流体。水、酒精等大多数纯液体、轻质油、低分子化合物溶液，以及低速流动的气体等均为牛顿流体，高分子聚合物的浓溶液和悬浮液等一般为非牛顿流体。大多数钻井液都属于非牛顿流体。

1.2　测量流程及原理

用电动隔膜泵(可调速，并保持恒流)从钻井液罐抽取一定体积钻井液到测量系统中，在通过滤网时滤去钻井液内杂质后，经阻尼器后通过质量流量计，将测量的数据值传输给上位机，判断是否为稳定流量后，对泵的流量进行反馈调节，保证输出钻井液流量恒定，同时质量流量计测得温度、密度及流量信号传输到上位机。钻井液经过两根不同直径的测量管(采用 316 不锈钢管)，用一套平面膜差压传感器测定通过一定测量段的压差损耗，将压差信号传输到上位机，输出传统六速测量结果得到塑性黏度、动切力、静切力和稠度系数、流性指数等值，然后分别经 pH 值、电导率及氯离子在线监测电极测量钻井液 pH 值、电导率和氯离子含量，输出所有结果共需要 65s(不包括清洗)，最后回到钻井液罐。根据传输的信号和测量管尺寸，连续计算并记录钻井液流变性(图 1)。

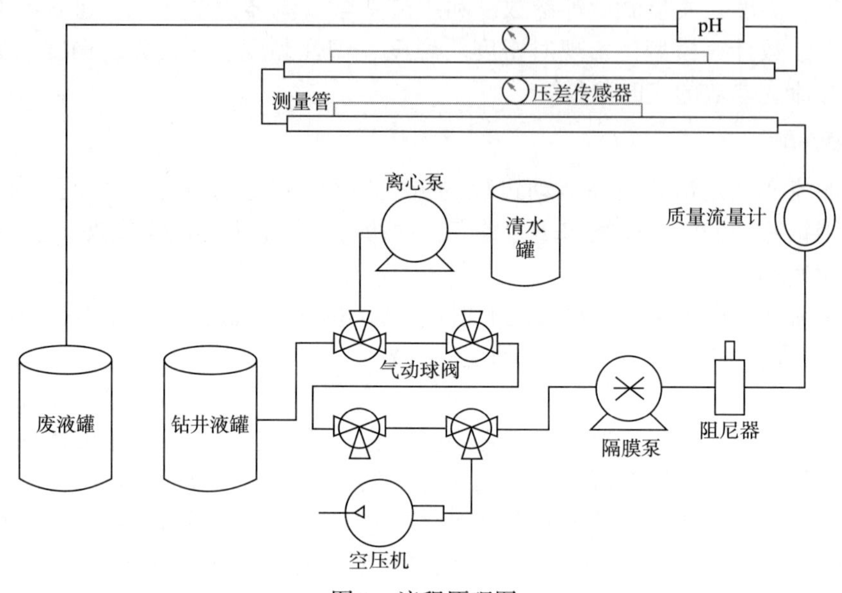

图 1　流程原理图

1.3　测量工艺流程

在测量过程中，每次流量的测量需要保持一定周期(大约 30s，具体时间根据实际 PID 调节变化)来使流量达到稳定之后再进行测量，测量时间为 1s(压力传感器采样频率为 1000Hz，为防止波动影响，多次采样取平均值，暂定为 100 次)，剪切速率 $511s^{-1}$(300r/min)和 $1022s^{-1}$(600r/min)可在一定流量下同时读出，其他 3r/min、6r/min、100r/min 和 200r/min 情形通过程序控制泵，得到数据。

测量出 300r/min、600r/min 数据的时间大约为 31s，由于 3r/min、6r/min 转速过低，需快速测量，故将其 PID 调节时间变为 2s，测量时间为 1s。输出传统六速测量结果得到塑性黏度、动切力、静切力和稠度系数、流性指数等值共需要 65s(不包括清洗)。

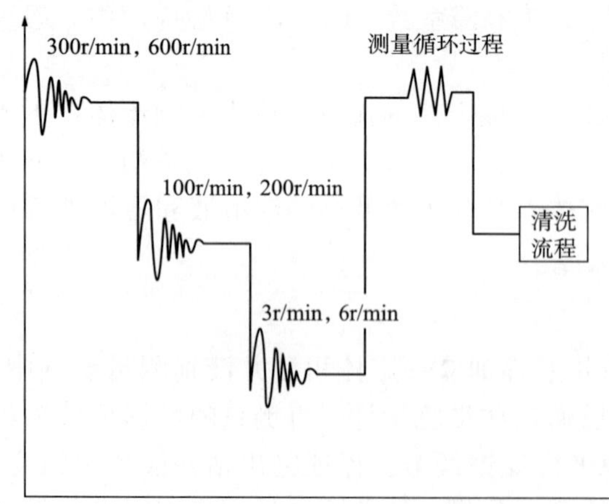

图 2　工艺流程图

流程图如图 2 所示。

整机框架采用不锈钢矩管通过焊接搭建。测量管采用不锈钢圆管。连接方式为法兰，便于管线的拆装和分段清理。电动隔膜泵出口端与质量流量计间采用不锈钢圆管连接。电动隔膜泵入口端与钻井液罐、测量出口端均用软管连接。

整个系统要求减振，泵与框架均不连接。橇装时，在底座与泵体底座间加减振橡胶或其他性能良好的减振器。因装置距离井场振动源较近，框架存在振动，在各个传感器的固定点下方增加减振设计。

钻井液黏度受温度影响较大，排除此干扰，现将整个测量系统置于橇装内。温度浮动较大时，增加必要保温装置，以保证系统测量的准确性。

1.4 毛细管测量非牛顿流体的流变性模型

（1）稳态运动。

根据毛细管受力平衡的原理，一个是毛细管两端 Δp 作用于管壁上的力 F_1，另一个是当流体在壁面上流动时的黏滞阻力 F_2。因此在层流中，可以得到壁上剪切应力公式：

$$\pi r^2 \cdot \Delta p-2\pi rL\tau=0 \tag{3}$$

$$\tau=\frac{\Delta p \cdot r}{2L} \tag{4}$$

式中：τ 为毛细管壁上剪切应力。在 $r=R$（毛细管半径）处，τ 最大，流体阻力最大，流速为0；在管心处，$r=0$ 处，τ 最小，阻力最小，流速最大。最后可得：

$$\frac{\tau}{\tau_B}=\frac{r}{R} \tag{5}$$

式(3)至式(5)适用于稳态流动的任何与时间无关的流体。

（2）牛顿流体管流流动特性。

整理哈根方程可得：

$$Q=\frac{\Delta p \cdot \pi R^4}{8\mu L} \tag{6}$$

而 $Q=\frac{\pi D^2}{4} \cdot v$，则可得：

$$\tau_B=\mu\frac{8v}{D} \tag{7}$$

式中：Q 为体积流量，m^3/s；D 为直径，m；v 为流速，m/s；μ 为黏度，Pa · s。

根据牛顿方程，由于 $\tau_R=\mu\left(-\frac{dv}{dr}\right)$，因此：

$$\left(-\frac{dv}{dr}\right)=\frac{8v}{D}$$

（3）非牛顿流体管流流动特性。

为得出非牛顿流体的流变曲线，确定其流变特性，需要知道在管流流动时的剪切应力 τ_B 与剪切速率$\left(-\frac{dv}{dr}\right)$。假设 $y=v$，则 $dy=dv$；$z=\pi r^2$，则 $dz=2\pi rdr$；积分整理得：

$$\int_a^b y\mathrm{d}z = yz\Big|_a^b - \int_a^b z\mathrm{d}y \tag{8}$$

当 $r=R$，流速 $v=0$，整理式(8)如下：

$$Q=\int_{0}^{R}\pi r^{2}\left(-\frac{\mathrm{d}v}{\mathrm{d}r}\right)\mathrm{d}r \tag{9}$$

将 $Q=v\pi R^{2}=\frac{v\pi D^{2}}{4}$，$R=\frac{1}{2}D$，代入式(9)整理变换可得：

$$\frac{8v}{D}=\frac{32}{D^{3}}\int_{0}^{\frac{D}{2}}r^{2}\left(-\frac{\mathrm{d}v}{\mathrm{d}r}\right)\mathrm{d}r \tag{10}$$

剪切速率与剪切应力可用$\left(-\frac{\mathrm{d}v}{\mathrm{d}r}\right)=f(\tau)$来表示。根据公式(5)，可得 $\mathrm{d}r=\frac{D}{2\tau_{\mathrm{B}}}\mathrm{d}\tau$，将此式代入式(10)整理可得：

$$\frac{8v}{D}=\frac{4}{(\tau_{\mathrm{B}})^{3}}\int_{0}^{\tau_{\mathrm{B}}}\tau^{2}f(\tau)\,\mathrm{d}\tau \tag{11}$$

则

$$Q=\frac{\pi R^{3}}{(\tau_{\mathrm{B}})^{3}}\int_{0}^{\tau_{\mathrm{B}}}\tau^{2}f(\tau)\,\mathrm{d}\tau \tag{12}$$

非牛顿流体$\frac{8v}{D}$与管壁剪切应力有一定的函数关系，那么假设$\frac{8v}{D}=\phi(\tau_{\mathrm{B}})$，代入公式(11)，并等式两边对 τ_{B} 求导整理可得：

$$4f(\tau_{\mathrm{B}})=3\phi(\tau_{\mathrm{B}})+\frac{\tau_{\mathrm{B}}}{\mathrm{d}\tau_{\mathrm{B}}}\cdot\mathrm{d}\tau_{\mathrm{B}}\cdot\frac{\phi'(\tau_{\mathrm{B}})}{\phi(\tau_{\mathrm{B}})}\cdot\phi(\tau_{\mathrm{B}}) \tag{13}$$

由于$\frac{\mathrm{d}\tau_{\mathrm{B}}}{\tau_{\mathrm{B}}}=\mathrm{dln}\tau_{\mathrm{B}}$，$\frac{\phi'(\tau_{\mathrm{B}})}{\phi(\tau_{\mathrm{B}})}=\mathrm{d}\tau_{\mathrm{B}}$，代入公式(13)，引入广义流性指数$\frac{\mathrm{dln}\tau_{\mathrm{B}}}{\mathrm{dln}\,\frac{8v}{D}}=N$可得：

$$4\left(-\frac{\mathrm{d}v}{\mathrm{d}r}\right)=3\left(\frac{8v}{D}\right)+\frac{\mathrm{dln}\,\frac{8V}{D}}{\mathrm{dln}\tau_{\mathrm{B}}}\cdot\frac{8v}{D} \tag{14}$$

因此，将$\frac{\mathrm{dln}\,\frac{8v}{D}}{\mathrm{dln}\tau_{\mathrm{B}}}=\frac{1}{N}$代入式(14)，整理可得管壁处剪切速率：

$$\left(-\frac{\mathrm{d}v}{\mathrm{d}r}\right)=\gamma=\frac{8v}{D}\left(\frac{3N+1}{4N}\right) \tag{15}$$

式(15)表示为与时间无关的非牛顿流体(包括牛顿流体)在管壁处的剪切速率计算模型。

2 实验数据及分析

通过配制 5%的膨润土浆作为钻井液样品，将其导入本钻井液流变性实时测量装置进行实验测试，在测试时，保证每个排量下的压差保持稳定以减小瞬态效应后开始记录数据，可得钻井液样品的压差测量值，如图 3 所示。

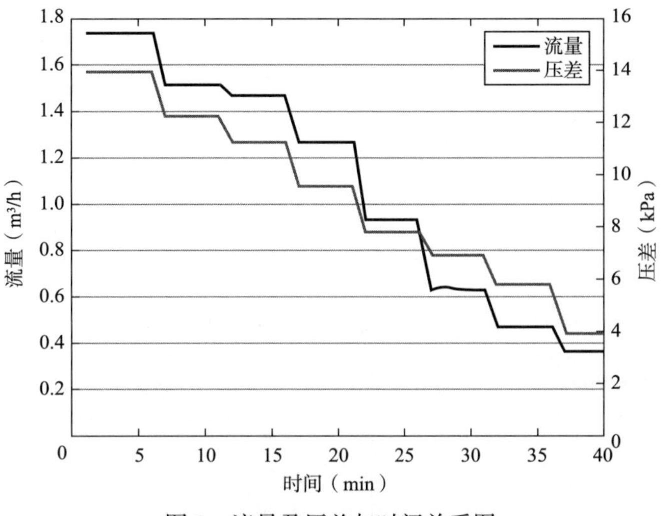

图 3 流量及压差与时间关系图

从图 3 中可以看出压差值存在波动，但均在一定范围内波动，且符合钻井液流变性的规律，利用所述科学方法进行压差测量值数据处理，依照处理后压差数据输出部分黏度值曲线图，其中流变曲线反应的是非牛顿流体从低剪切速率到高剪切速率的宽切范围内的特性，流动曲线是钻井液流变性实时测量计算所必需的曲线，结果如图 4 至图 7 所示。

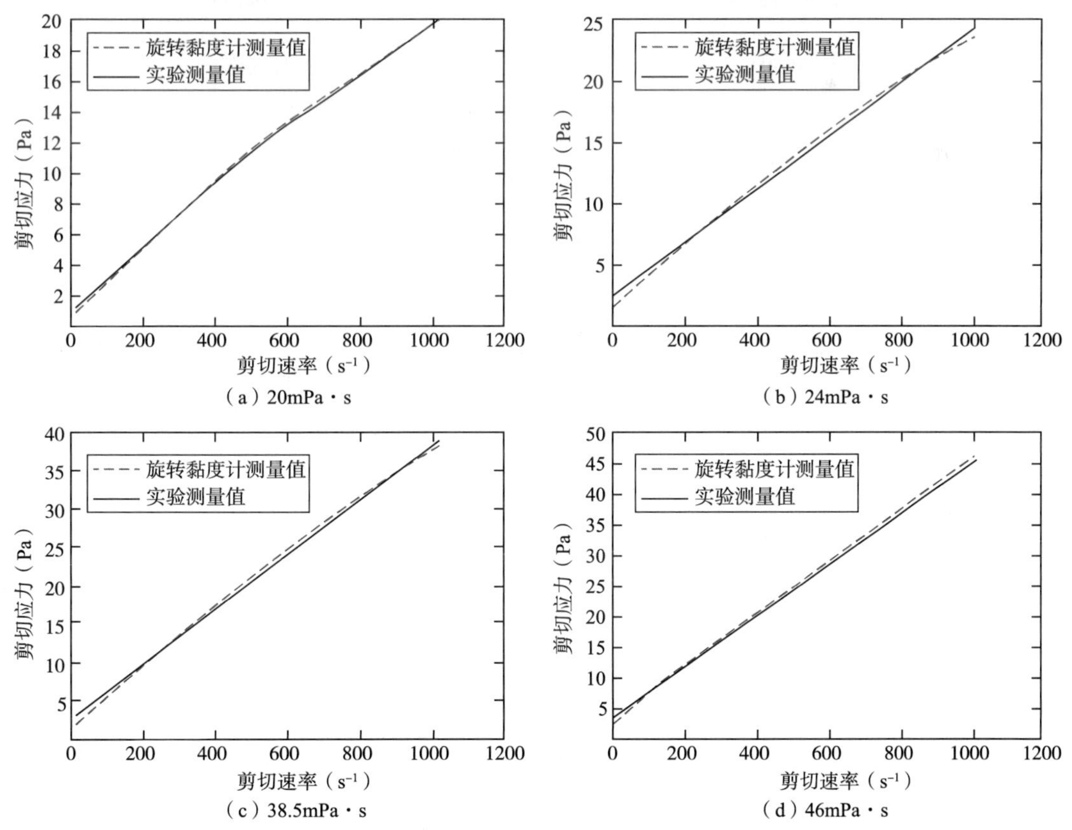

图 4 表观黏度 20~46mPa·s 流变特性曲线

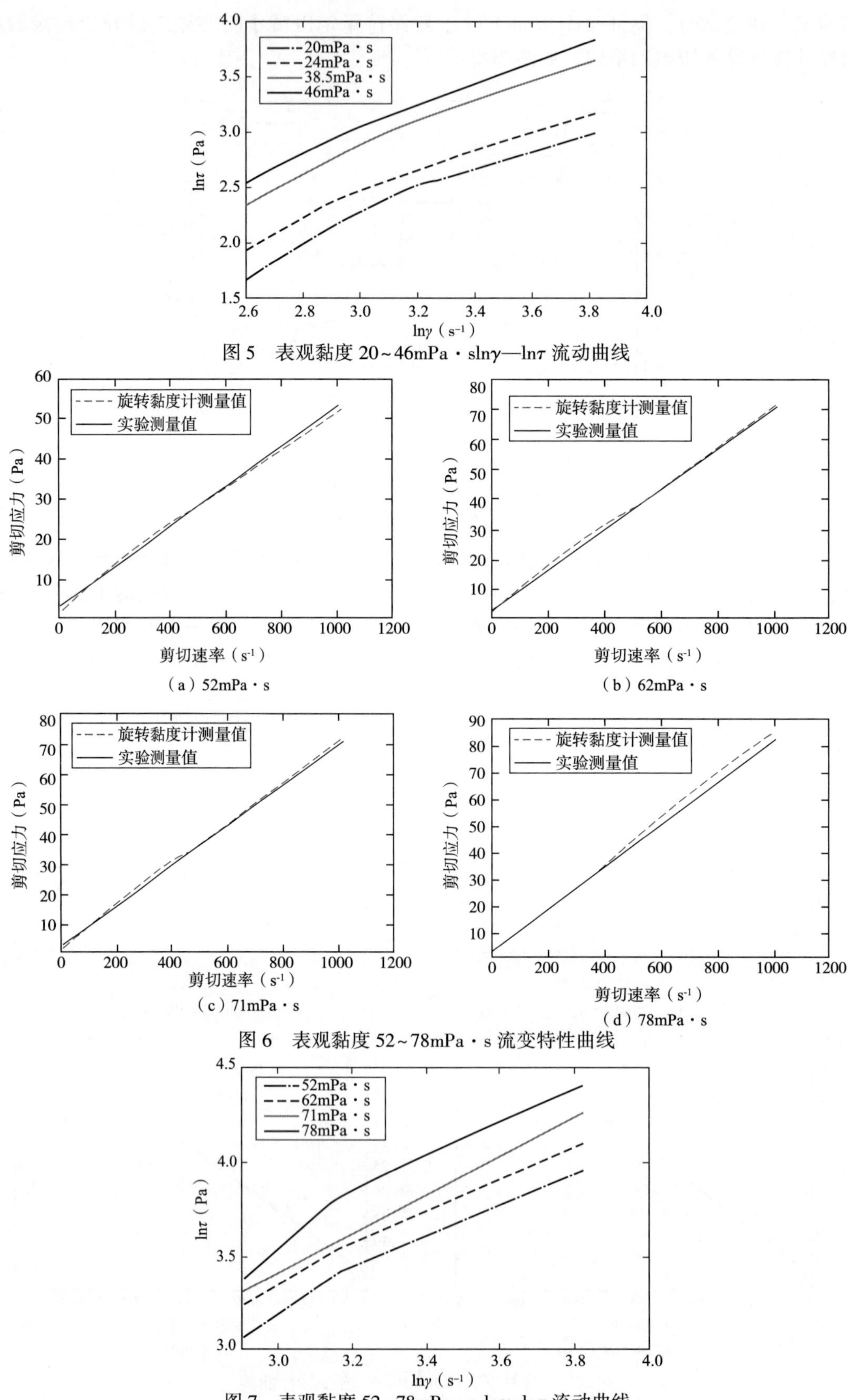

图 5　表观黏度 20~46mPa·slnγ—lnτ 流动曲线

（a）52mPa·s

（b）62mPa·s

（c）71mPa·s

（d）78mPa·s

图 6　表观黏度 52~78mPa·s 流变特性曲线

图 7　表观黏度 52~78mPa·s lnγ-lnτ 流动曲线

可以看到，20mPa · s、24mPa · s、38. 5mPa · s 时，实验测量输出的流变特性曲线和旋转黏度计所测量的曲线几乎相同，仅在 46mPa · s 时在高剪切速率时有些许偏差，存在环境误差的可能。

可以看到，52mPa · s、62mPa · s、71mPa · s、78mPa · s 时，实验测量输出的流变特性曲线和旋转黏度计所测量的曲线都几乎相同，能够验证实验装置测量值的准确性。

总的来说，从流变特性曲线中可以得出，实验测量值与范式六速旋转黏度计测量值非常接近，其变化趋势几乎相同，且测量误差在很小的范围内，在存在系统环境影响的情况下，其误差值也在 4%以内，能够满足现场自动测量要求；根据各个黏度的 $\ln\gamma$—$\ln\tau$ 流动曲线可以实时得出广义流动行为指数 N 值，在实验过程中，由于系统流道的优化设计，N 值一直处于比较稳定的状态，且在本系统中所采取的拟合算法使得其曲线拟合程度极高。

依据各个黏度的流变曲线，在输出广义流动行为指数 N 后，便可实时计算出钻井液的黏度结果，在实验中，还使用旋转黏度计进行对比实验，获取作为参照的流变曲线及数据，然后将两组实验数据进行对比，结果见表 1。

表 1　实验结果及对照表

实验装置			旋转黏度计			误差(%)		
AV(mPa · s)	PV(mPa · s)	YP(Pa)	AV(mPa · s)	PV(mPa · s)	YP(Pa)	AV	PV	YP
43. 00	37. 00	6. 13	45. 18	34. 97	6. 27	5. 07	−5. 49	2. 25
46. 00	36. 75	7. 24	45. 92	35. 10	7. 19	−0. 18	−4. 49	−0. 64
45. 50	39. 25	6. 27	46. 98	36. 51	6. 79	3. 24	−6. 99	8. 27
45. 75	39. 50	6. 39	47. 77	36. 79	6. 25	4. 42	−6. 87	−2. 15
49. 00	42. 00	7. 14	48. 25	38. 81	7. 38	−1. 52	−7. 61	3. 32
49. 50	43. 00	7. 37	48. 26	40. 12	7. 50	−2. 51	−6. 70	1. 87
50. 75	43. 50	7. 43	49. 02	40. 65	7. 36	−3. 40	−6. 55	−1. 00
51. 25	43. 00	7. 24	50. 28	41. 40	7. 79	−1. 90	−3. 72	7. 70
50. 75	42. 50	6. 28	51. 34	41. 62	6. 07	1. 16	−2. 06	−3. 24
54. 25	45. 50	8. 94	52. 35	43. 04	8. 41	−3. 50	−5. 41	−5. 97

注：AV 为表观黏度；PV 为塑性黏度；YP 为屈服应力。

由表 1 可得出，本实验装置所测得数据与旋转黏度计测量数据相差较小，属于合理的误差范围内，能够作为替代六速旋转黏度计的产品使用。可以大大提高现场的工作效率，为石油钻井行业做出贡献。

3　结论

随着钻井工程技术的不断发展，目前的钻井液流变性测量方法多为手动测量，会存在人工操作误差和耗时耗力等问题。针对目前手动测量钻井液流变性所带来的问题，本文提出了一种钻井液在线自动化测量装置，旨在实时准确地监测钻井液流变性能。

采用管径不同的双测量管技术，通过将两根流量相等、流速不相等测量管串联，进而通过在两测量管中的压差传感器测得两个压差值。然后，利用流变学、流体力学知识，同时结合质量流量计测量的钻井液流变性参数，建立不同流体和流态下的各流变参数计算模型。最后，通过从实验测试部分的流变特性曲线中可以得出，实验测量值与范式六速旋转黏度计测量值接近，其变化趋势几乎相同，在存在系统环境影响的情况下，其误差值也在4%以内，能够满足现场自动测量要求。广义流动行为指数 N 值一直处于比较稳定的状态，且本文中所采取的拟合算法使得其曲线拟合程度极高，证明本文提出的钻井液在线自动化测量装置的正确性。总的来说，本文提出的钻井液在线自动化测量装置对钻井完井自动化进程有着较好的推动作用，并为以后的钻井工艺技术打下坚实的基础，具有显著的社会经济价值和一定的科学意义。

参考文献

[1] 叶雨晨，吴德胜，席传明，等．吉木萨尔页岩油超长水平段水平井安全高效下套管计算[J]．新疆石油天然气，2020，16(2)：48-52.

[2] 罗红芳，张文哲，何小曲，等．延安东部气田成膜防塌钻井液体系优选和应用[J]．钻探工程，2021，48(9)：65-71.

[3] 张家田．钻井液流变参数自动检测系统软件设计[J]．煤田地质与勘探，2001(5)：63-64.

[4] 刘希民，刘保双，黄明健，等．直管式粘度计的研制[J]．化工自动化及仪表，2012，39(5)：576-579.

[5] 魏凯，严梁柱，方琼瑶，等．钻井液流变参数确定通道算法及程序设计[J]．新疆石油天然气，2022，18(1)：21-25.

智能化举升与排采

油气井生产大数据分析平台的研究与应用

赵瑞东　张喜顺　师俊峰　孙艺真　马高强　王　才　于妍文

（中国石油勘探开发研究院）

摘　要：随着不断推进的智能油田建设和物联网、大数据的高速发展，所带来的信息采集、分布式计算和数据挖掘等技术正在给企业的研发和管理方式带来不断地创新，也给石油行业带来了一场技术变革。目前，面临的挑战之一是如何保留传统油气生产的优势，结合大数据分析更好地服务于石油行业。针对传统油气生产的复杂性和未知性无法适应当下生产的难题，一种可能的解决方案是根据大数据挖掘提出的。可以使用大数据的聚类分析对油井进行评价，降维能够将多参数敏感性分析进行可视化。数据处理、工况诊断、预测预警和多维多元可视化分析是初步建立的油气生产数据分析平台所实现的主要功能。后期将会逐步实现从“业务模型”向“数据模型”的转变，主要是以数据的多维、多源为基础，使用统计分析、模式识别、聚类分析、可视化等方法，实现油气生产智能化诊断、预测预警、优化决策及评价，并最终服务于油气生产，为油田提高产量、降低能耗、节约成本提供了一种高效的方法。

关键词：大数据；采油工程；油气生产；数据分析

1　简介

大数据技术成为互联网后的又一个具有里程碑意义的科技和生产力革命，在一些重要行业中已经发挥出巨大作用[1-4]。随着石油储备的逐步减少，石油石化行业产业链中的勘探、开发难度日益增大，信息化的成熟度已经成为影响行业增长幅度的首要因素。信息化的应用能够增加开采和探测的成功率，降低开发和生成的成本。能源企业将注意力转移到大数据挖掘上，主要目的是从海量数据中得到有用的数据，并将数据进行应用最终服务于油气产业。石油公司可以使用分布式传感器、高速通信系统和数据挖掘技术等对远程作业进行监控并根据实时情况进行调整作业，还可以根据实时返回数据对决策进行分析和调整，同时能够对事故进行预测，减少损失。

油气井所产生的数据不仅数量多，而且数据形式多，同时因为油气井具有一定的危险性，需要实时监测和诊断以预防问题的发生。油气井系统内部设备、地质、物性等之间的关系错综复杂，传统的油气生产中对于所有收集到的数据很难进行准确地把握，存在大量的数据因为本身存在着的不相关性导致很多有价值的数据没有得到充分的利用。所以，使用大数据挖掘技术能够有效地提高数据分析能力，提高生产效率。

大数据技术刚刚起步，各种工具和平台均在不断完善中，并且大数据技术具有面向应用的特点，不同的应用需要用到不同的技术路线。大多数企业和机构在大数据方面目前还

作者简介：赵瑞东（1980—），2011 年毕业于中国石油大学（北京）油气田开发工程专业，获博士学位，现任中国石油勘探开发研究院高级工程师，从事采油采气工程等方面研究工作。通讯地址：北京市海淀区学院路 20 号。E-mail：zhaoruidong@ petrochina. com. cn。

在探索和研发过程中，还没有形成统一的技术标准和行业规范。许多著名的石油公司开始逐渐使用大数据技术来辅助勘探、开发和生产，利用海量数据挖掘有价值的信息。但目前尚未有成熟的石油大数据产品出现，须尽快进行整体规划，在每个重要技术环节上突破难点，形成适合油气生产的大数据解决方案。

2　目前进展

石油公司的资产评估是以数据为依据的，没有数据就无法了解地下油气藏的储量和开采现状。因此，国际大石油公司一直都非常重视数据管理，为了将精力致力于主营业务，节省数据管理费用，石油公司多将海量专业数据外包给专门的数据管理服务公司或地球物理服务公司保存管理，这些服务公司为各石油公司提供完善的数据管理服务。石油公司自己则保存公司的核心数据。

英国石油公司 2013 年开放了新的高性能计算中心，其是全球最大的商业化研究与开发方面的计算平台。通过大数据技术，对地震图像进行模拟和处理，能够对油藏情况进行预测，使得团队能够对地下情况有更清晰的了解，减少了分析地震数据的时间，在钻井之前给出更加详细的岩层信息[5]。

壳牌石油由于在信息化管理上面临着严重的能耗问题，其所有的数据中心在九个月内用电量达到了 3. 6MW，再加上在全球拥有 150000 名雇员，因此不得不采取更加灵活的 IT 架构方式——云计算，壳牌开始尝试在亚马逊云计算平台上使用 Hadoop 来分析这些海量数据，并计划逐步建立大数据平台，帮助研究人员能够快速、高效地进行数据处理[6]。

雪佛龙公司期望利用 Hadoop 来分析海量地震数据来识别石油储藏，降低派遣深海钻井队伍的成本。为了准确地找到石油的存储位置，地震信息产生的图片必须非常清晰，海上钻井队伍几乎每天要花费一百万美元来产生和处理数据。雪佛龙公司在其储层分析的识别过程的 25 个步骤中使用 Hadoop 技术来做地震数据分析并正在寻找能够更精确地使用更多数据的方法。处理过的数据被输入到高性能的计算机模型中进行数据分析[7]。

中国石油行业在大数据方面起步相对比较晚，目前只有中国石化公开和阿里巴巴进行大数据战略合作，项目正在建设中，期望借助于大数据平台进一步改造生产流程，包括将各类传感器终端设备联通。通过数据联通，生产流程在自动化基础上可以更加智能化，企业可以在生产过程中根据数据进行更快速地反馈和调整。

3　大数据分析平台

该系统主要由以下几个部分组成：数据集成系统、油气井生产存储系统、油气井生产缓存系统、油气井分布式计算系统、油气井可视化系统、数据接口、油气井生产开发框架系统，具体操作流程如图 1 所示。

油气井数据集成系统主要目的是将油气井生产系统的各种传统数据源经过转换、清洗过程转换成适合大数据存储和计算的数据形式。油气井生产大数据存储系统主要目的是将不同格式的数据存储到对应的存储系统中。油气井生产缓存系统主要目的是用来存储频繁访问的数据。油气井生产数据分布式计算系统主要目的是进行大规模快速实时计算。油气可视化系统主要目的是进行数据分析，以及绘制移动端的图表、地理信息等。数据接口主要目的是进行数据源配置、可视化处理、数据标准化封装与解析。油气井生产开发框架系统为移动应用开发提供了丰富的 API 和工具，能够搭建 Android 或 iOS 下的应用程序。

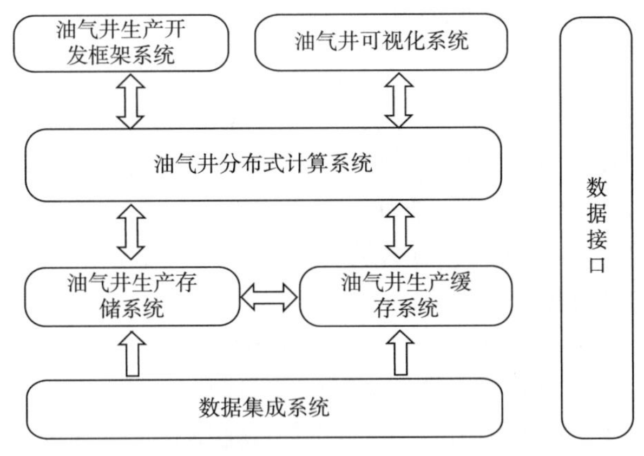

图 1　油气井生产大数据分析平台框架

其中算法库涵盖了重要的应用算法，底层包含了油气井生产大数据基本分析算法库，包括求和、平均值、最值、排序、过滤，以及大规模矩阵运算。高级算法库建立在扩充的 Mlib 基础上，并且数据预处理也作为独立的模块，作为数据分析的标准化阶段。高级分析算法库包含油气井生产聚类、分类、相关性分析、回归算法，以及复杂的深度学习算法库。最上层是应用计算模块，包含了油气井生产常用功能，包括生产预测、异常分析、生产因素相关性分析、检泵周期分析、能耗分析、方案预测、实时预警，有杆泵、螺杆泵和电潜泵优化和诊断。开发者可以直接调用模块，也可以在已有基础上进行修改。

4　具体应用

4.1　建立多维数据融合模型

针对油井生产数据中存在的数据尺度不一致、特性差异大等问题，根据不同层次结构对数据的要求，利用多尺度采样等方式实现数据的融合。从时间、空间、业务层次、属性维度分别建立油井生产、措施及事件数据模型。

（1）建立基于空间维度的油田基础数据模型。针对单井、井组、区块、油田的不同属性，基于油层、井筒、地面工程等空间属性，建立基础数据模型体系。从单井获得细维度模型，油田获得粗维度模型。

（2）建立基于时间维度的生产动态数据模型。针对产液量、含水、油压、套压、冲程、冲次、功图等时变连续数据，提出多时间维度数据流滑动窗口建模方法。采用层次窗口模型对数据流进行描述，最终构建基于时间维度的生产动态数据模型。

（3）建立基于业务层次维度的油田措施数据模型。构建基于粗维度的调参、检泵、清防蜡、洗井、冲防砂、清防垢措施数据模型与细维度的措施周期、排量、泵压、措施液温度黏度、步骤等事件具体细节融合空间数据模型。

研究油井生产总体系统及节能关键子系统(如抽油机、电动机、控制柜、连杆机构、变速箱、平衡装置和密封元件)的空间维度划分，并以此为基础设计基于多重空间维度的数据仓库模型。建立基于属性维度的效能数据模型。从抽油设备、井况，以及管理等方面分析有杆抽油系统能耗主要因素。根据系统效率同产能、含水率、沉没度、泵径、泵挂深度、悬点运动规律等多个因素的关联关系，建立措施作业成本同系统效率、产量、措施模式、周期、作业参数、生产参数调整等多因素的关系，构建多维度属性的效能数据模型。

4.2 基于 KNN 算法的油井生产工况诊断

示功图工况诊断主要从形状上进行区别，其诊断就需要提取形状特征。形状特征一般有两种表示方法，边缘特征和区域特征。示功图边缘特征较为明显，为此提出一种基于图像检索的 K 最近邻法。KNN 属于分类预测的一种算法，没有训练过程，直接在数据集基础上进行预测判断，KNN 示功图诊断步骤为：

（1）示功图预处理：对实测的示功图进行冗余处理、噪声处理，生成标准统一大小的黑白图像，封闭区间内全部填充为黑色。

（2）特征值提取：MPEG-7 标准被称为“多媒体内容描述接口”，利用 MPEG-7 的边缘特征计算方式，提取示功图的 MPEG-7 边缘直方图特征，它由图像中每个子图像的 5 种类型的边缘直方图表示。在 MPEG-7 中，每个图像都被分成 4×4 个不相重叠的 16 个子图像。对于每个子图像，提取 5 个方向上的边缘直方图：垂直、水平、45°、135°、无方向边缘。

（3）样本处理：对现场收集的样本进行处理获得直方图特征，并存储在数据库中，可不断补充。

（4）示功图诊断：KNN 属于分类预测的一种算法，没有训练过程，直接在数据集基础上进行预测判断，对新的位置数据在所有数据集中进行匹配，选出最相近的 Top N 条已标注数据；选择 N 条数据中，类别占最多数的作为未知数据的类别。

基于图像特征的 KNN 方法既简单又实用，还可以随时增加样本，更重要的是，可以给样本增加多种可能出现的状况标注和建议，统计得出更加详细的诊断结论，同时，结合油气井本身的生产参数，给出相应的解决方案。

4.3 基于多变量时序的机采井动态分析优化

根据油井系统的现场生产情况，在基于时序数据模型及基于代价敏感粗糙集的评价模型的基础上，研究有意义的、符合油井系统生产实际的机采井动态分析优化模块，利用大数据技术中的机器学习、深度学习方法，以及回归与分类等方法，为动态分析优化开发相应的模型和算法。

（1）基于多变量时序的油井产量预测。建立不同时序之间的混沌模型，获得针对不同时间维度(如日、月、年等)、不同空间维度(如单井、井组、区块、油田等)和不同代价类型(如参数的调控代价、预测的误差代价等)的产量预测模型，最终实现有效预测。

（2）由调参、检泵、热洗、清防蜡、酸化、压裂、调剖、堵水、换层等单项措施导致油井能效变化预测。研究油井基础数据、历史产量数据、措施数据等的属性提取，数据融合。研究基于代价敏感的属性选择问题，构建包含有多种代价的代价体系，开发相应的仿生算法。构建油田所有油井在不同时间段、对各个特征属性的信息系统，建立各油井之间相似度评价指标体系，构建预测模型，开发预测算法。最终获得低成本、低风险、较完备的解决方案。

（3）基于多事件影响的系统效率预测。研究事件类型，如对抽油机井系统的维护保养措施的实施和海量油井参数的实时变化。在事件数据模型的基础上，结合关联规则理论并开发相应的模式挖掘算法，研究油井系统的核心指标与事件之间的关系，最终达到提高油井生产产量、系统效率，降低油井生产维护措施的投资与成本的目的。

4.4 基于模式挖掘的油井维护及增产措施效果分析及优化

维护及增产措施方案推荐是数据挖掘的目标，为生产参数的优化和措施再优化提供指导。

基于模式挖掘与相似度算法实现油井核心参数推荐。基于代价敏感理论评价模型分析影响各子系统效率的主要因素。通过已建立的空间维度模型，寻找油井生产过程中同一事件中出现的不同项的相关性，挖掘出频繁序列模式，并利用相似度算法，推荐合理的油井核心参数：冲程、冲次、泵径、泵挂深度、动液面、平衡块位置等。

研究基于多事件的维护配套措施及施工参数推荐。按目标要求(产量、系统效率、措施成本)，根据油井不同的维护配套措施及生产动态数据，结合单井的井型、井深、设备类型、流体物性、含蜡、含水、产液量、井口温度及季节等因素数据，寻找油井生产系统中最大化类和最小化类之间的相似性，开发出新的聚类分析方法。考虑调参、检泵、热洗、清防蜡、酸化、压裂、调剖、堵水、换层等措施效果的非线性叠加，根据聚类分析的结果实现一种或多种措施、实施模式、施工参数等的推荐，包括选择措施策略、措施类型、间隔或周期、剂量、规模等，以及拟选措施的具体施工参数，如措施的计划日期、作业液类型、用量、措施液密度及黏度、进出口温度、排量、泵压力、施工程序等。

4.5 基于模型识别的油井生产宏观管理

中国油田常用的油井宏观管理图本身就是聚类分析的一种特例，它采用专业知识，而非纯数学的方式将油井进行分类，把抽油机井的工况划分为优秀合格区、供液不足区、断脱漏失区、参数偏小区和资料待落实区，如图 2 所示。优秀合格区：抽油设备工作参数合理，泵工作良好，抽油设备排液能力与油层的供液能力相匹配，系统效率高。供液不足区：沉没度小、泵效低，主要原因是油层供液不足、抽汲参数偏大。断脱漏失区：沉没度大、泵效低，主要原因是泵磨损严重或泵工作不正常(如泵阀漏等)，也可能有油管漏或抽油杆断脱等现象。参数偏小区：沉没度大、泵效高，说明油层有潜力，抽油系统的工作参数相对偏小，该区的油井是挖潜增油的主要目标井，增大抽汲参数可增加油井产量。资料待落实区：沉没度与泵效不协调，主要是计量或测试资料有误所致，应核实产量和动液面等数据，消除虚假资料后，重新计算其工况指标，从而在工况管理图中标出其正确的坐标位置。

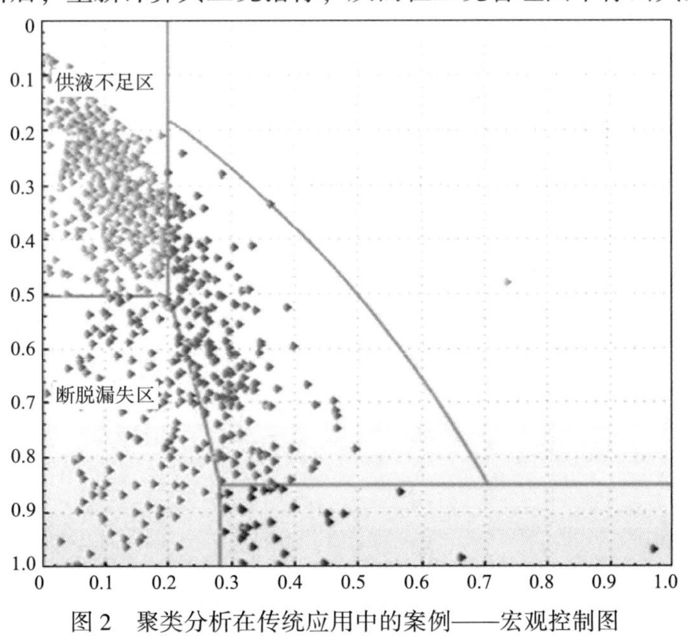

图 2　聚类分析在传统应用中的案例——宏观控制图

传统的宏观管理图版仅考虑了动液面和下泵深度对油井泵效的影响，由于二维图形表现形式的限制，无法将更多影响因素考虑进来。基于大数据技术中的聚类分析可以将更多影响因素考虑进来，综合应用多维降维和聚类分析技术将油井工况进行合理分析，考虑的影响因素包含：泵吸入口压力、冲程、冲次、泵径、杆柱组合、生产气油比、含水率、原油物性、泵效、系统效率等，如图 3 所示。

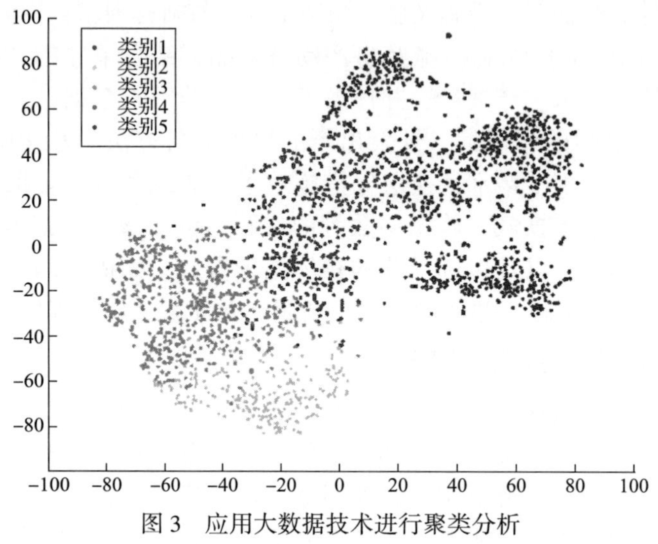

图 3　应用大数据技术进行聚类分析

5　结论

（1）本文从数据集成、存储、计算、可视化、数据接口、移动开发等各个环节，提出了适合油气井生产开发的大数据平台和移动设计框架。

（2）初步建立的油气生产大数据分析平台包含了多种类型的数据挖掘模型、算法和工程计算库，可以应用模式识别、聚类分析等技术实现数据处理、工况诊断、预测预警和多维多元可视化分析等功能。

（3）油气生产大数据分析平台仍然在不断完善，它实现了从“业务模型”向“数据模型”的转变，并最终为油田提高产量、降低能耗、节约成本提供一种新方法。

参 考 文 献

[1] Mills, Mark P, Ottino, et al. The Coming Tech-led Boom. [J]. Wall Street Journal-Eastern Edition, 2012, 259(23): A15-A15.

[2] Consulting V W. Big Data Big Impact: New Possibilities for International Development[J]. 2012.

基于 DWR-VGG 的抽油机井故障智能诊断

李艳春[1]　贾德利[2,*]　王素玲[1]　杨胡坤[1]　乔美霞[1]　武靖淞[1]　屈如意[1]

(1. 东北石油大学；2. 中国石油勘探开发研究院)

摘　要：抽油机举升技术仍为原油开采的主要人工举升技术手段，借助抽油机示功图进行抽油机井故障诊断一直是研究的重点。本文提出了一种油井抽油机故障智能诊断的 DWR-VGG 网络模型，运用了深度可分离卷积和残差学习技术，对 VGG 网络模型进行结构调整，在压缩网络模型计算量的同时，强化了示功图的轮廓特征有效提取能力。工程试验结果表明，DWR-VGG 模型在保证故障诊断准确率的同时有效降低了模型训练时间，为抽油机实时故障诊断提供了硬件友好型技术解决方案。

关键词：示功图；故障诊断；深度可分离卷积；残差学习；VGG

目前，大部分油田已进入开发中后期，生产效益越来越低[1-3]。及时准确地把握抽油机井的工作状态、进行故障分析和处理，对于保证油田稳定生产非常重要[4-5]。目前示功图的判定仍然需要依赖经验丰富的专业监控人员进行人工判定，这种方式受人为因素影响较大，受专业经验影响而难于推广，无法满足油田生产自动化的要求。近年来，借助机器学习的诊断方法解决了人工分析法难于复用的问题，在油田取得了一定的应用实践[6-7]，但机器学习方法需要由人工提取特征向量，特征向量的准确性直接影响故障诊断的准确性[8]，该类方法依旧不能很好地满足油田实际生产的要求。

抽油机故障诊断是以示功图轮廓特征为基础，也可以认为是一种图像分类与识别的问题[9]。以卷积神经网络为代表的深度学习模型，在图像识别与分类方面有显著的优势，为基于示功图的抽油机故障识别和诊断提供了基础[10-11]。Duan[12] 等通过建立一个 MiniAlexNet 模型实现了对示功图的自动分类和识别。Abdalla[13] 等提出一种基于卷积神经网络(CNN)的抽油机智能诊断模型，并通过遗传算法(GA)用于搜索最佳的深度 ANN 结构，为测试数据提供最高精度。Wang[14] 等使用两次叠加示功图作为 CNN 输入，以增强数据分类特征，提高分类精度。然而，以上基于深度学习的抽油机故障检测模型虽然在识别问题上具有高识别精确度的优势，但由于网络模型复杂、网络深度较深，模型学习训练时间较长，无法很好地满足油田生产中实时诊断与分类的要求。

鉴于此，本文在分析示功图轮廓特征和抽油机故障诊断特性的基础上，提出并设计了基于深度可分离卷积和残差学习改进 VGG(DWR-VGG)的有杆式抽油机故障诊断模型，在

作者简介：李艳春(1994—)，女，2017 年于东北石油大学获硕士学位，现为东北石油大学在读博士研究生，主要从事人工智能在油藏开发中的应用研究。

通讯作者简介：贾德利(1980—)，男，2004 年于哈尔滨工业大学获硕士学位，2008 年于哈尔滨理工大学获博士学位，现为中国石油勘探开发研究院教授级高级工程师，主要从事分层注采和井筒工程控制技术等方面的研究工作。E-mail：jiadeli422@ petrochina. com. cn。

保证故障诊断准确率高的同时实现硬件友好型的抽油机故障智能诊断模型，并通过工程应用验证该方法的可行性与先进性。

1　数据收集与处理

1.1　抽油机故障诊断示功图数据集构建

在本工作中，利用油田的大数据和深度学习技术，建立了一个智能诊断模型来监测有杆式抽油机的工作状况。收集了超过 400 个井监测数据，对于每口油井，每隔 30min 收集一组数据存储于数据库中，并导出 12 个月的数据记录，通过数据清洗进行预处理，构成抽油机井的故障数据集，导出数据记录的数据总量超过 4.5×10^{6}。抽油机井的故障数据集绘制的示功图，由经验丰富的油田专家根据示功图图形特征和生产经验对示功图进行分类。对 9 种常见的抽油机故障进行诊断，30min 每种故障条件下示功图统计数据见表 1。从表 1 中可以发现，每种故障的样本数量差别很大，对于常见的故障类型，如正常、气体影响和供液不足等样本数量是非常丰富的，然而像杆断、活塞脱出工作筒这种故障，由于这类故障类型不常出现导致样本数量很少，但考虑到监测数据不断采集，以及数字化油田持续发展，未来将源源不断地获得更多的样本。

表 1　示功图分类

序号	工况类型	示功图	数量	序号	工况类型	示功图	数量
1	正常	载荷 位移	7337	6	杆断	载荷 位移	7337
2	气体影响	载荷 位移	3677	7	碰泵	载荷 位移	3677
3	供液不足	载荷 位移	4094	8	活塞脱出工作筒	载荷 位移	4094
4	固定阀漏	载荷 位移	229	9	砂影响	载荷 位移	229
5	游动阀漏	载荷 位移	213				

1.2 数据预处理

深度学习具有强表达能力，在使用卷积神经网络对有杆抽油系统示功图数据进行训练时，如图1所示，首先要做的就是对样本数据进行预处理，包括数据标准化处理消除数据量纲影响，使模型得到更好的训练。并对示功图进行二值化处理，将图像上像素点的灰度值设置为0或者255，使得示功图图像呈现出黑白化的效果，减小数据量。

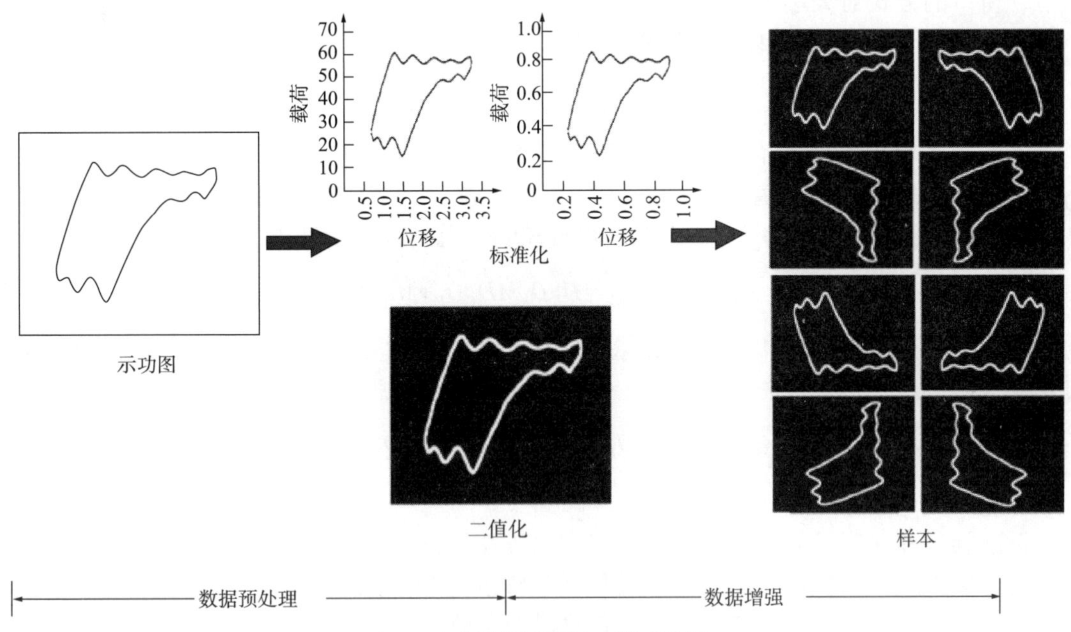

图1　示功图数据预处理模型训练

其次，在数据预处理基础上进行特征增强，通过膨胀化增加示功图轮廓，进一步强化数据的特征。最后，为了进一步增加数据的多样性，进而提高模型性能，防止过拟合现象发生，对训练集图像进行水平和垂直方向的镜像等数据增强。

2　系统分析与模型构建

2.1 VGG16 网络模型改进策略

VGG16 模型在图像分类识别问题上具有高识别精确度优势，但油田生产过程中可能需要经常使用新积累的示功图数据对已有模型进行重复训练，但由于 VGG16 网络模型网络深度较深，模型学习训练时间较长，无法很好地满足油田实际应用对时间的要求。并且随着网络深度增加，卷积特征会在网络中逐渐消失，直接影响模型的准确性。因此，本文利用深度可分离卷积重构 VGG16 以压缩网络模型，并结合残差学习实现对浅层和深层特征的融合，提高特征学习能力。

2.1.1　深度可分离卷积

深度可分离卷积[15]将传统卷积分解为深度卷积和逐点卷积，将标准卷积分为两层：一层用于滤波，另一层用于合并。深度卷积中卷积核数量与输入特征通道数相同，一个卷积核仅与一个通道的输入特征进行卷积运算，逐点卷积采用 1×1 的卷积核对深度卷积的结果进行加权组合，增加通道之间的相关性。

以 VGGNet 为代表的传统卷积神经网络使用标准卷积提取特征，卷积核的大小为 D_K，输入、输出通道数分别为 M、N 时，标准卷积的计算公式见式(1)：

$$G_{k,\ l,\ n}=\sum_{i,\ j,\ m}K_{i,\ j,\ m,\ n}\cdot F_{k+i-1,\ l+j-1,\ m} \tag{1}$$

式中：F 为输入特征图，尺寸为(D_F，D_F，M)。采用大小为(D_F，D_F，M，N)的标准卷积核 K；输出特征映射为 G，输出尺寸为(D_G，D_G，N)[K 中第 n 个大小为(i，j，m)的卷积核以滑动窗口的方式对大小为(k，l，n)的输入特征图 F 进行卷积滤波操作，产生输出特征图 G 的第 n 个通道]。标准卷积的计算量见式(2)：

$$C_{\text{Standard}}=D_K D_K M N D_F D_F \tag{2}$$

深度分离卷积是将原有跨通道计算的 N 个(D_K，D_K，M)标准卷积转换成 M 个(D_K，D_K，1)的深度卷积和跨通道的 N 个大小为(1，1，M)的点卷积。记输入特征图为(D_G，D_G，M)，输出特征图为(D_G，D_G，N)，深度可分离卷积总的计算量见式(3)：

$$C_{\text{Depthwise separable}}=D_K D_K M D_F D_F+M N D_F D_F \tag{3}$$

将标准卷积降解为深度可分离卷积后，其参数量和计算量都得到了降低，计算量下降对比见式(4)。

$$\frac{C_{\text{Depthwise separable}}}{C_{\text{Standard}}}=\frac{D_K D_K M D_F D_F+M N D_F D_F}{D_K D_K M N D_F D_F}=\frac{1}{N}+\frac{1}{D^2_K} \tag{4}$$

标准卷积和深度可分离卷积在网络层中的连接方式如图 2 所示，对比两种卷积在网络层中的连接方式可以发现，深度分离卷积通过深度卷积和点卷积，将标准卷积通道和空间的联合映射分离成二者单独映射，可以有效减少模型参数数量和空间存储。

2.1.2 残差模块

为进一步提升抽油机故障诊断模型的性能，需要在保证故障诊断精度的同时，尽可能地减少模型尺寸、降低计算复杂度。因此，在压缩网络模型计算量的同时，需要加强示功图的轮廓特征有效提取能力，本文通过在输入通道和输出通道间运用 1×1 卷积层进行升维增加跳跃连接，并在 3×3 卷积层后加入归一化层和 ReLU 激活函数构建残差模块[16]，如图 3 所示。

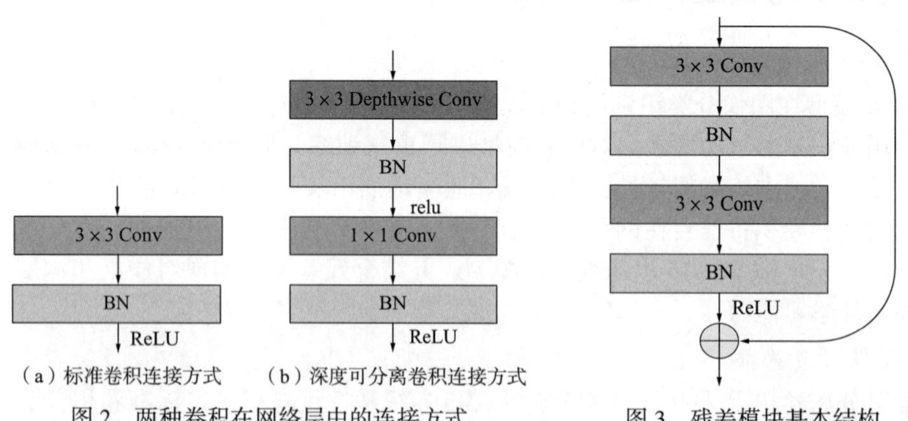

（a）标准卷积连接方式　（b）深度可分离卷积连接方式

图 2　两种卷积在网络层中的连接方式　　图 3　残差模块基本结构

残差模块可以增加抽油机故障诊断模型的表达能力，可以在输入特征的基础上强化图形特征，防止网络过深导致的梯度消失，一定程度上弥补前向传递和反向传递之间卷积层的示功图特征损失。

2.2 基于 DWR-VGG 抽油机故障诊断模型

本文以 VGG 为基模型，对其进行层间删减及结构调整，并结合深度可分离卷积和残差学习获得改进模型 DWR-VGG，模型结构如图 4 所示。输入数据(180×180×1)经过 3 个可分离卷积层和标准卷积的运算，实现示功图特征的自动提取。并在此基础上，利用各残差模块避免了卷积层在进行信息传递时的示功图特征损失，使网络自动学习以提取示功图特征中的重要成分，最后经过 2 个卷积层和若干全连接层运算后输出抽油机故障类型预测值。

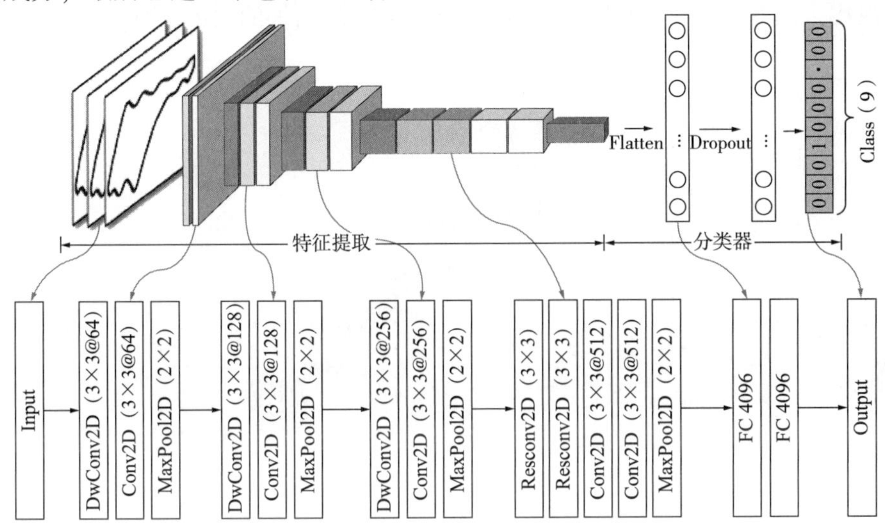

图 4　基于 DWR-VGG 抽油机故障诊断模型

2.3 抽油机故障智能诊断流程

基于 DWR-VGG 抽油机故障诊断模型，提出了一种抽油机故障智能诊断新方法。该方法通过历史数据建模和实时数据诊断两部分实现，如图 5 所示。首先，利用油田大数据监测技术累积大量抽油机运行历史故障数据；其次，对故障数据集进行预处理并绘制示功图，与专家标定的故障类型共同组成抽油机井的故障样本库；随后，根据抽油机井的故障样本库，建立基于 DWR-VGG 抽油机故障诊断模型；最后，通过将实时示功图输入到训练后的故障诊断模型中来智能诊断抽油机故障类型。

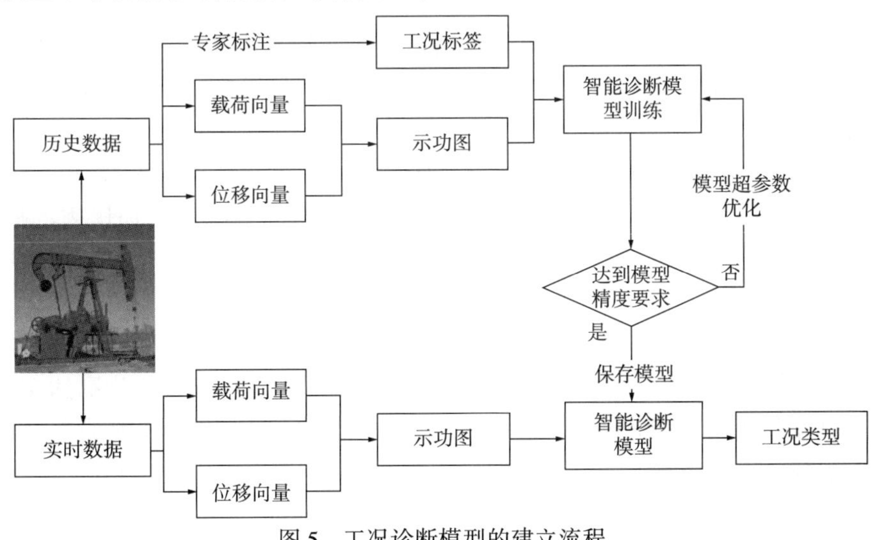

图 5　工况诊断模型的建立流程

3 结果与讨论

本文研究使用 Dell 台式工作站，Linux64 位操作系统，版本为 Ubuntu18.04，GPU 为 NVIDIA GTX4080。使用开源的机器学习框架 Tensorflow 来实现 DWR-VGG，示功图样本数据集按 8：2 的比例分为训练集、验证集。为了更清楚地表征模型对各类故障的识别效果，引用混淆矩阵对 DWR-VGG 在测试集 9 种不同类别的故障和正常样本的预测结果和真实结果进行可视化，图 6 显示了 DWR-VGG 抽油机故障诊断结果的混淆矩阵。

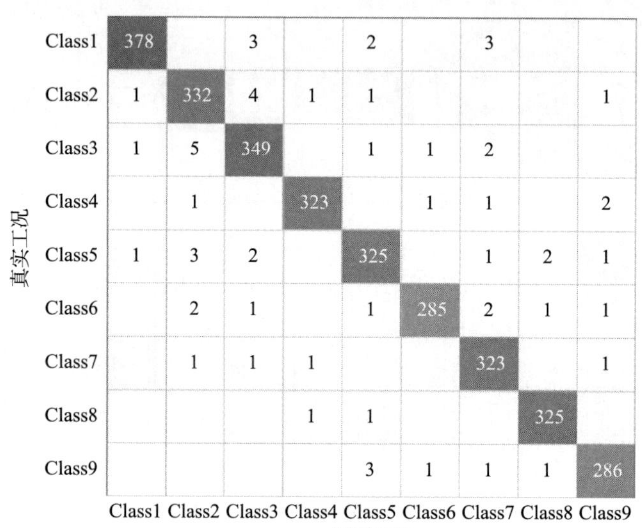

图 6　故障分类精度统计

图 6 中坐标轴 Class1 至 Class9 依次代表正常、气体影响、供液不足、固定阀漏失、游动阀漏失、杆断、碰泵、活塞脱出工作筒，以及砂影响，纵轴表示样本的真实工况标签，水平轴表示样本的预测标签，对角线则表示测试集中各种工况样本诊断正确的数量。可以看出 DWR-VGG 除了气体影响、供液不足和碰泵三种类别中样本识别正确率稍低(分别为 92.6%、93.7%和 94.9%)外，大多数样本类别的抽油机故障几乎无误地被分到正确的类别中，正确率均高于 96%。

为了测试基于 VGGNet 卷积神经网络的抽油机故障诊断方法的性能，本文将其在相同试验条件下与其他 4 种经典卷积神经网络进行对比，其中包括改进的基模型 VGG、LeNet5、AlexNet、和 ResNet 作为对比实验组。

根据图 7 所示，在模型准确率收敛方面，DWR-VGG 网络模型大约在 40 个 epoch 后趋于收敛，在所有模型中收敛速度处于前列，能在较短的时间训练出更加优秀的模型。因为 DWR-VGG 网络模型运用了深度可分离卷积和残差学习技术，提升了示功图特征学习能力的同时，有效降低计算复杂度。

另外，表 2 对比了 DWR-VGG 和其他 4 种模型的故障诊断性能，DWR-VGG 网络模型运用了深度可分离卷积和残差结构，所以在训练集和测试集上准确率分别达到 96.87% 和 96.44%，训练集准确率与 LeNet5、AlexNet、VGGNet、ResNet 相比分别提高 9.89、2.85、3.84 和 1.3 个百分点，测试集准确率与 LeNet5、AlexNet、VGGNet、ResNet 相比分别提高 8.58、2.98、1.62 和 1.02 个百分点，取得了最高的训练集和测试集准确率，抽油机故障诊断效果优于其他模型。在权重空间方面，DWR-VGG 网络模型没有采用通过堆叠网络层数增强模型效果的方法，因此权重空间为 212MB，虽然高于 LeNet5 模型的 176MB，但是其平均诊断时间和准确率更为优化。在平均诊断速度方面，虽然 DWR-VGG 诊断模型速度稍慢于 LeNet5 和 AlexNet，但已经满足了生产实时性的要求，并且与 AlexNet 模型相比，DWR-VGG 模型具有更小的权重空间和更高的识别准确率。

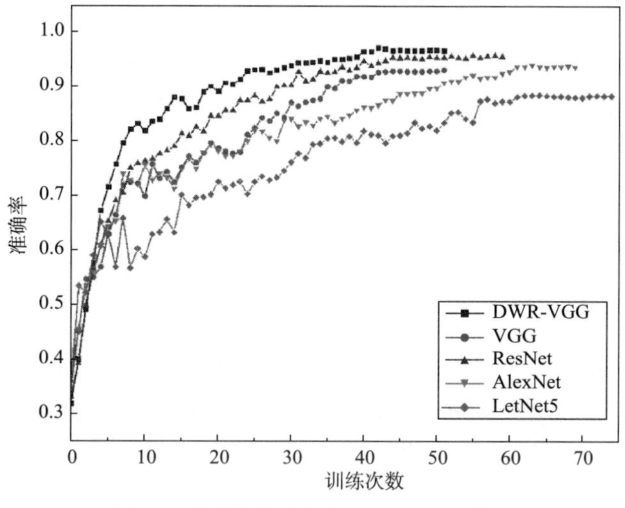

图 7　不同故障分类模型性能对比曲线

表 2　模型性能对比表

模型	权重空间(MB)	训练集准确率(%)	测试集准确率(%)	诊断时间(s)
LeNet5	176	86. 98	87. 86	2. 86
AlexNet	473	94. 02	93. 46	3. 00
VGGNet	670	93. 03	94. 82	4. 93
ResNet	244	95. 57	95. 42	5. 57
DWR-VGGNet	212	96. 87	96. 44	3. 14

4　结论

（1）本文以提升抽油机故障诊断精度和效率为研究目标，以有杆抽油系统示功图数据为研究对象，运用了深度可分离卷积和残差学习技术，对 VGG16 网络模型进行层间删减及结构调整，提出了用于抽油机故障智能诊断的 DWR-VGG 网络模型。

（2）通过对抽油机故障数据集模型验证结果分析，本文提出的 DWR-VGG 网络模型避免传统方法依赖于耗时费力的人工特征设计，提升了示功图特征学习能力和诊断精度的同时，尽可能降低模型计算复杂度。在训练集和测试集准确率上比 VGG16 分别提高了 3. 84 和 2. 62 个百分点，权重空间下降 458MB，平均测试损耗下降 1. 79s，模型性能显著提升。

（3）在相同工程试验测试条件下，与 LeNet5、AlexNet、ResNet 进行对比试验，本文提出的 DWR-VGG 网络模型测试集准确率相比于效果最好的 ResNet 提高 1. 02 个百分点，权重空间下降 32MB，训练过程中准确率波动较小。因此 DWR-VGG 网络模型综合性能最优，兼顾准确率高且权重空间小，有效满足油田实际生产要求。

参 考 文 献

[1] HAN D. Discussions on concepts, countermeasures and technical routes for the redevelopment of high water-cut oilfields[J]. Petroleum Exploration and Development, 2010, 37(5): 583-591.

[2] JIA D, LIU H, ZHANG J, et al. Data-driven optimization for fine water injection in a mature oil field [J]. Petroleum Exploration and Development, 2020, 47(3): 629-636.

[3] SU J, LIU H. Challenge and Development of Big Data Application in Petroleum Engineering [J]. Journal of China University of Petroleum Social Science Edition, 2020, 36(3): 1-6.

[4] ROGERS J D, GUFFEY C G, OLDHAM W J B. Artificial Neural Networks for Identification of Beam Pump Dynamometer Load Cards [C]. Proceedings of SPE Annual Technical Conference and Exhibition, 1990, 35-47.

[5] 张乃禄，孙换春，郭永宏，等．基于示功图的油井工况智能分析[J]．油气田地面工程 2011，30(4)：7-9.

[6] 徐芃，徐士进，尹宏伟．有杆抽油系统故障诊断的人工神经网络方法[J]．石油学报，2006(2)：107-110.

[7] LV X, WANG H, ZHANG X, et al. An evolutional SVM method based on incremental algorithm and simulated indicator diagrams for fault diagnosis in sucker rod pumping systems [J]. Journal of Petroleum Science and Engineering, 2021, 203: 108806.

[8] ZHONG D, GUO W, HE D. An intelligent fault diagnosis method based on STFT and convolutional neural network for bearings under variable working conditions[C]. 2019 Prognostics and System Health Management Conference (PHM-Qingdao). IEEE, 2019, 1-6.

[9] KRIZHEVSKY A, SUTSKEVER I, HINTON G E. Imagenet classification with deep convolutional neural networks [J]. Communications of the ACM, 2017, 60(6): 84-90.

[10] SZEGEDY C, LIU W, JIA Y, et al. Going deeper with convolutions [C]. 2015 IEEE Conference on Computer Vision and Pattern Recognition (CVPR), 2015, 1-9.

[11] HUANG G, LIU Z, MAATEN L, et al. Densely connected convolutional networks [C]. Proceedings of IEEE Conference on Computer Vision and Pattern Recognition (CVPR), 2017, 2261-2269.

[12] DUAN Y, LI Y, SUN Q, et al. Improved Alexnet Model And Using In Dynamometer Card Classfication [J]. Computer Applications and Software, 2018, 35(7): 226-230.

[13] ABDALLA R, ELA, M A E, EL-BANBI A. Identification of Downhole Conditions in Sucker Rod Pumped Wells Using Deep Neural Networks and Genetic Algorithms (includes associated discussion) [J]. SPE Prod & Oper, 2020, 35(2): 435-447.

[14] WANG X, HE Y, LI F, et al. A Working Condition Diagnosis Model of Sucker Rod Pumping wells Based on Deep Learning [J]. SPE Prod. Operations, 2021, 36 (2): 317-326.

[15] SANDLER M, HOWARD A, ZHU M, et al. Mobilenetv2: Inverted residuals and linear bottlenecks [C]. Proceedings of the IEEE conference on computer vision and pattern recognition, 2018, 4510-4520.

[16] HE K, ZHANG X, REN S, et al. Deep Residual Learning for Image Recognition [C]. 2016 IEEE Conference on Computer Vision and Pattern Recognition (CVPR), 2016, 770-778.

基于 Pareto 算法的间歇采油制度优化

杨胡坤[1]　武靖淞[2]　董康兴[1]　赵鑫瑞[1]　韩佰超[1]

（1. 东北石油大学；2. 大庆油田有限责任公司）

摘　要：对于低渗透率油井，采用间歇采油机制能有效避免空抽磨损，同时减少电能消耗量。针对抽油机间抽运行的特点，从系统节能的角度出发，采用 Pareto 多目标遗传算法合理优化抽油机的最优停机时间，最大化地提升采油效率的同时、最小化电能消耗量。实验结果对比表明，间歇采油机制优化后能耗节约 21.45%，系统效率提升到 38.85%。该方法解决了低渗透油井抽油机空抽、高耗能等问题，达到了降低抽油机磨损、降低电能损耗，改善油田整体开发效益的目的。

关键词：间歇采油；节能优化；多目标遗传算法；间抽制度；采油效率

随着勘探工作的不断深入，大庆油田、吉林油田、长庆油田，以及塔里木油田等地的探明储量持续增加。令人瞩目的是，这些油气田中低渗透油气藏的储量在探明储量中的新增比例已经高达 70%[1]。这一巨大的增长在油气产业中具有重要的意义。低渗透油气藏的储量占比的提高意味着更多的资源可供开发和利用，将为能源供应稳定和经济发展做出重要贡献。同时，这也为油气勘探技术的进一步改进和创新提供了有效的动力，推动着油气产业向更高效、可持续的方向发展。同时特高含水井的比例在不断增加，低渗透油藏开发地位愈加重要，但抽油机长期处于低效工作状态，导致抽油机及泵筒的磨损和漏失，采油设备的寿命缩短，以及维护费用增加，同时也导致了采油工作效率的显著下降，供排始终处于不平衡状态。

目前，间歇采油被视为一种有效的解决方法来应对低渗透油气藏的开采难题。它通过控制注采周期、改善油气流动性和增加采收率，为油田开采提供了一种可行的技术路径[2]。即调整抽油机工作时间，采油系统开启一段时间停止一段时间。间抽技术的发展经历了两个阶段：第一阶段是人工操作间抽控制阶段，即由人工控制采油机的启动和停止[3-5]。由于我国绝大部分油田的油井分布在偏远地区的野外，采用人工控制既工作量巨大又精度低，因此越来越多的油田采用第二阶段的自动化控制系统。这些系统通过先进的传感器和远程监控技术，实现对油井的远程监测和控制，提高生产效率、减少人为错误，并提供更准确地控制和监测，从而提升油井的生产效率和安全性。通过自动间抽控制装置，根据经验参数固定设置采油机的启停周期，但由于受井下地层结构变化和人工注水等因素的影响，其最佳启停周期也在不断变化，而目前针对间歇采油制度仍然缺乏合理的优化[6-8]。

因此，本文应用 Pareto 多目标遗传算法，对抽油机合理间抽制度及运行时间进行了求

作者简介：杨胡坤，2008 年毕业于哈尔滨工业大学，获博士学位，现从事机械采油系统工程理论及节能技术研究工作。通讯地址：黑龙江省大庆市高新技术产业开发区学府街 99 号。E-mail：hk_ yang@163. com。

解，对间歇采油机制进行了节能优化。

1　间歇采油节能优化模型

在实际生产过程中，为方便管理大多数井采用固定的间抽时间和频率，且已有间歇采油方案大多是现场工程师根据经验制定，缺乏合理的理论指导生产优化[9-11]。如果间歇抽油频率过快，会出现抽油脱空和能耗相对较高的现象，增加生产成本。间歇抽油频率过低，会导致产量下降，经济效益下降[12-13]。因此，建立间抽制度与动液面、产量、能耗、系统效率和经济效益的分析模型，以降低产量损耗、节约电能、经济收益最大化为目标，寻求最佳抽油机间抽制度即可转化为一个典型的多目标优化问题，可建立数学模型描述见式(1)：

$$\begin{cases}\max F(T)=\max[f_1(T),\ f_2(T),\ f_3(T)]\\ \quad s.t.\quad G(T)\leqslant 0\end{cases}\tag{1}$$

式中：$T=[T_S,\ T_P]$为决策控制变量，T_S 和 T_P 分别是停抽时间和抽油时间；$F(x)$为优化目标，分别为节约电能值、系统效率和经济收益的相关函数；$G(x)$为约束条件集，表示动液面、产量损耗、泵深和电机利用率的约束方程。

1.1　构建优化目标函数

间歇采油制度包含两个基本参数：一是停机时间 T_S；二是抽油时间 T_P。在停机周期 T_S 内，停井初期，井下液面恢复速率较快，随着关井时间的持续，受到井液自身压力作用，生产压差变低，液面的恢复速率逐渐降低，地层内渗液越来越慢；在抽油周期 T_P 内，抽油机运行初期，液面高度下降较快，地层渗出液速度相对较慢，随着时间的延长，井下压力逐渐降低，生产压差逐渐增大，使得地层渗液量增加，井筒内液面下降速度变缓。

在停抽周期 T_S 内，任意时刻液面高度，见式(2)：

$$\begin{cases}\dfrac{\mathrm{d}H_d}{\mathrm{d}t}=\dfrac{Q(p_{wf})}{A_c}\\ H_d|_{t=0}=H_{d0}\end{cases}\tag{2}$$

式中：H_{d0}为连续抽油过程中，油井动液面的高度，m；A_c 为油套环形空间过流面积，m^2；t 为计算时刻，d；H_d 为时刻 t 动液面的高度，m；p_{wf}为时刻 t 的井底流压，Pa；$Q(p_{wf})$为时刻 t 与流压 p_{wf}对应的地层流入井筒的瞬时流量，m^3/d。

在抽油周期 T_P 内，任意时刻液面高度，见式(3)：

$$\begin{cases}\dfrac{\mathrm{d}H_d}{\mathrm{d}t}=\dfrac{Q(p_{wf})-Q(p_s)}{A_c}\\ H_d|_{t=0}=H_{dmin}\end{cases}\tag{3}$$

式中：p_s 为时刻 t 抽油泵下沉所受到的压力，Pa；H_{dmin}为启机瞬时的最低液面深度，m；$Q(p_s)$为在时刻 t 下，沉没压力 p_s 下抽油泵提取出的流体的瞬时流量，m^3/d。

基于供排平衡关系的间抽周期动液面变化规律式(2)和式(3)，可以得知，在单个间抽周期内，油井的产量即等于该周期内井筒的渗液量。因此，可以使用公式(4)来计算单个间抽周期内油井的产量。

$$\begin{cases} Q_z = \int_0^{T_S+T_P} Q(t)\,\mathrm{d}t \\ Q(t) = Q[p_{wf}(t)] = Q\{p_{wf}[H_d(t)]\} \end{cases} \tag{4}$$

间歇抽油井的日平均产液量可通过式(5)表示。

$$Q_d = Q_z \frac{24}{T_S+T_P} \tag{5}$$

式中：Q_z 为单个间抽周期油井产量；Q_d 为日平均产液量。

1.1.1 系统效率相关的目标函数

对于间歇抽油井系统效率仿真模型而言，油井的生产过程可以分为停抽阶段和抽油阶段。停抽阶段是指油井在此期间暂时停止产液和做功，通常在考虑油井系统效率时不加以考虑。而在抽油阶段，油井的有功功率和电机的输入功率都在不断变化。通过监测和记录抽油机的有功功率和电机的输入功率，可以实时计算油井的瞬时系统效率。这可以为油井的运行管理和优化提供重要参考，帮助提高油井的生产效率和能源利用效率。因此可以使用式(6)来计算抽油机的瞬时系统效率 η。

$$\eta(t) = \frac{Q(t)[\rho_w n_w + (1-n_w)\rho_o]g\left\{H_d(t) + \frac{p_c - p_o}{[\rho_w n_w + (1-n_w)\rho_o]g}\right\}}{86400W_I(t)} \tag{6}$$

油井采用间歇抽油生产制度之后平均系统效率可以由式(7)表示。

$$\eta = \frac{\int_0^{T_P} Q(t)[\rho_w n_w + (1-n_w)\rho_o]g\left\{H_d(t) + \frac{p_c - p_o}{[\rho_w n_w + (1-n_w)\rho_o]g}\right\}\mathrm{d}t}{\int_0^{T_P} 86400W_I(t)\,\mathrm{d}t} \tag{7}$$

式中：n_w 为含水率,%；ρ_o 为油密度，kg/m^3；p_c 为套管压力，Pa；p_o 为油井环空压力，Pa；ρ_w 为水密度，kg/m^3；$W_I(t)$ 整个间抽周期内电动机的瞬时功率，kW；g 为重力加速度，m/s^2。

1.1.2 经济效益相关的目标函数

在油田的生产过程中，除了考虑产出外，还需要综合考虑相应的投入费用。这包括采油设备的维护成本、注水和注气的成本，以及其他生产过程中的费用。为了评估油井的经济效益，可以使用式(8)来计算间歇抽油井的平均日经济效益。

$$B_0 = \frac{Q_0(1-n_w)\rho_o}{1000}(F_o - F_t) - Q_0\frac{\rho_w n_w + \rho_o(1-n_w)}{1000}(F_m + F_f + F_d) - \frac{F_w + F_z + F_c + F_r}{365} - F_e P_0 \tag{8}$$

油井采用间歇抽油生产制度后平均日经济效益可由式(9)表示。

$$B_d = \frac{Q_d(1-n_w)\rho_o}{1000}(F_o - F_t) - Q_d\frac{\rho_w n_w + \rho_o(1-n_w)}{1000}(F_m + F_f + F_d) - \frac{F_w + F_z + F_e + F_r}{365}\frac{T_P}{T_S+T_P} - F_e P_d \tag{9}$$

式中：B_o 为连续抽油时平均日经济效益，元；Q_o 为连续抽油时日产液量，t；p_o 连续抽油时日耗电量，kW·h；F_o 为吨油销售价格，元/t；F_t 为吨油资源税额，元/t；F_m 为吨油材料费，元/t；F_f 为吨油燃料费，元/t；F_d 为吨油动力费，元/t；F_w 为单井平均井下作业费，元/(年·t)；F_z 为单井设备平均折旧费，元/(年·t)；F_c 为单井平均测试费，元/(年·t)；F_r 为单井平均修理费，元/(年·t)；F_e 为电费单价，元/度。

因此，以节电率最高、系统效率增长率和经济效益最大化为目标的目标函数可表示为式(10)。

$$\begin{cases} \max f_1(T)=\max \quad \eta_{dW}(T)=\max\left[\dfrac{W_0-W_d(T)}{W_0}\times 100\%\right] \\ \max f_2(T)=\max \quad \eta(T)=\max\left(\dfrac{\eta-\eta_0}{\eta_0}\times 100\%\right) \\ \max f_3(T)=\max \quad \Delta B(T)=\max[B_d(T)-B_0] \end{cases} \tag{10}$$

1.2 约束条件

在对油井间抽制度进行优化设计时，需要综合考虑以下约束条件[14]。

1.2.1 产量损耗约束

保证油井实际产液量等于油井配产 Q_p，得如式(11)所示的约束条件：

$$G(1)=Q_d-Q_p\leqslant 0 \tag{11}$$

1.2.2 电机利用率约束

在电机额定功率为 W_R 的情况下，保证电动机利用率在最大利用率 β_{max} 范围内，得如式(12)所示的约束条件：

$$G(2)=\frac{W_I(T)}{W_R}\leqslant \beta_{max} \tag{12}$$

1.2.3 泵深约束

抽油机工作时，泵深 L 应小于允许最大泵深 L_{max}；泵深应大于允许最小泵深 L_{min}，得如式(13)所示的约束条件：

$$\begin{gathered} G(3)=L_{max}-L\leqslant 0 \\ G(4)=L-L_{min}\leqslant 0 \end{gathered} \tag{13}$$

2 基于 Pareto 的多目标遗传算法

油井间抽制度优化的目标是系统效率、节电率和经济收益最大化。这三个目标函数相互制约，例如，抽油机增产时设备持续运行，电能成本会有所增加，两个目标无法同时取到最优解。针对这样的多目标优化问题，传统的方法是将多目标转化成单目标进行优化，在取得不同量纲的优化解之后会将量纲统一后采用加权法、目标约束法等方法将多目标优化转化为单维度优化目标求解，具有一定的局限性[15-16]。而 Pareto 多目标遗传算法对于解决多目标优化问题很有效，最终可以得到各个目标函数的折中最优解[17]，多目标遗传优化算法流程如图 1 所示。

(1) 在明确问题目标函数和解空间的基础上，随机生成初始种群 P_0，其大小为 N。然后计算种群内每个个体的适应度，并将进化代数设置为 $t=0$。

(2) 针对初始种群 P_0，执行非支配排序，计算每个个体的适应度。通过排序为每个个体分配一个 RANK 值，该值表示其在种群中的非支配等级。同时，还计算个体的拥挤距离，用于评估其在种群中的密度。

(3) 通过竞赛选择法，从 P_0 中选取精英个体，并通过交叉和变异操作生成一个子代种群 Q_0，其大小与 P_0 相同。再次计算子代种群 Q_0 中个体的适应度和非支配水平。

(4) 将子代种群 Q_0 与父代种群 P_0 合并，形成一个新的种群 R_t，其大小为 $2N$。

(5) 对种群 R_t 使用拥挤比较算子进行排序，按照拥挤距离和非支配水平依次选取排名最优的个体复制到新的种群 P_{t+1}，重复此过程直到新种群 P_{t+1} 的规模为 N。这一过程称为一次循环，同时将进化代数更新为 $t+1$。

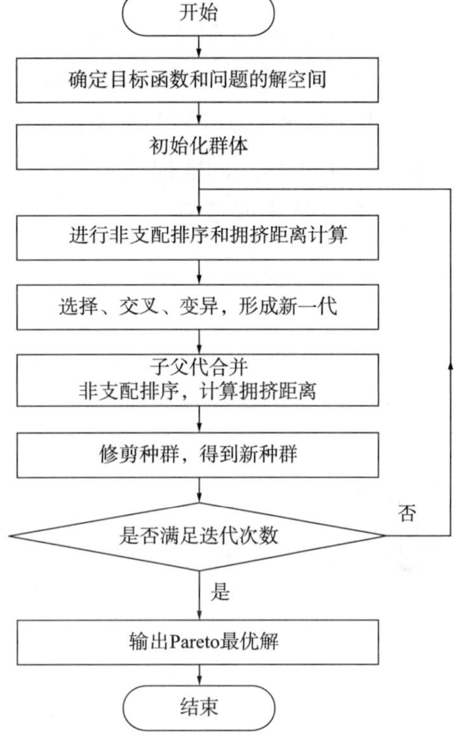

图 1　多目标遗传优化算法流程

(6) 判断是否达到最大迭代次数 t_{max}。如果未达到最大迭代次数，则重复步骤(3)到(5)，直到满足条件为止，算法停止执行。

3　优化实例分析

3.1　优化结果分析

在本研究所使用遗传算法中，参数设置如下：初代种群个数 N 的数值影响遗传算法迭代次数及程序运行时间，但 N 的数值与优化结果整体呈正相关，根据经验，N 的取值范围为[20，150]，遗传代数的取值根据计算精度要求在[10,130]。使用 Python 进行仿真分析，得到了 3 个目标的进化迭代过程曲线图。图 2 分别从 3 个优化目标的迭代情况进行对比，可以明显看出优化目标随着遗传代数的增加在逐渐增大。

如图 2 所示，在遗传迭代超过 40 代时 3 个优化目标趋于稳定。因此，本算法中遗传代数取值 40，种群大小设置为 100，最优个体系数选择 0.3，运行程序算法后最终得到的最优解集，如图 3 所示。

图 3 为单井日平均系统效率最大、节电率最大、经济效益最大的目标函数 Pareto 最优解集在三维空间分布情况。可以看出，Pareto 最优解集在整个空间中分布较广泛，每个目标函数值变化较连续，最优解集均匀地分布在前沿曲面上，解的整体质量好。

优化程序运行后间歇抽油制度见表 1。由表 1 可知，10 组最优解没有优劣之分。通过对 3 个目标函数值进行分析可以看出，当某一目标函数取最小值时，其他目标函数值会相应变大，当系统效率 $f_1(T)$ 提升最大值为 45.36%时，节电率 $f_2(T)$ 和经济效益 $f_3(T)$ 分别为 24.15%和 132.47 元；当节电率取最大值为 27.75%时，系统效率和经济效益分别为 39.53%和 136.8 元；当经济效益取最大值为 154.64 元时，系统效率和节电率分别为 38.85%和 21.45%。间歇抽油制度对优化目标存在复杂的作用关系，优化目标之间作用效果又存在相互增强或抵消。

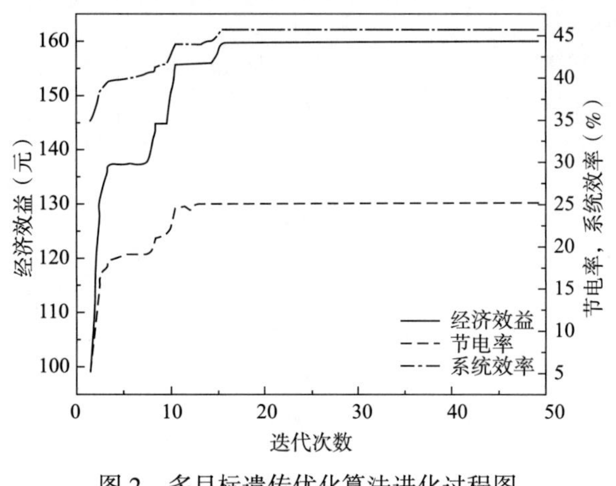

图 2　多目标遗传优化算法进化过程图

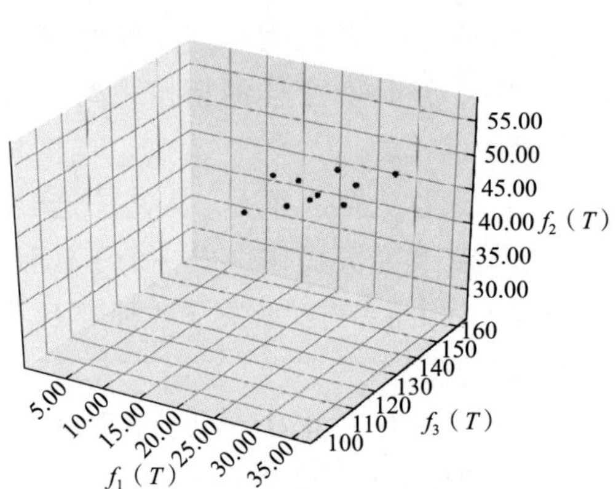

图 3　间抽制度优化结果图

表 1　间抽制度优化结果表

$[T_P, T_S]$	$f_1(T)$(%)	$f_2(T)$(%)	$f_3(T)$(元)
[18.61, 5.39]	34.24	4.27	103.06
[18.27, 5.73]	40.14	10.51	105.22
[17.51, 6.49]	42.41	14.62	116.40
[19.19, 4.81]	37.29	14.13	119.68
[16.24, 7.76]	37.63	15.91	128.85
[14.62, 9.38]	39.53	27.75	136.80
[18.25, 6.75]	44.18	19.78	140.75
[15.75, 8.25]	38.85	21.45	154.64
[16.23, 7.77]	43.71	23.55	142.94
[15.45, 8.55]	45.36	24.15	132.47

3.2　优化后间抽制度

对于间歇采油节能多目标优化，应根据各个目标函数的重要程度，选择最终优化方案。对于油田生产而言，经济效益是最为关键的评价指标，因此，从筛选结果中选取经济效益最大化的一组解作为优化方案，即得到的优化方案为抽油 15.75h，停抽 8.25h。

如图 4 所示，通过优化间抽制度(停抽时间和抽油时间)，不同油井间抽运行较连续运行均存在单井日经济效益增加，系统效率提升，但电能消耗减少。可见，基于 Pareto 多目标遗传算法的间歇采油机制优化具有明显的优势，在优化系统效率的同时，能够有效地减少电能消耗，同时控制经济成本，兼顾了油田生产的能耗成本和经济效益。

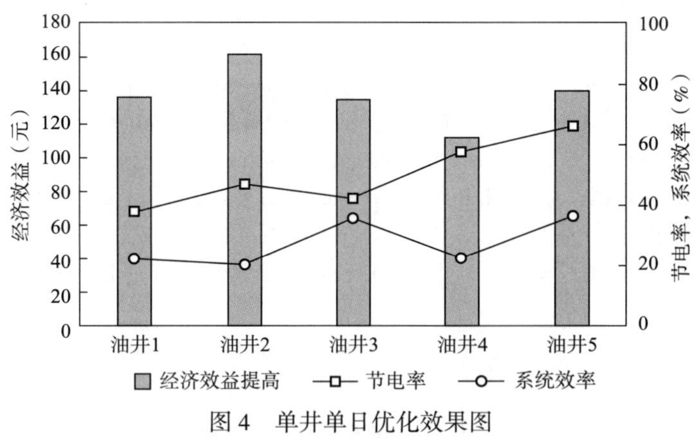

图4　单井单日优化效果图

4　结论

（1）本研究分析现有间歇采油制度的不足：对抽油机井生产中沉没度和地层流压随时间变化的特点进行了详细分析，揭示了现有制度存在的问题和限制，并建立抽油机井抽油过程中间抽制度与动液面、产量、能耗、系统效率和经济效益之间的关系的数学模型，为优化设计提供了理论基础。

（2）本研究通过应用多目标遗传算法对油井间歇采油机制进行了优化，从机采节能的角度出发，以产量最高和能耗最低为优化目标，利用 Pareto 多目标遗传算法优化了抽油时间和停抽时间，确定了间歇采油制度，以最大化油井的经济效益。

（3）通过与连续采油机制的对比，研究结果表明，基于 Pareto 多目标遗传算法的间歇采油机制优化模型具有更高的系统效率和更低的电能使用率，能够有效提高油田的开发效益。这项研究为油井间歇采油机制的改进和优化提供了有力的方法和技术支持。

参　考　文　献

[1] 孟雅蕾，王予，陈惠娟．基于蜂群算法的抽油机间抽算法研究[J]．计算机仿真，2019，36(10)：98-102.

[2] 杨旭，李皋，孟英峰，等．低渗透气藏水锁损害定量评价模型[J]．石油钻探技术，2019，47(1)：101-106.

[3] 刘合，高甲善，王雪艳．关于抽油机井合理间抽制度的研究[J]．石油钻采工艺，2000(1)：69-72.

[4] BOIJ S，NILSSON B. Reflection of sound at area expansions in a flow duct[J]. Journal of Sound and Vibration，2003，260(3)：477-498.

[5] BUDENKOV G A，PRYAKHIN A V，STRIZHAK V A. Device for detecting the liquid level in the annular space[J]. Russian journal of nondestructive testing，2003，39(9)：654-656.

[6] 蒙晓灵，张宏波．低产油井间开模式定量优化及应用[J]．西安石油大学学报(自然科学版)，2006(3)：38-40.

[7] BAO D，TANG H Y，QI W G. Research on FNN energy saving control for light load oil well with intermittent oil extraction[C]. 2006 International Conference on Communications，Circuits and Systems. IEEE，2006，3：2034-2037.

[8] 刘洪斌，孙浩宾，罗伟．间抽井柱塞运动速度优化模型研究[J]．石油机械，2023，51(4)：105-111.

[9] 智勤功．相邻扶正器间抽油杆柱纵横耦合振动特性仿真[J]．石油机械，2022，50(5)：106-112.

[10] 王文涛．基于动液面的油井智能间抽控制系统与应用研究[D]．西安：西安石油大学，2021.

[11] YANG Q，ZHANG S，FEI Q. Integrating neural network and numerical simulation for production performance prediction of low permeability reservoir[J]．Petroleum science and technology，2005，23(5-6)：579-590.

[12] WANG C，XIONG C，SHI J，et al. A Method of Intelligent Scheme Optimization for Non-Stop System Intermittent Production Units[C]．Abu Dhabi International Petroleum Exhibition & Conference. OnePetro，2019.

[13] GONG H，SUN Y，ZHANG S，et al. Research of Non-Stop Intermittent Pumping Production for Beam Pumping Units[C]．SPE Asia Pacific Oil and Gas Conference and Exhibition. OnePetro，2018.

[14] 董世民，王胜杰，卢东风，等．定向井有杆抽油系统抽汲参数的优化设计和仿真模型[J]．石油学报，2008(1)：120-123.

[15] 刘良华，刘虎，刘凯波，等．低液面抽油机井合理间抽制度的确定[J]．长江大学学报(自然科学版)，2014，11(11)：3.

[16] LIU H，HAO Z X，WANG L G，et al. Current technical status and development trend of artificial lift [J]．Acta Petrolei Sinica，2015，36(11)：1441.

[17] CHAKRABORTY G，CHAKRABORTY B. Multi-objective optimization using Pareto GA for gene-selection from microarray data for disease classification[C]．2013 IEEE International Conference on Systems，Man，and Cybernetics. IEEE，2013：2629-2634.

基于人工智能技术的智能采油管理系统

路　鑫[1]　韩国庆[1,*]　曹砚锋[2]　于继飞[2]　隋先富[2]　王　彪[2]

（1. 中国石油大学（北京）；2. 中海油研究总院有限责任公司）

摘　要：生产管理作为油田现场生产运营的关键环节，其管理水平会直接影响现场的开发效果。为了延长采油生产系统免修期、提升管理水平、降低运营成本，依托人工智能及大数据技术，以油田的生产业务为主导，将油田生产各个环节的数据资源进行整合，形成完整的数据流，并结合多种诊断和预测手段，通过自动监控任务流及主动分析任务流实现多层次、全生命周期的采油系统智能管理。

关键词：智能油田；机器学习；人工举升；故障诊断；故障预警

随着油田现场的数字化、信息化程度的提高，推进油田智能化建设已经具备一定基础，但是在油田现场管理过程中，仍然存在生产数据可视化水平低；数据资源利用程度低；没有形成采集、分析、诊断、决策一体化的闭环智能系统等问题。

本系统基于B/S架构模式，以企业级数据库Oracle为数据基础，充分挖掘、整合油田生产数据，实现不同时间尺度、不同组合方式的报表汇总、数据分析，以及可视化展示。基于统计原理，设定合理的参数超限阈值，并通过时间序列分析模型预测生产参数未来趋势，实现生产参数的自动监控。在数据资源整合与预处理的基础上，利用深度学习方法对数据进行挖掘与自学习，实现设备寿命预测、多参数综合预警、工况智能识别等诊断功能，并根据不同诊断方法的适用性形成有机的主动分析任务流；最终，综合自动监控、主动分析等方面的信息，以提升系统效率为目标，及时对采油系统提出优化措施方案。

1　智能采油系统架构

智能采油系统采用三层架构的设计思想，在系统开发过程中，将同一类型的操作固化形成一个模块或层，可供其他模块重复调用[1]。这使得软件模块的可复用性与可扩展性都得到了提高。

智能采油系统整体架构分为三层，即数据层、算法层与应用层。数据层作为知识库，通过结构化采集系统与实时采集系统进行数据采集的工作。采集得到的数据经过数据去重、异常点消除、滤波去除、尖峰值去除的数据加工操作，结构化存储、数据同步的数据存储

作者简介：路鑫（1997—），中国石油大学（北京）油气田开发工程专业，在读博士研究生，从事采油工程理论与技术、智能油田相关方向研究。通讯地址：（102249）北京市昌平区府学路18号。E-mail：497347297@ qq. com。

通讯作者简介：韩国庆（1969—），教授，博士生导师，从事采油工程理论与技术、智能油田相关方向研究。通讯地址：（102249）北京市昌平区府学路18号。E-mail：hanguoqing@ 163. com。

操作，以及实时计算、批量计算、数据加工、数据调度的数据计算工作，得到智能采油数据库、油田实时数据库、开发生产数据库，三大数据库形成流体数据、生产数据、地层数据、故障数据的数据资源；服务层搭载了包括长短时记忆网络、双节点分析等一系列深度学习算法与生产动态分析算法，采用 API 接口管理、微服务与应用管理等作服务发布的微服务开发层，构建了算法服务组件、应用服务组件、数据服务组件等服务组件；最终通过应用整合形成集监控预警、智能诊断、优化设计三方面应用为一体的智能采油管理系统。智能采油管理系统架构示意图如图 1 所示。

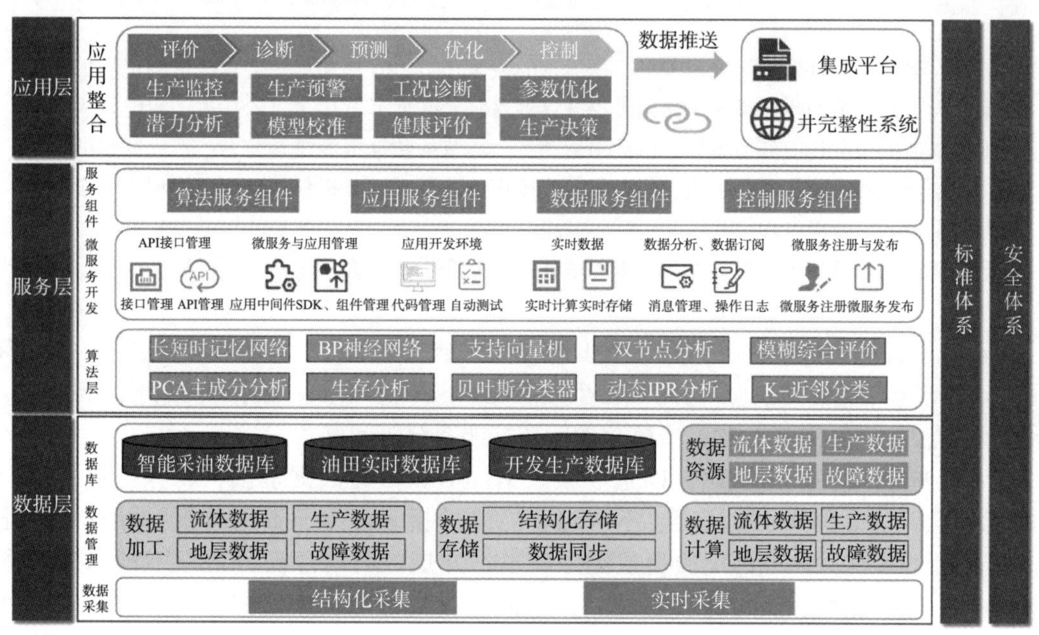

图 1　智能采油管理系统架构示意图

2　智能采油系统工作流

目前已经存在许多手段对采油生产状态进行监控与诊断，如电流卡片、宏观控制图等。这些手段大多都是从机理模型出发，对生产状况进行诊断，但是采油生产系统是一个多系统、多场耦合的复杂结构，只通过机理模型对生产过程中的异常工况做出快速、准确的判断与反应是很困难的。并且，各种监控与诊断方法应用场景与适用范围各有不同，没有形成多层次、有机融合的一体化工作体系。

智能采油系统将机理驱动模型与数据驱动模型结合，并根据不同模型的应用场景与适用范围，设计了一套全生命周期、多层次的采油生产管理工作流。智能采油系统工作流如图 2 所示。

智能采油系统工作流分为数据流、自动监控任务流，以及主动分析任务流。数据流为自动监控任务流及主动分析任务流提供分析依据。自动监控任务流以数据驱动模型为基础，提供从单参数到多参数不同层次的监控方案，并能对突发型故障及消耗型故障进行感知。主动分析任务流从机理驱动模型出发，可对全油田层面和单井层面的工况进行诊断及优化。主动分析任务流中的工况分类诊断与自动监控任务流感知到的高风险井进行相互印证，为管理者筛选出重点关注井，为现场生产提供指导。

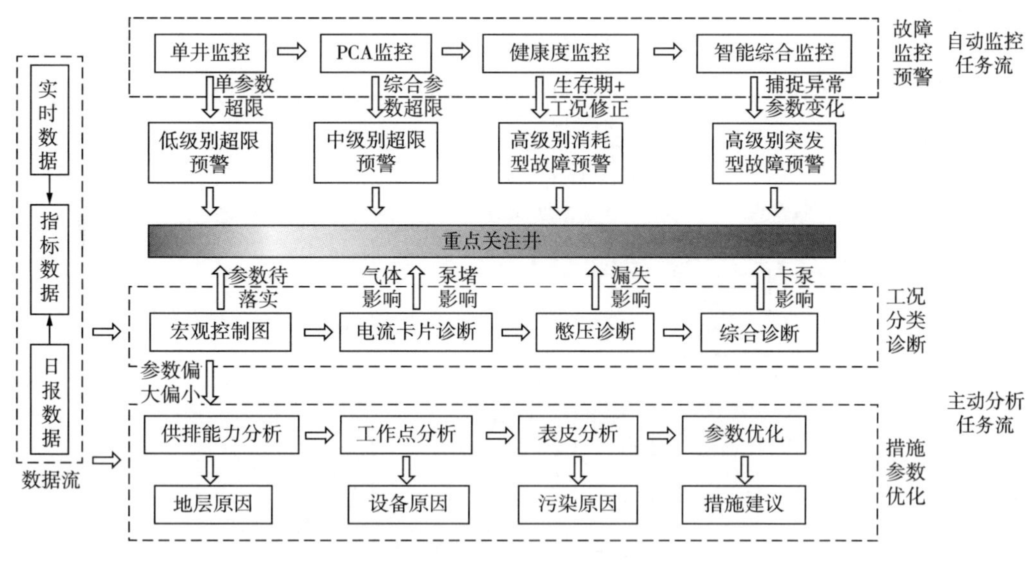

图 2 智能采油管理工作流示意图

2.1 数据流

智能采油系统整合了流体数据、地层数据、生产数据、故障数据等形成了实时数据库、开发生产数据库，以及智能采油数据库，形成了一套完整的数据流，为后续分析打下基础。但是，在生产过程中由于采集设备的故障、传输介质的异常，会导致数据的缺失，以及出现超出正常范围的数据，这些问题会对诊断和监控工作造成很大干扰。

所以，针对缺失数据，智能采油管理系统采用了基于灰色自适应 K-最近邻(GAKNN)方法的缺失数据补全方法。对于含有缺失数据的时间序列，利用朴素 K-最近邻(KNN)方法筛选最近邻点，并结合灰色关联系数计算近邻点权重系数，最终依次补全缺失数据[2]。基于 GAKNN 方法的数据补全流程如图 3 所示。

针对明显超出数据正常范围的奇异数据，智能采油系统采用拉依达准则对奇异点进行剔除，从而提高后续分析的准确性。设数据样本为 $\boldsymbol{X}=\{x_i \mid x_i \in R\}\ i=1,\ 2,\ \cdots,\ n$，数据样本的均值和方差分别为 $\bar{x}$ 和 s，用式(1)判断数据样本是否是奇异数据[3]：

$$\gamma=\frac{|x_i-\bar{x}|}{s} \tag{1}$$

如果样本数据满足 $\gamma>3$，则说明样本数据属于奇异数据。

数据流不只关注当前状态下的数据，对于油田现场储存的大量历史数据，利用时间序列分析模型，如 ARIMA 模型，以及深度学习方法，如 RNN 等，从历史数据中提取数据的趋势，对数据未来的趋势有所掌握，对即将到来的危险和异常状况进行提前预防。

2.2 自动监控任务流

在完整的数据流的支撑下，建立起了分级别、多层次的自动监控任务流。整个自动监控任务流以实时数据为基础，来保证监控工作流的时效性。基于直接采集的实时数据进行超限预警，基于模型计算和统计学原理进行趋势预警，根据故障特征抽取和机器学习方法，进行健康预警。从远、中、近三个层次发出预警信息，能够达到不需要专家在现场就可以提前发现油井存在的问题，从而及时采取有针对性的措施的目的(图 4)。

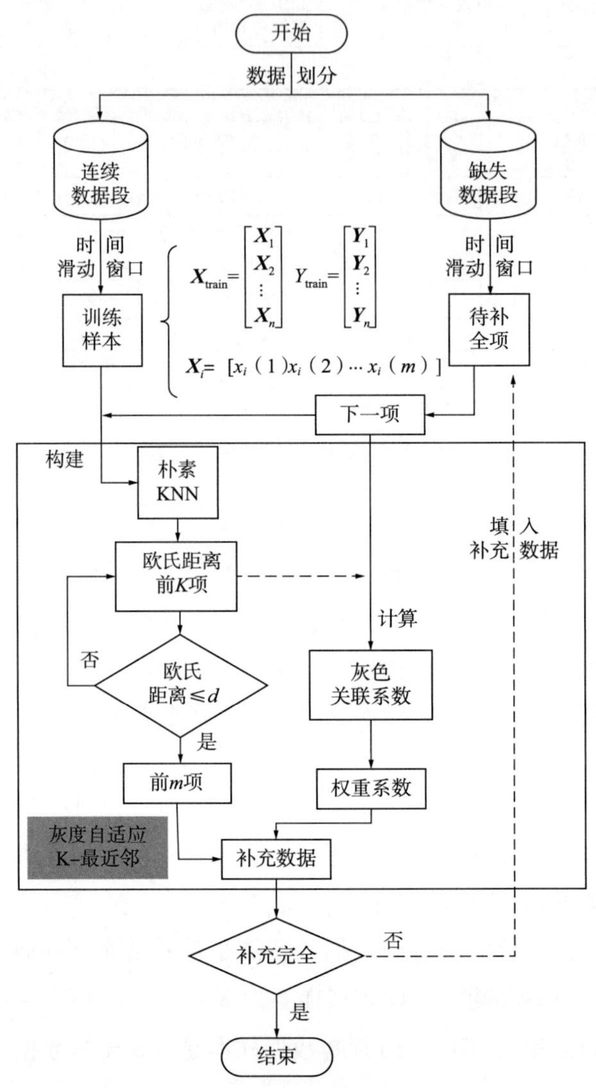

图 3　基于 GAKNN 的数据补全方法流程

2.2.1　单参数预警

对于一些比较明显的故障特征，例如异常的高温，机采井异常的高电流，可通过低级别的单参数超限进行预警。单参数预警由阈值预警与趋势预警两部分组成。阈值预警会取当前生产日期前一段时间的历史数据，并根据 3σ 统计原则，确定该参数的合理取值范围，根据取值范围确定预警上下限。随着生产的进行，预警的上下界也会随着历史数据的变化随之滚动更新。同时，利用机器学习方法对未来 30d 数据的走势进行预判，对未来可能超限的参数进行报警(图 5 和图 6)。

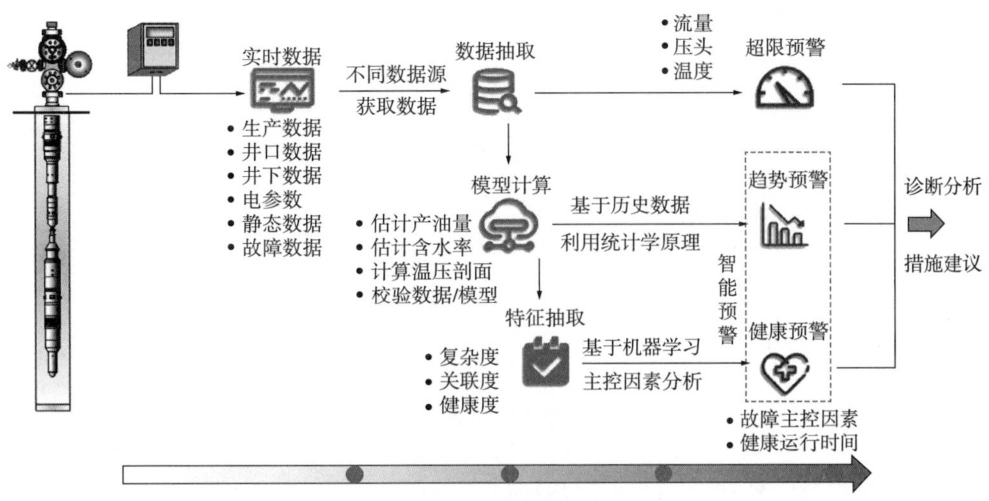

图 4　自动监控任务流示意图

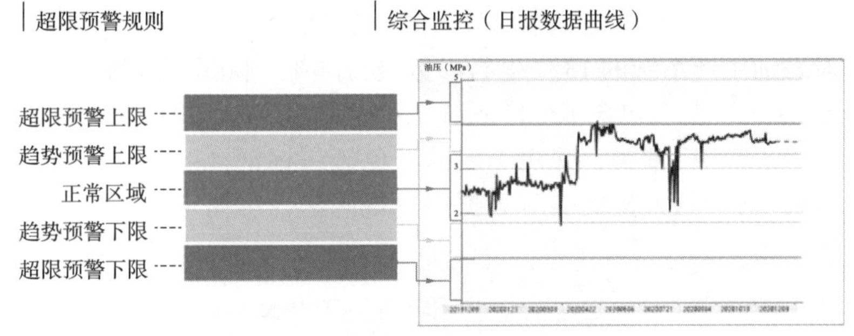

图 5　阈值预警示意图

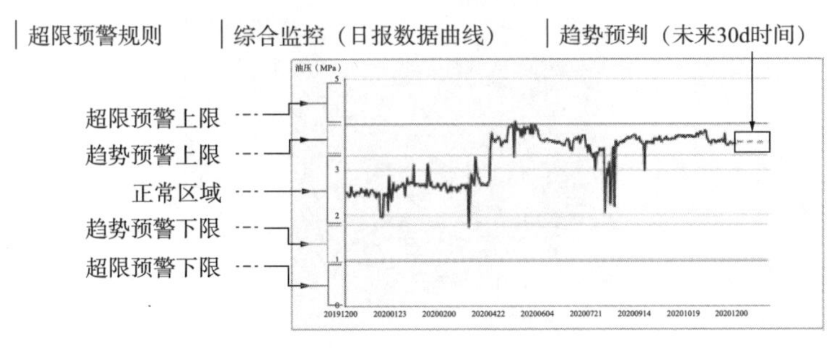

图 6　趋势预警示意图

2.2.2　综合参数预警

在生产实践过程中，一个生产系统往往没有发生明显的数据超限，也不存在不合理的数据趋势，整个生产系统便发生了故障，对于这种故障，单参数故障预警显然已经无法满足预警需求，因为往往生产系统的一种故障是多个参数共同作用、相互影响的结果，所以还需要探究多个参数相互作用下的故障。智能采油系统综合机采井生产过程中的多维度参数，利用主成分分析法（PCA），在保留原始数据特征的情况下，去除数据噪声和不重要的特征，降低数据维度，利用两个或多个主成分来评估系统状态，使得现场工作人员对采油系统的监控变得更加直观和简便。

PCA 的基本计算流程如下[4-6]：

（1）计算样本数据集均值向量：

$$\boldsymbol{u}=\frac{1}{m}\sum_{i=1}^{m}\boldsymbol{X}_i \tag{2}$$

（2）样本数据中心化处理：

$$\widetilde{\boldsymbol{X}}=\boldsymbol{X}-\boldsymbol{u} \tag{3}$$

（3）构建协方差矩阵：

$$\boldsymbol{V}=\frac{1}{m}\widetilde{\boldsymbol{X}}\widetilde{\boldsymbol{X}}^{\mathrm{T}} \tag{4}$$

（4）对矩阵 $\boldsymbol{V}$ 进行特征分解，求解特征值 $\boldsymbol{\lambda}_i$ 和对应特征向量 $\boldsymbol{U}_i$。

（5）根据贡献率大小，取前 k 个特征值 $\boldsymbol{\Lambda}=\mathrm{diag}(\boldsymbol{\lambda}_1，\boldsymbol{\lambda}_2，\cdots，\boldsymbol{\lambda}_k)$ 及其对应的特征向量 $\boldsymbol{U}=[\boldsymbol{U}_1，\boldsymbol{U}_2，\cdots，\boldsymbol{U}_k]$，则提取的 k 主成分为 $\boldsymbol{L}_k=\boldsymbol{U}_k{}^{\mathrm{T}}\widetilde{\boldsymbol{X}}$。

通过 PCA 对采油生产系统的 13 个运行参数进行降维，降低至 3 维空间，以 3 维球体的方式展示工况点。3 维工况点包含了生产系统 13 个参数的变化规律及相关性关系，通过无监督聚类方法对工况点进行聚类，并用不同的颜色进行标记，以此区分正常工况点及超限的异常工况点，辅助客户从大量的实时数据中发现问题，迅速定位。综合参数预警示意图如图 7 所示。

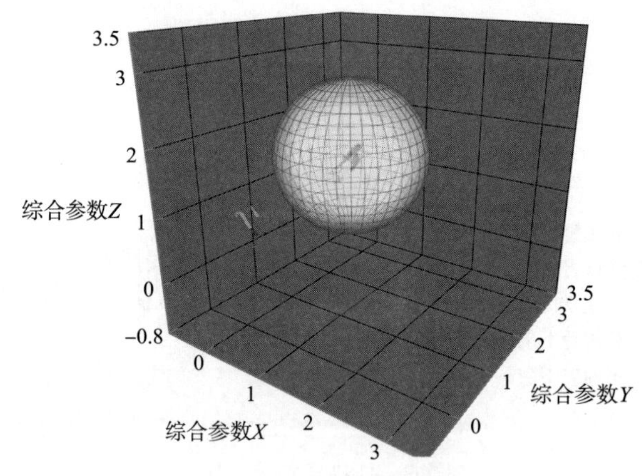

图 7　综合参数预警示意图

2.2.3　健康程度预警

在生产过程中，类似于绝缘老化的这类故障，是不会在生产初期就发生的，而是随着生产的进行，系统逐渐劣化，最终在某一时刻发生故障。所以针对这类消耗型故障，引入了医学中生存分析的概念，开发了健康程度预警。

生存分析通常用于表示一些基于时间的系统失败或死亡概率。根据油田中已经失效的机采井系统的历史数据，利用生存分析方法，得到采油系统的风险函数。风险函数代表了指定事件在某一时刻 t 发生，并且在时刻 t 之前没有发生的概率，风险函数计算式如下[7]：

$$h(t)=\lim_{\Delta t\to\infty}\frac{P(t<T+\Delta t \mid T\geqslant t)}{\Delta t} \tag{5}$$

并且，生存分析还可以研究某一变量对系统生存概率的影响。图 8 展示了不同机采井设备厂家对系统生存概率的影响。

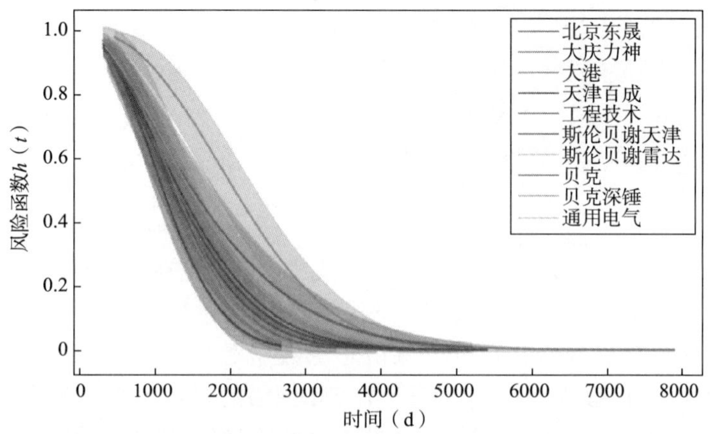

图 8　机采井设备厂家对生存概率的影响示意图

在健康程度预警模块中，认为系统在生产过程中会不断地受到损伤，逐渐劣化。运行过程中，各个参数处在不同的运行范围下，给系统带来的损伤不同。而且，随着系统风险程度的升高，损伤程度会不断提高。为了量化这种损伤程度，提出了健康度模型，健康度模型表达式如下：

$$\text{health}=1-h(t)(C_1\cdot X_1-C_2\cdot X_2-\cdots-C_m\cdot X_m) \tag{6}$$

式中：C_1，C_2，…，C_m 是不同参数运行范围下的损伤因子；X_1，X_2，…，X_m 是不同参数范围下的系统累计运行时间。通过雅可比迭代法求解损伤因子，从而量化采油系统健康程度。不同参数范围下对应的损伤因子如图 9 所示。

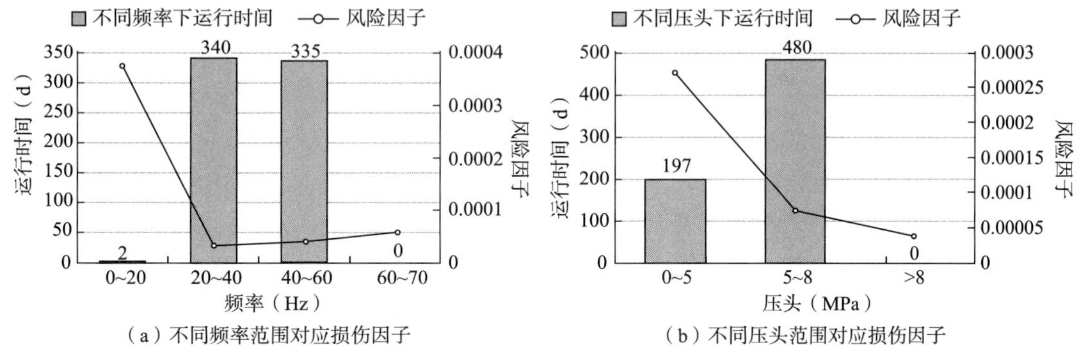

（a）不同频率范围对应损伤因子

（b）不同压头范围对应损伤因子

图 9　不同参数范围对应损伤因子示意图

健康程度曲线如图 10 所示。

一般认为，健康度低于 0.4 时，电泵处于不健康状态，电泵有较大故障风险；健康度在 0.4~0.6 时，电泵处于亚健康状态；健康度大于 0.6 时，电泵处于健康状态。

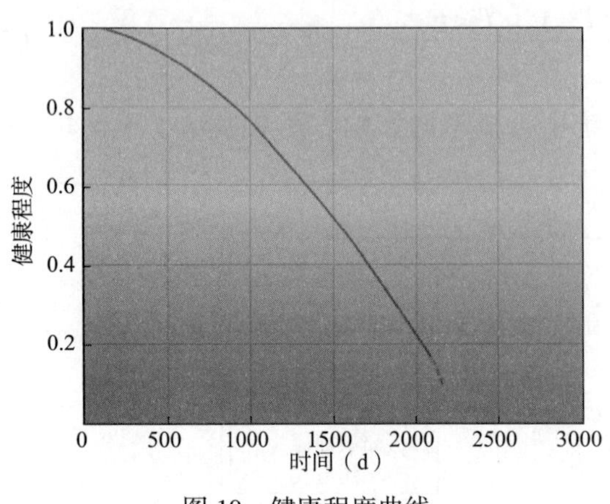

图 10　健康程度曲线

2.2.4　智能综合预警

生产过程中，砂卡、泵轴断这类故障会在短时间内快速使采油系统失效，但是这类故障很难从机理模型出发来进行快速预警，所以针对这类突发型故障，基于长短时记忆网络(LSTM)，开发了机采井设备剩余寿命预测方法。剩余使用寿命是指以系统当前状态运行条件，还能够正常运行的时间，剩余使用寿命的定义为：

$$T_{\mathrm{RUL}}(t)=t_{\mathrm{f}}-t_{\mathrm{c}} \mid t_{\mathrm{f}} \geqslant t_{\mathrm{c}} \tag{7}$$

式中：T_{RUL}是在 t 时刻设备的剩余使用寿命；t_{f} 是机械设备性能失效退化到故障阈值的时刻；t_{c} 是当前时刻。

LSTM 是一种循环神经网络，它可以保留历史数据对当前状态的影响，所以利用 LSTM 的特征提取能力和时间依赖性，构建了基于 LSTM 网络的泵剩余寿命预测方法。模型设置 6 层网络，通过两层 LSTM 层提取序列信息；批标准化层将分散的数据统一，更容易学习到数据规律；DropOut 层改善模型过拟合现象。模型网络结构图如图 11 所示。

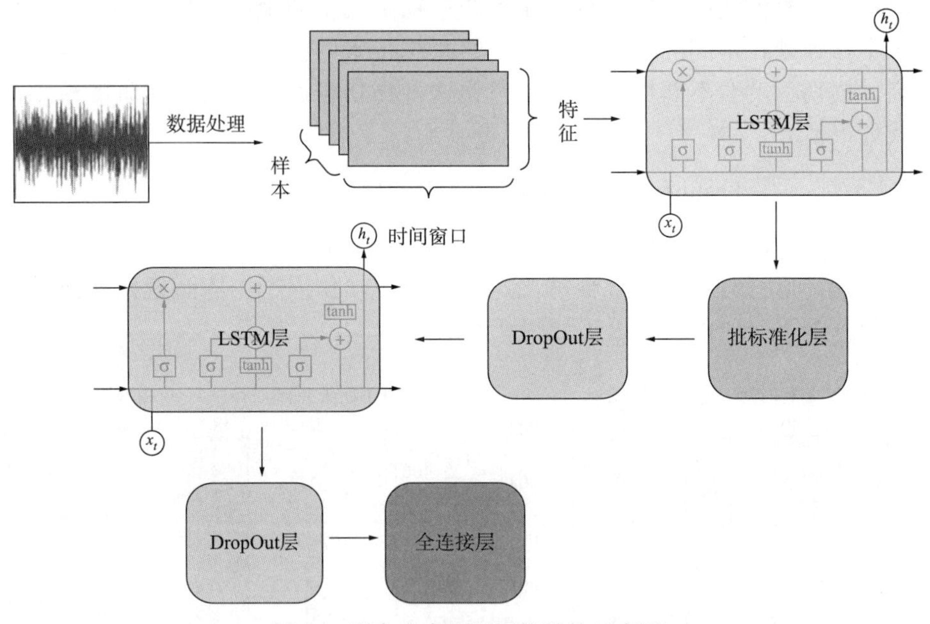

图 11　剩余寿命预测网络结构示意图

通过对大量已失效生产系统的历史数据进行学习，剩余寿命预测网络可以达到较高的精度。训练集误差 0.0326，验证集误差 0.0345。网络训练误差如图 12 所示，剩余寿命预测曲线如图 13 所示。

2.3　主动分析任务流

自动监控任务流筛选出的高风险井，会继续传送至主动分析任务流当中进行进一步的分析。提供不同层次的诊断方法，以及措施参数优化。

2.3.1 单井工作点分析

系统中结合井筒温度压力特殊位置实测值，依托井筒多相管流计算机理、地层及流体物性、井身结构等相关参数，计算并拟合修正井筒温度压力分布，作为后续分析的计算依据。单井工作点分析模块将机采井生产系统进行可视化展示，让用户可以便捷地查看系统不同生产单元的状态。单井工作点分析功能如图 14 所示。

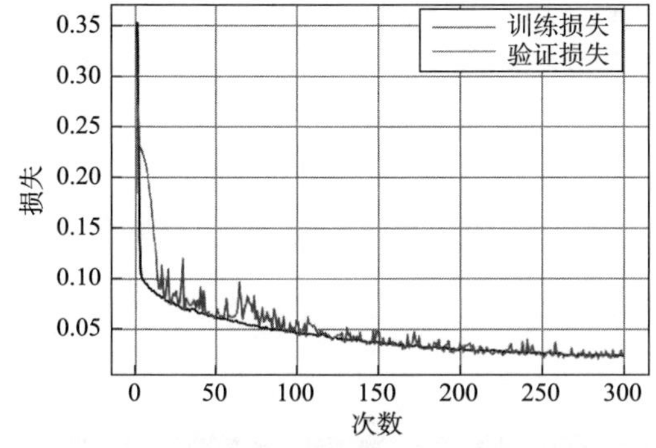

图 12 剩余寿命预测网络训练误差示意图

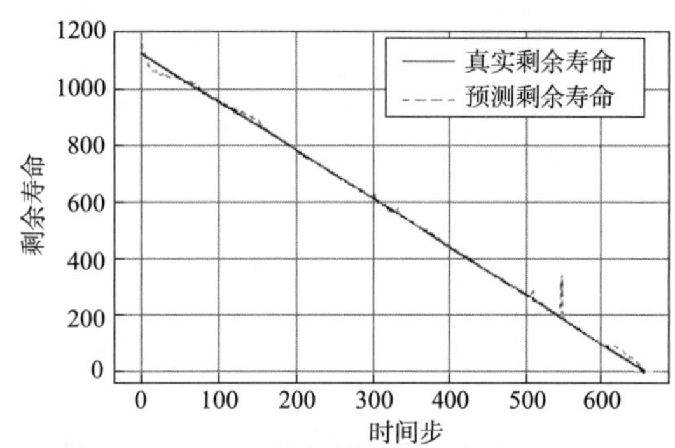

图 13 剩余寿命预测实例

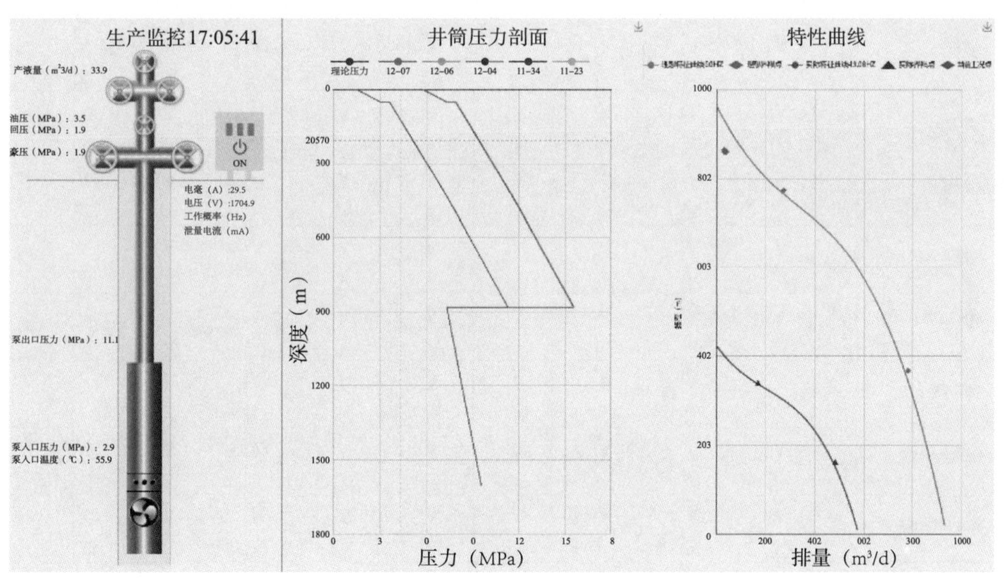

图 14 单井工作点分析示意图

2.3.2 单井工况识别

针对机采设备，提供了在线电流卡片诊断功能。不同于传统的电流卡片，智能采油管理系统通过特征工程方法，提取机采设备运行时的电流数据特征，并利用机器学习方法对故障工况数据进行学习，实现对常见故障工况的诊断。单井工况识别模块还支持外部故障样本导入，供机器学习模型进行自学习。

特征工程提取了电流的时域特征和波形特征两个方面的电流均值、波动幅度、波动幅度之和、电流波动的孤峰度、波动强度、非零值持续时间等 10 个特征值。并通过 BP 神经网络对故障样本进行学习(图 15 和图 16)。

智能采油管理系统
Intelligent Production Management System

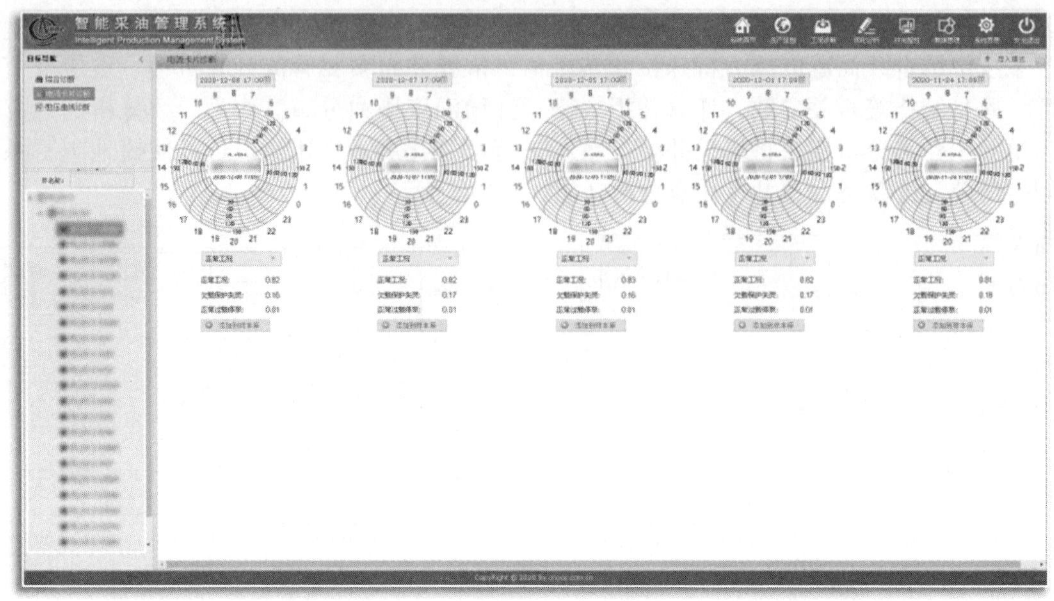

图 15　单井工况诊断示意图

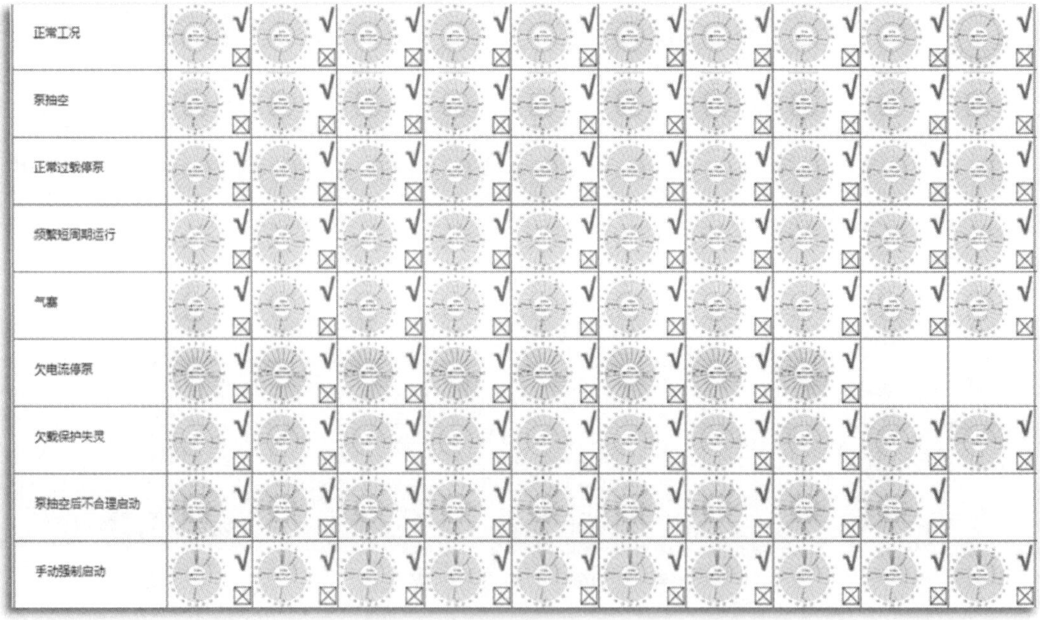

正常工况
泵抽空
正常过载停泵
频繁短周期运行
气塞
欠电流停泵
欠载保护失灵
泵抽空后不合理启动
手动强制启动

图 16　故障样本导入示意图

2.3.3　宏观控制图

以泵效和井底流压绘制二维工况图，并将全油田、全区块所有井的工况状态绘制在同一图中，实现一图掌握某油田或平台的泵工作宏观状态，了解选泵适应性、提液潜力等信息。便于油田管理者对整个油田的整体生产状况有全面把握(图 17)。

2.3.4　参数优化措施

结合生产历史数据、井身结构数据、油藏流体物性、井筒温压计算等机理，实现不同井型的 IPR 拟合与 VLP 计算，获取协调产量，为优化设计提供方向(图 18)。

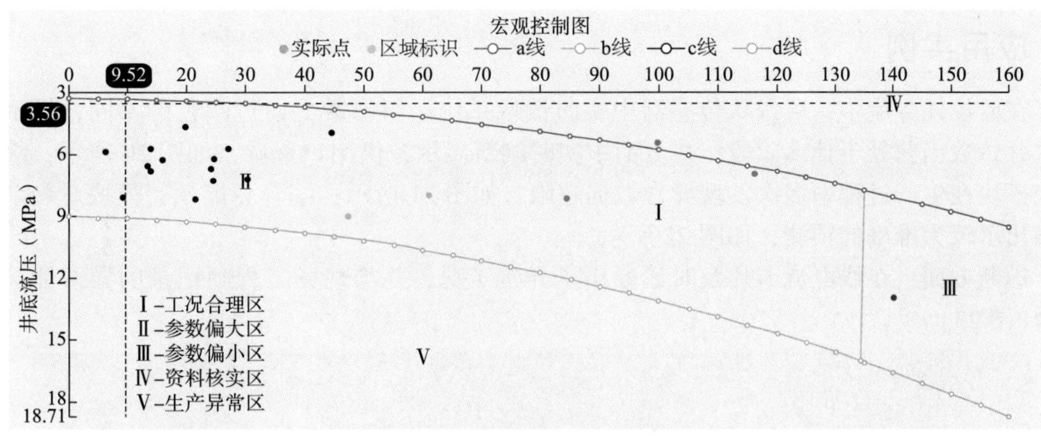

图 17　宏观控制图示意图

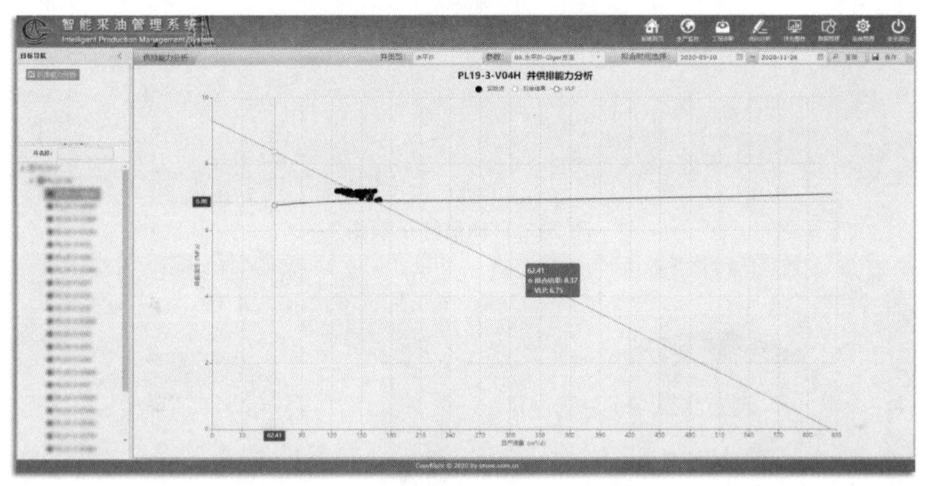

图 18　供排能力分析示意图

根据多个模块及技术点的应用，基于不同的优化目标进行自动优化设计，获得不同的生产参数组合，可一键将最新的优化方案发往至现场生产平台，工作人员审核优化方案后在线调整。助力油田智能化、一体化等远期目标的实现(图 19)。

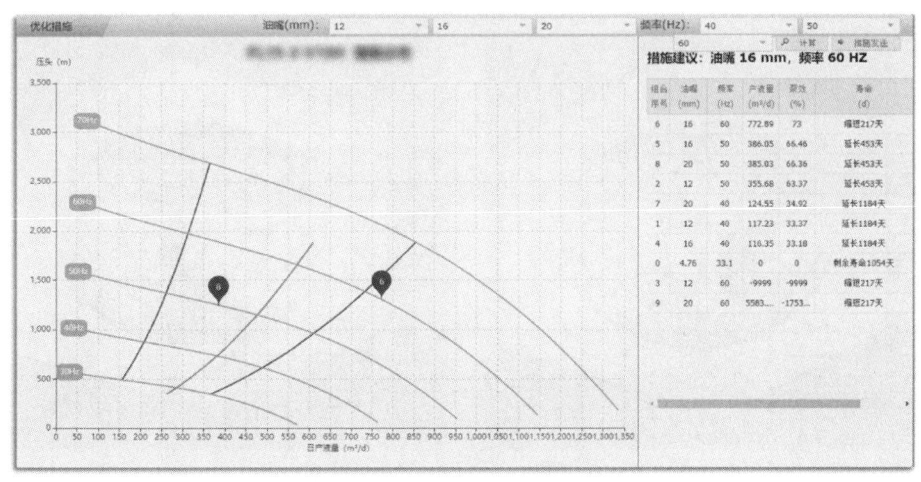

图 19　宏观控制图示意图

3 应用实例

在监控任务流中，可以从传感器中实时读取系统运行参数，通过颜色的不同，提示用户该井参数当前处于什么阶段，在页面中实时刷新展示，供用户查看，如图 20 所示；综合监控模块在生产过程中多次发现异常数据超限，如图 21 所示；综合智能预警模块对剩余寿命做出了较为准确的预测，如图 22 所示。

诊断方面，在线电流卡片及时诊断出了异常工况，并与现场工程师记录的异常情况相吻合(图 23)。

全井监控　　油田：PL19-3　平台：　井类型：油井　更新设置

井号	产液量 (m3/d)	油压 (MPa)	套压 (MPa)	回压 (MPa)	泵入口压力 (MPa)	泵出口压力 (MPa)	泵入口温度 (℃)	电机温度 (℃)	电流 (A)	电流负载率 (%)	电压 (V)	频口	工作频率 (Hz)	绝缘电阻 (mA)	更新时间	电机状态	运行时间
	150.0	3.7	1.9	1.8	5.9	12.3	49.4	53.5	29.3	49.6	1451.1	0.05		9.9	2020-12-08 16:54		795
	33.0	3.6	1.9	1.9	2.9	11.1	55.9	71.9	29.4	40.9	1705.0	0.31			2020-12-08 16:54		653
	67.0	2.2	1.9	1.8	5.1	10.6	56.5	69.6	26.8	45.6	1571.8	0.18		10.0	2020-12-08 16:54		598
	38.2	2.1	2.0		4.3	9.1	52.7	41.8	15.3	32.6	1007.0	0.09		10.2	2020-12-08 16:54		185
	287.9	2.6	1.9	2.0	2.6	12.1		65.3	44.8	50.4	2145.0	0.39		10.0	2020-12-08 16:54		797
	88.0	2.2	1.9	2.0	2.7	10.3	53.7	75.2	39.6	45.1	1740.1	0.20		10.0	2020-12-08 16:54		690
	300.1	4.5	1.7		9.8	14.7	54.9	67.6	28.7	44.0	1517.6	0.25		9.9	2020-12-08 16:54		244
	248.4	3.4	1.9	2.0	5.3	12.5	51.6	105.7	45.7	76.1	1717.0	0.30	41.5		2020-12-08 16:54		834
	111.0	2.5	2.0	2.0	3.3	11.5	58.7	87.2	38.2	60.8	1862.3	0.32	43.4		2020-12-08 16:54		678
	248.8	2.7	2.0	2.0	3.8	11.9	52.6	71.5	52.0	59.1	2228.1	0.46		9.8	2020-12-08 16:54		624
	10.5	2.2	2.1		5.4	10.0	63.0	80.6	21.8	48.3	1087.0	0.06		10.2	2020-12-08 16:54		246
									0.0	0.0	0.0		0.0		2020-12-08 16:54		423
	122.9	3.0	2.0	2.1	4.8	11.8	51.2	64.7	27.1	38.7	1526.8	0.21		9.9	2020-12-08 16:54		594
	210.3			1.0	3.5	11.7	56.3	72.3	27.4	56.4	1572.0	0.49	48.2	9.9	2020-12-08 16:54		325
	942.0	3.5	0.9	1.9	6.7	13.6	52.9	66.2	49.6	61.2	1920.5	0.31	38.1		2020-12-08 16:54		513

图 20　自动监控示意图

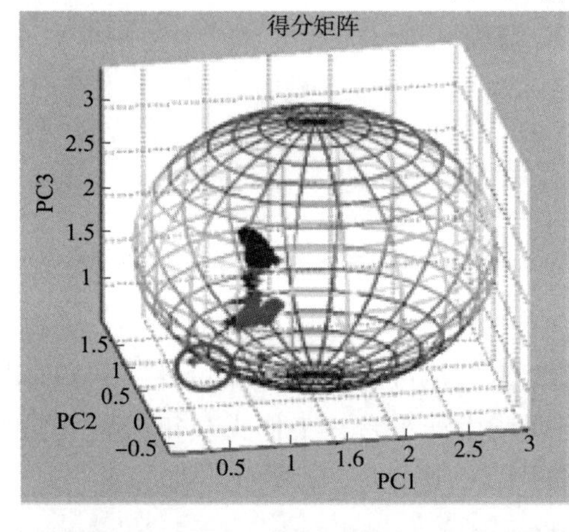

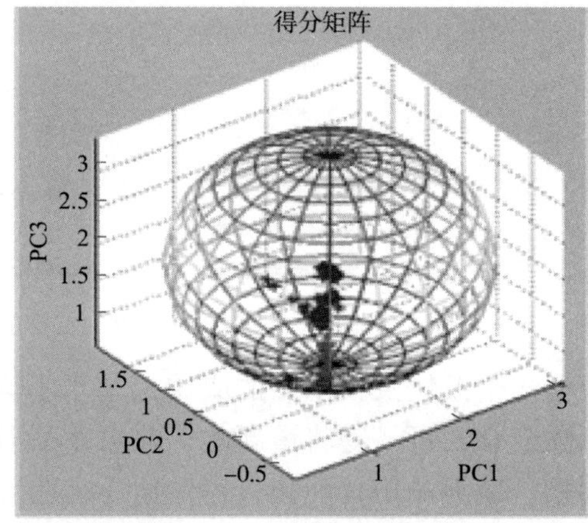

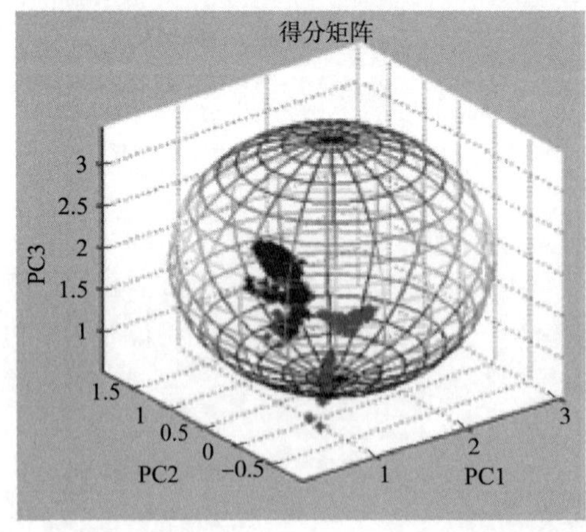

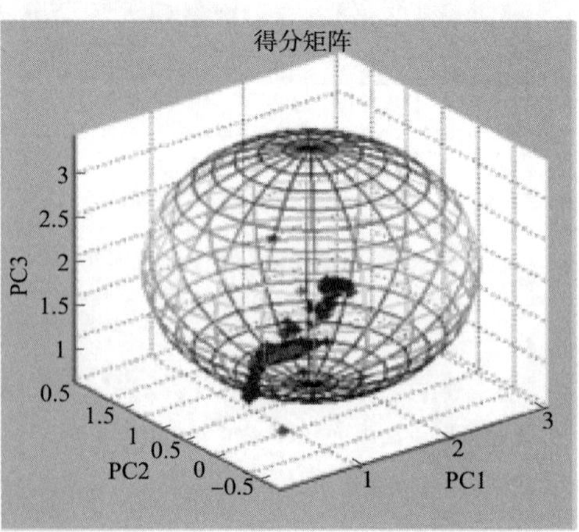

图 21　综合参数超限预警案例

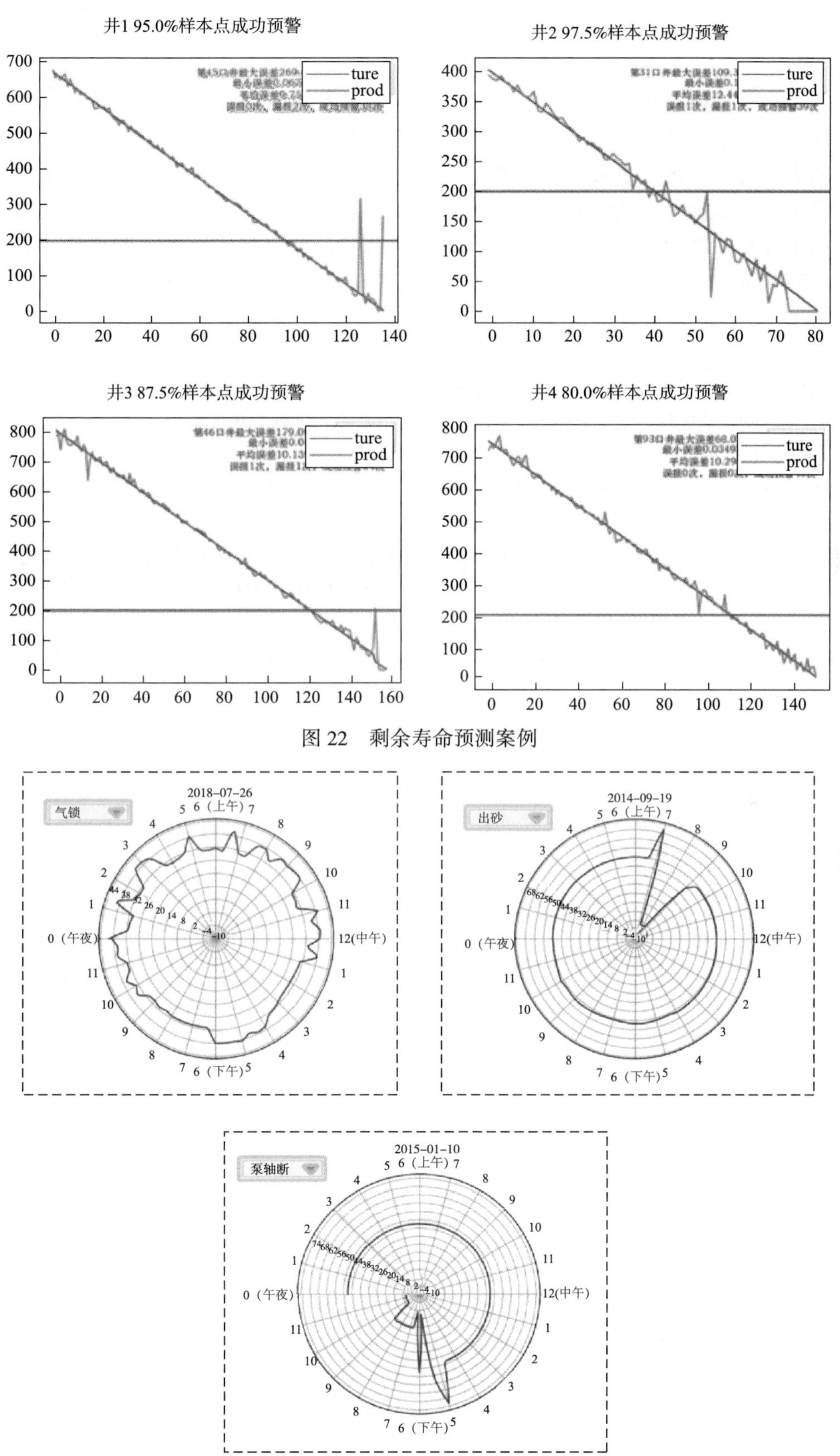

图 22　剩余寿命预测案例

图 23　电流卡片诊断案例

4 结论

智能采油管理系统实现了海上机采井故障监控预警、工况分类诊断和措施参数优化等三大功能，为管理人员、技术人员和现场人员等三类人员分别提供了浏览平台、分析工具和智能助手。实际挂接应用表明，智能采油管理系统通过数据采集、加工、成果输出三步骤，最终实现了监控、评价、诊断、预测、优化到决策实施的闭环油气井优化管理模式，大大提高了电泵井管理水平和工作效率。随着现场数据种类和质量的不断提高，智能电潜泵采油管理系统在海上电泵井智能化、无人化管理中能够发挥更大的作用。

参 考 文 献

[1] 范振钧 . 基于 ASP. net 的三层结构实现方法研究[J]. 计算机科学，2007(4)：289-291.

[2] 冯磊，王石刚，梁庆华 . 基于 GAKNN 方法的配电站时间序列缺失数据补全方法[J]. 电力自动化设备，2021，41(12)：187-192.

[3] 许梦田，王洪哲，赵成萍，等 . 基于短期风功率预测的数据预处理算法研究[J]. 可再生能源，2019，37(1)：119-125.

[4] 高绪伟 . 核 PCA 特征提取方法及其应用研究[D]. 南京：南京航空航天大学，2009.

[5] 李荣雨 . 基于 PCA 的统计过程监控研究[D]. 杭州：浙江大学，2007.

[6] 吉敏 . 基于 PCA-SVM 的轴承故障诊断研究[J]. 电子设计工程，2019，27(17)：14-18.

[7] CHUNG C F，SCHMIDT P，WITTE A D. Survival analysis：A survey[J]. Journal of Quantitative Criminology，Springer，1991，7：59-98.

基于悬点功图的产量计算方法研究

陈昌和　姜民政

(东北石油大学)

摘　要：快速准确地预测产量为油井故障诊断、参数优化提供决策依据，对于油田数字化建设的推广具有重要意义。通过对游梁式抽油机进行动力学分析，建立了有杆抽油系统的抽油泵功图计算模型，采用有限差分法和傅里叶级数法，实现了由悬点功图向泵功图的求解，通过最大曲率分析法确定阀开闭点的方式得到了柱塞有效冲程，再结合现场生产数据确定漏失量和体积系数，最终实现了基于悬点功图的油井产量计算方法。采用 QT 6.2.3 编制了泵功图及油井产量计算程序，对大庆油田 38 井次产量计算，通过与实测产量对比，采用有限差分法预测产量平均准确度为 90.05%，其精度高于傅里叶级数算法的 88.37%，所建立的模型能够为油田数字化、智能化应用提供技术支撑。

关键词：抽油机井；功图量油；有限差分；傅里叶级数

随着油田的深入开发及油田企业不断提高管理要求，计量技术正逐步向计量设备小型化、仪表化、计量效率的快速化、高精度计量、计量操作的连续化和自动化方向发展[1]。传统的产液量计量方法，如玻璃管量油、翻斗量油、三相分离式量油等[2]，多有操作复杂、耗时长等缺点，已经逐渐满足不了油田数字化、智能化的发展需求。

而示功图量油技术[3]可以很好地满足计量技术的发展要求，它是一种通过功图来预测产液量的智能化计量手段。目前功图量油技术可分为两大类：一类是基于悬点功图直接算产，另一类是推导出泵功图再进行算产。20 世纪 90 年代大庆石油学院首先提出了在悬点功图上找阀开闭点，并计算抽油机井的多相垂直管流压力梯度从而算产的方法[4]，但是直接采用悬点功图算产没有消除杆柱振动、形变、惯性和黏滞阻力等干扰因素从而导致预产准确率不高。为了排除这些因素对计产的影响，彭勇等提出了通过求解波动方程将悬点示功图转化为泵功图[5]，从而确定柱塞有效冲程算产的方法，这大大提高预产的准确性。近年来又有多人[6-11]研究了基于神经网络算法的产量预测方法，但此类方法往往需要大量的原始数据进行分析且对不同地区抽油机井不具有普适性。综合来说，采用悬点功图会受多种因素干扰致使预产准确性差，而采用泵功图很大程度上减小了这些因素对预产的负面影响，由悬点功图向泵功图的转化是其核心技术之一，转化的泵功图越能反映泵真实的运动状态，预产的准确性越好。

为此本文通过悬点功图转化泵功图的方法来进行产量预测，建立有杆抽油系统的抽油泵功图计算模型，分别采用有限差分法和傅里叶级数法求解抽油杆柱波动方程，从而将悬

作者简介：陈昌和(1998—)，2016 年毕业于安徽理工大学，获学士学位，现就读于东北石油大学机械科学与工程学院，硕士研究生，主要研究方向为 stm32 单片机开发设计。通讯地址：黑龙江省大庆市高新技术产业开发区学府街 99 号。E-mail：1095294601@qq.com。

点功图转化为泵功图，在泵功图上找出柱塞有效冲程，实现对抽油机井产液量的预测并将38口井的产量预测结果进行对比分析。

1 基于悬点示功图的量油技术

在泵功图中可以通过确定阀开闭点找出柱塞有效冲程，再结合原油物性参数及生产参数计算得出泵漏失量和混合液体积系数，计算抽油机井的产液量。而泵功图难以测量，因此首先建立泵功图计算方法，再通过将悬点功图转化为泵功图建立产量计算模型，通过泵功图预测产量的主要流程如图1所示[12]。

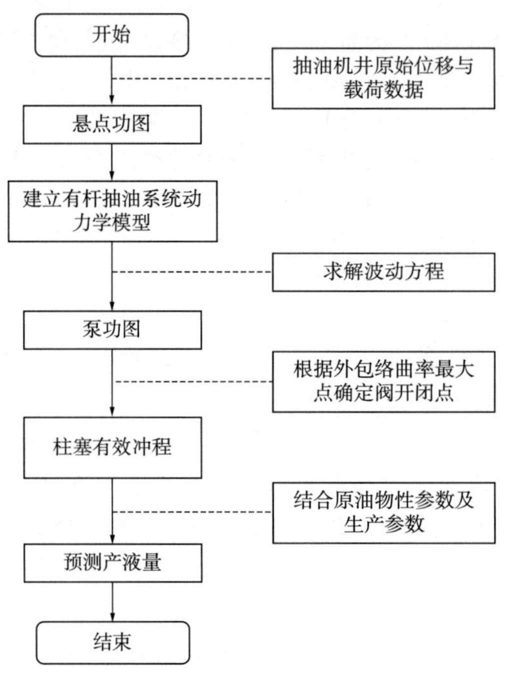

图1 示功图量油技术原理示意图

对抽油机井进行简化分析，悬点与抽油泵的载荷、位移关系见式(1)：

$$\begin{cases} P_{悬点} = P'_{杆} + P'_{油} + P_{摩擦} + P_{动} \\ S_{悬点} = S_{柱塞} + S_{杆柱变形} + S_{泵阀延时} \end{cases} \tag{1}$$

式中：$P_{悬点}$为悬点载荷，kN；$P'_{杆}$为抽油杆柱自重，kN；$P'_{油}$为油管外液体作用于抽油泵柱塞上的液柱静载荷，kN；$P_{摩擦}$为光杆和盘根盒的摩擦力、抽油杆柱与液体之间及抽油杆柱和油管之间的摩擦阻力、液体在杆管环形空间的流动阻力、液体通过泵阀和柱塞内孔的局部水力阻力，以及柱塞和泵筒之间的摩擦阻力等，kN；$P_{动}$为抽油杆柱和油管内的液体作不等速运动而产生的杆柱动载荷及作用于柱塞上的液柱动载荷，kN；$S_{悬点}$为悬点处位移值，m；$S_{柱塞}$为柱塞的位移值，m；$S_{杆柱变形}$为抽油杆柱发生弹性变形的位移值，m；$S_{泵阀延时}$为泵阀关闭后一定时间内泵的位移值(柱塞移动，但泵阀未打开)，m。

根据有杆抽油系统动力学建立抽油杆柱的振动模型，以抽油杆悬点运动状态为上边界条件，柱塞的运动状态为下边界条件，结合初始条件及多级杆柱的连接条件，整理得：

$$\begin{cases}\dfrac{\partial^2 u(x,\ t)}{\partial t^2}=a_r^2\dfrac{\partial^2 u(x,\ t)}{\partial x^2}-c\dfrac{\partial u(x,\ t)}{\partial t}-g\\ u(x,\ t)\mid_{x=0}=S(t),\ F(x,\ t)\mid_{x=L}=F_{\mathrm{P}}(t)\\ u(x,\ t)\mid_{x=0}=0,\ \dfrac{\partial u(x,\ t)}{\partial t}\mid_{t=0}=0\\ S_r^{\mathrm{d}}(t)=S_{r+1}^{\mathrm{d}}(t),\ F_r^{\mathrm{d}}(t)=F_{r+1}^{\mathrm{u}}(t)+F_r^{\mathrm{cA}}\end{cases} \tag{2}$$

式中：$u(x,\ t)$为t时刻抽油杆x截面的位移，m；$F(x,\ t)$为t时刻抽油杆x截面的载荷，N；a_r为应力波在第r级抽油杆中的传播速度，m/s；c为等效黏滞阻尼系数，s^{-1}；L为抽油杆的总长度，m；$F_{\mathrm{P}}(t)$为表示柱塞的载荷函数；$F_r^{\mathrm{d}}(t)$，$F_{r+1}^{\mathrm{u}}(t)$分别为在t时刻，抽油杆第r级最下端与第$r+1$级最上端的载荷；$S_r^{\mathrm{d}}(t)$，$S_{r+1}^{\mathrm{u}}(t)$分别为在t时刻，抽油杆第r级最下端与第$r+1$级最上端的位移；F_r^{cA}为第r级底端突出的环形面积受到的油管内的压力。

1.1 傅里叶解形式

以现场测得的悬点功图数据作为上边界条件，再使用傅里叶级数展开，可得到模型解的傅里叶级数形式[13]为：

$$\begin{cases}u(x,\ t)=\left[\dfrac{O_0(x)+P_0(x)}{2}\right]+\sum\limits_{n=1}^{N}\left[O_n(x)\cos(n\omega t)+P_n(x)\sin(n\omega t)\right]\\ F(x,\ t)=E_rA_r\left[\dfrac{O'_0(x)+P'_0(x)}{2}\right]+E_rA_r\sum\limits_{n=1}^{N}\left[O'_n(x)\cos(n\omega t)+P'_n(x)\sin(n\omega t)\right]\end{cases} \tag{3}$$

式中：N为傅里叶级数的项数；ω为抽油机的频率；$O_n(x)$，$P_n(x)$，$O_n'(x)$，$P_n'(x)$均为傅里叶系数，具体解释见参考文献[13]。

1.2 有限差分解形式

用戴劳级数推导出波动方程的有限差分解。设驴头下死点为x坐标原点，向下为正。$u(x,\ t)$也以向下为正，Δx为x的步长，Δt为时间步长，下标i表示位置，j表示时间，整理得模型的等步长有限差分解形式[14]为：

$$u_{i+1,j}=\left(\frac{\Delta x}{c\Delta t}\right)^2\left[(1+v\Delta t)u_{i,j+1}-(2+v\Delta t)u_{i,j}+u_{i,j-1}\right]+2u_{i,j}-u_{i+1,j} \tag{4}$$

式中：v为抽油杆柱x处微元体的速度，m/s。

通过求解模型可将悬点功图转为泵功图，对泵功图进行凸包围，如图2所示，其曲率最大点为阀开闭点，位移S_{AD}和S_{BC}中较小值为柱塞有效冲程S_{pe}。

抽油机井的产液量计算公式为：

$$Q=1440N_{\mathrm{s}}(A_{\mathrm{p}}S_{\mathrm{pe}}-\Delta Q_{\mathrm{p}})\eta_{\mathrm{v}} \tag{5}$$

式中：N_{s}为抽油机的实际冲次，min^{-1}；A_{p}为柱塞截面积，m^2；ΔQ_{p}为在一个冲程内的抽油泵的漏失量，m^3/次；η_{v}为混合液体积系数。其中，泵漏失量计算公式见式(6)：

$$\Delta Q_{\mathrm{p}}=\frac{\pi D_{\mathrm{p}}\delta^3(p_{\mathrm{d}}-p_{\mathrm{s}})}{12\mu l_{\mathrm{z}}}\left[1+\frac{3}{2}\left(\frac{e}{\delta}\right)^2\right]-\frac{\pi D_{\mathrm{p}}\delta\overline{\nu_{\mathrm{u}}}}{2} \tag{6}$$

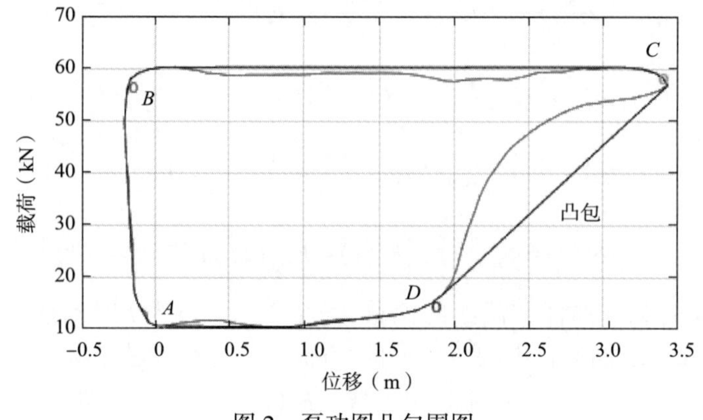

图 2　泵功图凸包围图

式中：δ 为泵筒和柱塞之间的间隙的平均值，m；e 为偏心距，m；D_p 为抽油泵柱塞直径，m；l_z 为抽油泵柱塞长度，m；μ 为井内液体之间的摩擦力，kPa · s；p_d 为抽油泵排出压力，kPa；p_s 为抽油泵吸入压力，kPa；$\overline{v_u}$为上冲程过程中的速度平均值，m/s。混合液体积系数[15]为：

$$\eta_v=\frac{1}{(1-n_w)B_o+n_wB_w} \tag{7}$$

式中：n_w 为标准条件下混合液的含水率,%；B_w 为井下条件下水的体积系数，m^3/m^3；B_o 为井下条件下原油的体积系数，m^3/m^3。

2　有限差分解法与傅里叶级数解法对比

根据前文所述内容开发设计泵功图及抽油机井产量计算程序，其中数字计量程序采用 C 语言编写，开发环境为 QT 6.2.3，后台数据库为 SQLite。程序包括 3 个模块：油井基础数据存储模块、悬点功图输入模块和泵功图模块。

以大庆油田某井为例，给出预测抽油机井产液量的具体操作步骤，该井的部分生产数据见表 1。

表 1　油井生产数据

参数名称	数值	参数名称	数值
一级杆径（mm）	25	一级杆长（m）	959.7
冲程（m）	4.5	冲次（min^{-1}）	2.65
泵径（mm）	70	泵深（m）	980.4
套压（MPa）	0.4	油压（MPa）	0.4
含水率（%）	98.23		

油井基础数据存储模块如图 3 所示，将以上基本参数输入油井基础数据存储模块，点击确定保存数据。

图 3　油井基础数据存储模块

悬点功图输入模块如图 4 所示，切换至悬点功图输入界面，导入保存抽油机井悬点载荷和位移数据的 txt 文件得到悬点功图。

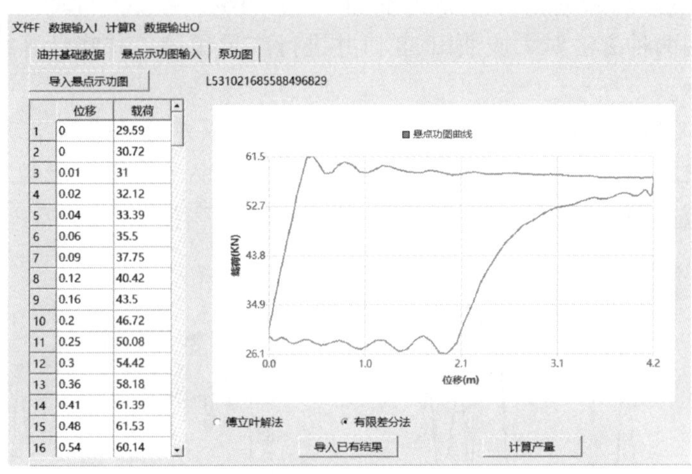

图 4　悬点功图输入模块

分别选择有限差分法和傅里叶解法计算产量，跳转至泵功图模块，如图 5 和图 6 所示，得到泵功图、预测产量等数据。

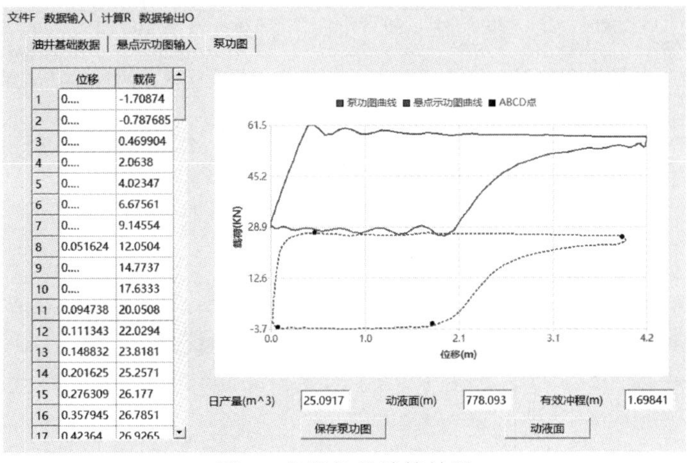

图 5　有限差分计算结果

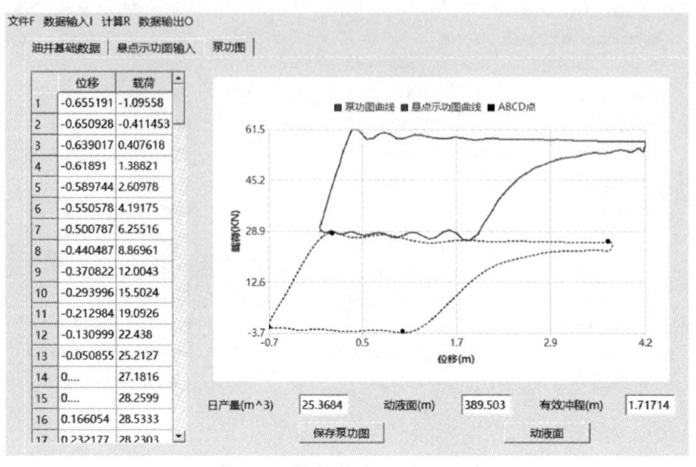

图 6　傅里叶级数计算结果

该井的实测产量为 24. 5t/d，有限差分计算产量为 25. 0917t/d，预产准确率 97. 58%；傅里叶级数计算产量为 25. 3684t/d，预产准确率 96. 46%。

本文分别采用两种方法对大庆油田 38 口井进行产量预测，并将计算结果对比分析，计算结果如图 7 所示。

图 8 共给出 38 口井计算数据，其中 20 口井采用有限差分法求解准确率更高，18 口井采用傅里叶级数求解准确率更高。有限差分法求解准确率及傅里叶级数求解准确率如图 8 所示，准确率差值如图 9 所示。

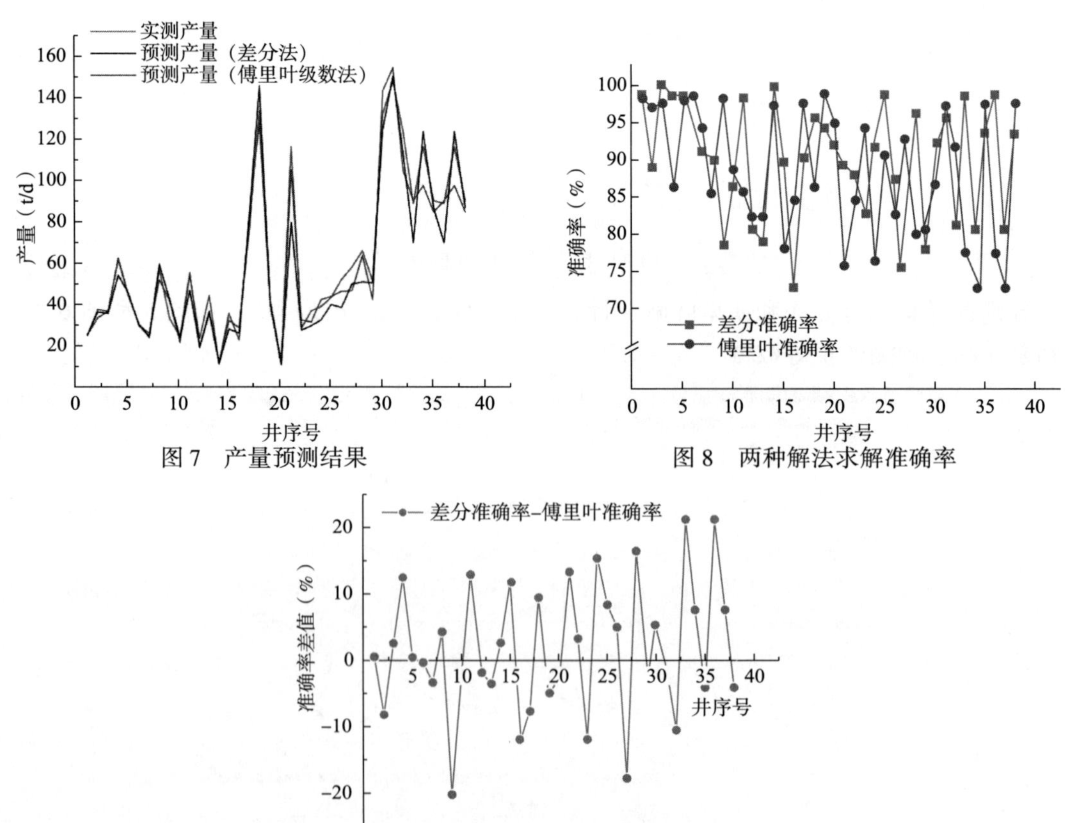

图 7　产量预测结果

图 8　两种解法求解准确率

图 9　两种解法准确率差值

计算结果分析见表 2。

表 2　计算结果分析

应用解法	有限差分法	傅里叶解法
最大准确率(%)	99.91	98.89
最小准确率(%)	72.69	72.88
平均准确率(%)	90.05	88.37
准确率标准差(%)	7.78	8.35
相对误差在 15%内井数(口)	28	24
相对误差在 10%内井数(口)	21	18

由平均准确率 90.05%大于 88.37%，准确率标准差 7.78%小于 8.35%可知，相较于傅里叶级数法而言，通过有限差分法预测抽油机井产液量的准确率更高，预产的稳定性更好。

3　结论

（1）建立了抽油泵功图计算模型，将悬点功图转化为泵功图，根据最大曲率法确定柱塞有效冲程，结合生产参数及原油物性参数算得泵漏失量、原油体积系数，预测抽油机井产液量。

（2）开发设计了泵功图及抽油机井产量计算程序，分别采用了有限差分法和傅里叶级数法对大庆油田 38 口井进行产量预测。

（3）有限差分法求解准确率的平均值为 90.05%，标准差为 7.78%；傅里叶级数求解准确率的平均值为 88.37%，标准差为 8.35%。计算结果表明有限差分法预产的准确率和稳定性均优于傅里叶级数法，有着更好的实际应用效果。

参考文献

[1] 李杰训，贾贺坤，宋扬，等．油井产量计量技术现状与发展趋势[J]．石油学报，2017，38(12)：1434-1440.

[2]蒋薇．基于示功图的油井产量预测技术研究[D]．大庆：东北石油大学，2021.

[3] 陈学辉，党晓丽，孙春梅，等．井下泵功图量液技术探究[J]．石化技术，2020，27(5)：299，301.

[4] 严长亮，彭勇．泵示功图单井自动量油技术研究[J]．西安石油大学学报(自然科学版)，2006(6)：92-95，118.

[5] 彭勇，王鸿飞，余国安，等．抽油杆柱有限元动力方程的差分解及其收敛性[J]．西安石油学院学报(自然科学版)，1994(3)：42-46.

[6] 李春生，谭民浠，张可佳．基于改进型 BP 神经网络的油井产量预测研究[J]．科学技术与工程，2011，11(31)：7766-7769.

[7] 李东昊，王天柱．基于灰色理论和遗传算法的单井产油量预测方法[J]．天津科技，2017，44(8)：48-51.

[8] 武志军．Spark 环境下基于数据挖掘的油田产量预测技术研究与应用[D]．青岛：中国石油大学(华东)，2017.

[9] 谷建伟，周梅，李志涛，等．基于数据挖掘的长短期记忆网络模型油井产量预测方法[J]．特种油气

藏，2019，26(2)：77-81，131.
[10] 任燕龙，谷建伟，崔文富，等．基于改进果蝇算法和长短期记忆神经网络的油田产量预测模型[J]．科学技术与工程，2020，20(18)：7245-7251.
[11] 高鹏，陈佳乐，金学锋，等．抽油机井地面示功图直接算产技术研究[J]．信息系统工程，2021，333(9)：132-135.
[12] 高银中，雷小强，杨江天．基于泵示功图的抽油机井井口产量计算[J]．石油矿场机械，2008，230(5)：88-92.
[13] 刘显赫．有杆抽油机的功图数据采集与功图计量研究[D]．沈阳：沈阳工业大学，2021.
[14] 陆金莆．偏微分方程数值解法[M]．北京：清华大学出版社，1986.
[15] 张龙飞．基于示功图的有杆泵抽油机井产液量计算方法的研究与实现[D]．沈阳：东北大学，2014.

基于自适应动液面的间抽制度优化

贾德利[1]　乔美霞[2,*]　任福深[2]　赵明鑫[3]　李艳春[2]

(1. 中国石油勘探开发研究院；2. 东北石油大学；3. 大庆油田有限责任公司)

摘　要：油田开采中后期，存在大量低产低效井，合理的间抽制度有助于稳产降耗。通过分析间抽过程中泵抽产量、沉没度和地层流量等物理量，明确间抽中油井内部发生的变化。在Vogel方程的基础上，结合实测数据，设计动态自适应动液面计算模型。在此基础上，考虑成本与产量、系统效率，确定动液面的合理范围，进一步给出了间抽过程中抽油机的启停机时长。以大庆某低产井为例，对比不同间抽制度，本文所提出方法能够有效找到合理的间抽制度。

关键词：低产低效井；间抽制度；动液面

产量较低、没有经济效益或效益低下的井称为低产低效井，其主要集中分布在开发时间长、开发中后期、注采井网不完善的区块[1]。这些区块的共同点是地层供液能力严重不足，存在空抽现象、产量低、泵效低，抽油设备系统效率低、能耗损耗大。目前针对低产低效井的综合治理对策，包括加强注水，保持地层能量；措施改造，提高单井产量；加强管理，争取效益最大化等。从加强管理的角度出发，通过优化油井间抽制度，避免空抽，降低杆、管、泵的磨损，提高检泵周期，降低生产成本，提高油井产量、效益。确定间抽制度即为明确抽油机的启停点，其难点在于如何准确判断井下液面的变化[2]。本文基于IPR曲线构造基础动态动液面计算模型，结合周期性动液面测试数据调整该模型；利用该模型结合成本、系统效率确定合理的动液面区间，并计算抽油机的启停点，实现油井间抽制度的优化。

1　间抽过程中油井物理量分析

1.1　泵抽产量的变化特点

现场试验表明：泵抽过程中泵抽产量随时间的变化特点如图1所示。该曲线是1条双平台曲线，两端是较为稳定的平台，中间一段急剧变化。泵抽开始后一段时间，产量稳定，经过中间段的急剧变化后又趋于稳定。对于低产低效井，产量通常在后期连续生产时会趋于0，即出现空抽现象。

作者简介：贾德利(1980—)，2008年毕业于哈尔滨理工大学机械工程专业，获博士学位，现任中国石油勘探开发研究院企业专家，从事分层注采和井筒工程控制技术等方面的研究工作，教授级高级工程师。通讯地址：北京市海淀区学院路20号，中国石油勘探开发研究院智能控制与装备研究所(交叉学科研究中心)。E-mail：jiadeli422@petrochina.com.cn。

通讯作者简介：乔美霞(1989—)，2012年毕业于哈尔滨理工大学控制理论与控制工程专业，获硕士学位，现于东北石油大学攻读机械工程博士学位，主要从事油井群控等方面的研究工作。通讯地址：黑龙江省大庆市高新技术产业开发区学府街99号，邮编：163318。E-mail：qiaomeixiayx@sina.cn。

1.2 沉没度变化规律

沉没度为泵深与动液面的差。泵深是固定值，动液面与沉没度之间为此消彼长的关系[3]。油井的供液能力影响着油井的产液量，油井停机待产时，沉没度随时间缓慢恢复；油井开机生产时，沉没度随时间减速下降。采取间抽的生产方式，当抽油机低效运行时关机使液面恢复，等到沉没度(动液面)达到合理的范围内时开井生产，不仅可以提高抽油机的运行效率，还可以减少抽油机的运行时间，达到稳产降耗的目的。间抽技术利用井筒蓄液特性，停机待产一段时间后，产液量为此时井筒内的油液储量和开井生产时井下油层供液量，图 2 为间抽周期内沉没度变化示意图。

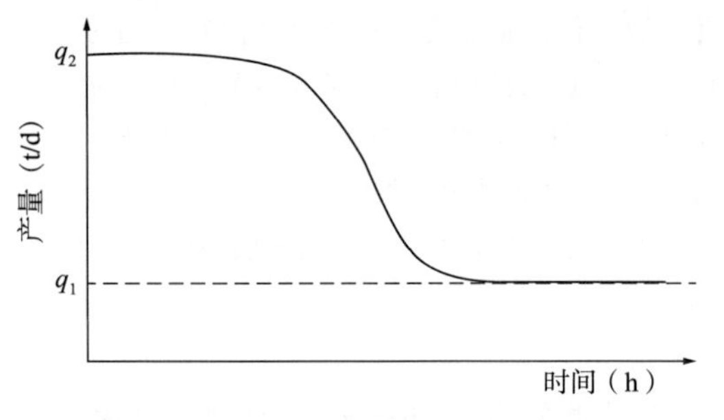

图 1　泵抽产量随时间的变化特点

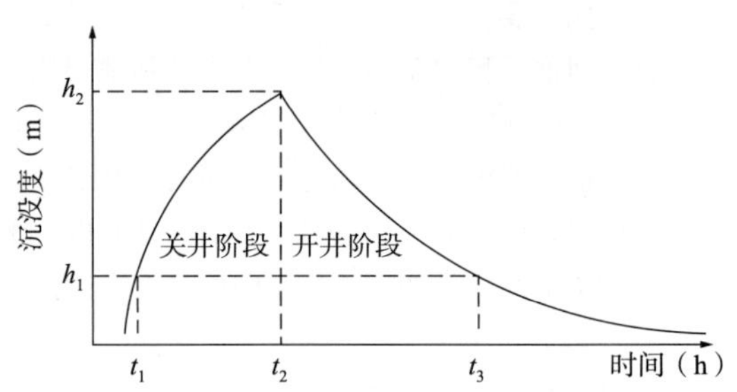

图 2　间抽期间沉没度变化示意图

关井后：地层中的油液受到地层压力的作用向井筒中流动，使得井筒中沉没度增大，此时，井底压力不断增大，压差不断减小，使得油液流入井筒的速度变缓，沉没度的增大速度变缓，其结果就是井筒蓄液的速度变缓。关井时沉没度曲线随时间增大，趋于定值，斜率逐渐减小。

开井后：沉没度高，井内供液能力强，抽油泵效率高。随着生产继续，沉没度逐渐减小，抽油泵充满度不足且效率降低，油井的供液能力低于抽油机的抽汲速度，油井供液不足，产液量降低。低沉没度使得井底压力不断减小，油液流入井筒的速度增大，即井筒蓄液的速度变快，因此沉没度随时间减速下降。

1.3 地层流量的变化特点

大多数情况下，流体在地层中的渗流遵循沃格尔(Vogel)方程，沃格尔方程为[4-5]：

$$\frac{q}{q_{\max}}=1-0.2\frac{p_{\mathrm{wf}}}{p_{\mathrm{r}}}-0.8\left(\frac{p_{\mathrm{wf}}}{p_{\mathrm{r}}}\right)^2 \tag{1}$$

式中：q 为流压为 p_{wf} 时的地层渗流流量，t/d；$q_{\max}$ 为流压为 0 时地层渗流量，t/d；p_{wf} 为井底流压，MPa；p_{r} 为地层压力，MPa。

沃格尔方程反映的是地层流量随流压变化的函数关系，如果能找到在泵抽期间流压随时间的函数关系，就能找到地层流量随时间变化的函数关系。沉没度和流压之间的关系是一种正比关系，所以流压随时间变化函数也应符合图 2 中开井阶段的变化规律。流压与渗流流量是一种反比关系，绘制渗流流量随泵抽时间的变化曲线如图 3 所示。

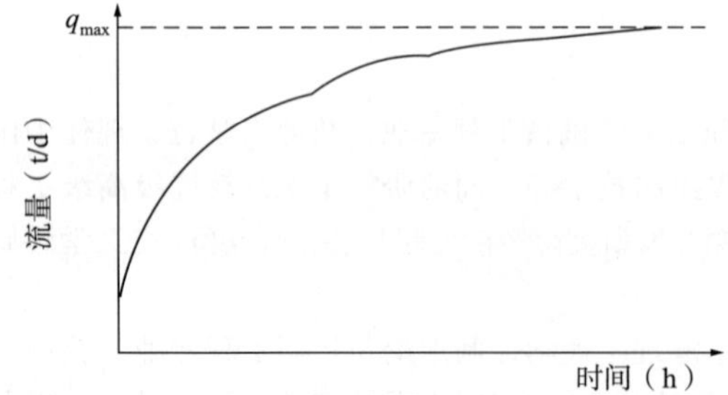

图 3　渗流流量随泵抽时间的变化曲线

2 间抽制度优化

2.1 动液面计算模型

IPR曲线(Inflow Performance Relationship Curve)[6]是预测油井产能的方法之一，它反映了油层向井的供给能力，即产能。因此，IPR曲线是制定油井合理工作制度的基础，也是分析油井动态的依据。IPR曲线可由Vogel方程表示，见式(1)。在给定油井IPR曲线后，若已知该井的产液量，便可根据IPR曲线求出相应产液量下的井底流压值。

已知目标产液量，由式(1)可求出与之相对应的井底流压；以井底流压为已知量，建立油井井底流压与动液面的函数关系表达式：

$$\begin{cases} p_{wf}=p_g+p_o+p_l \\ p_g=p_c e^{\frac{0.0615\gamma_g H_d}{(492+1.8T_a)Z}} \\ p_o=\rho_o g h_d \\ p_l=\rho_l g(H_m-L_p) \end{cases} \tag{2}$$

式中：p_g 为环空中气柱压力，MPa；p_o 为环空中油柱压力，MPa；p_l 为混合相压力，MPa；p_c 为套压，MPa；T_a 为气体段平均温度,℃；g 为重力加速度，m/s^2；γ_g 为气体相对密度；Z 为气体压缩因子，可查询相关文献获得；H_d 为动液面深度，m；ρ_o 为井液密度，kg/m^3；h_d 为沉没度，m；ρ_l 为井下液体平均密度，kg/m^3；H_m 为油层中部到井口的深度，m；L_p 为泵挂深度，m。

结合式(1)、式(2)即可求出目标产液量 q_o 所对应的动液面深度 H_d，为下文由目标产量计算合理动液面区间提供理论基础。

自适应动态动液面计算模型为：

$$h_d(t)-h_d(0)=\frac{\int_0^t \frac{J_i p_b}{1.8}\left[1-0.2\left(\frac{p_{wf}}{p_r}\right)-0.8\left(\frac{p_{wf}}{p_r}\right)^2\right]dt-\int_0^t 1440 f_p S_p n \eta_p dt}{0.25\pi(d_{ci}^2-d_{ie}^2)} \tag{3}$$

式中：$h_d(0)$ 为 $t=0$ 时刻的沉没度，m；J_i 为 $p_b=p_{wf}$ 时的采油指数，m^3/(MPa·d)；p_b 为饱和压力，MPa；η_p 为排量系数；f_p 为柱塞截面积，m^2；S_p 为有效冲程，m；n 为冲次，min^{-1}；d_{ci} 为套管内径，m；d_{ie} 为油管外径，m。

2.2 合理动液面区间

2.2.1 动液面高阈值边界

油井的采油成本由勘测成本、机械设备成本等组成的固定成本和受国际油价影响的变成本组成，可表示为：

$$C=F+QVT \tag{4}$$

油井开采的利润可表示为：

$$S=PTAQ(1-f_w)(1-T_{ax}) \tag{5}$$

油井的经济极限产量 Q_{min} 是指油井的采油成本与生产利润相等，即 $C=S$ 时的产液量，可表示为：

$$Q_{min}=\frac{F}{PTA(1-f_w)(1-T_{ax})-VT} \tag{6}$$

式中：C 为油井采油成本，元；S 为油井开采利润，元；Q 为油井产液量，m^3/d；F 为单井平均固定成本，元；P 为原油售价，元/t；T 为油井年生产天数，d；A 为原油商品率；f_w 为含水体积分数；T_{ax} 为综合税率；V 为每吨采出液的固定成本，元/t。结合式(1)、式(2)即可求出油井极限经济产量 Q_{min} 所对应的最小井底流压 p_{wfmin} 和最大动液面深度 H_{dmax}。

2.2.2 动液面低阈值边界

系统效率作为评价抽油设备效率的重要指标，其定义为油井有效功率 W_1 与输入功率 W 之比：

$$\eta=\frac{W_1}{W}=\frac{\int_{H_{dmin}}^{H_{dmax}} Q\rho_o g \mathrm{d}H_d+(p_o-p_c)Q}{3600wt_{on}/\rho_o} \tag{7}$$

式中：Q 为油井产液量，m^3/d；w 为油井耗电量，kW·h；t_{on} 为油井开井时间，h。

2.3 间抽制度制定

油井开始生产后，从静液面高度 H_{dmax} 到最大动液面高度 H_{dmin} 称为油井的开井生产时间：

$$t_{on}=\frac{1}{-c}\ln\left[1-\frac{(H_{dmax}-H_{dmin})J\rho_o g}{Q_{out}}\right] \tag{8}$$

式中：c 为影响油井开关井液面的升降系数，s^{-1}；H_{dmax} 为油井开井生产时的最大动液面高度，m；H_{dmin} 为油井刚开井生产时的最小动液面高度，m；J 为采液指数，$m^3/(s \cdot Pa)$；Q_{out} 为泵排出混合液体积，m^3/d。

油井关井生产时间：

$$\begin{cases} Q_{in}=Q_{max}\left[1-0.2\left(\frac{p_{wf}}{p_r}\right)-0.8\left(\frac{p_{wf}}{p_r}\right)^2\right] \\ t_{off}=\int_{H_{dmin}}^{H_{dmax}}\frac{A}{Q_{in}}\mathrm{d}H \end{cases} \tag{9}$$

式中：Q_{in} 为地层流入井筒的体积流量，m^3/d；Q_{max} 为井底流压为 0 时的油井最大产量，m^3/d；A 为井筒环空截面积，m^2；t_{off} 为关井时长，h。

结合以上分析，最大动液面深度 H_{dmax} 的值已知，则存在一个最小动液面深度 H_{dmin}，使得系统效率 η 值最大。

3 应用实例

以大庆某区块 A 井间抽效果为例。模拟间抽动液面随时间变化关系，如图 4 所示，计算停井 1h，开井 2h 经济效益最高。

通过对比不同生产制度下经济效益，见表 1，本文所设计的间抽制度能够有效提高经济效益。

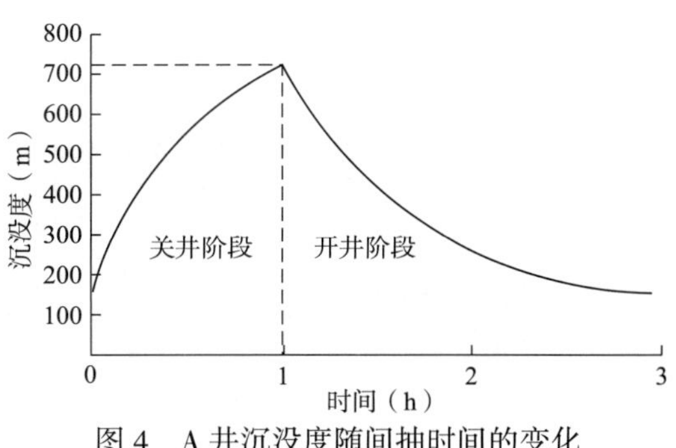

图 4　A 井沉没度随间抽时间的变化

表 1　不同间抽制度执行效果对比

生产制度	日产液量(t)	日耗电量(kW·h)	效益(元)
停 1h 抽 1h	8.01	68.15	75.37
停 1h 抽 2h	9.71	90.87	84.71
停 1h 抽 3h	8.37	92.01	61.99
停 2h 抽 1h	5.83	54.52	50.80
停 2h 抽 3h	7.75	78.51	62.71
停 3h 抽 1h	4.37	34.08	43.62
停 3h 抽 2h	6.12	54.52	55.55

4 结论

通过间抽制度减少低产低效井空抽现象，实现保产降耗。基于动液面确定合理间抽制度，通过 IPR 曲线构建自适应动液面计算模型，解决了间抽制度下液面难以实时计量的难点。充分考虑原油的市场价格，通过产量与成本关系确定油井的经济极限产量，实现间抽制度与宏观原油经济的关系。

参　考　文　献

[1] 刘玉龙. 抽油机井举升能耗影响因素统计分析[J]. 采油工程，2023(2)：29-33，87-88.

[2] 彭凯，王昊，齐京国. 基于连续液面曲线的间歇采油工作制度优化研究[J]. 油气藏评价与开发，2023，13(2)：254-259.

[3] 吉文辉，李景辉，潘国辉. 油井机采参数优化研究应用[J]. 石油化工应用，2022，41(12)：63-65.

[4] 桑丛雨，曹广胜，白玉杰，等. 同井注采井封窜后产量预测方法研究[J]. 北京石油化工学院学报，2019，27(1)：24-28.

[5] 潘婷婷，蔡银涛，蒽晓宇，等. 井间储层连通性分析技术在新疆油田的应用[J]. 石油地球物理勘探，2022，57(S2)：179-184，233.

[6] 刘洪斌，孙浩宾，罗伟. 间抽井柱塞运动速度优化模型研究[J]. 石油机械，2023，51(4)：105-111.

气举采油井注气流量测控装置及智能调控系统研究

矫欣雨[1]　魏方方[2]　魏　琪[1]　柳品延[1]　刘世界[3]　刘金海[3]　檀朝东[1,*]

(1. 中国石油大学(北京)；2. 安徽中控仪表有限公司；
3. 中海油能源发展股份有限公司采油服务分公司)

摘　要：气举采油工艺是目前主要的人工举升方式之一，但气举采油井注气管控模式存在计量精度低、人工调节安全隐患大、无法短时间稳压稳流、无法实施智能调控等缺点。针对以上问题，开发研制了“云—边—端”气举采油井智能监测调控系统和气举采油井流量智能调控装置。通过对调节阀阀门开度的调控实现气举采油井的合理配气量，减少高压气量浪费，改善气举采油井的工况；通过喷嘴流量计对产出流体进行精确计量，达到最优的生产开发制度；通过气举优化精细管控气举注气量减少资本支出 10%～20%，减少运营支出 7%～15%，增加单井产量 10.22%～16.7%。调节阀阀门开度范围为 0～1，流量范围为 250～900m^3/h，喷嘴流量计的气相流量计量精度为 8%，液相计量精度为 5%。

关键词：气举采油；注气量；自动测量；智能调控；气举优化；气液两相计量

随着油气田开发的深入，地层能量衰减，携液能力下降，积液、水淹现象频繁出现，气举采油工艺成为气田开发需求的工艺之一，但是气举工艺过程中存在以下问题[1-3]：(1)气举过程中因注气量过大或者过小而导致产量突然下降问题；(2)因注气量过大，井口回压高问题；(3)注气周期频率不稳定，导致注气压力上升；(4)注气管线压力低，形成流速低的段塞流问题；(5)无法短时间稳压稳流；(6)人工调节安全隐患大；(7)井口产出液计量难度大且精度低。

基于上述问题，对气举采油井进行定量注气监测及采出液准确计量显得尤为重要。在定量注气监测方面，闫学峰等[4]研制了连续气举采油节点分析及优化设计软件，可实现定产量和定注气量气举优化设计。Moffett 等[5]提出基于注气举窜井筒积液后的油管压力变化特征来自动关闭注气的方法，可节省大量注气量。Amer 等[6]采用多种非线性回归机器学习算法建立间歇气举采油井中油管压力预测模型对注气量进行调控。臧红河等[7]研发了具有流量调控、压力调控和间歇调控三项主要功能的气举采油地面配气调控系统，实现了气举配气系统的自动调控。熊国良等[8]研发了气举采油配气计量自控装置，实现了配气量的准确计量。俞志勇等[9]设计了一种基于 PID 的结构简单、控制方便、精度高的流量调节阀，能使输出的流量值准确快速地跟随设定值变化，实现高精度的流量控制。在采出液气液两相计量方面，有基于 CFD 的机理仿真的虚拟计量、基于机器学习的数据驱动的虚拟计量，

基金项目：国家自然科学基金项目“基于大数据解析的大规模非集输油井群生产及拉运调度协同优化”(编号：51974327)。

作者简介：矫欣雨，女，山东烟台人，中国石油大学(北京)在读硕士研究生，研究方向为油气井多相流计量。E-mail：764731747@ qq. com。

通讯作者简介：檀朝东，E-mail：tanchaodong@ cup. edu. cn。

以及基于物理约束的深度学习的虚拟计量。魏方方等[10]利用 Fluent 软件仿真模拟了单相气、单相液、气液两相在文丘里管内的流动特性，提出了文丘里管内湿天然气测量虚高的数值模拟方法，对实际湿天然气计量有一定的实用价值。刘红兵等[11]应用 Fluent 软件仿真模拟了单相气、单相液、气液两相流经喷嘴的流动特性，计算了虚高系数，建立了气液两相含率在线计量模型，气相计量误差在 5%以内，液相计量误差在 8%以内。郭素娜等[12]以精准测量微小流量为目的，借助 CFD 仿真技术设计了差压式微小流量计的基本结构，仿真结果与实测结果基本吻合，在多相流流量计量方面具有较好的实用性。桂捷[13]等将涡街流量计与节流式流量计组合，研发了涡街节流式气液两相流量计，通过测量流体平均密度，实现了气液两相不分离在线连续计量。Al-Selaiti 等[14]提出了一种基于机器学习的气举采油井生产运行预测优化方法，应用地面实时传感器数据、历史性能和测试数据建立机器学习预测模型，可以实时预测多相流流量及含率，实现气举采油井的虚拟计量、产量劈分、短期产量预测和优化最佳运行参数等。Sanzo 等[15]提出了一种基于神经网络的机器学习算法测试多相流含率的估算模型，该模型主要由多层前馈神经网络组成，适用于非线性回归问题。Wang 等[16]采用有限元建模的方法并结合一套信号处理算法建立虚拟科里奥利流量计，实现了实时测量数据驱动下新式模型虚拟计量系统的稳定、准确运行。Ishak 等[17]通过并行使用瞬态多相流模拟器和数据驱动的多元集成学习神经网络，可实时进行故障排除和验证物理相流量计在试井作业中的测量结果，提高了计量的可信度。以上研究均是单一地对注气量进行调控或单一地对气液两相流进行计量，并未同时实现注气量和气液两相流的准确调控和精确计量。

本文根据气举采油井注入端和采出端的实际需求，研制了气举采油井智能监测调控系统和流量智能测控装置，通过实时采集注气温度、压力、流量等状态数据来调节阀门开度，实现井口注气的定量稳压调控和井口采出液的精确计量。

1 “云—边—端”气举采油井智能监测调控系统

“云—边—端”气举采油井智能监测调控系统，依据油气井注入、举升、计量、集输等信息，通过实时采集油气井流量、温度、压力、动液面及注入及举升设备工况数据，实现对举升井运行工况的实时分析、智能诊断，并通过部署在井站现场的边缘一体协同控制平台实现自适应优化与控制，如图 1 所示。现场的产出流量、油压、温度、注入压力、注入流量、注入气温度、压缩机参数、气举系统参数等数据通过云上传至智能物联终端(RTU)，利用 CDMA/GPRS/EVDO 等公用移动网络将数据回传到项目公司云平台，在气举采油井服务器端经过 iWES 系统分析计算自动生成相关报表并通过局域网在网页上发布。同时可以远程设置气举采油井注气量，相关信息通过移动网络发送到智能测控仪，进行当前流量和设定值比对，利用 PID 算法自动调节阀门开度。实现气举采油井工况监测、工况诊断、生产预警、优化决策、方案发布、地面注气和举升系统参数调控等(图 1)。

1.1 云端智能监测调控系统

智能监测调控系统由感知与控制层、数据传输层、数据服务层、系统应用软件组成。感知与控制层采集流量计、智能测控仪、压力传感器、温度传感器、太阳能供电系统等数据；数据传输层可配接 TCP/IP、modbusRtu、UDP、RS485 等多种远程通信设备，实现本地和远程监测；数据服务层实现数据加工、异常值检测、缺失值填充、数据校核、量纲转换等功能；系统应用组件包括多相流模型、虚高模型、传热模型、气相含率模型、IPR 模型等多种模型，通过 AI 算法将数据以表格、折线图、饼图等形式呈现，实现气举采油井注气量准确计量、定时定流量定压力气举、实时预警、地面注气参数自适应调控、气举采油井的高效开发(图 2)。

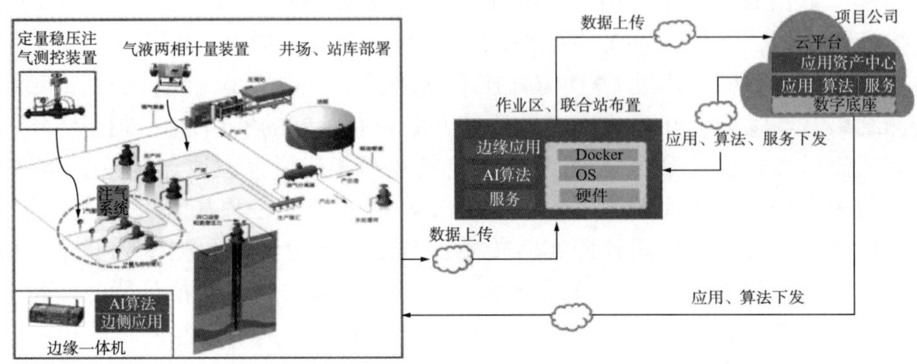

图 1 “云—边—端”气举采油井智能监测调控系统架构图

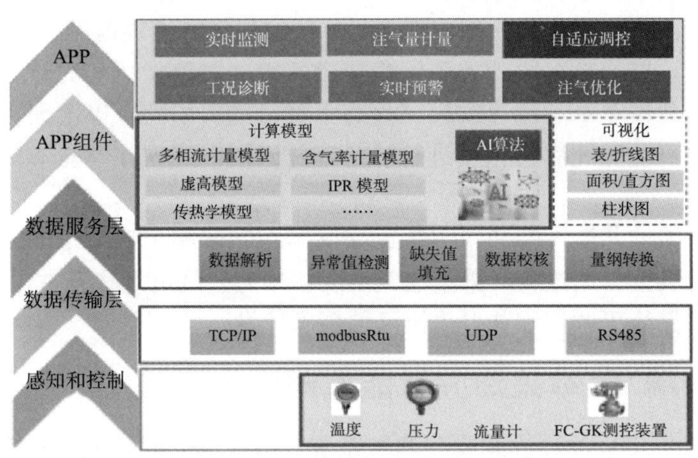

图 2 “云—边—端”智能测控系统结构图

系统根据气举井的管柱结构和井筒数据，建立气举数字井的仿真模型。系统模拟不同注气量下的气举过程得到模拟数据，结合历史数据对神经网络模型进行训练，并对气举井产能进行预测。应用强化学习技术和监测数据对气举井的运行和动态进行分析和优化，以气举效率最大化为优化目标，动态调整注气量。

1.2 边缘一体协同控制平台

边缘一体协同控制平台部署在井站现场，可配置多个容器化应用，如图 3 所示。其硬件平台采用多核高速处理器和定制化操作系统，从芯片到系统软件都集成边缘计算算法，支持无人值守与智能响应。边缘一体协同控制平台满足多数据采集、实时分析、动态决策及云—边—端协同控制等现场需求。

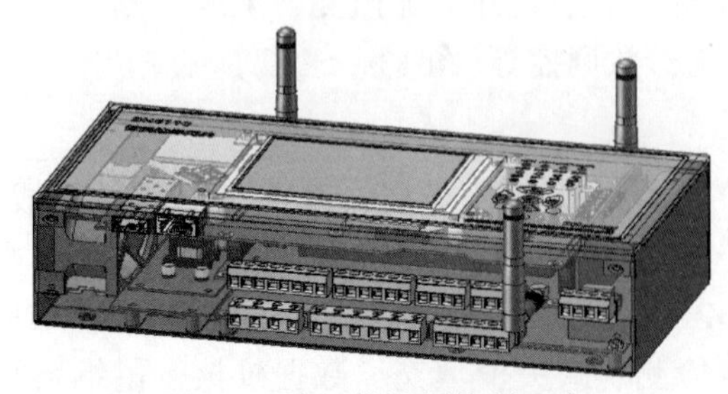

图 3 边缘一体协同控制平台

平台依据油气井注入、举升、计量、集输等信息，实时采集油气井流量、温度、压力、动液面、注入及举升设备工况数据。通过与云端智能监测调控系统保持模型与算法的同步更新，并实时进行同步决策，实现对举升井运行工况的实时分析、智能诊断、自适应优化与控制。

2 气举采油井流量智能测控装置

2.1 气举采油井定量稳压注气测控装置

气举采油井定量稳压注气测控装置是实现地面注气系统定量稳压智能测控的核心装置，如图4所示，将温压变送器、套筒式流量调节阀、智能控制器及通信技术集于一体，实时采集注气的温度、压力、流量等状态数据，控制调节阀阀门开度，实现井口注天然气的定流量和定压力调控。

套筒式流量调节阀是对通过介质的流量进行控制的阀门，是自动化仪表中的执行器[18]。如图5所示，套筒式流量调节阀结构主要包括阀体、阀芯座、阀芯、阀杆、上阀盖等。阀体为一圆筒，在圆筒垂直轴线方向上有两个互成180°角的圆孔，圆孔孔径与连接管道孔径相同。阀芯亦为一圆筒，阀芯外壁与阀芯座内壁间隙配合，阀芯在垂直轴线方向亦有两个互成180°角的圆孔，圆孔孔径与阀体上的孔径相同。阀芯在阀体内转动，转动范围0°~90°，在旋转范围内实现阀门开度由0°至最大的调节，用于对流体介质的流量调节。技术参数见表1。

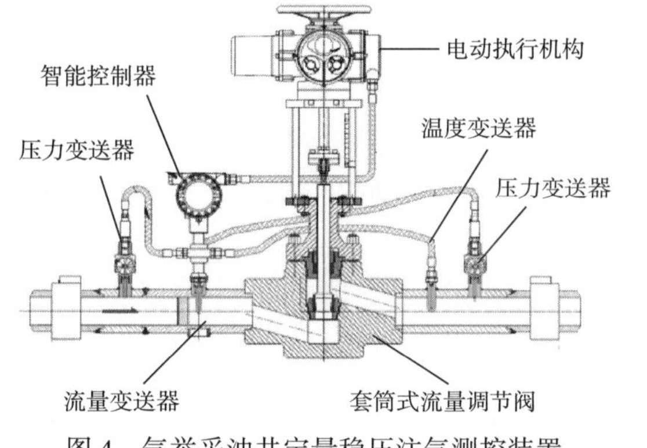

图4 气举采油井定量稳压注气测控装置

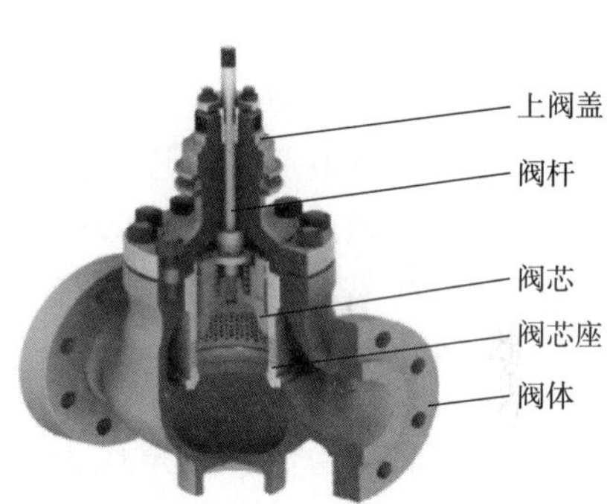

图5 套筒式流量调节阀

表1 套筒式流量调节阀技术参数表

参数	性能指标
规格型号	FC-DL
公称压力	0~42MPa
泄漏量标准	Ⅳ级以上
温度范围	-30~121℃
材料级别	本体：35CrMo锻件，承压件：35CrMo，控压件：不锈钢和耐蚀合金
密封材料	聚四氯乙烯软密封

流量调节阀主要是通过调节阀门开度来调节流通面积进而调节流量。流量 Q 表达式见式(1)：

$$Q = K_{vi} A_i \sqrt{\frac{2p_1}{RT_1}} \tag{1}$$

式中：K_{vi}为流量调节阀的流量系数；A_i为调节阀的流通面积，cm^2；p_1 为阀前流体压力，Pa；T_1 为阀前流体温度，K；R 为理想气体常数。

流量调节阀开度为 i 时的流量系数 K_{vi}表达式见式(2)：

$$K_{vi}=5.04\frac{A}{\sqrt{\varepsilon_i}} \tag{2}$$

$$\varepsilon_i=\frac{d_1^4}{d_i^4}-1=\frac{A_1^2}{A_i^2}-1 \tag{3}$$

式中：d_1 为流量调节阀入口直径，cm；d_i为流量调节阀最小节流处的当量通径，cm；A_1 为流量调节阀入口流通面积，cm^2；A_i为流量调节阀最小节流处的流通面积，cm^2。

在流量调节阀行业，流量系数通常由 C_{vi}表示，根据 GB/T 17213 规定，将 K_{vi}转换成 C_{vi}，表达式见式(4)：

$$C_{vi}=1.156K_{vi} \tag{4}$$

联立式(2)至式(4)可得流量调节阀 i 开度时的流通面积：

$$A_i=\frac{A_1C_{vi}}{\sqrt{34.6A_1^2+C_{vi}^2}} \tag{5}$$

调节阀前后分别安装一个压力变送器用于感知管道流体介质压力，温度变送器用于感知流体介质温度，流量变送器用于感知流体介质流量，实测温压信号、流量信号传输至智能控制器，智能控制器按照设定的流量压力值自动调节电动执行机构，电动执行机构通过旋转齿轮带动阀杆上下运动，以此调节阀门开度。

装置工作时，流体介质由流量调节阀入口流入阀体，经阀芯、阀芯座节流后流出，当阀后压力高于设定压力时，阀杆带动阀芯向上移动，阀门开启程度增加，流通面积增加，流量增加；当阀后压力低于设定压力时，阀杆带动阀芯向下移动，阀门开启程度减小，流通面积减小，流量减小，同时当阀前压力低于阀后压力时阀门会自动关闭，有效阻止流体倒灌现象的发生，实现定流量稳压控制。

智能控制器将流量设定值与流量变送器检测到的流量值进行比较，当检测到的流量值与设定值不一致时，智能控制器将信号传递给电动执行机构，电动执行机构推动阀杆带动阀芯向上移动，从而开启流量调节阀阀门，自动调节流量到设定值，实现定流量控制，如图 6 所示。

智能控制器还可以将压力变送器检测到的阀前后压力值进行比较，当阀前压力(干压)小于阀后压力(油压)时，电动执行机构推动阀杆带动阀芯向下运动，调节阀阀门开启程度变小，流通面积减小，自动关闭阀门，有效地阻止了流体倒灌现象发生，此时流量计液晶显示屏显示阀门开度为 0，从而实现稳压控制，如图 7 所示。

定量稳压注气测控装置具有以下特点：(1)采用套筒式流量自控装置实现高压(32~42MPa)流量智能调控，高压差调控扭矩小、节能，整套设备额定功率为 15W；(2)可实时采集数据，如：注入气量的干线压力、温度、流量、阀门开度，采出介质的实时流量、压力等，基于采集数据，应用 AI 算法进行数据预处理、仪表自诊断、控制策略制定等；(3)针对注气流量/压力与调节阀进行联锁调控，实现定量、稳压的注气控制；(4)可对注气量实时采集、实时诊断、实时优化、实时控制等；(5)支持 RS485、MODBUS 通信协议远程数传，提供多路对外数据接口，可配接GPRS、CDMA、EVDO、SCDMA、McWiLL等多种远程通信设备，实现本地和远程监视及设定参数。

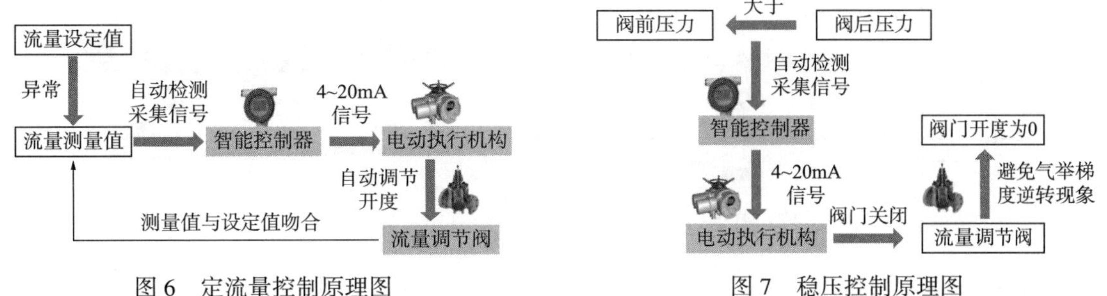

图6　定流量控制原理图　　　　图7　稳压控制原理图

2.2　气举采油井产出液气液两相计量装置

井口产液量的精确计量对于认识油藏生产动态、评价油田开采状况、油田开发方案设计与调整、改善油井工作制度等决策问题至关重要。气举采油井定量稳压注气测控装置可以选配不同类型的流量计，既可以计量单相气量，也可以计量气液两相流量。当气举气来自压缩机组或干气井，只需要单相计量，采用差压式喷嘴节流件计量，如图8所示，采用温压一体化设计、无不可动部件、节流件圆弧形设计、耐砂冲刷、抗气体冲蚀。单相计量模型见式(6)：

$$Q=\frac{C}{\sqrt{1-\beta^4}}\varepsilon\frac{\pi}{4}d^2\sqrt{\frac{2\Delta p}{\rho}} \tag{6}$$

式中：Q 为单相气流量，m^3/s；C 为流出系数；β 为直径比，$\beta=d/D$；ε 为可膨胀系数；d 为喷嘴节流件内径，m；D 为喷嘴上下游管道内径，m；Δp 为压差，Pa；ρ 为上游流体密度，kg/m^3。

差压式喷嘴流量计通过高频采集计算，对可膨胀系数进行修正，同时具有虚高修正模型和数据融合计算模型。当湿气流经差压式喷嘴流量计时，由于气相对液相的携带与液相对气相流动的阻塞，且存在相间内摩擦等因素，导致差压偏高，称为“虚高”[19]，为了提高计量精度，对“虚高”进行修正。虚高修正模型见式(7)至式(9)：

$$W_g=\frac{C\varepsilon}{\sqrt{1-\beta^4}}\frac{\pi}{4}d^2\frac{\sqrt{2\Delta p\rho}}{OR_c} \tag{7}$$

$$OR_c=(k/x)\sqrt{x+(1-x)\frac{\rho_g}{\rho_l}}-k+1 \tag{8}$$

$$k=-44.007\sqrt{\frac{\rho_g}{\rho_l}}+2.8879 \tag{9}$$

式中：OR_c 为虚高；x 为干度；ρ_g 为气相密度，kg/m^3；ρ_l 为液相密度，kg/m^3；W_g 为修正后的气流量，m^3/s。

数据融合计算模型通过搭建以喷嘴节流件、高频差压传感器为核心的测量设备，采集频率保持在15s约3000差压点，测量设备管道内流体的温度和压力，计算气相和混合液相的密度、黏度；对高频采集差压传感器的实测差压值、温度、压力等生产数据信号进行特征提取，将特征向量进行数据融合，采用遗传算法进行内部参数寻优，建立遗传算法优化支持向量机的井口产液量在线计量模型。

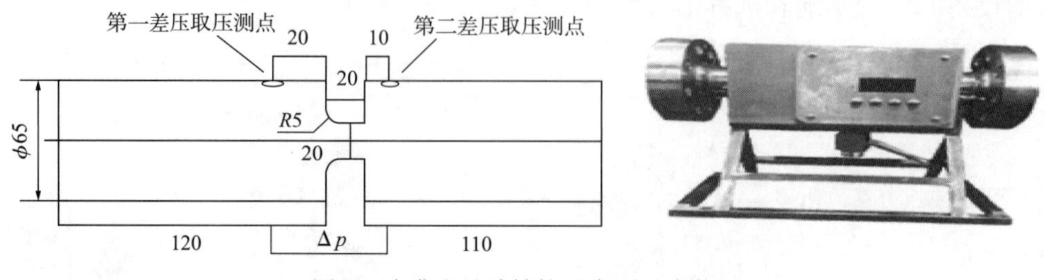

图 8　喷嘴流量计结构示意图和实物图

3　实例分析

气举采油是人为地把高压气体注入油管，降低井下液体的密度和油管中液柱重量，使油管内的流动压力梯度下降，从而降低井底流动压力，建立起将液体举升到地面的生产压差。提高注气量可以获得更高的产量，但并非注气量越大越好，当注气量过大时，产量不仅不会增加，反而下降，严重时则浪费气源，可能会造成干注气不出油。注气量过少时，产量无法满足要求，严重时会造成工作阀间歇注气，气举生产不稳定。因此，通过对注气系统的监测和调控实现气举采油井的合理配气量显得尤为重要。

为验证气举采油井流量测控装置与智能调控系统的现场应用效果，选取大港油田某区块安装相关装置，如图 9 所示。在注气端安装定量稳压注气测控装置，当注气量低于设定气量时，电动执行机构推动阀杆带动阀芯向上移动，流量调节阀阀门开启程度变大，流通面积增大，气量增多，反之亦然，阀门开启范围为 0~1，流量范围为 250~900m^3/h。同时压力变送器采集调节阀前后注气压力实现定压注气，防止返排现象发生。产液端安装差压式喷嘴流量计对产出气液两相流进行实时精确计量。

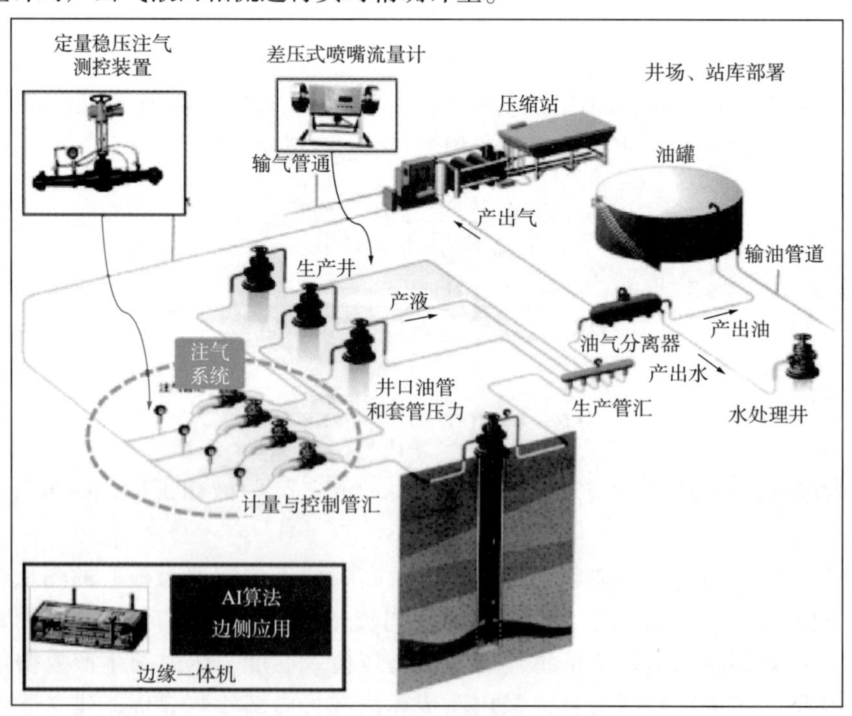

图 9　气举注采系统

通过强化学习模型修正机制调整注气阀，在优化注气量的同时显著提高了该井的产液量，如图10所示，单井产量增幅达到10.22%~16.7%。注气量经过优化后的方案可节约10%~20%的注气成本，此外由于数据采集与阀门控制的自动化程度有所提高，可节约运营支出7%~15%。

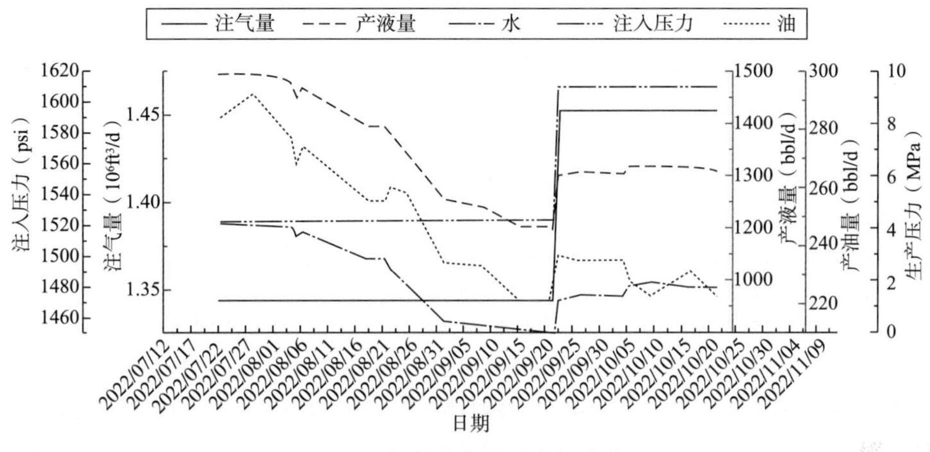

图10　气举优化前后产量变化

4　结论

（1）“云—边—端”气举采油井智能监测调控系统集成气体压力、流量和温度感知能力，基于强化学习的气举自寻优决策模型实现气举采油井注气量准确计量、定时定流量定压力气举、地面注气参数自适应调控，实现气举采油井工况监测、工况诊断、优化决策及高效开发等一体化功能。

（2）边缘一体协同控制平台通过场景感知、实时分析、动态决策与云—边—端协同的智能应用，实现油田生产现场气举调控的检测、控制与自我优化。

（3）喷嘴气液两相计量装置以喷嘴为物理模型，通过高频采集和数据融合技术实现气液两相流、含水率的计量。单相流计量误差仅为1.5%；两相流的计量误差气相为8%，液相为5%。

（4）定量稳压注气测控装置可以实现气流量与调节阀联锁控制，调节阀阀门开启程度可实现0~1调节，气体流量可实现250~900m^3/h调节。

（5）现场应用表明：通过气举优化精细管控气举注气量，可减少资本支出10%~20%，减少运营支出7%~15%，单井产量增加10.22%~16.7%。

参考文献

[1] HARI S，SHANKER K MANAV P，et al. Influence of wellhead pressure and water cut in the optimization of oil production from gas lifted wells[J]. Petroleum Research，2022，7(2)：253-262.

[2] 黄冬虹，鲍青，肖勇，等．天然气计量系统智能控制测试分析[J]．城市燃气，2019(11)：26-30.

[3] 杨博文．涪陵页岩气田天然气计量输差分析及控制[J]．江汉石油职工大学学报，2021，34(5)：23-25.

[4] 闫学峰，檀朝东，毛云龙，等．连续气举采油节点分析及优化设计软件的研制及应用[J]．中国石油和化工，2008(22)：52-54.

[5] MOFFETT R E. Real Gas Lift Optimization：An Alternative to Timer Based Intermittent Gas Lift [C]. The International Petroleum Exhibition & Conference，Abu Dhabi，UAE，November 2017. SPE-188480-MS.
[6] AMER S N. Application of machine learning algorithms to predict tubing pressure in intermittent gas lift wells [J]. Petroleum Research，2022，7(2)：246-252.
[7] 臧红河，孟令云，周戈亮．气举采油地面配气调控系统研发应用[J]．中国石油和化工标准与质量，2012，32(5)：108-109.
[8] 熊国良，黄学宾，唐佩茹，等．新型气举采油注气计量自控装置的研制和应用[J]．石油矿场机械，2005(3)：80-82.
[9] BAGARAGAZA R，ZHANG J，XIAO D Y，et al. Assessment and Performance Evaluation of Water Hammer in Hydroelectric Plants With Hydropneumatic Tank and Pressure Regulating Valve[J]. Journal of Pressure Vessel Technology，2021，143(4)：10.
[10] 魏方方，董建宏，张倩，等．基于文丘里管湿天然气计量虚高系数数值模拟研究[J]．石油机械，2023，51(1)：95-102.
[11] 刘红兵，魏方方，张倩，等．喷嘴湿气井两相流在线计量装置研究及应用[J]．石油矿场机械，2023，52(2)：55-63.
[12] 郭素娜，李光，季增祺，等．基于 CFD 仿真的差压微小流量计设计[J]．仪表技术与传感器，2022(3)：45-49，56.
[13] 桂捷，张春涛，郭风军，等．苏里格气田柱塞气举采油井气液两相计量试验研究[J]．石油机械，2022，50(3)：100-105.
[14] AL-SELAITI I，MATA C，SAPUTELLI L，et al. Robust Data Driven Well Performance Optimization Assisted by Machine Learning Techniques for Natural Flowing and Gas-Lift Wells in Abu Dhabi[C]. SPE Annual Technical Conference & Exhibition，Denver，Colorado，USA，2020.
[15] SANZO S，MONTINI M，CADEI L，et al. Virtual Metering and Allocation using Machine Learning Algorithms[C]. Internatianal Petroleum Technology Conference，Dhahran，Saudi Arabia，2020.
[16] WANG S，CLARK C，CHEESEWRIGHT R. Virtual Coriolis flow meter：a tool for simulation and design [J]. Proceedings of the Institution of Mechenical Engineers Part C-Joural of Mechanical Engineering Science，2006，220 (6)：817-835.
[17] ISHAK M A B，ISMAIL I B，AL-QUTAMI T A H. Data Driven Versus Transient Multiphase Flow Simulator for Virtual Flow Meter Applacation[C]. 8th International Conference on Intelligent and Advanced System (ICIAS)，Electr Network，2021.
[18] 蒋永兵，侯聪伟，郝娇山，等．套筒开孔对双层套筒阀流动特性的影响[J]．排灌机械工程学报，2022，40(7)：687-692.
[19] SMITH R V，LEANG J T. Evaluation of Correlations for Two-Phase Flowmeters Three Current-One New [J]. Journal of Engineering，1975，97(4)：589-593.

一体化潜油直驱螺杆泵无杆举升技术

董康兴[1]　王素玲[1,2]　孟　博[1]　韩柏超[1]

（1. 东北石油大学；2. 多资源协同陆相页岩油绿色开采全国重点实验室）

摘　要：针对常规潜油螺杆泵小曲率半径斜井和水平井通过性差、电机散热不良的问题，设计了一体化潜油直驱螺杆泵。采用电机和螺杆泵嵌套式设计，在相同的举升能力下整机长度缩短了约50%，提高了井型适应性；电机转子直接驱动螺杆泵橡胶衬套，缩短了传动链，理论效率可提升7.8个百分点；转子的中空式设计保证电机内外同时散热，提升了散热性能，延长了电机寿命。研究结果对螺杆泵的设计研发具有参考价值，在非常规油气资源的开采方面具有良好的应用前景。

关键词：一体化；螺杆泵；井型适应性；电机散热

当今浅层致密油资源日益减少，页岩及深层油气资源勘探开发的新形势对开采设备提出了更高的要求[1-2]。有杆泵在较深的泵挂深度下会出现漏失严重、抽油杆断脱等问题[3]，井下无杆举升技术越来越广泛地得到应用[4]。在复杂井筒环境中，无杆采油必然代替有杆采油发挥其优势[5]。公杰[6]对电潜螺杆泵及柔性复合连续油管技术的组合使用进行先导性试验，为油田未来规模化应用提供经验。周怀光等[7]证明潜油螺杆泵具有提高产量和延长检泵周期的作用。郝忠献等[8]采用永磁同步低速大转矩电机直接驱动螺杆泵，提高了系统可靠性和适用性。王小江等[9]研制了投捞电缆式潜油螺杆泵举升工艺，有效解决了联轴器断裂、动力电缆无绝缘、插接头组件对接困难等问题。魏玉芬等[10]建立了一种单螺杆泵容积效率求解方法，为参数匹配提供支撑。韩道权等[11]根据压力场分布规律得出对应的总举升压力，为类椭圆型螺杆泵的设计与实际应用提供了参考。螺杆泵高速旋转产生的热量容易使定子脱胶，在使用中还需要确保定子与转子之间具有很好的润滑作用[12]。吉纪彬[13]研究了单螺杆泵理论与实际啮合间隙值的变化规律，并总结了不同流量条件下单螺杆泵的最小啮合间隙的变化规律。为解决螺杆泵的偏磨问题，许多学者进行了研究，并取得了较好的效果[14-15]。王涛[16]通过对大庆油田螺杆泵机采井系统工作效率的现状进行分析，探讨了提高螺杆泵机采井系统工作效率的有效措施。联轴器等传动部件使得传动链较长，影响机械效率[17-18]。张炳义等[19-20]设计了单元分段电机，每段电机都是1个独立的运行单元，各电机之间是否故障互不影响，但会造成电机铁芯有效长度较短。

针对小曲率水平井段下泵难、电机散热不良等问题设计一体化潜油直驱螺杆泵，对其进行效率分析及电机散热分析，为螺杆泵的进一步研发提供基础。

作者简介：董康兴(1982—)，2017年毕业于东北石油大学石油与天然气工程专业，获博士学位，现任东北石油大学副教授，从事能源装备设计分析等方面研究工作。通讯地址：黑龙江省大庆市高新技术开发区发展路199号。E-mail：dongkangxing@ 163. com。

1 螺杆泵结构

1.1 基本参数的确定

当螺杆泵转动一周(2π)时，封闭腔中的液体沿 Z 轴(螺杆泵几何中心线)移动的距离为 $T=2t$。在任意横截面内液体占有面积为衬套截面积与螺杆截面积之差，即：$4e\times 2R=8eR=4eD$，因此螺杆每转一周，泵的理论排量为：

$$q=4eDT\times 10^{-9}$$
$$D=2R$$
$$T=2t \tag{1}$$

泵的理论排量与转速成正比，即：

$$Q=1440\times 4eDTn\times 10^{-9} \tag{2}$$

式中：Q 为泵的理论排量，m^3/d；q 为螺杆泵(转子)每转一周的理论排量，m^3；e 为泵的偏心距，变化范围 1～8mm；D 为螺杆泵转子直径，mm；T 为定子导程，mm；n 为螺杆泵转子转速，r/min；t 为转子螺距，mm。

单螺杆泵的实际排量为：

$$Q=Q_t\eta_v=\frac{4eDT\eta_v}{60} \tag{3}$$

式中：Q_t 为理论产量，m^3/d；η_v 为容积效率。

对螺杆泵结构和现场使用情况的分析表明，e、D 和 T 三者存在一定的联系，只有在这三个参数维持一定比值的前提下，才能确保单螺杆泵长期高效工作。推荐比值关系为：$2\leqslant \frac{T}{D}\leqslant 2.5$，$28\leqslant \frac{T}{e}\leqslant 32$。

对于采油用单螺杆泵，一般把螺杆断面直径 D 作为计算基础，因为它受到油井、套管直径的限制。这里选定螺杆直径 $D=20$mm，从而给出 $e=4$mm，$T=108$mm。计算衬套工作部分的长度 L 为：

$$L=\frac{\rho gHT}{\Delta p} \tag{4}$$

式中：Δp 为橡胶衬套单个导程的压力梯度，取值范围 0.5～0.7MPa；H 为泵压头，井深 2000m 时，$H=20$MPa。

计算得出橡胶衬套长度为：$L=4320$mm，针对油田油井含气量大，气体中含有少量 H_2S、CO_2 等气体，橡胶衬套设计采用耐 H_2S、耐 CO_2、耐高温、高耐磨特种橡胶。一体化潜油直驱螺杆泵的参数见表 1。

表 1 一体化潜油直驱螺杆泵基本参数

项目	参数	项目	参数
螺杆直径	20mm	套管	5½in 及以上
定子导程	108mm	橡胶衬套长度	4330mm
偏心距	4mm	橡胶衬套材料	氢化丁腈橡胶
电机转速	300r/min	排量	$<7m^3/d$

1.2 结构设计

一体化潜油直驱螺杆泵主要由保护器、螺杆泵和潜油电机三部分组成。如图 1 所示，潜油电机转子中空，螺杆泵内置其中，实现机泵一体化。潜油电机定子与永磁体相对运动产生旋转磁场带动电机转子和橡胶衬套一起转动。从而实现了螺杆泵内部的相对运动，使得液体以螺旋的方式从一个密封腔压向另一个密封腔，达到举升井液的目的。

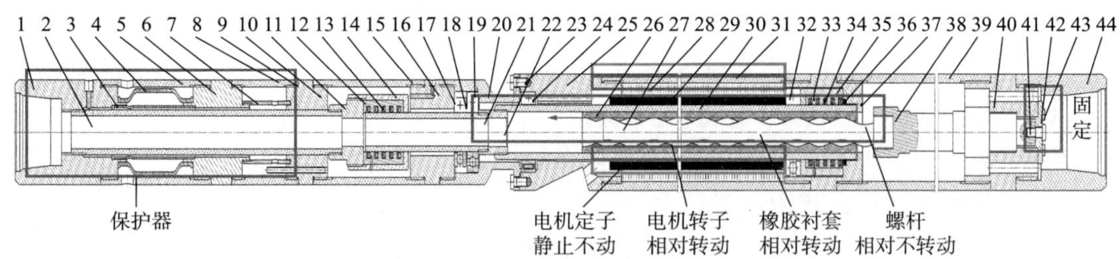

图 1 一体化潜油直驱螺杆泵总体结构图

1—油管上接箍；2—输油套管Ⅰ；3—护囊管；4—胶囊；5—胶囊短节；6—沉淀腔上接头；7—沉淀腔衬套；8—沉淀腔短节；9—沉淀腔出油管；10—沉淀腔下接头；11—变径接头；12(33)—密封钢套；13(34)—Y 形密封圈；14(35)—密封底座；15—密封短节；16—密封底座；17(32)—推力球轴承；18—碟形弹簧片；19—推力角接触球轴承；20—保护器底座；21—输油套管Ⅱ；22—套管接头；23(41/43)—外六角螺钉；24—推力滚针轴承；25—电机上接头；26—橡胶衬套；27—螺杆；28—电机定子；29—永磁体；30—电机转子；31—电机外壳；36—“O”形密封圈；37—电机下接头；38—柔性轴；39—柔性轴短节；40—进油底座；42—六角固定套；44—泵体下接箍

潜油电机选择稀土永磁同步电机，主要由电机接头、定转子、推力轴承、密封装置和潜油电缆等组成。电机转子由螺杆泵外壳和电机壳、电机定子内外扶正，保证转子运转同心度，电机转子连接螺杆泵转子转动实现举升井液的功能。

保护器是在胶囊式保护器的基础上改进而成。主要由胶囊、沉淀腔上下接头、沉淀腔和密封装置等组成。胶囊的外部与井液相连通，内腔通过护囊管的呼吸孔与下部沉淀腔相连通。利用胶囊实现润滑油的热膨胀呼吸作用，可以减少润滑油的漏失，有效保护电机。沉淀腔下接头开有泄油孔，呈圆周 120°分布，可以清除油液中的杂质。

2 性能分析

2.1 通过性分析

常规潜油螺杆泵的电机长度有 5~6m，加上柔性轴、联轴器、保护器等部件，整套机组长度在 12~15m 之间，传动链长，机械效率较低，不适用于小曲率半径的斜井和水平井等。

一体化潜油直驱螺杆泵将潜油电机、保护器、螺杆泵“三体合一”，整套机组长度在 6m 左右，较常规的潜油直驱螺杆泵长度缩短了 50%，有效缩短传动链，提高机械效率，如图 2 所示，更容易通过小曲率半径的斜井和水平井。

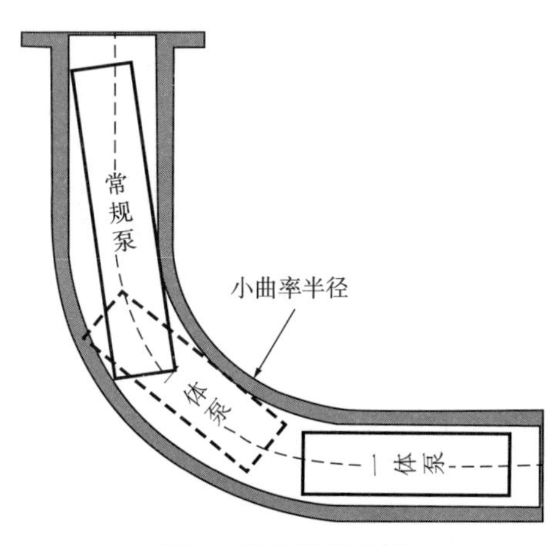

图 2 通过性示意图

2.2 效率分析

螺杆泵的能量损失分为水力损失、容积损失和机械损失三种，其中过流部分的水力损失很小，一般都忽略不计，而容积损失和机械损失是确定螺杆泵转速的重要依据。

用容积效率来表示容积损失，利用螺杆—衬套副间缝隙漏失原理，并引入螺杆泵基本结构参数和工况系数，经理论分析得出其计算公式为：

$$1-\eta_v=K_v\frac{\sqrt{p}}{\sqrt{\rho}nT}\sqrt{\left[1+A\frac{p}{E}\left(\frac{\delta_0}{D}\right)^{-\beta}\right]^3\left[\left(\frac{\delta_0}{D}\right)^{\beta}\right]^3}\frac{D}{e}\sqrt{\frac{T}{L}} \tag{5}$$

式中：K_v 为体积效率系数；δ_0 为缝隙高度，mm；β 为调整缝隙尺寸对漏失影响的幂指数；A 为缝隙的横截面积，mm^2；E 为材料的弹性模量，MPa。

螺杆泵的机械损失主要产生于螺杆—衬套副间的摩擦，考虑热平衡的液体流动方程，推导出机械效率的计算公式为：

$$\frac{1}{\eta_m}-1=K_m\frac{\mu n}{p\left(\frac{\delta_0}{D}\right)^{\beta}}\frac{1}{\left[1+A\frac{p}{E}\left(\frac{\delta_0}{D}\right)^{-\beta}\right]}\left(\frac{\rho cT_0}{\mu n}\right)^{\frac{2}{3}}\frac{D}{e}\frac{L}{T} \tag{6}$$

式中：K_m 为机械损失系数；μ 为输送液体的动力黏度，mPa · s；c 为输送液体的质量热容，J/(kg · K)；T_0 为温度常数，表征黏度随温度变化曲线的斜率。

通过理论计算得出常规泵和一体化潜油直驱螺杆泵的效率曲线，如图 3 所示。

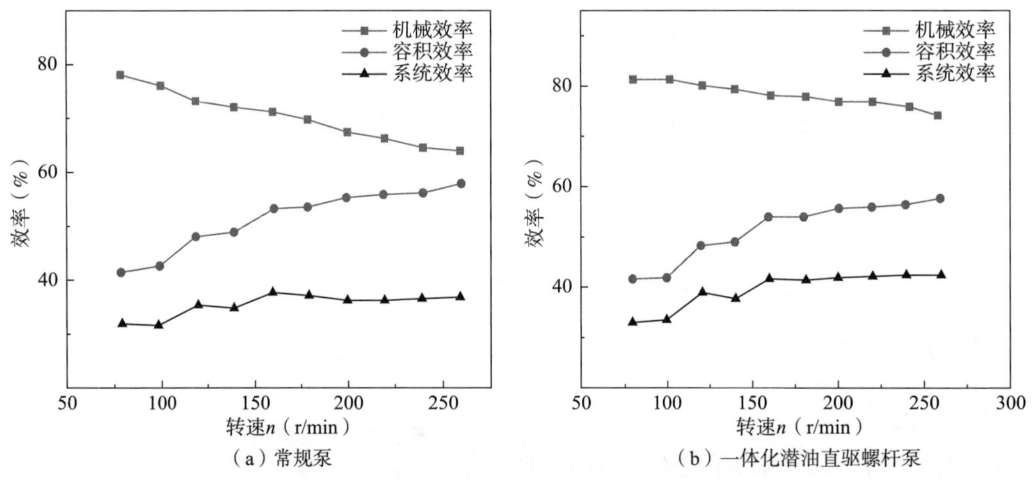

（a）常规泵　（b）一体化潜油直驱螺杆泵

图 3　效率曲线对比图

结果表明，容积效率随转速的增大而增大，而机械效率随转速的增大而稍有下降。转速较高时，容积效率也较高，机械效率稍低，但总效率仍然较大。所以，从提高泵效的角度出发，泵的转速应尽可能大一些。计算得出一体化潜油直驱螺杆泵的平均机械效率较常规泵提高了 7.8 个百分点。故而一体化潜油直驱螺杆泵的设计缩短了传动链，提高机械效率，增加了可靠性。

2.3　电机散热性能分析

由于一体化潜油直驱螺杆泵潜油电机结构具有特殊性，井液可以内外流通，同时散热。简化电机结构，建立热分析模型，在相同的外部条件下，对比分析两种电机结构的散热性能。对比分析结果如图 4 所示。

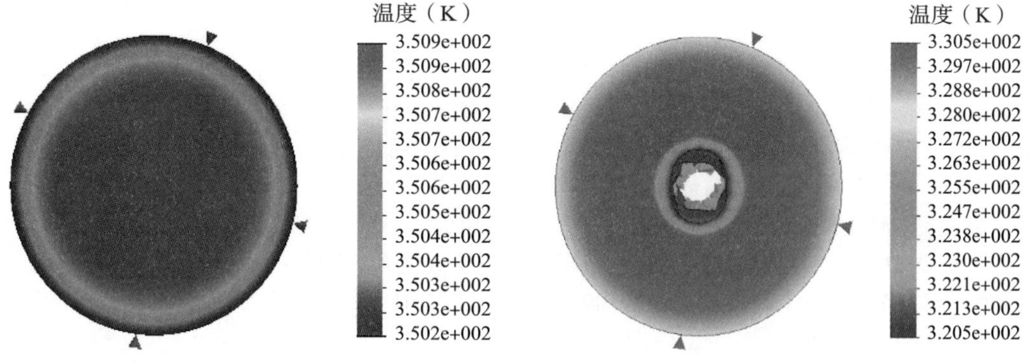

（a）常规潜油电机　　（b）一体化潜油直驱螺杆泵潜油电机

图 4　潜油电机热分析对比图

分析结果表明，一体化潜油直驱螺杆泵潜油电机散热分析模型的整体温度与常规模型相比相对较低，同时它的最高温度也低于常规模型。因而，与常规潜油电机相比，一体化潜油直驱螺杆泵潜油电机散热性能更好，有利于延长电机寿命，提高产量。

3　结论

针对常规潜油螺杆泵小曲率半径斜井和水平井通过性差、电机散热不良的问题，设计了一体化潜油直驱螺杆泵。电机与螺杆泵嵌套式设计实现机泵一体，缩短了整体长度，提高了井型适应能力；简化了机械结构，提高了机械效率，增强了可靠性。电机转子中空设计实现内外同时散热，提高了散热性能，延长了电机寿命。进行一体化潜油直驱螺杆泵的设计和研究能够满足目前油田的硬性需求，具有一定的工程实践意义。

参　考　文　献

[1] 刘合，刘伟，卢秋羽，等．深井采油技术研究现状及发展趋势[J]．东北石油大学学报，2020，44(4)：1-6，29，149.

[2] 蔡建超，刘曰武．非常规油气资源渗流力学进展专题序[J]．力学学报，2021，53(8)：2117-2118.

[3] 杨志，康露，张兴华，等．有杆泵-地面驱动螺杆泵组合举升工艺设计[J]．西南石油大学学报(自然科学版)，2023，45(3)：163-170.

[4] 刘兴海．油田开发中螺杆泵采油技术的应用探究[J]．中国设备工程，2023(10)：238-239.

[5] 王涛，李维．页岩油潜油螺杆泵装置采油工艺优化设计[J]．设备管理与维修，2023，544(11)：107-109.

[6] 公杰．电潜螺杆泵匹配柔性连续油管举升技术的现场实践[J]．化学工程与装备，2022，307(8)：123-125.

[7] 周怀光，黄琨，黄龙藏，等．深井潜油螺杆泵在碳酸盐岩油藏的应用[J]．化学工程与装备，2022，306(7)：48-49.

[8] 郝忠献，朱世佳，裴晓含，等．井下直驱螺杆泵无杆举升技术[J]．石油勘探与开发，2019，46(3)：594-601.

[9] 王小江，谢俊辉，王惠清，等．投捞电缆式潜油螺杆泵技术改进及应用[J]．石油工业技术监督，2022，38(3)：58-61.

[10] 魏玉芬，赵丰德，韩国有，等．基于流固耦合的采油单螺杆泵容积效率求解方法[J]．润滑与密封，2022，47(12)：147-151.

[11] 韩道权，郭翔，宋玉杰，等．类椭圆型螺杆泵与常规采油螺杆泵举升性能对比[J]．中国工程机械报，2022，20(4)：294-299.
[12] 廖健．螺杆泵采油技术研究现状及趋势[J]．中国石油和化工，2016(S1)：221.
[13] 吉纪彬．全金属单螺杆泵单向流固耦合数值计算研究[J]．化工管理，2022，627(12)：102-104.
[14] 马井义．螺杆泵井杆柱扶正优化技术研究[J]．石油石化节能，2022，12(9)：29-33.
[15] 李金阳．螺杆泵井偏磨原因与治理措施[J]．化学工程与装备，2022，307(8)：217-218，230.
[16] 王涛．大庆油田螺杆泵机采井系统效率现状与措施分析[J]．石油知识，2019(3)：56-57.
[17] 李雨檬．螺杆泵直驱拖动装置合理额定扭矩的研究[J]．化学工程与装备，2019(7)：242-244.
[18] 陈锐，韩岐清，郑小雄，等．电动潜油螺杆泵举升工艺技术优化研究与应用[J]．天然气与石油，2018，36(4)：64-67.
[19] 张炳义，徐志平，冯桂宏．转轴扭曲及单元组合对潜油螺杆泵直驱永磁电机转矩脉动的影响研究[J]．机电工程，2017，34(8)：835-840.
[20] 张炳义，刘忠奇，杨帅，等．潜油螺杆泵直驱单元组合超细长永磁电机研究[J]．石油机械，2014，42(5)：63-67.

一种基于大数据的无杆泵井产液量计量方法

陈培尧　周志平　陆　梅　刘天宇　刘广胜　艾　信　吴利利

（中国石油长庆油田公司油气工艺研究院）

摘　要：针对现有无杆泵井计量主要以硬件设备为主，存在着占地面积大、建设投资费用高、人工巡井工作量大、单量数据少等问题。创新地提出了一种基于大数据的产液量动态计量方法，首先根据无杆泵井机采特征，消除不同井型、电机功率等影响因素，建立无量纲关键参数，利用皮尔逊（Pearson）相关系数对数据样本进行了属性数据与产量的关联性分析，并根据随机森林特征选择方法进行数据降维确定主控参数，定量研究无杆泵井生产数据变化规律与产量之间的关系，选用 XGBoost 模型建立了一种广泛应用时序数据学习和预测的无泵井产量预测模型。经过某区块 10 口无杆泵井实际产量数据与 IPR 曲线拟合法、电参分析法进行对比分析，优选大数据产液量计算方法，产量计算误差在±5%以内，解决了现场针对电潜泵、电潜螺杆泵等无杆采油方式无有效单井在线计量方法的难题，填补了技术空白。

关键词：无杆泵；大数据计量；电参法；IPR；XGBoost

油井产量是认识油藏生产动态、评价油田开采状况、编制油田开发规划、开发方案设计与调整、改善油井工作制度等决策问题的基础和依据，而且油井产量可以用来反映油井的生产能力、评估抽油设备的工作状态和措施作业的效果水平，只有对油井产量科学可靠地提前预知，才能实现对油井中的措施工作进行高效科学部署，对油井生产工作量进行合理匹配，确保油井安全可靠地生产运行和规划目标的实现。

目前国内油田单井计量主要以罐车单量，三相分离计量橇、称重式计量仪、三相流量计计量等为主，存在着占地面积大、建设投资费用高、人工巡井工作量大、单量不及时、与当前智能化发展不匹配等问题[1-4]。针对电潜泵、电潜螺杆泵等其他无杆泵举升方式的单井在线计量技术[5]有压差分析法[6]、特性曲线法[7]、系统损耗分析法、转速法[8]、IPR 曲线拟合法[9]（表 1），这些技术应用过程中存在基础数据获取难、现场应用局限大等一系列问题，很难进行推广应用，而电潜泵、电潜螺杆泵等无杆采油技术是一种高效智能举升工艺，是解决井眼轨迹复杂、管杆偏磨严重、液量变化幅度大油井的有效采油技术手段[10]。由于其具有安全性好、维护工作量小等优点，逐渐代替传统抽油机在各油田开始规模应用，但还没有与之相配套的单井在线虚拟计量技术。

作者简介：陈培尧（1995—），2021 年毕业于中国石油大学（北京）油气田开发行业，获硕士学位，现任中国石油长庆油田公司油气工艺研究院采油智能化工程师，从事智能采油、数字化等方面研究工作，中级工程师。通讯地址：陕西省西安市未央区明光路 51 号。E-mail：chpy_ cq@ petrochina. com. cn。

表 1　无杆泵井计量技术对比分析

序号	计量方法	技术原理	优缺点
1	压差分析法	通过采集井口、井筒内压力温度，嘴前后压力温度、管线进出口压力温度、举升设备运行参数和工况状态等，应用质量—动量—能量方程或数据驱动方法求解计算油井产量	需在油嘴安装压力温度传感器等设备；液量压差较小井不适用
2	泵特性曲线法	基于泵特性曲线中扬程与排量关系，利用修正后的曲线值，通过已知扬程值反算产量	根据实际运行的流体物性对泵特性曲线进行校正
3	系统损耗分析法	针对泵运行过程中泵输出功率等于油井质量产液量与泵实际扬程的乘积，结合泵出入口压力等参数，根据已知参数计算出井口产量	需泵出入口压力精准计算泵扬程
4	转速法	通过螺杆泵理论排量和泵容积效率的乘积建立计产模型	原油体积系数、生产油气比、含水率等参数对容积效率影响较大，需提前精确测试关键数据
5	IPR 曲线拟合法	针对流压和产量之间的变化关系，结合油井地层压力情况，建立产量和流压拟合曲线	描述油井产量与井底流压的变化关系曲线，更进一步能够体现地层供液与井筒产液供排协调

本文针对现有电潜泵、电潜螺杆泵等无杆泵井在线计量技术的局限性，根据无杆泵井历史数据、静态数据和设备数据，消除不同井型、电机功率等影响因素，建立无量纲关键参数，利用皮尔逊(Pearson)相关系数分析方法，分析了无杆泵井属性数据与产量的关联性，根据随机森林特征选择方法进行数据降维确定主控参数，定量研究无杆泵井生产数据变化规律与产量之间的关系，选用 XGBoost 模型建立了一种广泛应用时序数据学习和预测的无泵井产量预测模型，并结合现场实际生产数据与 IPR 曲线拟合法、电参分析法进行对比分析，优选大数据产液量计算方法，更深层次挖潜动态数据之间的变化规律，可实时预测无杆泵井产量并超前预警，使无杆泵井的计量方式转向虚拟计量，填补了无杆泵井在线有效计量方法的技术空白，实现对油田产量流动情况进行在线实时监测，从而帮助技术人员诊断无杆泵举升设备工况和合理选择调参时机，尽可能避免油井减产，实现了无杆泵井参数优化决策由传统的业务驱动向数据驱动的转变。

1　IPR 曲线拟合法

IPR 曲线即流入动态曲线，是描述油井产量与井底流压的关系曲线，曲线形态与驱动类型、油藏压力、油层物性及流体性质有关[11]。按经典的油井流入特性理论，油井流压越低，产量越高。由于地层内油、气、水三相流动的复杂性，精确建立流动系数的解析函数表达式难度较大，本文根据刘东升等[12]已建立的饱和油藏和非饱和油藏 IPR 曲线通式，利用测点拟合法与最小二乘法，建立待定影响系数的回归方程，同时利用最优化方法求解非线性回归方程的最优解，确定 IPR 曲线通式的影响系数。在此基础上，建立特定生产环境下油井流入特性曲线，结合缺失产量条件下的油井生产数据，对缺失数据进行数据增强(图 1 和图 2)。

$$q_D = 1 - A_1 p_D - (1 - A_1 - A_2) p_D{}^2 - A_2 p_D{}^3 \tag{1}$$

其中：

$$q_{\mathrm{D}}=\frac{q_{\mathrm{o}}}{q_{\mathrm{m}}},\ p_{\mathrm{D}}=\frac{p_{\mathrm{f}}}{p_{\mathrm{r}}} \tag{2}$$

式中：q_o 为油井产量，m^3/d；q_m 为流压为 0 时的产量，m^3/d；p_r 为原始地层压力，MPa；p_f 为井底流压，MPa；q_D 为无量纲产量；p_D 为无量纲压力；A_1，A_2 为系数。

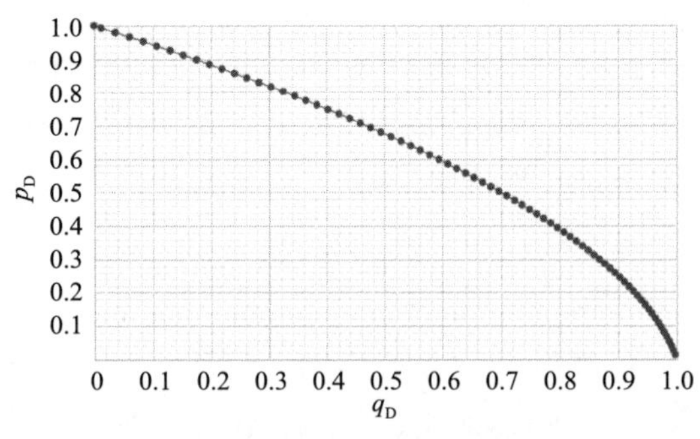

图 1　饱和油藏的 IPR 曲线

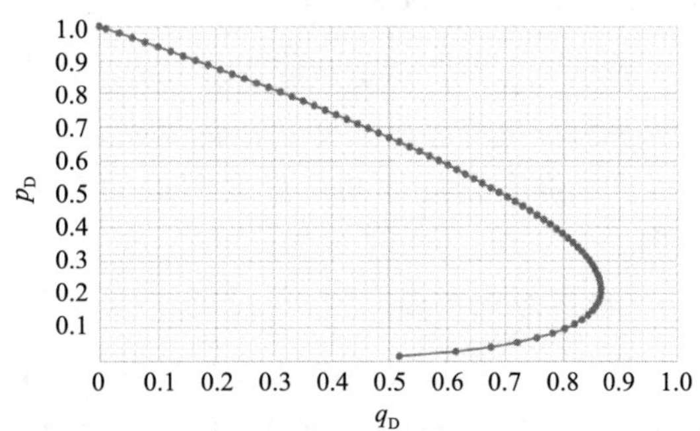

图 2　不饱和油藏的 IPR 曲线

2　电参法产液计量

电潜螺杆泵井在供液条件、电机效率等运行情况相同或相近的条件下，电潜螺杆泵机组的耗能应当与其举升的液量成正比[13]。但在现场实际的工况测量时，受制于运行转速、供液能力、下泵深度的不同，以及其对泵效的影响，计量结果显示液量和耗能无明显相关性(图 3 和图 4)。

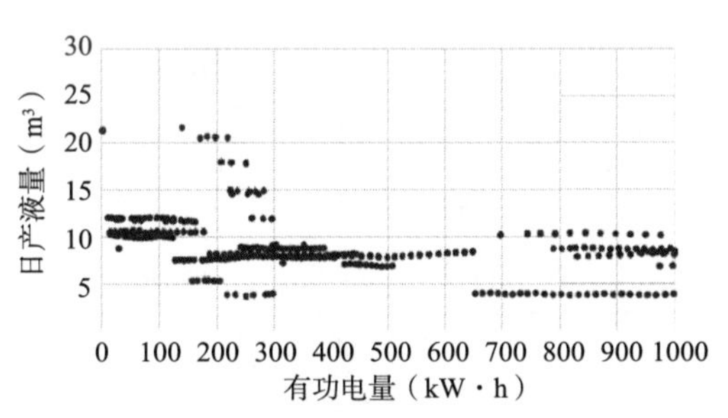

图 3　产液量与耗电量关系散点图

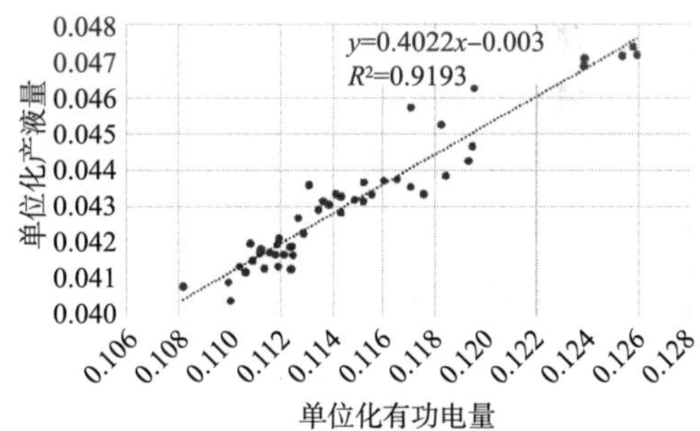

图 4　单位转速及沉没压力下，产液量与耗电量关系散点图

本文将耗电量及产液量单位化，即将其转化为单位转速及沉没压力下的耗电量和产液量，结果显示二者具有较强的正相关性。

（1）参数单位化：计算单位沉没压力及转速下的有功电量及产液量

$$Q_{\mathrm{u}}=Q/(np_{\mathrm{s}}) \tag{3}$$

$$E_{\mathrm{u}}=E/(np_{\mathrm{s}}) \tag{4}$$

式中：Q_u，E_u 分别为单位化后的有功电量及产量；Q，E 分别为有功电量及产量；n 为转速；p_s 为沉没压力。

(2) 公式回归：对单位化后的有功电量及产液量进行拟合，获得的回归公式为 $Q_u=f(E_u)$。其中：$f()$为单位化有功电量与单位化产液量间的函数关系式。

(3) 产液量预测：依据有功电量及回归后的公式，预测产液量。

$$Q=Q_u np_s=f(E_u)np_s \tag{5}$$

3 大数据产液计量

根据无杆泵井历史数据、静态数据和设备数据，利用皮尔逊(Pearson)相关性分析和随机森林特征选择分析无杆泵井属性数据与产量的关联性，确定主控参数，定量研究无杆泵井生产数据变化规律与产量之间的关系，利用 XGBoost 预测模型建立了无泵井产量计算模型。

3.1 特征参数选择

影响电潜螺杆泵井产量的因素很多，主要受油藏和举升设备的影响，包括：油井静态数据(油藏岩石物性、井眼轨迹等)；生产动态数据(时间、油压、套压、转速、泵入口压力、泵入口温度、含水率、井液黏度、动液面等)；设备工况数据(生产时长、电流、电压、有功功率、功率因数、耗电量等)[14-15]。为消除不同井型、电机功率等影响因素，本文将耗电量、产液量、功率、电流单位化，即将其转化为单位转速及沉没压力下的结果，同时，引入油套压差(油压-套压)和无量纲深度(沉没度/泵深)特征参数，丰富模型特征参数(表2)。

表2 电潜螺杆泵井特征参数计算

序号	参数值	计算公式	代表含义
1	单位产量	$Q_u=Q/(np_s)$	单位沉没压力及转速下的产液量
2	单位耗电量	$E_u=E/(np_s)$	单位沉没压力及转速下的耗电量
3	单位有功功率	$P_u=P/(np_s)$	单位沉没压力及转速下的有功功率
4	单位电流	$I_u=I/(np_s)$	单位沉没压力及转速下的运行电流
5	单位平均电流	$\bar{I}_u=\bar{I}/(np_s)$	单位沉没压力及转速下的平均电流
6	油套压差	$\Delta p=p_t-p_c$	油压与套压差值
7	无量纲深度	$\Delta H=H_s/L$	沉没度与泵深的比值

3.2 特征相关性分析

为了能够精确地了解影响电潜螺杆泵日产液量的主要特征参数，本文采用 Pearson 相关系数分析 11 项特征参数变量间的相关性，选用随机森林特征选择方法对数据进行降维和生产特征分析[14,16](图5和图6)。

图5和图6是基于 Pearson 相关系数分析和随机森林特征选择计算得到无杆泵井相关特征之间的关联关系。一般认为两变量 Pearson 相关性系数的绝对值小于 0.3 时为弱相关，由图5可知功率因数、单位耗电、无量纲泵深特征在相关性算法下的绝对值均小于 0.3，结合图6单位耗电对单位产量的影响极大，同时无量纲产量与单位产量计算都为目标值(产液量)，综合考虑，选择单位产量、单位耗电、单位功率、单位电流、单位平均电流、无量纲

电流、无量纲平均电流、无量纲功率、无量纲深度作为特征值，其中单位产量为目标预测值。

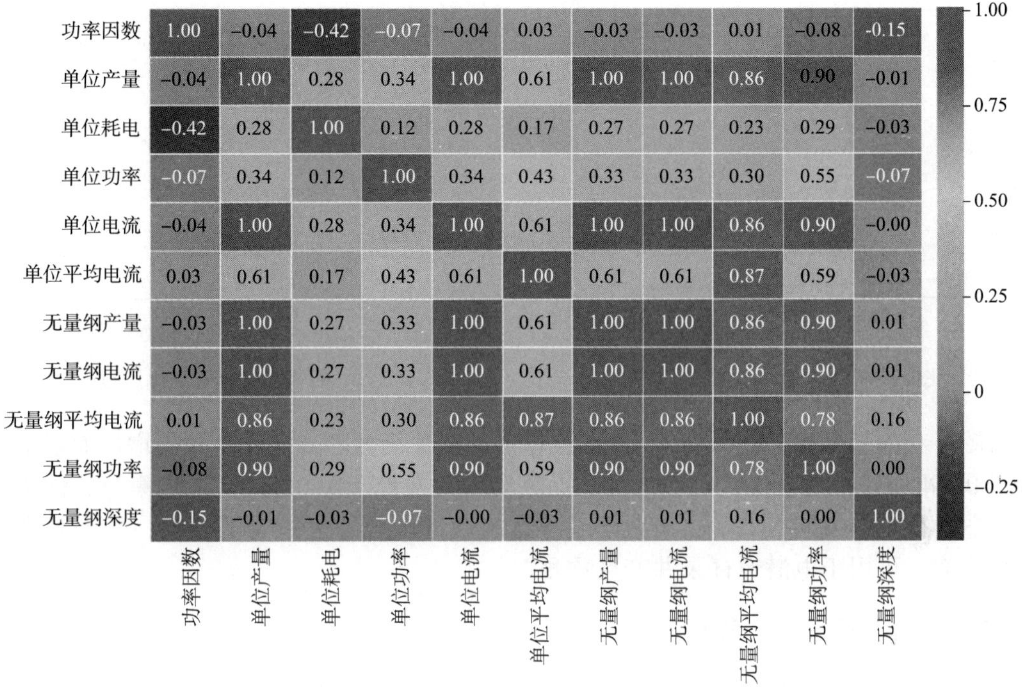

图 5　Pearson 相关系数分析

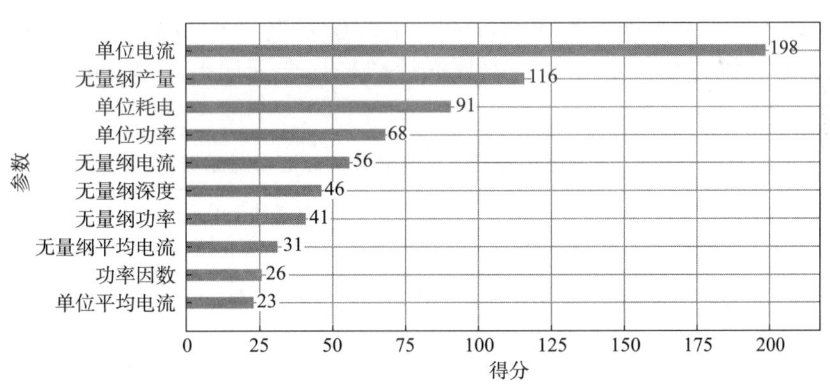

图 6　单位产量与其他特征参数重要性排序

3.3　模型优选及超参数调优

为定量描述电泵井产量与生产参数之间的关系，选取某区块 10 口电潜螺杆泵井作为产量预测的研究对象，收集整理每口井 2022 年 1 月到 12 月的生产日数据，如泵入口压力、油压、套压、转速、三相电流、三相电压、有功功率等共 16 项属性数据，利用本文特征参数选择方法对关键参数进行单位化处理，并按照 7∶2∶1 的比例将处理后的日度数据划分为训练集(迭代训练模型)、验证集(确定模型网络结构或者控制模型复杂程度的超参数)和测试集(应用训练好的模型测试模型性能)，利用 Python 平台中的 XGBoost 库构建电潜螺杆泵产液量预测模型。预测模型初始化参数为：学习率为 0.1，样本采样比率 0.7，树最大深度 5，模型迭代训练 400 次，优化器采用 Adam 函数优化权重，损失函数选用均方差

（MSE），其余参数采用默认值。模型训练过程中训练集及验证集损失函数和准确率随训练次数的变化过程如图 7 和图 8 所示。

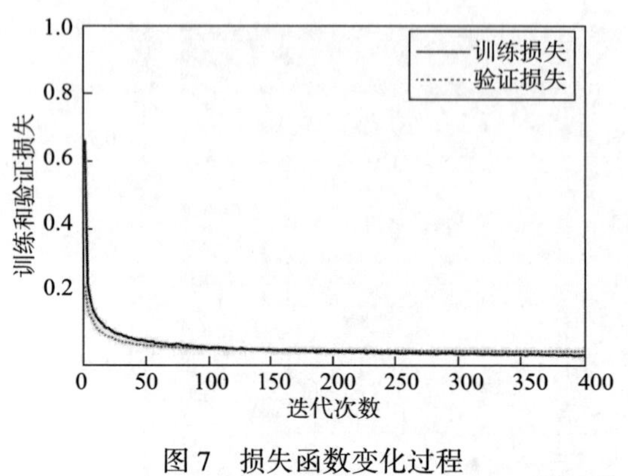

图 7　损失函数变化过程

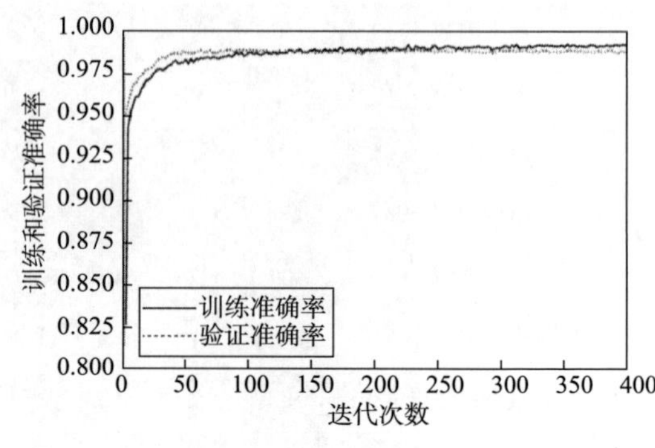

图 8　准确率变化过程

从图 7 和图 8 对比分析，XGBoost 预测模型的损失函数随着迭代次数的增加而逐渐减小并趋于 0，准确率也随着迭代次数的增加而逐渐增大并趋于 100%，且训练集与验证集的损失函数非常接近，说明 XGBoost 预测模型没有出现过拟合或欠拟合的现象，模型具有较好的泛化能力，可用于电潜螺杆泵井产量预测。

4　虚拟计量方法对比研究

为验证对比不同计量算法的有效性与性能优越性，对某区块 10 口电潜螺杆泵井 2023 年 1 月份的生产数据采用不同虚拟计量方法进行准确性验证，结果见表 3。与实际液量相比，IPR 曲线计产平均全天误差为 0.41m^3/d，平均误差率为 6.47%；电参法平均全天误差为 0.42m^3/d，平均误差率为 5.67%；大数据计产平均全天误差为 0.08m^3/d，平均误差率为 2.66%。

表 3　不同虚拟计量方法与油井实际液量对比结果

井号	实际液量（m^3/d）	IPR 计产结果（m^3/d）	电参计产结果（m^3/d）	大数据计产结果（m^3/d）	IPR 计产误差（%）	电参计产误差（%）	大数据计产误差（%）
W1 井	7.53	7.71	7.29	7.86	2.33	3.13	4.43
W2 井	17.77	17.04	17.54	17.25	4.08	1.31	2.90
W3 井	16.86	17.51	—	17.08	3.84	—	1.28
W4 井	16.26	17.06	13.36	15.87	4.89	17.84	2.42
W5 井	6.81	7.27	7.01	7.03	6.71	2.89	3.21
W6 井	8.23	7.96	7.75	8.33	3.23	5.79	1.23
W7 井	3.96	4.49	3.80	4.09	13.28	4.06	3.24
W8 井	10.18	11.90	—	10.52	16.89	—	3.36
W9 井	8.02	8.49	8.66	8.30	5.85	8.01	3.46
W10 井	7.23	7.49	7.06	7.31	3.55	2.31	1.05
平均值	10.29	10.69	9.06	10.36	6.47	5.67	2.66

4.1 W10 井产液对比分析

已知 W10 井油藏的地层压力为 4.56MPa，饱和压力为 9.35MPa，生产井段 362.00～1297.00m，下泵深度 326.88m，利用该井历史数据计算 IPR 曲线影响系数 A_1 为 0.23，A_2 为-8×10^{-15}，q_m为 9.36m³/d，单位化后的有功电量及产液量拟合结果为 $Q_u=0.4022E_u-0.003$($R^2=0.9193$)，利用该井 2023 年 1 月份生产数据进行计产结果与实际液量对比分析，其中 IPR 曲线计产平均误差为 3.55%，电参计产平均误差 2.31%，XGBoost 计产平均误差 1.05%(图 9 至图 11)。

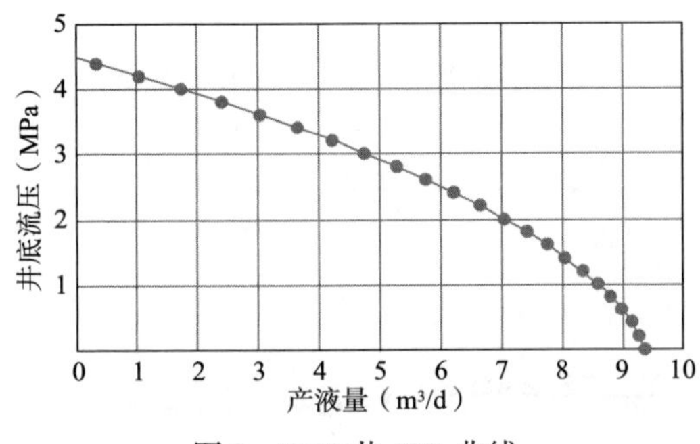

图 9　W10 井 IPR 曲线

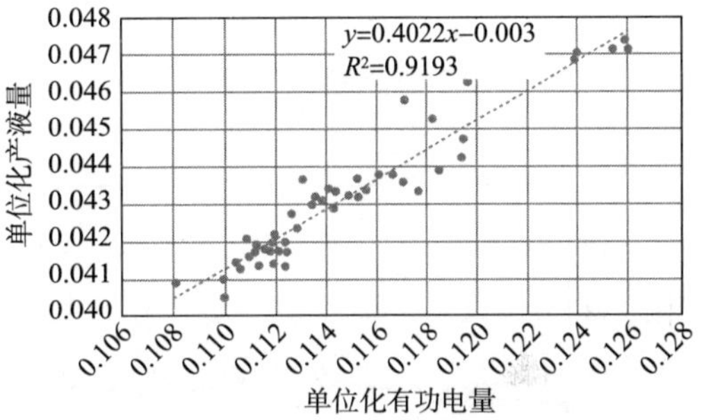

图 10　W10 井单位化产液量与单位化耗电量关系

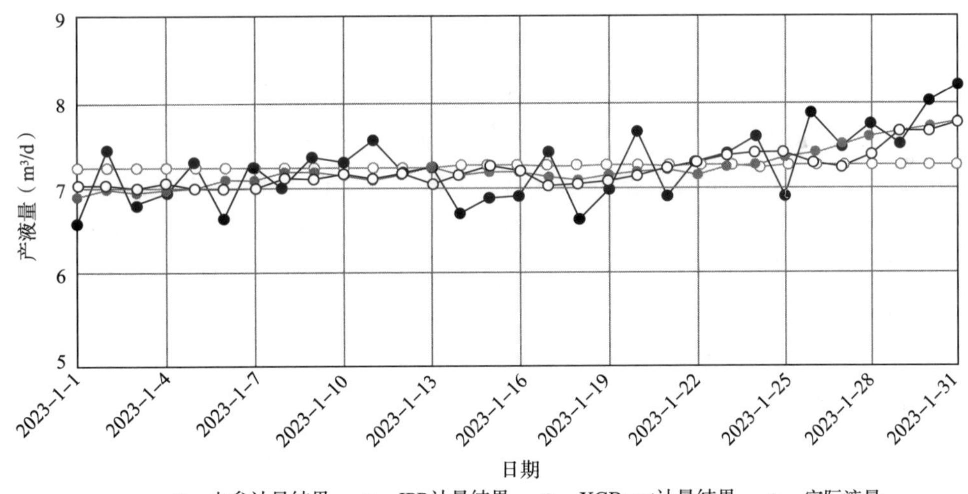

图 11　W10 井不同虚拟计量方法与油井实际液量对比曲线

4.2 W3 井产液对比分析

已知 W3 井油藏的地层压力为 4.56MPa，饱和压力为 9.35MPa，生产井段 472.0～1271.0m，下泵深度 411.31m，利用该井历史数据计算 IPR 曲线影响系数 A_1 为 0.20，A_2 为 2×10^{-14}，q_m为 28.68m³/d(图 12)，单位化后的有功电量及产液量在该井生产情况下并不具备线性关系(图 13)，无法进行关系式拟合。利用该井 2023 年 1 月份生产数据进行计产结果与实际液量对比分析，其中 IPR 曲线计产平均误差为 3.84%，XGBoost 计产平均误差 1.28%(图 14)。

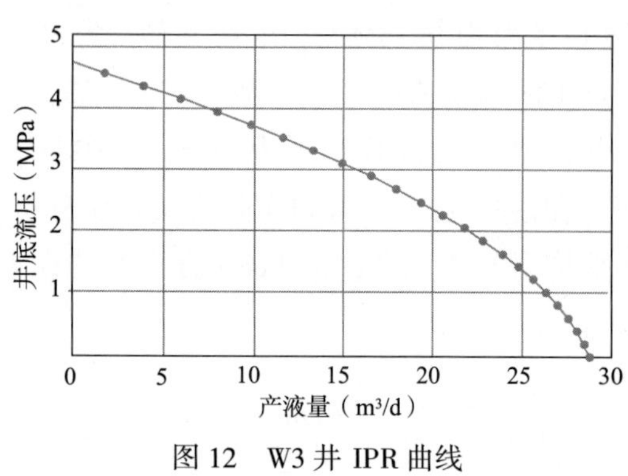

图 12　W3 井 IPR 曲线

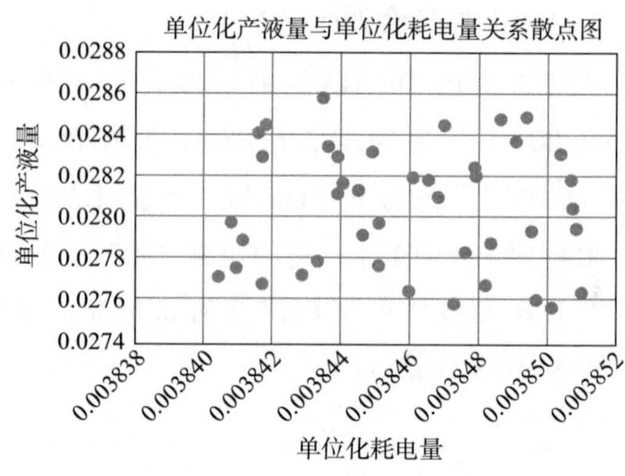

图 13　W3 井单位化产液量与单位化耗电量关系

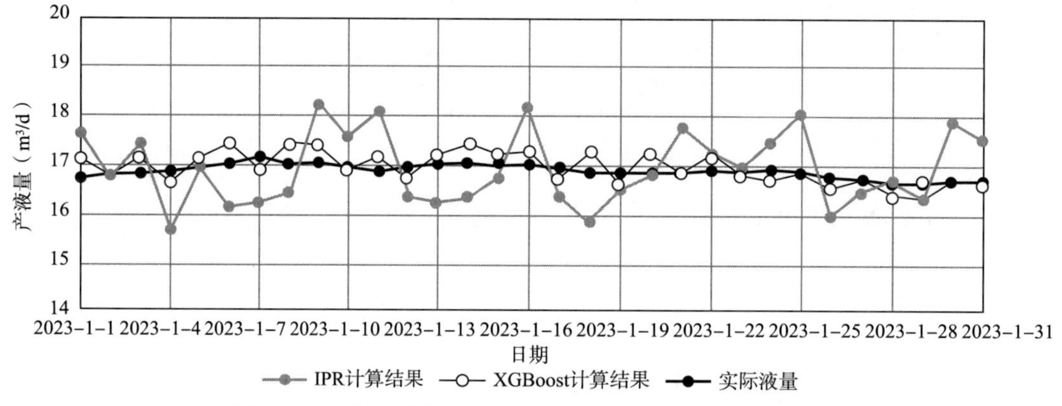

图 14　W3 井不同虚拟计量方法与油井实际量液对比曲线

由 10 口无杆泵井现场试验数据可以看出，大数据计量误差均在±5%以内，计量结果优于 IPR 曲线与电参法计产，且大数据计产方法相比于 IPR 曲线的特定生产环境要求和电参计产线性关系要求，更好地掌握了日产液量的变化趋势和前后关联性，能够准确计算无杆泵井的日产液量变化情况，并结合未来生产数据可逐步加强数据样本集。因此，大数据产液量计产模型可精确应用于油田无杆泵产量计算应用。

5　结论及认识

（1）针对无杆泵现场实际应用过程中受制于运行转速、供液能力、下泵深度的不同，以及其对泵效的影响，将耗电量、产液量、功率、电流转化为单位转速及沉没压力下的结果，同时，引入油套压差和无量纲深度特征参数，建立无量纲关键参数。

（2）与 IPR 曲线拟合法、电参分析法进行对比分析，基于大数据的产量预测模型预测误差在±5%以内，解决了现场针对电潜泵、电潜螺杆泵等无杆采油方式无有效单井在线计量方法的难题，填补了技术空白。

（3）实现无杆泵井在线计量、数据自动远传，能简化油田集输工艺，减少现场员工巡井工作量，降低地面建设费用和生产运行成本。

参　考　文　献

[1] 李杰训，贾贺坤，宋扬，等．油井产量计量技术现状与发展趋势[J]．石油学报，2017，38(12)：

1434-1440.
[2] 鄢雨，石彦，冯小刚，等. 单井在线计量技术及装置的研究与应用[J]. 新疆石油天然气，2019，15(2)：6，95-100.
[3] 檀朝东，史明义，易南华，等. 油井远程在线计量优化分析系统技术在大港油田的应用[J]. 中国石油和化工，2007(20)：43-48.
[4] 檀朝东，邵定波，关成尧. 油井在线监控计量分析系统技术研究及应用[J]. 工业计量，2008(5)：1-4.
[5] 李秋莲，张健，张岳峰，等. 大庆油田油井计量站计量现状分析与对策[J]. 油气田地面工程，2011，30(9)：56-57.
[6] 朱懿渊，姚征，沈昱明. V 锥差压流量计三维数值模拟与改进分析[J]. 上海理工大学学报，2009，31(2)：155-159.
[7] CUI M，FENG G，YANG J，et al. Research and application on virtual metering model for production of ESP well based on working performance curve[C]. Society of Photo-Optical Instrumentation Engineers (SPIE) Conference Series. SPIE，2021.
[8] 彭振华，檀朝东，吴文龙，等. 螺杆泵井产液量远程计量方法研究及应用[J]. 中国石油和化工，2010(6)：57-59.
[9] 杨圣贤，严科，段建辉，等. 基于阶段生产数据的 IPR 曲线类型及意义[J]. 特种油气藏，2017，24(1)：92-95，137.
[10] 朱卫城，段铮，李海津，等. 海上电潜泵生产油田产量优化方法及应用[J]. 科学技术与工程，2014，14(24)：208-210，225.
[11] 董振刚. 电动潜油泵智能控制方法研究[J]. 石油机械，2021，49(1)：138-142.
[12] 刘东升，董世民，李玉，等. 低渗透油田油井流入动态曲线特征的仿真研究[J]. 系统仿真学报，2007(18)：4302-4304.
[13] 韩胜华，刘利梅，秦守栋，等. 电动潜油螺杆泵技术及应用[J]. 油气田地面工程，2009，28(4)：41.
[14] 杨军征，冯钢，王青华，等. 深度学习的电泵井产液量动态预测模型[J]. 石油钻采工艺，2021，43(4)：489-496.
[15] 贾俊杰，刘春海，管桐，等. 基于 CNN-BiGRU 混合神经网络的电潜螺杆泵产液量预测方法[J]. 石油钻采工艺，2022，44(6)：784-790.
[16] 檀朝东，黄新春，王松，等. 机理仿真与数据驱动融合的电泵举升故障诊断预警理论研究进展[J]. 石油钻采工艺，2021，43(4)：483-488.

油井智能化决策软件 PetroPE

孙艺真[1,2]　赵瑞东[1,2]　师俊峰[1,2]　张喜顺[1,2]　王　才[1,2]　马高强[1,2]
于妍文[1,2]　周占宗[1]　刘　洋[1]　刘兆增[1]

(1. 中国石油勘探开发研究院；2. 中国石油天然气集团有限公司采油采气重点实验室)

摘　要：本文介绍了一款功能全面的油井优化决策软件(PetroPE)，该软件具有新井优化设计和生产井智能分析管控两个主要部分。新井优化设计提供了物性分析计算、单井产能预测、多相管流计算、人工举升系统优化设计等功能，适用于各种油气井类型。生产井智能分析管控基于物联网、大数据和云计算技术，提供了电子巡井、工况诊断、能耗分析、远程管控等功能。通过在多个油田的应用与推广，已取得了优化系统效率、节约能源和延长检泵周期的显著效果。

关键词：油气井；智能化；优化设计；诊断决策

我国拥有数量巨大的油气井，人工举升是油井开采的主体方式，99%的油井靠人工举升方式开采。人工举升能耗巨大，年耗电 110 亿度，占总采油成本的 43%，是油田生产能耗大户，也是劳动力密集领域。油井实时最优运行和智能生产管控是稳产增产、节能降耗和数字化转型升级的发展目标。因此，本文研发一套功能全面的、符合国内油气井开采现状的、能够充分利用中国石油数字信息平台的油井优化决策软件(PetroPE)。

1　软件整体功能

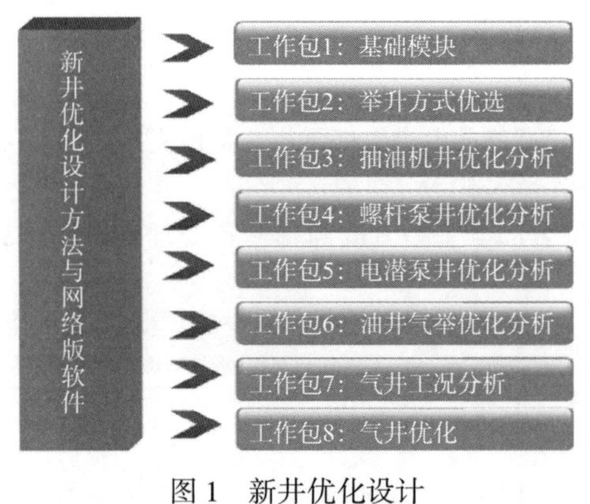

图 1　新井优化设计

软件功能全面、界面友好、能适应国内油田绝大多数油气井，具有新井优化设计和生产井智能分析管控两个主要部分。新井优化设计(图 1)主要包含物性分析计算、单井产能预测、多相管流计算、温度场计算、主要人工举升系统优化设计与诊断等计算分析功能，能够实现油气井生产系统优化设计、生产潜力预测、决策分析等油气井生产关键生产设计流程的辅助设计和模拟功能，适用于常规油气藏、凝析气藏；直井、斜井、水平井。生产井智能分析管控(图 2)主要基于物联网、大数据、云计算等信息技术，在基础分析计算模块的基础上实现作业区、采油厂、油田公司多级数智化管控，具备电子巡井、生产预警、工况诊断、能耗分析、优化设计、数字计量、远程管控、统计分析等功能。作

作者简介：孙艺真(1995—)，2018 年毕业于卡尔加里大学化学与石油工程专业，获硕士学位，现任中国石油勘探开发研究院采油气所工程师，从事采油新技术与智能采油工作，中级工程师。通讯地址：北京市海淀区学院路 20 号。E-mail：yzsun@ petrochina. com. cn。

业区监控中心实现电子巡井替代人工巡井、数字计量替代计量间计量、远程调参替代人工调参，减轻一线劳动；采油厂调度中心实现在线设计替代人工设计、批量诊断替代单井分析、自动智能分析替代人工报表统计，促进技术及管理人员工作效率提升；油田公司指挥中心实现自动统计汇总替代人工逐级上报，实时掌握生产经营及指标完成情况、重点井和重大工程进度过程，促进生产效率与管理水平提升。

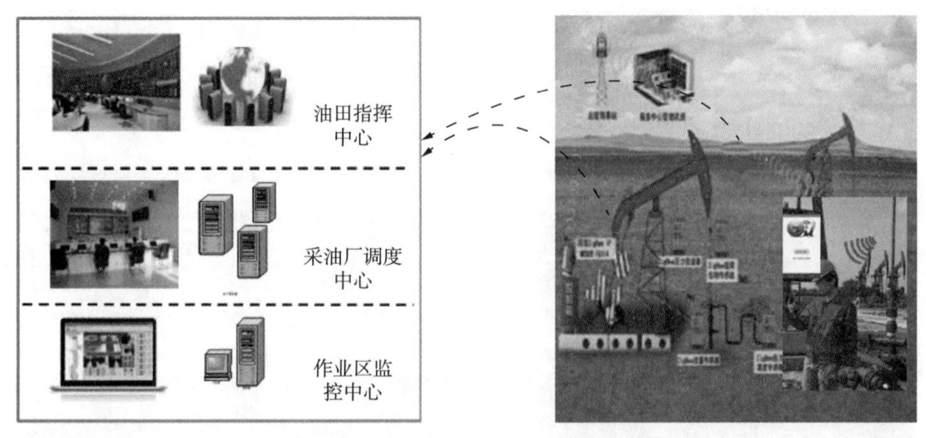

图 2　生产井智能分析管控

2　软件系统结构

2.1　系统架构

系统设计(图 3)符合中国石油勘探开发梦想云架构体系，采用微服务架构、组件化开发、容器化部署。微服务架构的应用，将系统划分为多个小型的、相对独立的服务单元，每个单元专注于特定的功能模块，提高了系统的可维护性和扩展性；组件化开发方法使得各个功能模块可以独立进行开发、测试和部署，提高了开发效率，增强了各功能模块的可扩展性和可移植性；通过容器化部署将系统打包成容器，实现在不同环境中快速部署和管理，并减少了对特定运行环境的依赖。通过流水线构建即可将系统部署在云上，发布在应用商店中。

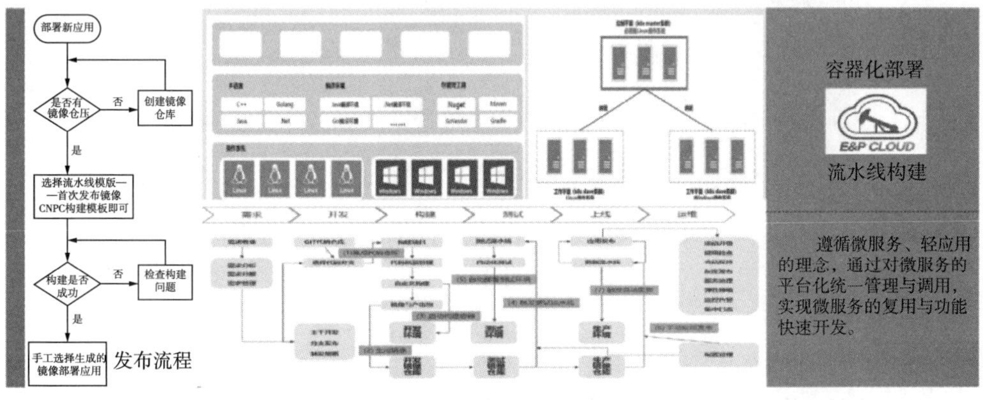

图 3　系统总体架构

2.2 应用架构

系统分为接入层、平台层和应用层(图 4)。接入层负责完成元数据、报表数据、时序数据的探查、采集、清洗、入库、分发。平台层提供服务管理、模型管理、应用调度能力，向外提供微服务。应用层基于平台层提供的平台支撑，微服务实现业务应用场景。

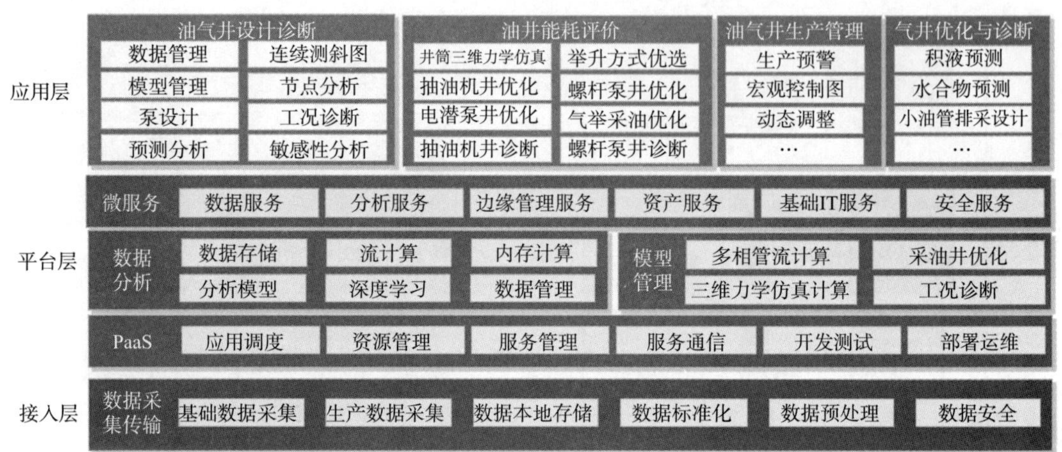

图 4　应用架构

3 软件关键技术

3.1 新井优化设计技术

3.1.1 水平井油藏—井筒耦合流入动态预测方法

油藏供液能力是优化设计的基础，水平井段变质量流入、规律复杂，建立了油藏渗流和井筒变质量流模型，应用节点分析技术实现耦合分析，求解不同开发阶段流入动态，精度较经验模型提高 32%，科学指导工艺优选、设备选型、方案设计，实现从直井经验法到水平井油藏—井筒耦合方法升级(图 5)。

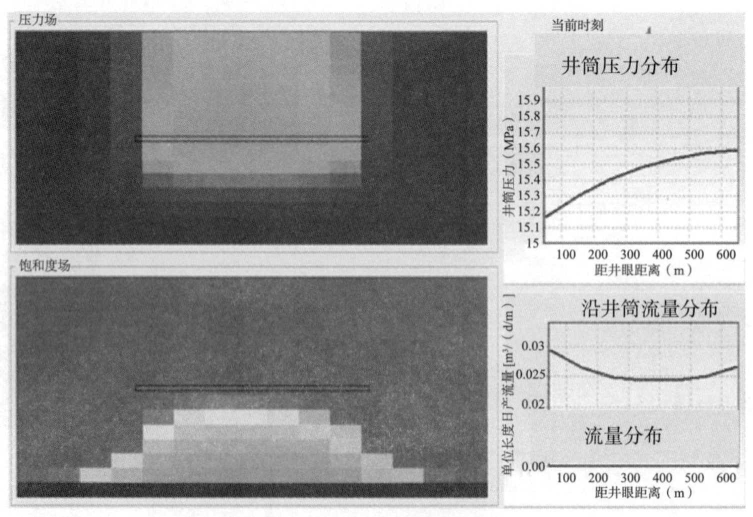

图 5　水平井流入流出动态

3.1.2 复杂井型多相流态与流动规律预测方法

多相流是工艺优选优化的基础，页岩气等非常规油气藏水平井段流动规律复杂多变，基于大量模拟实验，研究了多相流流动规律，建立了三维流型计算图版，创新了不同井型、开发阶段的积液预测模型(图6)，指导了举升/排采方式优选和参数优化，在黄金坝、长宁等应用，积液诊断准确率从70%上升至95%。

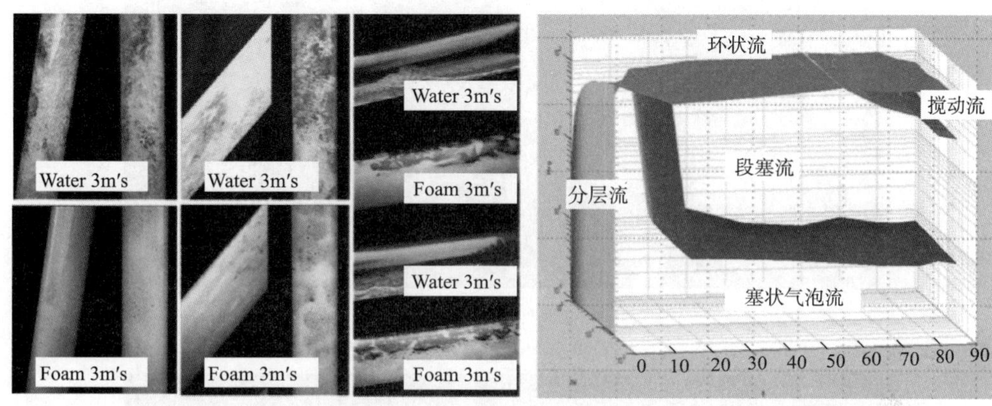

图6 不同倾角下气—水—泡沫三相流态变化和三维流型预测图版

3.1.3 深斜井举升三维力学模型与防偏磨设计方法

随着深斜井增多，载荷大，偏磨严重，力学分析是系统优化和工具研发的理论基础，创新了深斜井三维力学模型，求取三维侧向力(图7)，实现从一维二维模型到三维模型的升级，利用三维杆柱力学分析方法，更真实准确地描述了实际情况，杆柱受力分析更准确，设计方案更合理，指导防偏磨设计6250井次，检泵周期延长190多天[1]。

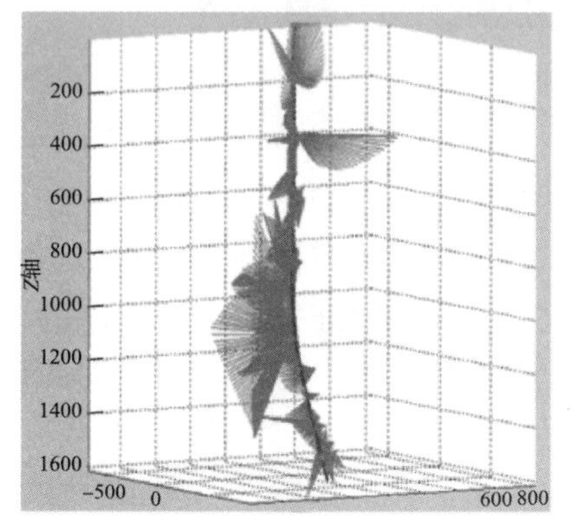

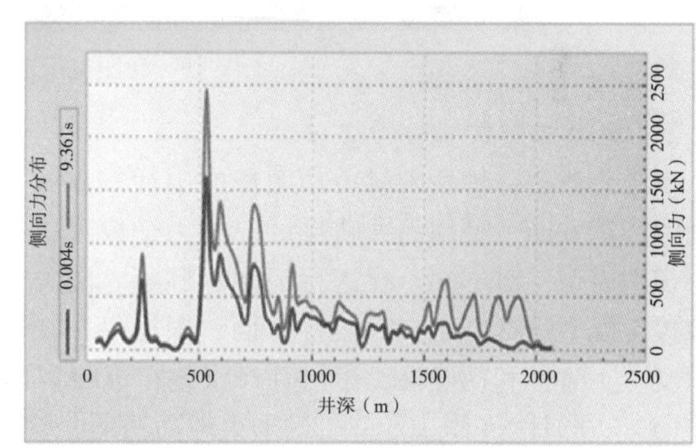

图7 杆柱三维受力及侧向力分布

3.2 生产井智能分析管控技术

3.2.1 智能电子巡井技术

智能电子巡井是一种通过与油井物联采集设备和数据库相连，实时采集生产过程数据来进行智能分析的技术。通过油井物联采集设备和A11中生产过程数据，结合历史数据进行阈值报警、指标对比分析、工况故障告警、提供集中监控、快速处置的系统用户界面。电子巡井给抽油机井提供了两种巡井模式，参数巡井和功图巡井，参数巡井(图8)通过对实时物联数据的变化进行监测进行巡井，功图巡井(图9)通过平铺各井的功图和各井工况进行巡井。并可通过增加重点井，集中监控关注重点油井的生产数据、阈值报警及工况诊断结果。

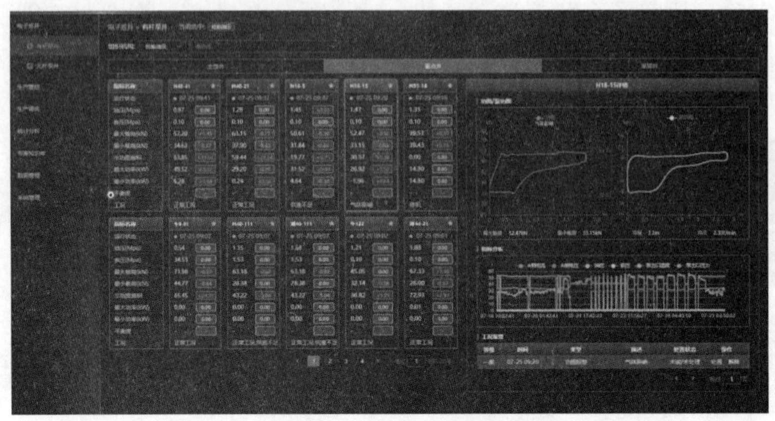

图 8　参数电子巡井

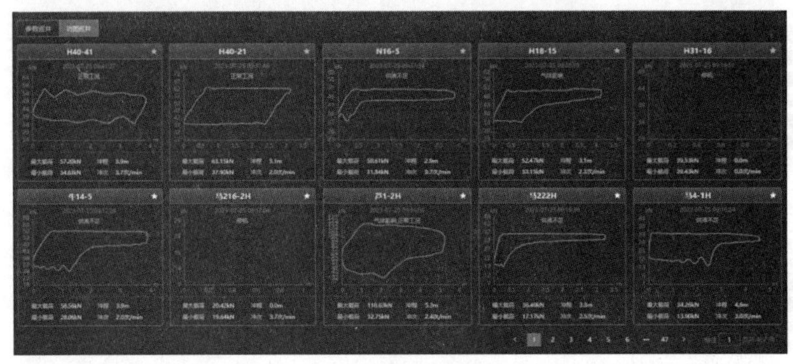

图 9　功图电子巡井

3.2.2　抽油机井数字计产方法

引入大数据分析技术解决功图计产中柱塞有效冲程和漏失量这两个关键技术难题。在泵功图计算方面，采用沿井轨迹的三维力学模型进行计算；有效冲程识别使用基于工况分类的识别模型，对不同工况进行识别和判断。漏失量和系统误差校准采用基于时序的单井智能校正模型进行修正；时效性方面，根据每张功图自动进行计产，有效提高了功图计产的精度、实时性和精确性，平均计产误差在10%以内。系统提供了两种数字计产方式：

（1）功图计产(图 10)：通过采集地面功图，计算产液量，并结合含水率统计产油量。

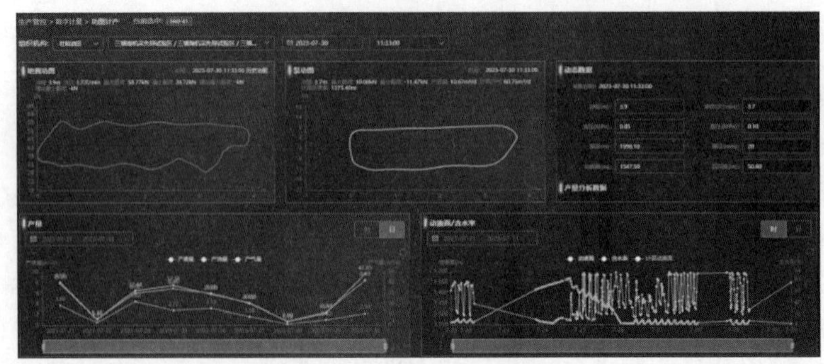

图 10　抽油机井功图计产

(2) 电参计产(图 11)：通过电功率转换为地面功图，计算产液量，并结合含水率统计产油量。

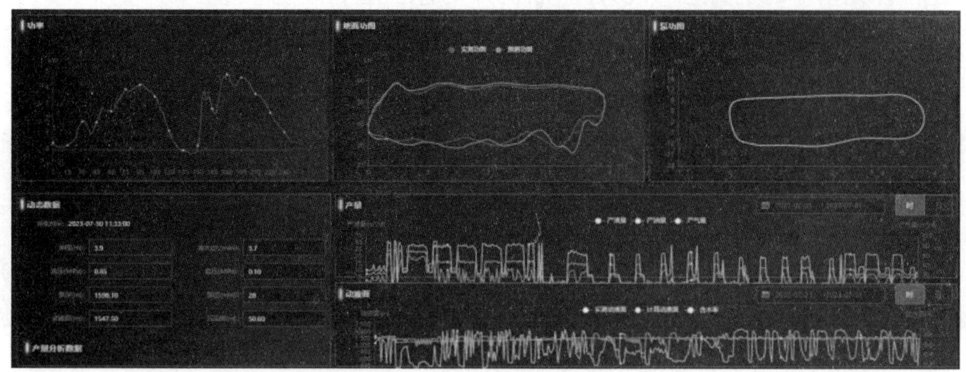

图 11　抽油机井电参计产

3.2.3　图像识别工况诊断方法

示功图是诊断抽油机举升系统工作状况的重要依据，利用卷积神经网络进行图像识别工况诊断，它的核心思想是局部感受野、权值共享和池化层。通过卷积运算增强特征、降低噪声，经过图像统计和滤波器的卷积提取局部特征。每个神经元与前一层的局部感受野相连，每个特征提取层后跟计算局部平均和二次提取的特征映射层。基于标定训练后的模型提供工况诊断功能(图 12)，可准确诊断油藏供液状况、杆断、泵漏、气影响等 12 种工况，准确率 95%以上。

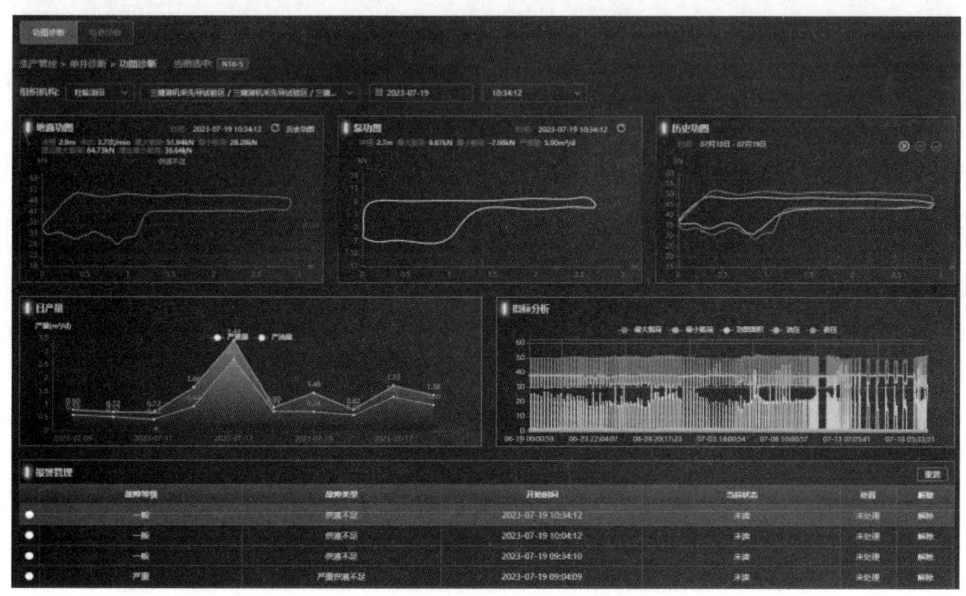

图 12　抽油机井工况诊断

3.2.4　生产智能调优方法

油井生产动态变化频繁，传统固化模型无法实时精准优化。PetroPE 软件建立了产量—能耗—寿命协调优化方法，综合分析不同杆柱组合和工作参数下的系统效率和杆柱强度，形成了效益最大化优化模型。基于协调优化方法和油井生产状态的实时反馈，形成自学习自升级的强化学习模型和实时优化技术，建立了智能调参、智能间抽两种生产优化方法。首先基于综合效益函数对抽油机井的冲次进行动态调整(图 13)，调整冲次仍然无法达到协调的井可使用智能间抽(图 14)，在延长检泵的同时，产量和系统效率也得到提高。

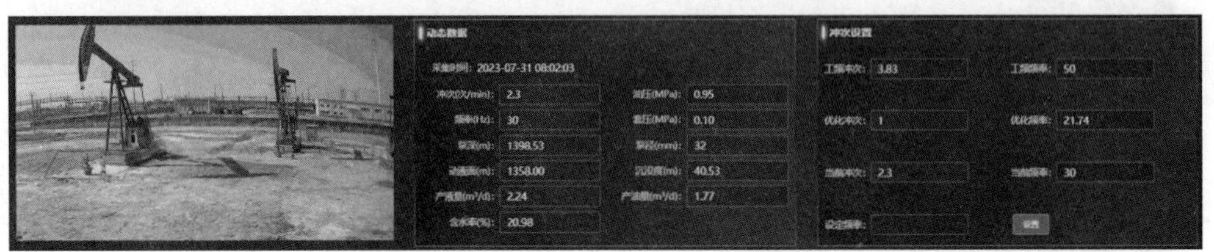

图 13　智能调参

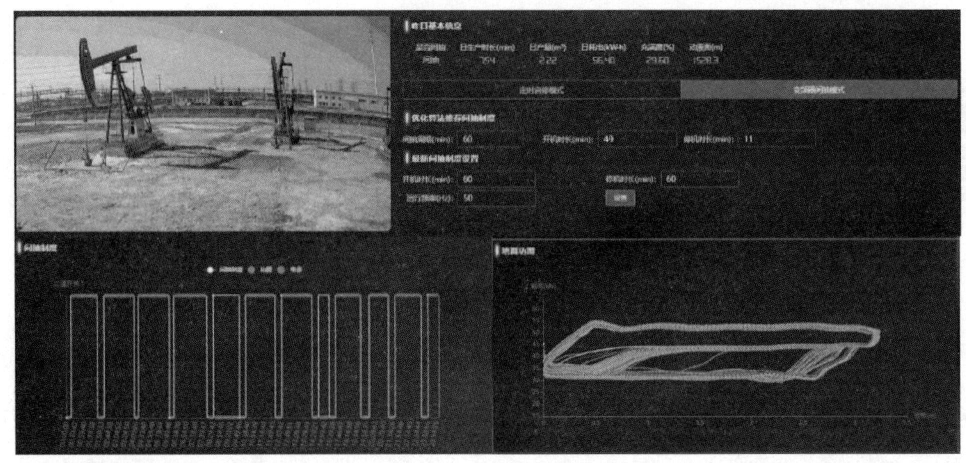

图 14　智能间抽

4　软件应用效果及前景

软件先后在华北、冀东、大港、吉林、大庆、长庆、新疆、塔里木 8 个油田进行了现场应用与推广。累计应用 8 万井次以上，提高系统效率 2 个百分点，节电 3.4 亿度以上，短检泵周期井延长检泵周期 115d，诊断符合率 95%。油井智能化决策软件 PetroPE 已成为油田工程师们日常分析的重要手段，在节能降耗、延长检泵周期、提高单井产量、减少作业成本等方面发挥重要作用。

5　结论

本文研发了一套功能全面的油井智能优化决策软件(PetroPE)。具有新井优化设计和生产井智能分析管控两个主要部分，能够实现油气井生产系统优化设计、生产潜力预测、分析决策、多级别智能分析管控等关键功能。该软件采用了微服务架构、组件化开发和容器化部署，具备较高的可维护性、扩展性和可移植性。软件应用了水平井油藏—井筒耦合流入动态预测方法、深斜井举升三维力学模型、图像识别工况诊断、综合效益优化调整等多项关键技术，提高油气井的生产效率和异常工况识别率。通过在多个油田的现场应用与推广，软件取得了显著的应用效果，提高了系统效率、减少了能耗并延长了检泵周期。未来，该软件有望进一步发展，为我国油气井开采领域的稳产增产、节能降耗和数字化转型升级提供更好的技术支持和解决方案。

参 考 文 献

[1] 赵瑞东，师俊峰，吴晓东，等．基于 Web 的采油采气工程优化设计与决策支持系统研究与应用[C]．中国石油学会，2016.

云边协同的低产液油井智能间抽技术

王　才　师俊峰　赵瑞东　张喜顺　孙艺真　于妍文　周　祥

（中国石油勘探开发研究院）

摘　要：间抽技术应用前景广阔。为了提高间抽效率、避免网络延缓和实现无人值守，提出了一种云边联合的低产液油井智能间抽优化控制方法。利用嵌入式开发技术自主研发了采集—分析—传输—控制一体化的智能微终端，嵌入了工况智能诊断、电参转功图、基于数字计量和间抽制度实时优化等模型，突破了油田数字化就地运算能力不足、实时优化控制难度大的技术瓶颈。同时搭建了油井间抽智能管控云平台，构建了云边协同的闭环智能生产模式，利用间抽井生产大数据建立了油井最优间抽制度预测云模型，为单井的间抽制度提供预案；具备间抽井高精度求产/求液面、间抽制度实时优化、状态监控预警、远程自动调控等功能；建立了生产和操作记录可追溯、可还原、可分析的智能间抽管理模式，实现了对油井、多传感器、RTU和控制柜的全方位精细智能管控；智能平台采用微服务架构，实现模块化开发和集成，联网即用。此技术累积在油田应用近2000口井，示范区减少人力劳动80%以上，节电率30%以上，该方法可以有效地避免网络延缓引起的不良影响，基本实现了间抽井无人值守闭环管控，管理效率大幅提高，极大推动油田智能化的建设。

关键词：智能间抽；边缘计算；云边协同；无人值守；间抽优化

中国石油规划2025年末10万多口产液量5t/d以下油井将全部转为间抽，间抽技术应用前景广阔。为了提高间抽效率、避免网络延缓和实现无人值守，提出了一种云边联合的低产液油井智能间抽优化控制方法。

同时，研发了可控硅柔性驱动、曲柄位置智能识别、多模式安全启动、点推式优化加载等关键技术；攻克了基于可控硅软启动激励智能间抽技术，间抽时整周运行采用工频驱动，停泵时电机柔性启动，单向激励推动，防止长时间停机，工作制度智能优化调整，解决了井筒结蜡、冻堵和地面安全等问题；形成的基于可控硅的低成本智能间抽模式改变了变频器控制模式，单套投资较变频器降低50%以上；进一步自主研发了多井集群间抽控制装置，形成“一控多”集群间抽生产模式，建立多井智能响应联动分析和错峰控制方法，首次实现共享一套“优化决策大脑”和柔性启动控制装置，节约成本70%以上。

此技术累计在油田应用近2000口井，节电率30%以上，该方法可以有效地避免网络延缓引起的不良影响，基本实现了间抽井无人值守闭环管控，管理效率大幅提高，极大推动油田智能化的建设。

1　边缘管控与计算

目前油田数字化和信息化建设的步伐正在快速推进，物联网技术与通信技术的进步为

作者简介：王才（1989—），男，博士，高级工程师，主要从事智能采油、绿色采油、人工智能应用等方面的研究。E-mail：caiatwang@ petrochina. com. cn。

智能采油提供了载体，尤其是在万物联网应用需求发展下催生的边缘计算技术，能够支撑工业系统在网络边缘设备上进行智能算法数据分析计算，增强系统的实时性与可靠性，同时有效降低主干通信链路的负载量。因此，将边缘计算技术在采油工程领域推广成为智能采油的重要环节。

基于嵌入式 AI 技术设计了支持三相电参—功图同步采集、多线路模式数据传输、高性能边缘运算和多功能开关智能控制一体化的智能控制板硬件与软件，实现对接物联网—实时优化—智能调控。设计了高可靠的磁吸式保护壳，保护壳的总尺寸长 20cm、宽 8cm、高 6cm(图 1)，具有体积小、空间适应性强、磁吸式安装方便、支持多种接口的优点。

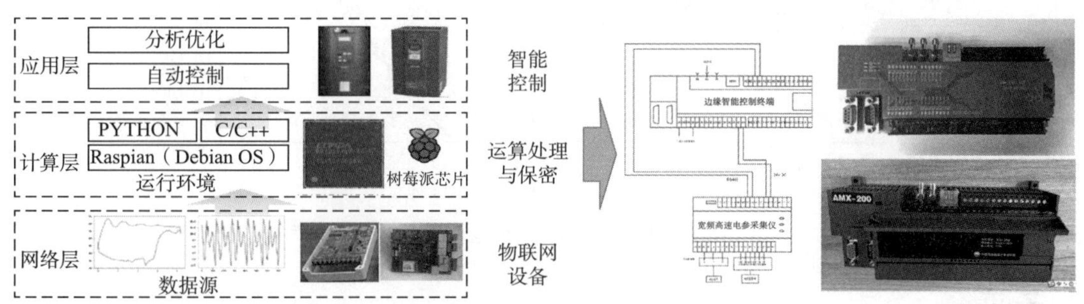

图 1　边缘计算智能控制单元架构和外观示意图

1.1　边缘计算智能控制单元

间抽采油控制器主要接收远程监控平台传输的数据包，解析出抽油机启动或者停止和变频器工作频率的指令，根据解析出的启停指令控制启动继电器或者停止继电器动作，达到控制电机启停的目的，并将解析出的电机运行频率值通过 RS485 接口传输给变频器或可控硅软启动器，控制电机转速，从而达到控制抽油机冲次的目的。

针对目前油田数字化就地运算能力不足、实时优化控制难度大等问题，通过智能处理嵌入式体系构建和深度学习模型轻量化技术，大幅提高模型数据的实时处理、分析与闭环控制能力。决策模型主要包含电功率转功图模型、系统效率计算模型和间抽制度决策模型。将间抽制度智能优化决策模型嵌入到边缘计算模块中，通过边缘计算模块控制变频器或软启动器来调整间抽制度。

1.2　三相电参、功图同步采集单元

基于异步并行计算架构开发了数据采集与传输程序，实现 A、B、C 三相电参和功图数据同步采集(图 2)，定时采集井口温度、压力、动液面数据，实时采集视频数据和曲柄转速数据，对采集数据进行数字滤波和 A/D 转换后封包加密后传输给后台服务器，若服务器无应答，将启动 3 次传输机制，完成后定时器继续计时，等待下一次定时器任务到达后，采集下一组数据。

1.3　数据传输单元

目前数字化终端通信不统一，基于独立模块设计理念，将常用通信接口统一模块内嵌化，实现多通信场景的需求，构建了 4G/5G、Wi-Fi 和 ZigBee 多模式数据立体传输模式。支持 ZigBee 通信功能，实现与主站数据交互，传输范围可达到 300m。支持手持终端的近场

Wi-Fi 通信，现场工程师可利用移动端 App 近井操作，覆盖半径可达到 200m。主要通过 Wi-Fi 传输数据，实现就近的控制和数据展示功能。支持 4G/5G 远程数据传输功能，实现超远程距离的数据传输和智能控制，同时支持多种 VPN 协议保证数据传输的安全性。

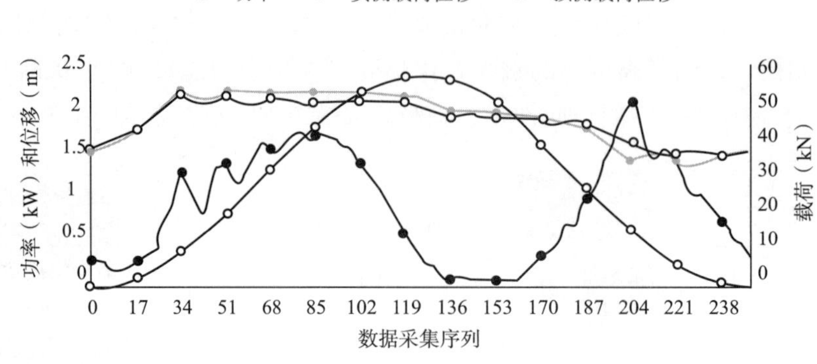

图 2　电参—功图同步采集效果图

2　云平台

为了实现智能间抽，用电子巡井替代人工巡井、数字计量替代计量间计量、远程智能间抽替代人工间抽等，搭建了油井智能间抽管控云平台，针对云平台生产管理功能需求对平台功能结构进行开发设计并展示了实际运行效果，主要包括优化管控、实时展示、数据服务三大功能。

（1）优化管控功能。实现单井远程监控、远程调控和间抽制度实时优化（图 3）。配置了摄像显示窗口，可实时观察单井的现场生产环境。配置了间抽制度设置功能，可远程人工启停和调整间抽制度。配置了间抽制度实时优化功能，可显示最优化的间抽制度，并提供控制按钮。

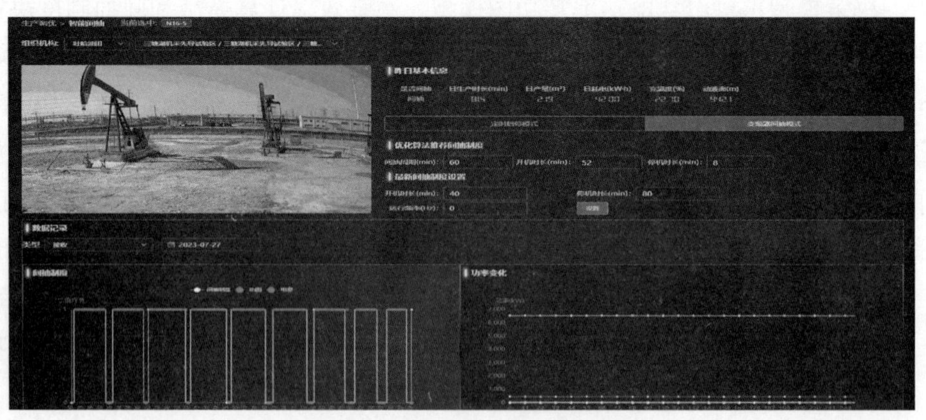

图 3　云平台智能间抽动态界面

（2）实时展示功能。显示间抽制度、功率、功图和动液面（图 4）等实时生产参数的变化规律。可按日期展示当日的单井间抽制度、功率、功图和能耗参数的变化规律。在间抽制度图形中选定某时刻间抽制度，可显示相应时刻的功率曲线和功图曲线。

(3) 数据服务功能。记录当日单井的生产动态数据。记录单井当日的开抽总时长、停抽总时长、间抽井启停记录(图 5)、日产量、日耗电、日平均充满度。可按小时统计上述参数。记录当日单井的间抽制度变化规律，即间抽制度每发生一次变化就进行相应的记录。

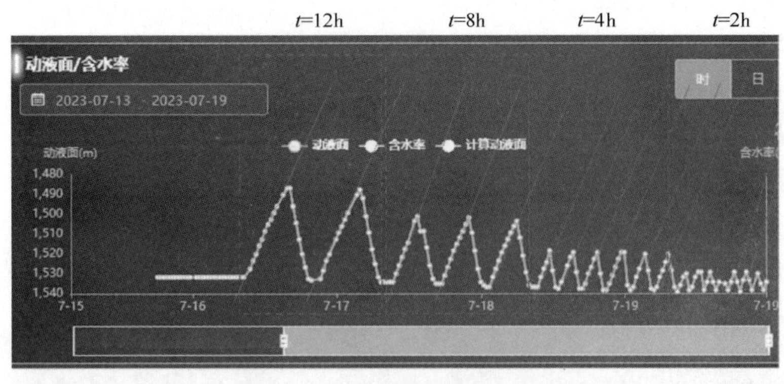

图 4　云平台动液面展示界面

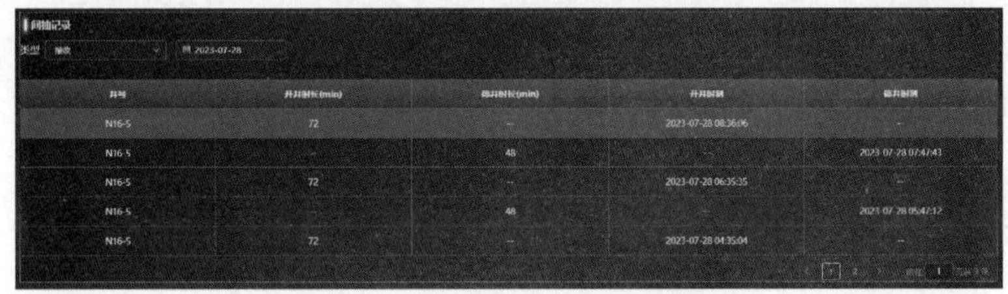

图 5　云平台间抽启停记录界面

3　云边联合

为了推动物联网和智能化采油的发展，保障安全和高效生产，建立了云边协同的间抽油井智能生产系统。云边协同的生产系统主要由四个逻辑层构成，分别是物联感知层、边缘计算层、信息传输层和云计算层。物联感知层主要包含载荷—位移传感器、井口温度和井口压力传感器、动液面测量传感器、曲柄角位移传感器、电机转速传感器、电参采集传感器。边缘计算层主要实现边缘端单井生产动态实时分析、优化和智能控制。信息传输层主要实现边缘计算层和云计算层各种数据之间的交互。云计算层负责整个生产区块数据的综合全面管理。根据系统总体架构，边缘计算模块为系统提供智能诊断与生产效果评价模型的部署与运行环境，负责单井数据的实时处理、缓存、上传与下发和单井生产效果的实时监控；云端则负责对边缘端节点应用与服务进行统一调度，对间抽井的生产数据进行统一记录和管理，积累海量的生产数据，基于间抽生产大数据建立间抽井生产动态和间抽制度优化调控的预测方法，由单井事后优化向多井批量提前优化过渡，全生命周期管理，包括优化模型的升级推送、运行监控和备份推送等，提高间抽的智能化程度和无人值守程度。

在生产阶段，边缘计算智能分析模块通过以稳产和能耗最小为目标的间抽效果评价模型对单井的生产动态效果进行评价，如果间抽制度不合理或者生产出现异常，就从间抽模式切换回工频生产模式，并将异常数据反馈到云端。油井间抽制度优化主要包含两个阶段，第一个阶段是初始间抽阶段，依据油井的产量和泵效设置一个初始间抽制度并稳定生产一个阶段。第二个阶段是云边协同优化阶段，通过第一个阶段生产积累了一定间抽生产数据，云端大数据模型利用间抽井生产大数据预测油井最优间抽制度，为单井的间抽制度提供生产预案，在执行阶段，利用间抽制度预测云模型为单井制订 1d 的间抽方案，将间抽方案指令通过云端下发到单井的边缘计算模块，边缘计算模块依据指令执行相应的间抽制度并通过效果评价模型分析实时生产数据来监控间抽效果。如果油井工况、产量和节能效果符合预期的指标，就一直按云端指令执行间抽，否则切换到工频模式并将异常数据反馈给云端重新优化，待从云端接收到新的指令后再切换到间抽模式。

云平台对控制柜和平台的所有控制指令进行记录，并结合生产数据进行油井工况及相关生产设备状态诊断，基于云边协同大数据分析，建立了生产和操控记录可追溯、可还原、可分析的智能管理模式，实现了对油井、多传感器、RTU、控制柜的全方位精细智能管控。

图 6　基于云边协同的间抽井管理界面

4　应用实例

云边协同的智能间抽模式在不同油田累计应用近 2000 余井次，以某油田 2#井为例(表 1)，间抽前抽油机整天运行，平均泵效为 6.6%，日耗电量 71 度；间抽后的间抽周期为 2h，抽停比 1，间抽后的平均泵效为 33.9%，日耗电量为 40 度，日节电 31 度，泵效提高 27.3%。

表 1　间抽效果对比表

井号	间抽前			间抽后					效果对比	
	日产液（m^3）	日耗电（度）	泵效（%）	开抽时间（h）	停抽时间（h）	日产液（m^3）	日耗电（度）	泵效（%）	日节电（度）	提高泵效（%）
1#	1.38	54.0	18.5	1.0	1.0	2.05	44.7	55.1	9.3	36.5
2#	0.38	71.0	6.6	1.0	1.0	0.98	40.0	33.9	31.0	27.3
3#	1.10	71.0	11.8	0.5	1.0	0.78	38.0	33.5	33.0	21.7
4#	0.43	78.0	7.8	1.0	1.0	1.14	41.0	41.2	37.0	33.4
5#	0.52	85.0	7.0	0.5	1.5	0.47	45.0	25.3	40.0	18.3
6#	0.46	56.0	8.3	0.5	1.5	0.70	32.0	50.6	24.0	42.2
7#	0.56	35.0	7.2	0.5	1.5	0.75	30.5	38.7	4.6	31.5

续表

井号	间抽前			间抽后					效果对比	
	日产液（m^3）	日耗电（度）	泵效（%）	开抽时间（h）	停抽时间（h）	日产液（m^3）	日耗电（度）	泵效（%）	日节电（度）	提高泵效（%）
8#	1.00	52.0	18.1	1.0	1.0	1.08	30.0	39.0	22.0	20.9
9#	1.05	73.0	25.3	1.0	1.0	0.95	44.0	45.8	29.0	20.5
10#	0.30	80.0	5.4	0.5	1.5	0.29	47.0	20.9	33.0	15.5

5 结论

间抽是降低低产井能耗的主要措施，为了提高间抽效率和间抽的智能化水平，助力智慧油田建设，研发了一套低成本物联网智能间抽模式。基于边缘计算的一体化智能模块实现对接物联网—实时优化—智能调控。基于油井智能间抽管控软件实现了和边缘计算智能模块远程联动，搭建了云边联合的智能间抽生产模式。

该技术已经在各油田累计应用近 2000 口井，全部实现了无人化智能生产，平均节电率为 35%。到 2025 年将有 5 万多口井采用智能间抽技术，预期全部推广应用后机采年节电至少 10 亿度，在节能降耗、提高管理水平等方面同时产生巨大效益，具有广阔的应用前景。

参 考 文 献

[1] WANG C, XIONG C M, SHI J F, et al. A Method of Intelligent Scheme Optimization for Non-Stop System Intermittent Production Units[C]. Abu Dhabi International Petroleum Exhibition and Conference held in Abu Dhabi, UAE, 11-14 November 2019. SPE-197661-MS.

[2] WANG C, ZHANG X S, ZHAO R D, et al. Edge Optimization Analytics and Control: A Integrated Device of Intelligent Intermittent Pumping for Tight Oil Wells[C]. Offshore Technology Conference Asia held in Kuala Lumpur, Malaysia, 22 - 25 March 2022. OTC-31669-MS.

[3] YU X M, HE G Z, JIN Y L. Study on Rationality of Intermittent Pumping System for Pumping Well [J]. Petroleum Geology & Oil Field Development in Daqing, 2006, 25 (4): 78-79.

[4] ZHANG M Y, BAI X D, YAO Y F, et al. Method for Intermittent Production System in Low Production Well [J]. Drilling and Production Technology, 2005, 23(3): 68-70.

注采两用叶片泵技术现场应用分析

雷德荣[1]　郝忠献[2]　张　辉[1]　王小萌[1]

（1. 中国石油新疆油田公司工程技术研究院；2. 中国石油勘探开发研究院）

摘　要：注采两用叶片泵举升系统是油田人工举升领域的一个全新课题，作为一种新型节能人工举升系统，目前国外尚未有此方面研究应用的相关信息。虽然在国内已有10余年研究历史，但从油田举升工具的发展历史来看，也仅仅处于起步阶段，因此关于叶片泵方面的研究很少。之前关于此类泵研究仅限于水平管道叶片泵或液压用叶片泵，而这里研究的叶片泵是以上述叶片泵理论为基础，通过流道结构改变和多级串联结构设计，形成了叶片泵泵体设计思路。再借鉴螺杆泵举升系统，使用驱动头驱动叶片泵，并配套设计了注汽阀、传动筒、防转锚等工具，最终形成了叶片泵举升工艺管柱，可适应高温稠油举升工况。注采两用叶片泵属容积泵，采用旋转驱动，自吸能力强，可适应高黏高温流体，在稠油井开采中有一定竞争优势，具有注采两用、耐黏度高、节电、节约注汽量等特点。该项技术在2015年后逐渐形成成熟工艺，平均检泵周期22个月，其中最长生产周期已达56个月，并完成5轮次注汽再生产过程，这也标志着该举升系统在新疆油田的成功应用。

关键词：叶片泵；高温举升；注采两用

叶片泵是一种容积式泵，其工作原理是转子旋转时叶片与定子之间形成动密封，根据定子内曲线形状，不断产生容积变化，产生举升压力，实现介质输送和举升。该原理使叶片泵具有容积效率高、流量脉动小[1-3]等特性。

在稠油热采井举升方面，国外耐高温举升设备主要有电潜泵和金属螺杆泵，法国PCM高温螺杆泵应用曙光稠油井区，油层中部温度为192℃；美国CAN机械采油系统公司TUDTSP双螺杆泵，适用于218~350℃高温；斯伦贝谢公司和贝克休斯公司都已经掌握了高温电潜泵技术，拥有高温机组和超高温机组，耐温等级分别为220℃和250℃。国外耐高温举升设备朝着深井、高压、大排量、高寿命、多品种方向发展。而国内在耐温技术方面还处于落后地位，虽然在稠油吞吐后期易产生“光杆打架”，但迫于国内高温举升设备发展现状，稠油开采抽油机采油仍是绝对的主力。

为了满足现场对高效、高温举升技术的迫切需求，通过对地面上现已成熟应用的叶片泵进行结构改变设计，形成了叶片泵及其配套举升系统，并开展了热采井举升现场试验[4-6]。以下将对叶片泵系统的设计、特点、应用情况及作业案例进行系统介绍。

1　注采两用叶片泵系统结构

注采两用叶片泵举升系统的设计借鉴了螺杆泵举升系统，系统同样可分为地面和井下两部分。系统组成如图1所示。

作者简介：雷德荣(1982—)，男，毕业于大连理工大学机械设计制造及其自动化专业，现任新疆油田工程技术研究院高级工程师，主要从事机械采油工艺技术研究。通讯地址：新疆克拉玛依市胜利路87号工程技术研究院。E-mail：leiderong@ petrochina. com. cn。

地面部分主要包括驱动头，其带动抽油杆旋转，驱动头采用变频驱动，输出转速与电流频率成正比，当频率在 0~50Hz 范围调节时，对应转速为 0~240r/min[7]。

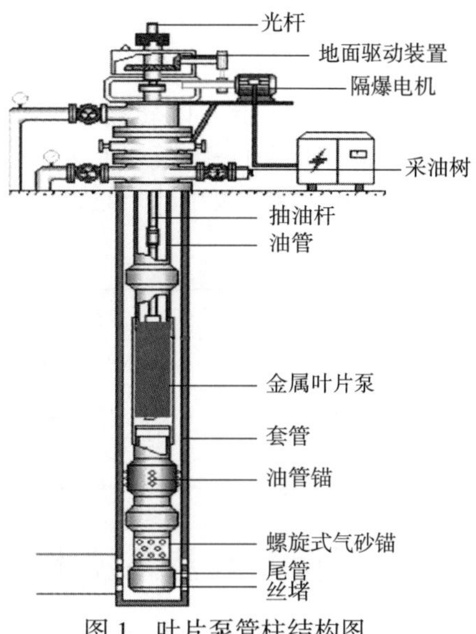

图 1　叶片泵管柱结构图

现有的工业用叶片泵为全金属结构，耐温性能好，但直接应用于油井举升存在径向尺寸大、转速高，流动方向为径向式结构问题。为了用于井下采油，开展了两项结构设计：

设计 1：将原来径向吸排结构改变成轴向吸排结构，减少密封件使用，外径缩小到 ϕ118mm；

设计 2：设计了多级串联增压结构，实现低转速（80~240r/min）正常采油。

通过结构的改进设计，叶片泵结构如图 2 所示。

在完成上述结构的设计后还需要解决注采两用、防反转等问题，为此，通过增加注汽阀、防转锚等关键配套工具，研究设计了注采两用叶片泵系统结构[8-10]，如图 3 所示。

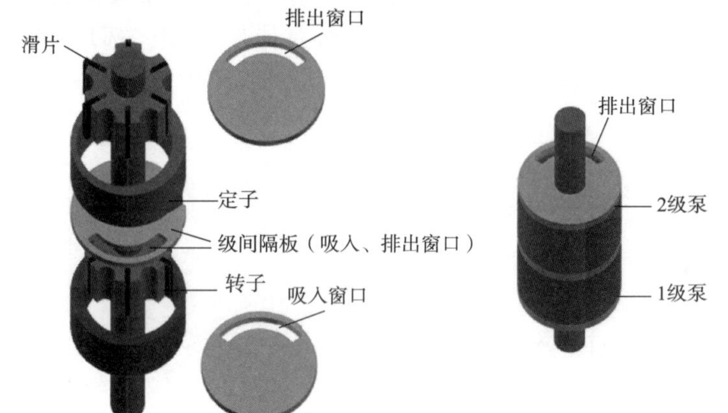

图 2　轴向吸排结构、多级串联增压原理图

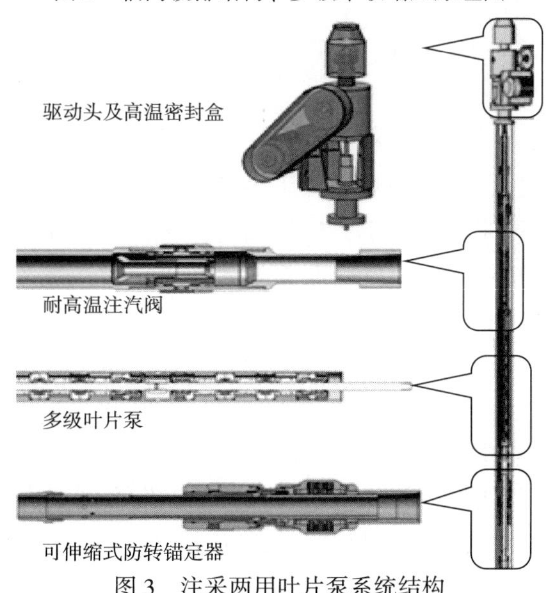

图 3　注采两用叶片泵系统结构

2015年后，正是由于成熟的配套工具应用才使整套系统能稳定运行。现场试验10余井次，平均检泵周期22个月，其中最长生产周期已达44个月，并完成5轮次注汽再生产过程，验证了注汽阀、防转锚等关键配套工具的寿命及稳定性。

目前叶片泵仅用于稠油，三级叶片泵总长为2.8m，最大外径为ϕ136mm，最大下泵深度为800m。注采两用叶片泵举升系统性能指标见表1。

表1　金属叶片泵举升系统性能指标

输出压力	6~20MPa	泵径	ϕ113~136mm
排量	5~120m^3/d	容积效率	83%~91%
转速	70~240r/min	耐温	250℃
泵总长	2.8m		

2　注采两用叶片泵技术特点

2.1　对黏性流体适应性强，节约注汽量

为了测试叶片泵对黏性流体的吸入性能，使用水和聚丙烯酰胺混合液作为测试介质，不断调整混合液黏度，针对六级叶片泵进行水力特性试验，选取120r/min、160r/min、200r/min等几种转速试验，这里仅以120r/min举例说明，压力—排量曲线如图4所示。

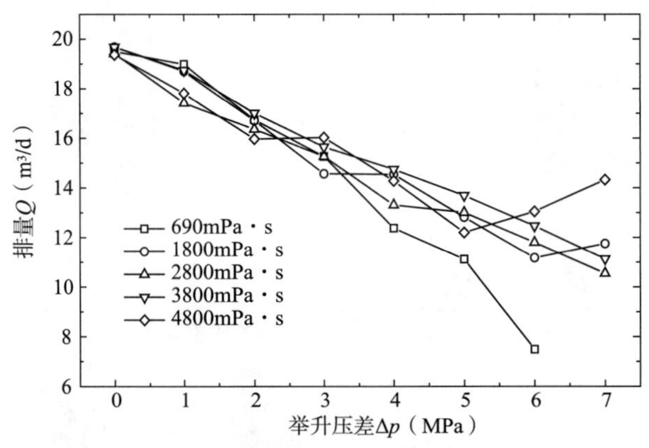

图4　六级泵120r/min压力—排量曲线

可以发现对于固定转速，排量相对举升压头仍然符合线性递减的规律，且额定转速的情况下(120r/min)，在相同举升压差下，流体黏性越大，叶片泵的排量越大。说明叶片泵自吸能力强，对黏性流体适应性强。叶片泵系统效率稳定，在较大的举升压差区间内维持较高水平。流体黏度在5000mPa·s以下，均能正常排液。正是由于该特点，在实际生产时，稠油井生产一段时间后，温度下降，黏度增加，抽油机采油不能正常生产时，叶片泵在高黏度下仍能持续生产一段时间，与抽油机井对比，叶片泵的连续抽汲对破坏油流表面张力、提高稠油流动性具有更好的效果[9-10]。

对生产周期超过两年以上的井统计：如表2所示，生产周期内，注汽次数由2.5次/年降低到2.0次/年，对于稠油井而言可相对节约注汽量。

表 2　叶片泵生产注汽情况统计表

井号	举升方式及时间	平均日产液(m^3)	平均日产油(m^3)	含水率(%)	注汽轮次
F340065	叶片泵采油(2015—2017 年)	13.15	1.72	86.9	4
	反馈泵采油(2013—2015 年)	19.21	1.86	90.3	5
F340623	叶片泵采油(2015—2017 年)	10.70	1.23	88.5	4
	反馈泵采油(2013—2015 年)	14.60	1.63	88.9	5

2.2　节能性好

由于叶片泵自身叶腔结构的原因，其定子与转子之间没有预紧力，扭矩小，装机功率小，现有的试验井分别采用 7.5kW 和 5.5kW 两种电机，较同区块的抽油机或螺杆泵装机功率更小，2016 年由西部节能检测中心完成了 3 井次的电流测试，见表 3，三口井测电结果表明，叶片泵生产井平均电流 6.2A，邻井游梁机平均电流 14.8A，可知注采两用叶片泵采油的用电量明显低，在相同工况下估算单井年节电 1.7 万度。

表 3　三口叶片泵电流测试数据表

叶片泵：装机功率 7.5kW，泵挂深度 200~350m			邻井游梁机：装机功率 11~15kW，泵挂深度 200~350m		
井号	电流(A)	产量(m^3/d)	井号	电流(A)	产量(m^3/d)
F340623	6.5	16.07	F340625	18.90	12.0
F340065	5.6	12.03	F340064	11.75	13.0
F341582	6.6	7.85	F341581	13.75	5.6

2.3　管柱结构可实现注采两用

当油井需要注汽时，将杆柱下放至底部，阀通道打开，可从油管注汽；当油井需要转抽时，上提杆柱 310mm±20mm，阀通道关闭，即可接电启抽。新泵下井需要起抽磨合，先用低转速 80r/min 起抽几天，再提速到产量要求转速，停泵前应先通过变频器调低转速，再停泵。

通过新疆油田多年理论与试验相结合的研究方法，不断改进，开发出一套能满足浅层稠油热采的采油工艺。形成了注采两用叶片泵技术，可实现不动管柱注汽，延长检泵周期，达到降本增效的目的。

为更好推行注采两用叶片泵，建立了注采两用叶片泵的各项作业方法及现场管理制度，叶片泵定子转子为全金属件，油井地面最高注汽压力达 14MPa，注汽温度可达 330℃，现场试验表明其能够满足高温井举升注汽要求。

3　现场试验及应用效果分析

蒸汽吞吐是稠油和超稠油开发的重要方式，蒸汽成本占总生产成本的 50%左右。新疆油田稠油热采井约 1.2 万口，以游梁式有杆泵举升为主，电耗高、注汽量大。开展节能、降本、低碳环保的举升技术研究，对于提高开发效益意义重大。

为了给稠油吞吐热采井高效开发寻找一种更高效举升手段，2010 年以来，开展了注采一体化金属叶片泵技术攻关，通过前期新疆油田多年的试验过程中的技术积累，该泵在下泵深度 800m 以内的稠油井能正常生产，由于该项技术为全新的采油技术，在 30 余口井的试验过程中，叶片泵泵体及各关键配套工具不断出现不同的问题，但已依次改进完善，2015 年下入的 3 套泵首次在新疆油田风城油田作业区稠油热采井试验中正常生产时长均超过 36 个月且均经过了 4 轮转注汽再生产过程，其中 F341582 井使用满 3 年后于 2018 年 9 月检泵，继续更换了注采两用叶片泵采油系统，到目前已正常生产 56 个月，2015 年以来共计应用叶片泵 20 余套，其中检泵周期超过 2 年的有 8 套。从使用效果来看，井况相对较好、稳定性高的油井，重复使用叶片泵效果依然好。

叶片泵举升系统的配套工具效果良好，针对热采设计的防转锚定器在下井过程中全部能顺利锚定，30 余井次的叶片泵施工锚定成功率为 100%，目前针对新疆油田设计的驱动头及管、杆结构能满足现场生产需要。

4 结论及建议

注采两用叶片泵采油工艺，作为一种新型的稠油举升技术，为解决高温注采井举升方式单一、效率低等难题，提供了新的途径和方法，同时，有助于减少碳排放，保护环境，为新疆油田高效、绿色开采提供了先进的装备支持：

（1）形成了一套能满足浅层稠油热采的注采两用采油工艺，通过不断改进，注采两用叶片泵抽油容积效率大于 60%，从理论分析到现场试验，已证明该采油工艺的可行性，为机械采油井提供了一种新型举升方式。

（2）形成叶片泵举升关键工具技术，包括叶片泵驱动头高温密封盒、叶片泵不动管柱注汽阀、可伸缩式防转锚定器、泵下旋砂器等。

（3）叶片泵举升系统与抽油机系统相比，地面设备占地面积较小，由于井口密封盒采用旋转密封，对油井现场生产高温密封性更好，单次密封有效时长可达 6 个月，能有效减少现场工作量，更有利于安全环保。

（4）叶片泵系统采用注采两用设计且转换简单易行，由于排量可调范围较宽，易实现供排协调，更利于现场调参管理。

（5）注采两用叶片泵黏度适应性好，能节约蒸汽用量；节能效果显著，节电可达 40% 以上。

通过多年来的理论研究与现场试验相结合，完善了该工艺的各项技术，目前研制的注采两用叶片泵系统从采油到注汽过程均能满足现场要求。作为一种全新的举升技术，后期还需要制定相关设备标准，形成系列化产品；加强现场试验管理并扩大试验范围。

参考文献

[1] 罗英俊，万仁溥．采油技术手册[M]．北京：石油工业出版社，2005.

[2] 姚军，薛天飞．驱动螺杆泵举升工艺及其应用[J]．长江大学学报(自然科学版)，2012，9(7)：80-82.

[3] 新昌德力石油设备有限公司．叶片泵标准：JB/T 10459—2004[S]．北京：机械工业出版社，2004.

[4] 田高峰，张世富，张起欣．叶片泵内曲面设计方法及优缺点分析[J]．中国储运，2010(10)：2.

[5] 陈茂庆，吴卫东，楼春来．滑片泵设计与性能试验[J]．水泵技术，2005(1)：4.

[6] 吴春，陈军，谌彪．滑片泵性能试验台设计[J]．石油化工设备，2010(1)：3.
[7] 杜广生，赵振兴．工程流体力学[M]．北京：中国电力出版社，2005.
[8] 沈泽俊，黄晓东，张立新，等．热采高温井多级滑片采油泵举升技术[J]．石油勘探与开发，2013，40(5)：6-10.
[9] 靳景伟，高向前，郝忠献，等．滑片采油泵水力特性室内试验与数值模拟[J]．石油机械，2013，41(10)：100-103.
[10] 汤敬飞，吴晓东．基于原油压缩性的叶片泵泵内压力模型研究[J]．石油机械，2016，44(2)：58-62.

面向抽油机井供采平衡的智能控制系统

李 强[1,2] 孙延安[1,2] 雷 宇[1,2] 孙春龙[1,2] 郑东志[1,2] 吴 宁[1,2] 于 波[1,2]

(1. 大庆油田有限责任公司采油工程研究院；
2. 黑龙江省油气藏增产增注重点实验室)

摘 要：目前国内油田经过多年的开发，很多采油井产液量逐年下降，中低产井供液不足现象越来越频繁。这些油井供采不平衡的问题，是机采井耗能大、效率低的主要原因。从解决供采关系的核心问题出发，研发基于电气控制器件和数字化技术的新型抽油机智能运行控制系统，在不引入高成本的传感器和复杂现场改造的情况下，根据采集的抽油机电参数据特征自动调控抽油机生产参数，实时保持油井在合理流压下生产，发挥油井最大产能，提升机采系统的系统效率。现场试验 11 口井，通过应用抽油机智能运行控制系统，平均液面深度上升 36m，平均日产液量提高 2.22t，系统效率提高 2 个百分点。该系统提高了机采系统智能化水平、节约能源消耗、减少维护工作量，对提升信息化管理水平、降低机采系统运行成本具有重要的意义。

关键词：低产井；抽油机；智能控制；数字化技术

游梁式抽油机结构简单、可靠性高，在石油发展史上发挥了非常重要的作用。针对目前大部分采油井产液量下降、中低产井供液不足等现象，游梁式抽油机传动效率低、惯性载荷大、功率不匹配、低冲次、调参复杂等缺点越发明显。目前大部分抽油机仍以工频固定冲次或人工调整变频冲次的方式运行，与单井设计阶段配套的抽油机设备的采出能力不匹配，产生供采不平衡的问题，进而导致抽油机井泵效低、产量低，采取最小的抽汲参数组合仍无法改善不合理供、排现状，由于液面过深，杆、管断脱问题比例高，抽油泵空磨现象严重，增大了机、泵、杆的损坏概率[1]。但老油田在役的游梁式抽油机数量巨大，完全替换新机型不现实，可将其改造成数字化抽油机，进一步升档提效。因此，研发面向采油井供采平衡的抽油机智能运行控制系统，使常规抽油机实现数字化、信息化和智能化，对助推抽油机井智能运行技术提挡升级具有重要的意义。

1 技术思路

电参数据是抽油机最基本的运行参数，具有普及率高、采集成本低、数据稳定等优点，利用抽油机变频器的特性，依靠特定的算法建立电功率值与动液面深度、泵充满度间关系，利用单井电参数据的实时对比分析，找到泵筒充满度降低时工况特征，控制程序动态调整抽油机冲次，抽油机始终保持在抽油泵的较高充满度水平下运行，发挥油井最大产能，并提升机采系统的系统效率，实现低成本高效率的油井数字化管理[2]。

合理的抽油机工作制度的设计，是调整抽油机抽汲速度，达到与油井生产速度动态平

作者简介：李强(1979—)，2004 年毕业于中国石油大学(华东)材料科学与工程专业，获硕士学位，现任大庆油田采油工程研究院高级工程师，从事人工举升、数字化等方面研究工作。通讯地址：黑龙江省大庆市让胡路区西宾路 9 号。E-mail：lqing1103@petrochina.com.cn。

衡的过程[3]。根据单井生产参数计算单井的合理流压，结合套压即折算出合理动液面深度，作为抽油机智能运行控制系统的抽汲下限，并设置一个该点以上一定深度的折返动液面深度作为抽油机智能运行控制系统的调整上限。在实际生产调控中，抽油机智能运行控制系统先以高于供采平衡的抽汲速度将动液面抽汲至合理动液面，然后进入低速或不停机间抽运行，运行时长为以动液面恢复至动液面调整上限的计算值。随后，抽油机智能运行控制系统再次进入高速抽汲状态，重复识别合理动液面和恢复动液面上限的过程，使采油井动液面维持在合理区间，即采油井流压维持在合理水平[4-6]。

2 系统组成

2.1 智能控制系统模块组成

为实现应用电参数据判断抽油机工况，实时保持合理流压，抽油机智能控制系统需要以下组成模块，以各个节点的性能需求开展智能运行控制系统设计，其控制系统组成如图 1 所示。

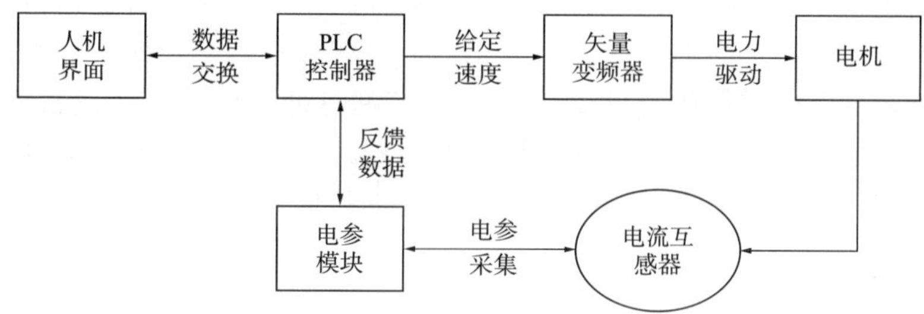

图 1 抽油机智能控制系统组成图

抽油机运行过程中，电参模块通过电流互感器采集电机运行参数，由 PLC 控制器分析和处理电参数据，根据智能控制模型的计算结果对抽油机运行冲次发出调参指令，发送给矢量变频器以驱动电机执行调参操作，并在人机界面显示调参数据和历史数据。

2.2 智能控制系统控制流程

启动抽油机，系统控制抽油机以高冲次运行，由于产量增加，油井动液面会持续下降，当系统识别到抽油泵充满度下降的工况时，系统控制抽油机改为低冲次运行，由于产量降低，油井动液面升高，当达到预定的高度 L_D 时，抽油机再次高冲次运行，直到识别到抽油泵充满度下降，这样便完成一周期工况学习，控制系统根据该井供采平衡算法，维持合理动液面深度的高、低冲次运行时间配比计算，优化调整时间配比，缩短高低冲次调整频率，使抽油机保持合理冲次，达到液面最深、泵效最高(图 2)。

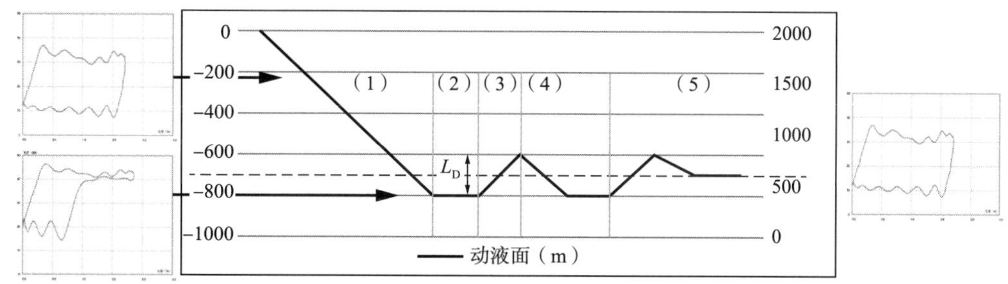

图 2 抽油机智能控制流程图及示功图

中间为抽油机智能模型控制流程图，左上为起始高动液面时饱满的示功图，

左下为低动液面时充满度下降后的示功图，右为最终动液面调整合理后的示功图

3 模块参数需求

3.1 电参数据分析、判断模块

由于具有多种标准化的数据接口、大容量存储介质、便于操作的交互界面、等同于 PC 的数据处理能力，通过植入界面显示、电参采集、数据处理程序，可实现数据接收、存储、显示、处理等功能。该模块的性能要求，主要体现在数据处理能力方面。采用电参数据推演示功图的分析算法，对数据处理能力的要求比较高，也可以 RTU 数据传输等技术以云计算的系统架构实现数据分析、判断功能；以功率等电参数对抽油机工况进行判断的分析算法对数据处理能力要求比较低，适合设计成边缘计算的系统架构。

3.2 控制模块

PLC 控制器在电控领域应用广泛[5]，具有丰富的接口以实现状态信号输入和控制信号输出，而且针对复杂电磁影响进行特殊设计，可靠性高，是抽油机智能运行控制系统合适的电控系统控制模块。在其内部存储执行逻辑运算、顺序控制、定时、计数和算术运算等操作的指令，通过数字式或模拟式的输入输出来控制各种类型的机械设备或生产过程[7]。在系统中起到主要的控制作用，是系统的核心控制器，与外部设备通过 RS485 接口进行通信、交换数据，将外部设备采集到的数据做逻辑处理数据分析来控制抽油机的运行，达到合理运行抽油机的目的。

3.3 执行模块

变频器是抽油机智能运行控制系统的执行模块[7-9]，主要应用变频器的电源频率调节功能，使抽油机电机在变频器调节范围和驱动能力范围内实现线性的速度调节。高性能矢量变频器采用了 32 位高性能数字信号处理器(DSP)，集成度高，结构紧凑，保护功能完善，可靠性高。控制软件集成了先进的电流矢量控制技术和磁通矢量控制技术。超强的负载能力，保证了变频器输出速度响应快，低频运行稳定，低频输出转矩大，满足抽油机负载变化大的工况使用特点。其通过 RS485 通信接口与 PLC 控制器通信，由主控制器发送转速控制指令，从而达到对抽油机转速调节或正反转控制的目的。在电参数据分析、判断模块的精确调控下，抽油机智能运行控制系统可实现更为灵活地控制。

4 系统功能

在测控装置上增加不停机间抽、运行控制和故障诊断预警等模块，提高抽油机变速动态平衡，通过电参转换功图，实现量产、计算液面、智能运行控制及故障诊断预警，使常规抽油机实现数字化、信息化和智能化。

4.1 自动智能调参

建立单井电参与悬点载荷的力学关系，实现电参转换功图，开展液面跟踪、功图量产、运行控制。根据液面和功图数据，评价油井运行状态。当功图出现严重供液不足、效率下降时，实时调整运行参数，提高泵充满度；当液面达到预设值时，适当提高冲次，始终使抽油机保持较高的运行效率。

4.2 执行模块

抽油机工频运行最省电，利用变频调冲次有一定的节能效果，但冲次降低到一定程度时，不如间抽运行更节能。根据油井产液量选择最优的泵径和冲次，使抽油机运行效率达到最高，通过不停机间抽调整当量冲次实现高效运行。

5　室内实验

开展室内模拟井实验，验证抽油机智能运行控制系统对合理动液面深度的识别，以及对抽油机工作制度的自动调整。

实验抽油机工作参数：游梁式抽油机，冲程3m，最低冲次4次/min，最高冲次6次/min；电机功率37kW；杆径ϕ22mm，泵径ϕ57mm，泵挂900m。

实验过程：

（1）将模拟井注满水至井口，以固定流量模拟采油井产液；

（2）启动抽油机智能运行控制系统，抽油机开始高速运行，每次动液面深度下降约100m，测量抽油机示功图；

（3）抽油机智能运行控制系统显示动液面深度到达合理动液面深度，测量动液面深度，测量抽油机示功图，抽油机智能运行控制系统控制抽油机开始低速运行或不停机间抽运行，模拟井动液面深度逐渐恢复；

（4）抽油机智能运行控制系统显示动液面深度到达折返动液面深度，测量动液面深度，测量抽油机示功图。

通过对比抽油机在正常工况和供液不足运行工况，对比电参数据可发现抽油机抽汲至供液不足的电参数据特征。通过预设好的智能控制模型，根据检测供液不足工况的特征值，调整抽油机运行冲次在6次/min和4次/min之间。抽油机系统在830m和730m液面范围上下波动，对应测试在830m功图(图3)，功图出现严重供液不足现象，抽油机调整降速后液面恢复，在730m测试功图(图4)，功图饱满，工况正常。

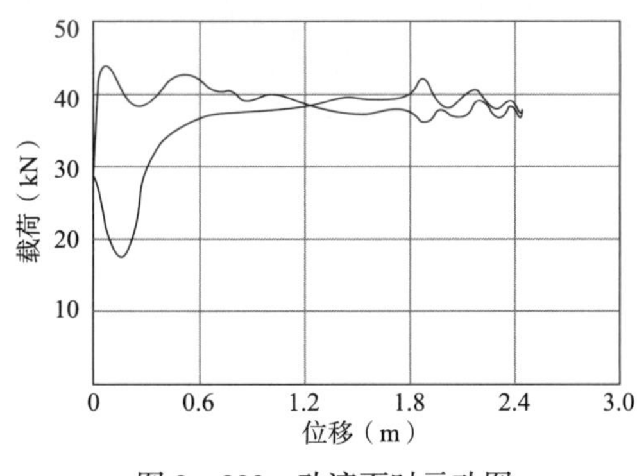

图3　830m动液面时示功图

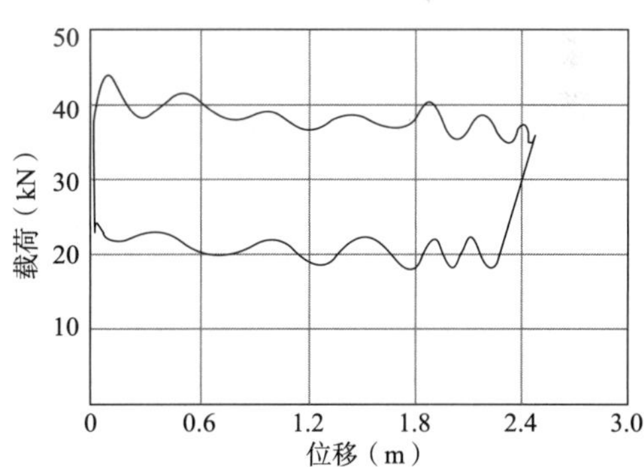

图4　730m动液面时示功图

研究开展了系统节能对比测试，在730m工况下抽油泵泵效76%，系统效率35%，在830m液面工况条件下，抽油机泵泵效43%，系统效率21%，通过抽油机智能运行控制系统控制后，平均泵效65%，系统效率32%，综合节电率30%。

6　现场试验

在某油田A区块安装抽油机智能运行控制系统的同时，安装了连续测量动液面深度的仪器，取得7d内的动液面深度的变化情况曲线。曲线显示在抽油机智能控制系统的调控下，采油井的动液面深度在合理区间内动态变化。某油田A区块应用抽油机智能运行控制系统 11 口井，措施前，平均动液面深度 714m，日耗电 206kW·h；措施后，平均动液面深度 678m，日耗电 148kW·h。在动液面深度略有调整，流压适当优化的条件下，平均产液量提升 2.22m^3，平均节电率 27%，具体数据见表 1。

表 1　某油田 A 区块应用抽油机智能运行控制系统前后生产数据对比表

井号	措施前				措施后				节电率（%）
	动液面（m）	泵效（%）	产液量（m^3/d）	日耗电量（kW·h）	动液面（m）	泵效（%）	产液量（m^3/d）	日耗电量（kW·h）	
A1	725	34.49	11.0	158	724	39.52	12.60	82	48
A2	560	41.82	27.0	252	521	48.38	31.20	176	30
A3	684	46.85	20.3	210	573	30.82	13.33	116	45
A4	585	65.86	36.0	149	607	76.03	41.50	126	16
A5	657	53.57	35.0	216	709	52.32	34.36	169	22
A6	715	40.53	26.5	154	532	41.80	27.48	134	13
A7	744	32.11	25.5	230	650	32.82	25.79	108	53
A8	649	15.03	12.3	192	571	39.91	32.85	163	15
A9	863	49.10	45.2	220	850	44.39	40.90	186	15
A10	879	55.87	40.0	258	899	56.07	41.70	191	26
A11	795	56.48	51.3	231	823	58.01	52.70	184	20
平均	714	44.70	30.0	206	678	47.28	32.22	148	27

针对供采不平衡问题，变频器下调冲次在现场见到了一定的节能效果，但变频超过 40%，电机散热慢，易对电机造成损伤，地面系统效率降低。采用不停机智能间抽技术，采用整周运行 12min（工频 5 次）与摆动 18min 的组合运行，折合当量冲次 2 次，系统效率 35.8%，比工频提高 21.3 个百分点，节电率 59.5%，比变频提高 13.7 个百分点，节电率 38.4%（表 2）。

表 2　B 井不同运行方式效果对比表

运行方式	泵径（mm）	冲次（次/min）	产量（m^3/d）	沉没度（m）	泵效（%）	日耗电（kW·h）	系统效率（%）
工频	70	5	18.9	161	22.7	272.8	14.5
变频	70	3	19.7	189	39.5	179.6	22.1
不停机间抽	70	2	20.3	213	61.1	110.6	35.8

7　结论

（1）抽油机智能化控制已成为采油厂减员增效的重要方法，动态调整采油井的动液面，维持合理流压，既有利于节能降耗，也有利于采油井取得最大产液量。

（2）本文应用电参数据进行抽油机工况判断、冲次调控，采集成本低、数据稳定，能够满足现场需求，取得了良好的应用效果。

（3）数字化技术中边缘计算、云计算的合理配置应用，为抽油机现场工作制度的灵活调控提供了技术基础，解决了传统生产模式中难以解决的管理问题，为采油生产的提质增效、持续优化提供了技术潜力。

参 考 文 献

[1] 寇相军. 过渡带低产井间抽方法探索与实践[J]. 石油石化节能，2014(8)：4-6.

[2] 邹祥城，黄继庆，李庆国. 基于动液面控制的抽油机智能排采技术现状[J]. 设备管理与维修，2020(11)：140-141.

[3] 罗然昊，贺建宏，周雪. 抽油机智能空抽控制技术研究及应用[J]. 化工设计通讯，2018(11)：55-56.

[4] 常鹏刚，高鹏，张胜利，等. 抽油机变速运行智能控制技术深化研究与应用[J]. 石油化工自动化，2020(3)：31-35.

[5] 曹忠亮，王瑀，陈舟航，等. PLC 控制的无游梁抽油机控制系统设计[J]. 石油机械，2018(10)：87-91.

[6] 李雪，张战敏，朱丽萍，等. 抽油机井人工举升智能控制系统的应用[J]. 石油化工自动化，2021(1)：12-16.

[7] 任旭虎，苏建楠，李旭，等. 游梁式抽油机多模式控制系统设计与开发[J]. 石油机械，2018(1)：72-77.

[8] GIBBS SG. Method for monitoring an oil well pumping units：USA，4490094[P]. 1984.

[9] KARABOGA D，AKAY B. Proportional integral derivative controller design by using artificial bee colony，harmony search，and the bees algorithms[J]. Proceedings of the Institution of Mechanical Engineers，Part I：Journal of Systems and Control Engineering，2010，224(7)：869-883.

庆城油田页岩油水平井闷排采设计及现场应用

牛彩云[1,2] 郑 刚[1,2] 魏 韦[1,2] 张 磊[1,2] 邓泽鲲[1,2] 李明江[1,2]

（1. 中国石油长庆油田公司油气工艺研究院；2. 低渗透油气田勘探开发国家工程实验室）

摘 要：庆城油田是国内第一个百万吨整装页岩油开发示范油田，主力开发层位为三叠系延长组长7页岩油层。开采方式不同于常规储层开采，一般需大规模体积压裂、闷井、排液后再进行投产。庆城油田储层物性与国内外页岩油储层物性差异较大，压裂后闷排采工作制度缺少可借鉴的理论方法。本文以庆城长7页岩油开发水平井为研究对象，对体积压裂后的闷井时间、放喷排液、举升工艺进行综合分析。结果为：庆城油田压裂后闷井时间确定主要考虑该区块最小水平主应力，结合数值模拟、矿场实践，优化合理闷井时间为30d左右；根据油嘴尺寸计算模型，建立了油嘴选配图版，有效指导长7页岩油放喷工作。举升工艺根据平台水平井井数选用有杆泵采油和无杆泵采油两种，从现场应用来看，两种工艺都存在维护性作业频次高、检泵周期短等特点，主要原因是页岩油普遍采用大平台三维水平井开发，井身轨迹较常规二维水平井更为复杂。笔者认为，无杆采油技术是大平台丛式水平井举升工艺发展方向，但如何延长运行寿命仍需深入研究。

关键词：长7页岩油；闷井时间；放喷制度；举升工艺；现场应用

页岩油开发是能源领域的一次革命，美国等少数国家已实现页岩油商业开发[1-5]。中国石油庆城油田按照“非常规理念、非常规技术、非常规管理”的开发思路，采用“小井距、大井丛、多层系、立体式、工厂化作业、密切割体积压裂”方式[6-12]，实现了鄂尔多斯盆地长7页岩油规模建产。2021年庆城油田页岩油产油量达到131.6×10^4t，建成了国内第一个百万吨整装页岩油示范油田[13-15]。

页岩油开采不同于常规储层开采，大规模体积压裂后需闷井一段时间再进行排液，待压力降至一定条件后采用人工举升方式。文献资料表明，美国得克萨斯州南部的鹰滩油田非常规开采区，压裂后采用控制压降放喷，举升方式上85%以上的井使用有杆泵[16-17]；美国宾西法尼亚 Marcllus 页岩气田页岩井采用闷井加较小油嘴慢速返排制度[18-19]；国内页岩油储层压裂后普遍存在渗析置换作用和一定的应力敏感性，大多采用闷井控排方式生产，但是由于各地区页岩油储层特性差异较大，压裂后排采工作制度也不尽相同[20]，缺少可以借鉴的理论方法。庆城油田长7页岩油开发初期，受大平台井数影响，平均闷井时间超过3个月，有的甚至超过半年。闷井时间过长，一方面影响产量，另一方面易产生结垢，造成井筒堵塞。本文针对长7页岩油水平井，重点对大规模体积压裂后闷井、排液，以及举升工艺（简称闷排采）进行跟踪分析，同时结合近年来研究成果及现场实践，合理制定了长7页岩油闷井时间、放喷制度，以及举升工艺，旨在为同类页岩油开采提供借鉴和指导作用。

作者简介：牛彩云（1970—），2005年毕业于西安石油大学石油工程专业，主要从事采油工艺及井下工具研究工作，高级工程师。通讯地址：陕西西安市未央区明光路长庆油田油气工艺研究院，邮编：710021。E-mail：niucy_cq@petrochina.com.cn。

1 庆城油田长7页岩油开发概况

1.1 地质特征

庆城油田主力开发层位为鄂尔多斯盆地三叠系延长组长7页岩油层，储层岩石以岩屑长石砂岩和长石岩屑砂岩为主，具有高石英、低长石的特点。原始含油饱和度较高，达70%以上。储层物性差，孔隙度5%～11%，渗透率0.03～0.3mD。地层原油具有低密度、低黏度和高气油比的特点，其中，密度0.75g/cm^3，黏度1.21～1.96mPa·s，气油比94.8～107.6m^3/m^3。压力系数在0.7～0.85之间，属于典型的低压油藏。岩石脆性指数45.3%～48.1%，脆性指数较高，天然裂缝较发育，有利于大规模体积压裂改造。

1.2 开发概况

长7页岩油开发方式采用水平井+大规模体积压裂[21-23]，准自然能量开发。水平段长度1500～2500m，井距300～400m。单层系平台布井6～8口，多层系平台布井一般在20口井以上。目前采油工艺以抽油机人工举升为主，占比81%，大井丛平台开展无杆采油试验。

2 页岩油水平井体积压裂后闷井时间和放喷制度优化

页岩油开采不同于常规储层开采，由于其入地液量大（一般为2.8×10^4～3.0×10^{4}m^3），大规模入地液量除了造缝外，还起到渗吸补能作用。一般压后地层压力系数在1.0～1.3之间，由于地层压力高，不能立刻进行投产作业，需关井闷井一段时间，待井口压力下降到一定程度才能投产。

2.1 闷井时间优化

压后关井闷井时间的确定需要考虑多方面的因素，最直接的方式是看井口压力，以关井期间井底压力降至该区块最小水平主应力为闷井结束时间，同时结合数值模拟、矿场实践进行合理优化，最终形成可指导、可操作的优化制度。

2.1.1 闭合压力计算

裂缝闭合压力是使裂缝恰好保持闭合临界状态所需要的流体压力，这一流体压力与地层中垂直于裂缝面上的最小水平主应力大小接近，一般通过岩石力学测试、小型压裂测试等方法获得。

（1）岩石力学测试。

长7页岩油水平井岩石力学测试3口井（表1），平均最小水平主应力29.8MPa，平均取心深度2154.13m，根据闭合压力梯度计算方法，折算闭合压力梯度为0.0138MPa/m。

$$\begin{aligned} G &= p/h \\ &= 29.8/2154.13 \\ &= 0.0138 \end{aligned} \tag{1}$$

式中：G 为闭合压力梯度，MPa/m；p 为最小水平主应力，MPa；h 为平均油层垂深，m。

表1 长7页岩油岩石力学测试结果

井号	取心深度(m)	垂向应力(MPa)	最大水平主应力(MPa)	最小水平主应力(MPa)	闭合压力梯度(MPa/m)
1号井	2106.23	42.96	35.06	29.61	0.0141
2号井	2176.53	44.34	36.07	30.12	0.0138
3号井	2179.63	43.84	35.64	29.68	0.0136
平均	2154.13	43.71	35.59	29.80	0.0138

(2) 小型压裂测试。

在长7页岩油水平井开展了小型压裂测试，测试井深1850m，结果为长7储层闭合应力25.0MPa，闭合压力梯度0.0135MPa/m，与岩石力学测试结果基本接近。

(3) 闭合压力计算。

按照长7页岩油平均油层垂深1910m计算，考虑关井静液柱压力，计算岩石力学测试结果与小型压裂测试结果的闭合压力。

① 岩石力学测试闭合压力：

$$\begin{aligned} p_{c1} &= Gh-\rho gh \\ &= 0.0138\times1910-1910\times9.8/1000 \\ &= 7.64 \end{aligned} \tag{2}$$

式中：p_{c1}为岩石力学测试闭合压力，MPa；ρ 为液体密度，kg/m^3；g 为重力加速度，取9.8m/s^2。

② 小型压裂测试闭合压力：

$$\begin{aligned} p_{c2} &= Gh-\rho gh \\ &= 0.0135\times1910-1910\times9.8/1000 \\ &= 7.0 \end{aligned} \tag{3}$$

式中：p_{c2}为小型压裂测试闭合压力，MPa。

通过上述计算，当井口压力低于7.0MPa时裂缝闭合，闷井结束。

2.1.2 数值模拟

利用数值模拟软件对体积压裂裂缝中的单个基岩块进行闷井渗吸模拟，模拟区域为1.2m×1.2m，裂缝位于基岩块的上方和右方，裂缝初始饱和压裂液，基岩初始饱和油，模拟时间为120d。

结果显示随闷井时间增加，基质与人工缝网压力逐渐实现平衡，入地液在基质中不断渗吸推进；闷井30d左右，压裂液侵入基质距离为0.2m，压力扩散及渗吸置换效果随之减弱(图1)。

2.1.3 矿场实践

统计庆城油田64口水平井不同关井时间的井口压力值，其平均值变化趋势如图2所示。总体呈三个阶段，1~10d快速下降，10~30d缓慢下降，30d之后基本稳定不变。其中关井30d左右，井口压力下降至7.0MPa以下，低于闭合压力，然后进入稳定状态，说明关井30d左右裂缝闭合。矿场统计显示，闷井30~60d，产量相对较高，闷井时间过长，入地液能量向外围驱替，不利于产量提升(图3)。

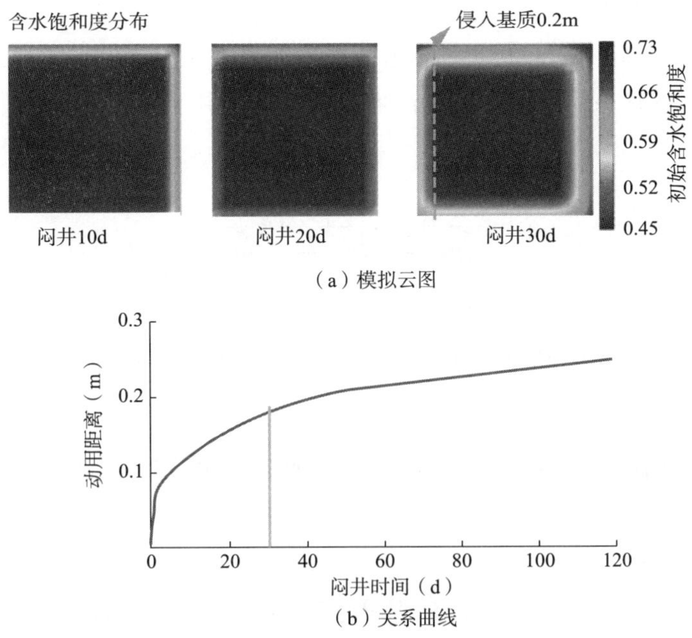

图 1　侵入距离与闷井时间关系图

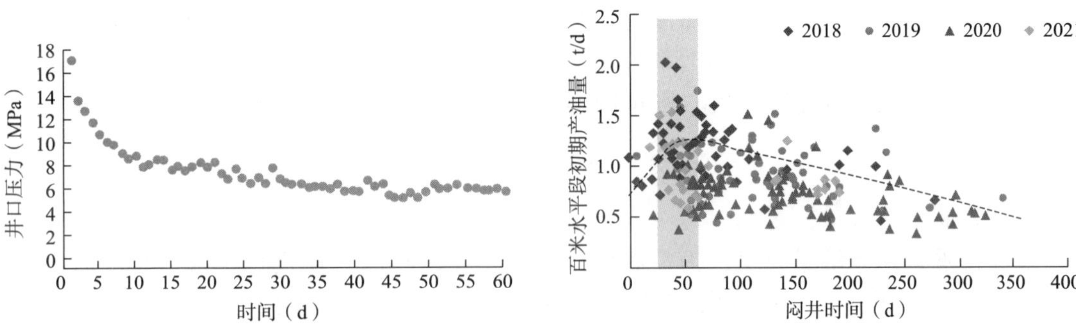

图 2　长 7 储层压后闷井井口压力下降曲线

图 3　百米初期产量与水平井闷井时间关系图

通过上述分析，结合数值模拟、矿场实践，优化合理闷井时间为 30d。并结合井口实测压力变化适当调整，其调整原则为：

(1) 30d 之内，井口压力提前降至 7.0MPa 及以下，判断裂缝达到闭合条件，闷井提前结束；

(2) 30d 之内，井口压力高于 7.0MPa，但连续 3d 压降速率小于 0.1MPa/d，判断裂缝内压力与地层压力达到平衡，闷井提前结束进入返排环节强制裂缝闭合；

(3) 超过 30d，井口压力高于 7.0MPa，根据连续 3d 压降速率小于 0.1MPa/d，判断闷井结束时间，但最长不超过 45d，超过 45d 后闷井结束进入返排环节强制裂缝闭合。

2.2　放喷制度优化

放喷期间要合理确定油嘴尺寸，如果油嘴选择过大，则使得返排速度过高，进而引起支撑剂的回流及地层的不稳定等情况；如果油嘴选择过小，则会增加排液时间，增加操作成本，延误生产。

2.2.1　油嘴临界流速计算

以油嘴为研究对象，返排液流经油嘴前后适用伯努利方程[23-24]，但由于油嘴尺寸较小，且一般处于水平状态，返排液流经油嘴前后位势能几乎不变，此时伯努利方程简化为如下形式：

$$\frac{p_{\mathrm{t}}}{\rho g}+\frac{v_{\mathrm{t}}^2}{2g}=\frac{p_0}{\rho g}+\frac{v^2}{2g}+\xi\frac{v^2}{2g} \tag{4}$$

式中：p_{t}为井口处油压，MPa；v_{t}为油嘴前流速，m/s；ρ 为返排液密度，$10^3\mathrm{kg/m^3}$；p_0为油嘴出口处压力，等于大气压 0.101MPa；v 为油嘴出口处返排液流速，m/s；ξ 为局部阻力系数。

由于油嘴处过流断面急剧变小，将引起局部水头损失，油嘴的局部阻力系数计算公式见式(5)：

$$\xi=0.5\left(1-\frac{\pi r^2}{\pi R^2}\right) \tag{5}$$

式中：R 为油管半径，m；r 为油嘴半径，m。

一般油嘴直径仅为几毫米，而油管直径则为几十厘米，油嘴与油管的过流断面面积之比的值很小，因此取油嘴局部阻力系数为 0.5。

由于油管规格尺寸是一定的，则可以得到油管内不同返排液流速下的流量 Q：

$$Q=\pi R^2 v_{\mathrm{t}} \tag{6}$$

式中：Q 为油管内流量，$\mathrm{m^3/s}$。

放喷排液初期产液量充足，为控制放喷速度，当以临界流量进行定液量排液时，将式(5)、式(6)代入式(4)，则可得到油嘴半径与井口压力及临界流量间的关系式：

$$r=\frac{R}{\left[\frac{1}{1+\xi}\left(1+\frac{2\pi^2R^4}{Q_{\mathrm{c}}^2}\frac{p_{\mathrm{t}}-p_0}{\rho}\right)\right]} \tag{7}$$

式中：Q_{c}为油管内临界流量，$\mathrm{m^3/s}$。

2.2.2　油嘴尺寸选配

前文提到，井口压力降至 7.0MPa 裂缝闭合。按照最高井口压力 7.0MPa 开始放喷。根据公式(7)，理论上计算了不同井口压力下，达到目标产量所需匹配的油嘴尺寸，并建立了油嘴选配图版(图 4)，有效地指导长 7 页岩油放喷工作。

3　庆城油田长 7 页岩油水平井举升工艺设计及现场应用

鉴于页岩油水平井普遍采用大平台三维水平井开发，平台水平井井数由最初的 6 口井上升至最大 31 口井，偏移距不断增大，最大偏移距由 594m 扩大至 1266m，造斜点更浅，负位移井占比达 64.3%，井身轨迹更加复杂。因此在举升工艺设计上，需打破常规思维，不仅仅考虑有杆泵机械采油，还需考虑无杆采油技术。

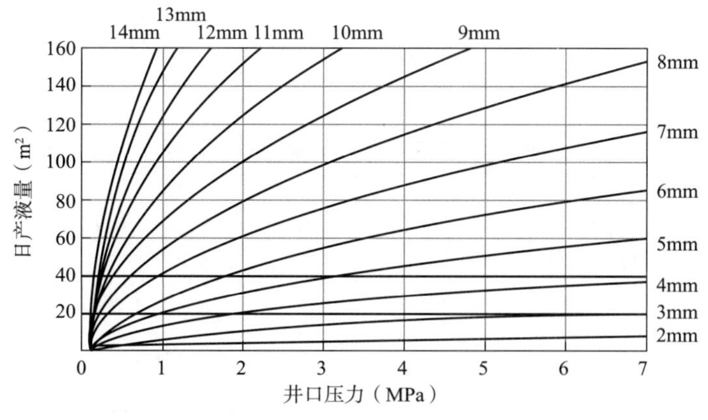

图 4　放喷排液油嘴选配图版

3.1　无杆采油技术应用界限

无杆采油技术最大特点是彻底消除了复杂井眼轨迹下的油管杆偏磨，井口占地面积少，有利于大平台工厂化作业。但一次性投资成本较高，投资回收期较长，因此从经济角度考虑并不是所有页岩油水平井都适合无杆采油技术。

庆城油田无杆采油技术设计既考虑经济性，又考虑技术适应性。其原则是根据丛式井平台井数，计算钻井所征用土地、道路、井场、搬迁发生费用与常规钻井对比所节约的成本；再根据页岩油全生命周期产量变化，考虑无杆采油工艺一次性投资费用、检泵周期、单次检泵成本、后期更换采油设备，以及人工成本等费用，计算油价在 45 美元/bbl、50 美元/bbl、60 美元/bbl、70 美元/bbl、80 美元/bbl 情况下的内部收益率，当井数在 14～15 口井之间时内部收益率达到 8%。因此综合评价平台井数超过 15 口以上水平井选用无杆采油系统(图 5)，其余水平井均采用有杆泵机械采油。

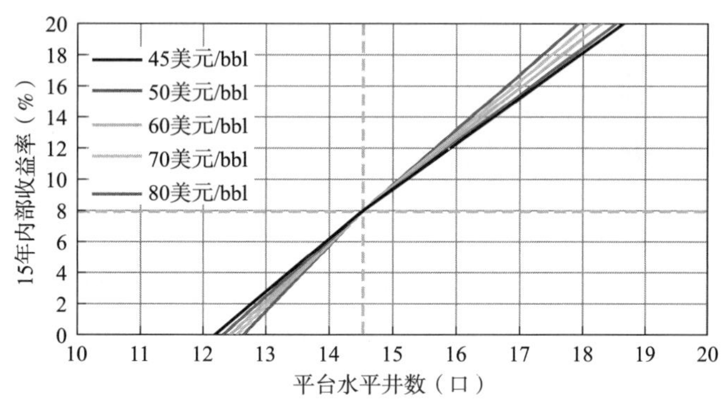

图 5　不同平台无杆采油井数内部收益率

3.2　无杆采油举升工艺

3.2.1　无杆泵选型

无杆采油最大优点是智能化程度高、可适时反映井下电机温度、运行频率、运行电流、泵出口压力等关键参数；庆城油田在 H40、H60、H100 等大平台水平井采用无杆采油技术。

根据长7储层特征，考虑套管尺寸、油管尺寸、举升扬程、油压、套压、油管摩阻、产液量等因素。初期排液量接近 $100m^3/d$，后期产液量稳定在 $20m^3/d$ 左右，选用宽幅电潜离心泵；初期排液量接近 $60m^3/d$，后期产液量稳定在 $10m^3/d$ 左右，选用电动潜油螺杆泵(表2)。

表2 不同类型无杆采油适应条件表

工艺类型	排量(m^3/d)	扬程(m)	优点	缺点
宽幅电潜离心泵	20~100	≤2500	液量范围宽、大液量开采	结垢、出砂、气体等影响比较大
电动潜油螺杆泵	10~60	≤2000	适应稠油及一定程度出砂、含气复杂井况	定子橡胶需根据个性化定制

3.2.2 生产管柱结构

考虑长7页岩水平井不同生产阶段井筒结蜡、结垢、出砂、气体的影响程度，设计两种不同的无杆采油生产工艺管柱。其中生产初期采用：防垢工具+防砂工具+井下开关器+防气无杆泵机组+防蜡油管(图6)；生产后期采用：防气无杆泵机组+防蜡油管(图7)。

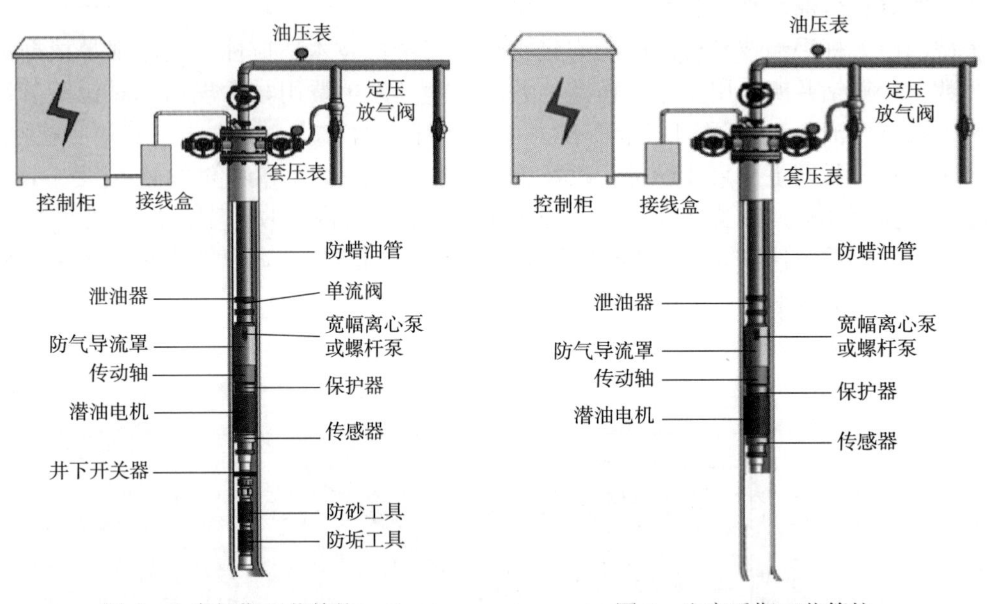

图6 生产初期工艺管柱　　图7 生产后期工艺管柱

3.2.3 现场应用

电潜螺杆泵主要应用法国PCM、加拿大MANTL，以及贝克休斯等厂家的设备，截至目前应用67口，平均泵深1470m，沉没度540m，日产液 $19.2m^3$。平均转速148r/min，泵效65.1%，系统效率31.5%，大平台无杆泵平均检泵周期200d、最长330d。

宽幅电潜离心泵[25]生产应用20多口井，设计长7水平井电潜离心泵总级数为233级，其中上泵89级，下泵134级，外径均为 ϕ101mm。生产初期采用频率控制模式，中后期调整为流压控制模式，连续运行时间最长为220d。

从现场运行来看，无杆采油系统电机、保护器、控制器等运行稳定，受页岩油气油比高、出砂、结蜡等因素影响，电潜螺杆泵或电潜离心泵均易发生卡泵、联轴器断裂故障。

笔者认为，无杆采油虽然是解决复杂井眼轨迹、管杆偏磨严重油井的有效技术手段，但如何延长寿命仍需研究。

3.3 有杆泵采油举升工艺技术

3.3.1 工艺管柱

长 7 页岩油水平井有杆泵举升设计与常规采油井相同，井筒配套重点考虑防偏磨和防蜡，井口以下约 500m 应用防蜡油管，泵挂以上 500m 应用防磨油管。配套工具从井口到井下主要有光杆、密封盒、采油井口、扶正器、防磨块、泄油器、花管等（图 8）。

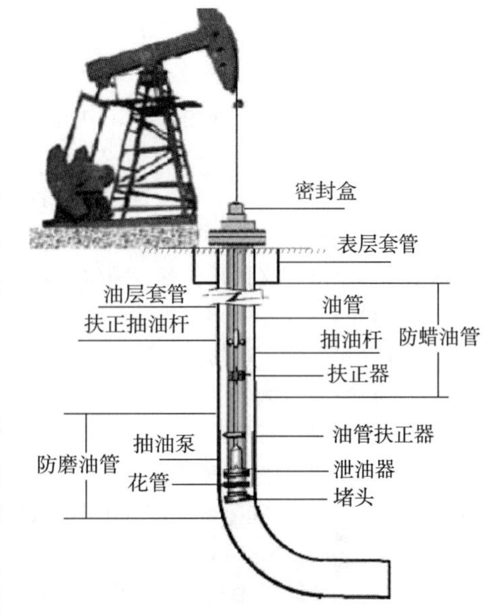

图 8　有杆泵举升工艺管柱

3.3.2 现场应用情况

庆城油田长 7 页岩油水平井有杆泵机械采油井约 240 口，平均冲次 $4.92min^{-1}$，平均泵径 ϕ50.89mm，平均冲程 2.65m，平均泵效 55.0%，作业频次 1.49 次/口（常规井作业频次 0.49 次/口）、检泵周期约 404d（常规井检泵周期 745d）。同常规定向井生产制度对比，页岩油井生产具有大泵径、长冲程、快冲次、高液量、维护性作业频次高、检泵周期短等特点，主要原因是页岩油普遍采用大平台三维水平井开发，井身轨迹较常规二维水平井更为复杂，总体表现为造斜早与狗腿度大，油管杆偏磨严重。

4 结论及认识

（1）庆城油田是国内第一个百万吨级整装页岩油开发油田，压裂后闷井时间及排采工作制度的确定至关重要。文中确定闷井时间主要考虑该区块最小水平主应力，结合数值模拟、矿场实践，优化合理闷井时间为 30d，同时根据井口实测压力变化提出了合理调整原则。

（2）依据油嘴尺寸计算模型，建立了油嘴选配图版，有效指导长 7 页岩油放喷工作。

（3）长 7 页岩油水平井有杆泵机械采油井同常规定向井生产制度对比，具有大泵径、长冲程、快冲次、高液量、维护性作业频次高、检泵周期短等特点，主要原因是页岩油普遍采用大平台三维水平井开发，井身轨迹较常规二维水平井更为复杂，总体表现为造斜早与狗腿度大，油管杆偏磨严重。

（4）无杆采油技术是大平台水平井举升工艺发展的方向，从现场应用来看，系统电机、保护器、控制器等运行稳定，受页岩油气油比高、出砂、结蜡等因素影响，电潜螺杆泵或电潜离心泵均易发生卡泵、联轴器断裂故障。笔者认为，无杆采油虽然是解决复杂井眼轨迹、管杆偏磨严重油井的有效技术手段，但如何延长寿命仍需研究。

参 考 文 献

[1] 付茜. 中国页岩油勘探开发现状、挑战及前景[J]. 石油钻采工艺，2015，37(4)：58-62.
[2] 李莉，薛颖，陈喜禄，等. 页岩油标准体系研究与进展[J]. 石油工业技术监督，2019，35(12)：15-

19，27.
[3] 周庆凡，金之钧，杨国丰，等．美国页岩油勘探开发现状与前景展望[J]．石油与天然气地质，2019，40(3)：469-477.
[4] 汪友平，王益维，孟祥龙，等．美国油页岩原位开采技术与启示[J]．石油钻采工艺，2013，35(6)：55-59.
[5] 胡素云，赵文智，侯连华，等．中国陆相页岩油发展潜力与技术对策[J]．石油勘探与开发，2020，47(4)：819-828.
[6] 樊建明，杨子清，李卫兵，等．鄂尔多斯盆地长7致密油水平井体积压裂开发效果评价及认识[J]．中国石油大学学报(自然科学版)，2015，39(4)：103-110.
[7] 赵振峰，李楷，赵鹏云，等．鄂尔多斯盆地页岩油体积压裂技术实践与发展建议[J]．石油钻探技术，2021，49(4)：85-91.
[8] 石道涵，张矿生，唐梅荣，等．长庆油田页岩油水平井体积压裂技术发展与应用[J]．石油科技论坛，2022，41(3)；10-17.
[9] 李国欣，罗凯，石德勤．页岩油气成功开发的关键技术、先进理念与重要启示——以加拿大都沃内项目为例[J]．石油勘探与开发，2020，47(4)：739-749.
[10] 雷群，翁定为，熊生春，等．中国石油页岩油储集层改造技术进展及发展方向[J]．石油勘探与开发，2021，48(5)：1035-1042.
[11] 李宪文，樊凤玲，杨华，等．鄂尔多斯盆地低压致密油藏不同开发方式下的水平井体积压裂实践[J]．钻采工艺，2016，39(3)：34-36.
[12] 牛彩云，朱洪征，王百，等．多段压裂水平井压力及压降监测分析[J]．钻采工艺，2015，38(2)：8-9，51-53.
[13] 付锁堂，金之钧，付金华，等．鄂尔多斯盆地延长组7段从致密油到页岩油认识的转变及勘探开发意义[J]．石油学报，2021，42(5)：561-569.
[14] 吴顺林，刘汉斌，李宪文，等．鄂尔多斯盆地致密油水平井细分切割缝控压裂试验与应用[J]．钻采工艺，2020，43(3)：4，53-55，63.
[15] 张矿生，唐梅荣，陶亮，等．庆城油田页岩油水平井压增渗一体化体积压裂技术[J]．石油钻探技术，2022，50(2)：9-15.
[16] WILSON M S. Artificial-Lift Selection Strategy To Maximize Value of Unconventional Oil and Gas Assets [J]. Journal of Petroleum Technology，2017，69(7)：64-66.
[17] LEA J F，NICKEN H V. Selection of Artificial Lift[J]. SPE 52157，Amoco EPTG/RPM.
[18] YAICH E，WILLIAMS S，BOWSER A，et al. A case study：The im-pact of soaking on well performance in the Marcellus[C]. San An-tonio：The Unconventional Resources Technology Conference，2015.
[19] ZHANG Y J，GE H K，SHEN Y H，et al. Evaluating the potential for oil recovery by imbibition and time-delay effect in tight reservoirs during shut-in[J]. Journal of Petroleum Science and Engineering，2020，184：1-8.
[20] 刘刚，杨东，梅显旺，等．松辽盆地古龙页岩油大规模压裂后闷井控排方法[J]．大庆石油地质与开发，2020，39(3)：147-154.
[21] 万晓龙，张原立，樊建明，等．鄂尔多斯盆地长7页岩油藏水平井生产制度[J]．新疆石油地质，2022，43(3)：329-334.
[22] 尚世龙．致密油蓄能压裂压后关井及放喷[D]．北京：中国石油大学(北京)，2017.
[23] 文恒．裂缝闭合与支撑剂回流沉降规律研究[D]．北京：中国石油大学(北京)，2014.
[24] 刘爱萍，邓金根．垂直井筒低黏度液流最小携砂速度研究[J]．石油钻采工艺，2007，29(1)：31-33.
[25] 牛彩云，甘庆明，郑天厚，等．宽幅电潜泵举升工艺在致密油水平井应用分析[J]．石油矿场机械，2021，50(3)：69-74.

抽油机井生产优化技术研究

李夏宁　张吉群　贾　涵　常军华　吴　丽　王利明　崔丽宁　平晓琳

（中国石油勘探开发研究院）

摘　要：抽油机井生产运行过程中，产液量和生产运行成本是核心问题，综合考虑抽油机井生产动态、油藏物性、井身轨迹、机抽设备、示功图数据，将人工智能技术与专业理论相结合，采用深度学习算法，建立多参数油井工况智能诊断与趋势预测模型、智能间开模型，实现抽油机井工况诊断、趋势预测及间开生产制度优化，降低抽油机井生产成本、提高生产时率，实现抽油机井数字化与智能化。

关键词：抽油机井；人工智能；知识约束；神经网络

近年来，油气生产成本问题成为国内外亟须解决的重要问题之一，智能油气田建设也成为关注的焦点。抽油机井智能化是智能油气田建设的重要组成部分，如何有效提升生产质量，实现增产、节能、降本、增效，是研究人员追求的目标。实现抽油机井数字化与智能化，对实现油气生产提质增效具有很重要的意义[1-2]。本文将讨论如何通过第三代人工智能技术，建立多参数油井工况智能诊断与趋势分析模型，实现抽油机井数字化与智能化，提高油井生产管理水平、减少作业维护费用、提高生产时率，大幅提高油田生产效益。

1　国内外研究现状

目前国内外人工智能诊断法趋于成熟。当前国内外专家围绕抽油机数字化、智能化，开展了大量应用研究，发表相关文献 150 多篇。超过 10 万口油井采用基于数学模型的功图方法，实现了抽油机井远程故障诊断，开展了基于机器学习的方法研究，均取得了较好的应用成效。

Derek 等[3]在走访许多著名专家后研制出有杆抽油井故障诊断专家系统，它是将地面实测的示功图转换为井下示功图，然后与标准示功图进行比较以判断故障类型。Svinos 等[4]推出了一种由 Basic 语言编制的有杆泵诊断专家系统，该系统有 5 个模块，用产生式法则建立规则库，运用反向推理机建立了一个可以识别典型示功图并计算出有关数据的专家系统，然后利用这些数据诊断有杆抽油系统的故障。孙振华等[5]对游梁式抽油机实时评价方法进行了重点研究，通过对电参数的研究，提出可以通过绘制电功图对抽油机井进行故障分析。张强和许少华[6]将过程神经元网络引入到抽油井示功图模式诊断中来，由于其输入和连接权均是时变函数，可自动抽取和记忆时变样本的过程模式特征，在机制上对时变信号的分类问题具有较好的适应性。段玉波等[7]针对基于传统竞争神经网络的抽油机示功图聚类时

作者简介：李夏宁（1990—），毕业于东北石油大学石油与天然气专业，硕士学位。目前为中国石油大学（北京）与中国石油勘探开发研究院联合培养博士在读。现任中国石油勘探开发研究院工程师，主要从事人工智能在油田开发领域的研发与应用。E-mail：lixn1234@ petrochina. com. cn。

分类精度低的缺点，对自组织特征映射神经网络的学习速率和邻域的递减方式进行了改进和仿真验证。丛蕊等[8-9]研究了基于图像识别的示功图诊断方法，该方法同样将不变矩特征提取技术应用到抽油机和往复式压缩机的示功图智能诊断上，并通过核主成分分析优化提取到的特征量，缩短了示功图诊断的时间。Tan 等[10]提出将最小二乘相似度作为示功图特征的定量描述参数，利用最小二乘相似度可以进行示功图的完全分类和自动诊断。宫建村[11]针对抽油机故障诊断的特点，建立了基于产生式和框架式相结合的专家系统知识库，采用参数判断和专家系统提问相结合的推理方式，能够充分利用数据和现象，提高诊断可信度。周宁宁和黄国方[12]提出把泵功图的缺损面积和对应的增载行程作为隶属变量，然后根据缺损面积与泵功图外切矩形面积的 1/4 之比，以及增载行程和泵行程的比值来建立相应的隶属函数，通过隶属度计算，根据最大隶属原则来判断当时的工作状态，采用图形的面积作为特征向量只能对一些工况简单的油井做出有效的判断和监控。

中国石油天然气集团有限公司共有油气水井 34 万口，采油人员近 10 万，人工成本居高不下；机采井每年耗电 110 亿度，占据油田生产总能耗的 43%。如何有效提升生产质量，实现增产、节能、降本、增效，是研究人员追求的目标。然而，各油田由于油藏性质不同、油气水比例不同、抽油机型号不同等原因，故障诊断模型通用性较差；由于抽油机故障样本很难获取，属于典型的小样本，机器学习的鲁棒性问题无法攻克，无法获得可靠的故障诊断模型。

2 工况定量诊断模型

卷积神经网络工况定量诊断模型是以抽油机功图图形作为模型的输入，搭建多模态神经网络，识别抽油机工况类型。图 1 是卷积神经网络工况定量诊断模型结构示意图。

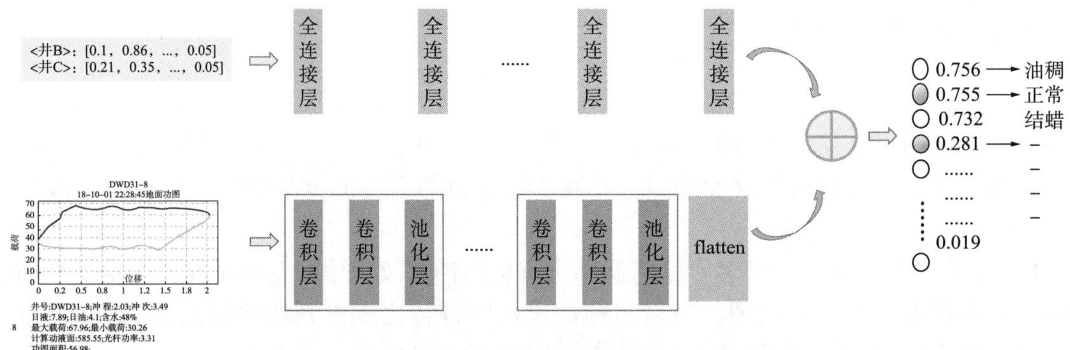

图 1　卷积神经网络工况定量诊断模型结构示意图

3 工况趋势预测模型

以一段时间内的油井的功图、生产数据为样本，利用 LSTM+CNN 神经网络进行模型训练，实现以一段时间内的连续抽油机示功图图形为输入，以未来抽油机示功图图形为输出，结合诊断模型对预测的图形和参数进行诊断分析，实现了油井故障的预测，给故障分析和措施决策提供了依据。

3.1 数据预处理

一般抽油机工况图形是以轮廓线的方式展示(图 2)，在工况预测时，设置为多边形填充方式展示(图 3)。通过实验对比，以轮廓线方式训练模型时，在模型预测后提取抽油机示功图边界容易出现部分区域缺失的情况，而以多边形填充方式训练模型，将避免该问题的出现。

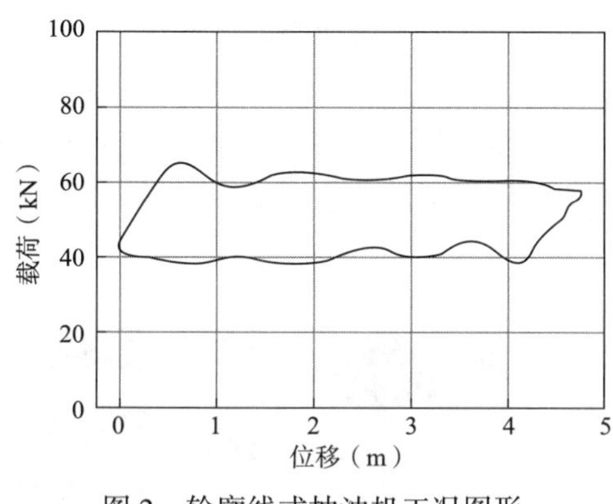

图 2　轮廓线式抽油机工况图形

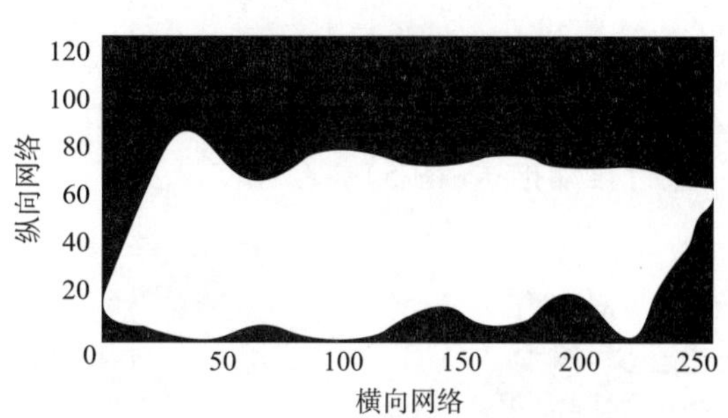

图 3　填充式抽油机工况图形

3.2　LSTM+CNN 网络模型

以时间序列的一组抽油机示功图预测未来一段时间的功图，网络结构前段采用 LSTM 层，后端连接多个卷积层、反卷积层，输出层为功图图形相同结构的二维数组结构(图 4)。在模型预测时，根据输出的预测结果，利用 opencv 提供的轮廓提取方法，提取出填充多边形的轮廓作为抽油机示功图的边界，并结合保存的坐标系转换关系，得到预测抽油机示功图的位移包、载荷包数据。

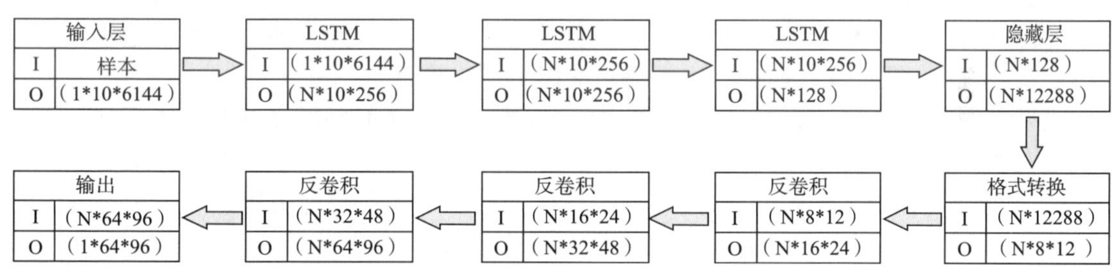

图 4　网络模型架构图

4　知识约束下的深度学习实现智能间开

对需间开生产的油井，基于领域知识约束下的深度学习方法拟合动液面恢复和间开生产模拟实现间开方案的推送。在建立卷积神经网络模型的同时，将油井工艺中的知识表示为优化目标的后验正则项，指导深度学习模型的学习过程，从而实现间开方案的模拟快速收敛，并大幅提高预测准确性。

4.1　动液面智能预测

基于领域知识约束下的深度学习方法，建立油井动液面与生产参数、物性参数等指标的关联关系，训练以生产参数、物性参数等指标为输入、以油井动液面为输出的动液面预测模型。基于训练的动液面预测模型，实现油井动液面在线预测。

4.2　产液量智能预测

基于深度学习方法，建立油井产液量与生产参数、物性参数等指标的关联关系，训练以生产参数、物性参数等指标为输入、以油井产液量为输出的产液量预测模型。基于训练的产液量预测模型，实现油井产液量在线预测。

4.3　间开生产模拟实现间开方案的推送

基于动液面预测模型、产液量预测模型、油井工况诊断模型，结合油井工艺知识，以产量最优为目标，从众多模拟间开方案中，快速获取符合规则约束并达到近似最优解的方案并进行自动推送(图5)。

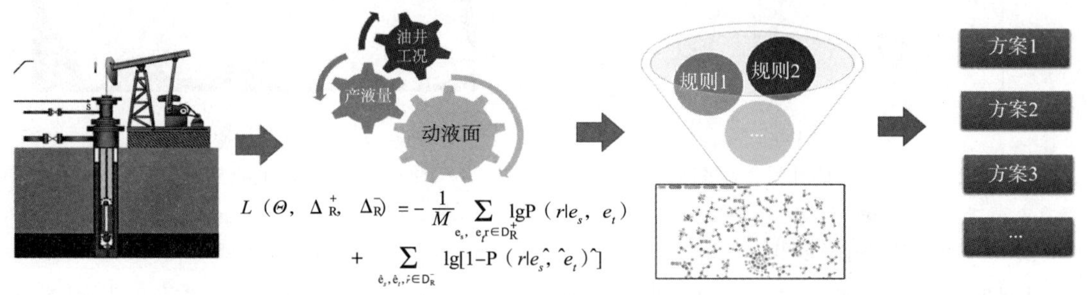

图5　间开方案推送示意图

5　应用效果

基于中国西部某油田一个作业区1300余口井的相关数据建立工况诊断、趋势预测及智能间开模型，并结合作业区具体情况，制定业务约束规则。利用现场实际数据进行应用验证，工况诊断准确率达到93.8%，趋势预测准确率达到86%。提高油井生产管理水平、减少作业维护费用、提高生产时率，大幅提高油田生产效益。

成果在作业区1300余口抽油机井进行了实际应用，一年时间辅助油井生产现场技术人员及时发现和处理潜在工况问题134井次，延长检泵周期80余天，提高单井生产时率5.6%，预测单井供液不足后调整冲次54次，保持地层压力在合理范围；隐形问题井发现问题从原来最快5d缩短到2d以内，单井问题诊断效率提升60%，作业区节约用工37人/月。

目前成果已在中国东部某油田6个采油厂、中国西部某油田9个作业区进行推广应用，一年大约节约用工555人/月，具有良好的经济效益与推广应用前景。

6　结论

充分利用抽油机井示功图数据、生产动态、井身轨迹、油藏特性、维修日志等综合信息，采用人工智能技术，建立了多参数油井工况智能诊断与趋势分析模型。成果在作业区应用，取得了较好的应用效果。异常工况诊断准确率达到93%以上，油田管理实现了从事后诊断升级为事前预警，延长检泵周期80余天，提高生产时率5.6%。有效降低了油田生产成本，显著提高了油田的管理水平。

参　考　文　献

[1] 吕孝孝，王旱祥，刘延鑫，等．故障工况下有杆泵采油系统运行特性及示功图研究［J］．中国石油大

学学报(自然科学版)，2020，44(2)：117-126.
[2] 仲志丹，李鹏辉，郭苗苗，等．石油生产中有杆抽油机故障诊断研究[J]．计算机仿真，2016，33(2)：443-447.
[3] DEREK H J，JENNINGS J W，MORGAN S M. Sucker rod pumping unit diagnostics using an expert system [C]. Permian Basin Oil and Gas Recovery Conference. OnePetro，1988.
[4] SVINOS J G . Exact Kinematic Analysis of Pumping Units[J]. Society of Petroleum Engineers，1983.
[5] 孙振华，田学民．游梁式抽油机悬点载荷的动态响应分析[J]．石油机械，2008，36(8)：5.
[6] 张强，许少华．智能动态诊断模型及在示功图识别中的应用[J]．计算机工程与应用，2009，45(4)：215 - 217.
[7] 段玉波，谭金库，张力鹏，等．基于神经网络的抽油机故障诊断[J]．自动化技术与应用，2012(4)：4.
[8] 丛蕊，张威，杨亚勋．分数阶 Fourier 变换在往复式压缩机故障诊断中的应用[J]．化工机械，2015(2)：4.
[9] 丛蕊，乔磊，张威．基于傅里叶描述子的示功图诊断方法研究[J]．化工机械，2013，40(3)：5.
[10] TAN C D，CHEN P Y，FENG Z M. Multi-Scale Normalization Method Combined With a Deep CNN Diagnosis Model of Dynamometer Card in SRP Well[J]. FRONTIERS IN EARTH SCIENCE，2022，10.
[11] 宫建村．基于专家系统的抽油井故障诊断系统[D]．东营：中国石油大学(华东)，2007.
[12] 周宁宁，黄国方．油井集散控制系统泵工况的模糊综合诊断[J]．上海海运学院学报，2001，22(3)：324-328.

数据仓库在压裂能耗系统的应用

沈　飞[1,2]　任双双[1,2]　张向阳[1,2]　李　峻[1,2]　付占宝[1,2]　朱龙鹏[1,2]

（1. 中国石油勘探开发研究院西北分院；2. 中国石油集团有限公司物联网重点实验室）

摘　要：随着油田非常规油气藏开发、压裂工艺的不断发展，非常规油气压裂跟常规油气压裂相比，车组数量是常规油气压裂的3~5倍，往往是长水平段的水平井多级多段压裂，液量比常规压裂液量高100倍以上，相应施工时间比常规压裂时间长很多，能耗大。能耗优化需要进行全过程、全方位的数据支撑、分析；本文把大量数据进行汇总分析，并且要资源共享，数据仓库系统及信息网络技术的发展恰恰满足以上要求。同时，数据仓库借助于联机分析处理（OLAP）和数据挖掘工具（DM）可以帮助工程技术以更好的方式来管理、综合和分析海量数据，以支持管理决策。本文提出了压裂能耗系统数据仓库解决方案，以压裂能耗系统的实例说明了数据仓库系统的体系结构、设计实现、数据展现等方面的内容。运用数据仓库技术和数据挖掘技术，构建具有压裂能耗系统领域特色的数据仓库，为不同层次和部门的工程管理及技术人员提供有效的决策分析等技术支持。

关键词：数据仓库；数据挖掘；压裂；能耗；数据服务

1　在压裂能耗系统中开发数据仓库的目的

传统数据库在日常的事务处理中获得了巨大的成功，但是对管理人员提出的决策分析需求却无法满足。因为管理人员常常希望能够通过对组织中的大量数据进行分析，了解业务的发展趋势。而传统数据库只保留了当前的业务处理信息，缺乏决策分析所需要的大量历史信息。为满足管理人员的决策分析需要，就需要在数据库的基础上产生适应决策分析的数据环境——数据仓库[1]。数据仓库是面向主题的、集成的、非易失的、随时间变化的用于支持管理人员决策的数据集合。其主要作用是为了进行长期的趋势分析，并为决策者提供技术支持。

非常规油气压裂能耗具有消耗大、时间长和风险性大的特点。其所使用的技术方法、决策分析及目标方案都直接关系着非常规油气压裂施工的效益和成败。另外，非常规油气压裂能耗包括了非常规油气压裂车组机械参数、井场位置大小、压裂设计、压裂施工等多个环节，涉及分布在不同地域的众多职能部门[2]。信息种类繁多、数据量庞大。已经积累的大量数据，大都以传统的方式存储，基本上只能满足用户对数据存储、查询和统计的需要。但是对压裂决策人员而言，如何从这些大量的数据中获取及时而准确、科学而有效的决策依据是非常重要的。基于上述需求，提出了构建具有石油专业领域特色的数据仓库解决方案。

基金项目：中国石油前瞻性基础研究项目“油气田能量系统优化与能源管控研究”（2021DJ6702）。

作者简介：沈飞（1982—），男，硕士，2007年毕业于长江大学，高级工程师，从事油气信息技术研究。E-mail：shenfei2015@petrochina.com.cn。

2　数据仓库系统的体系结构

数据仓库的体系结构如图 1 所示。由于数据库和数据仓库应用的出发点不同，数据仓库将独立于业务数据库系统，但是数据仓库又同业务数据库系统息息相关，数据仓库不是对数据进行简单的存储，而是对数据进行再组织[3-4]。

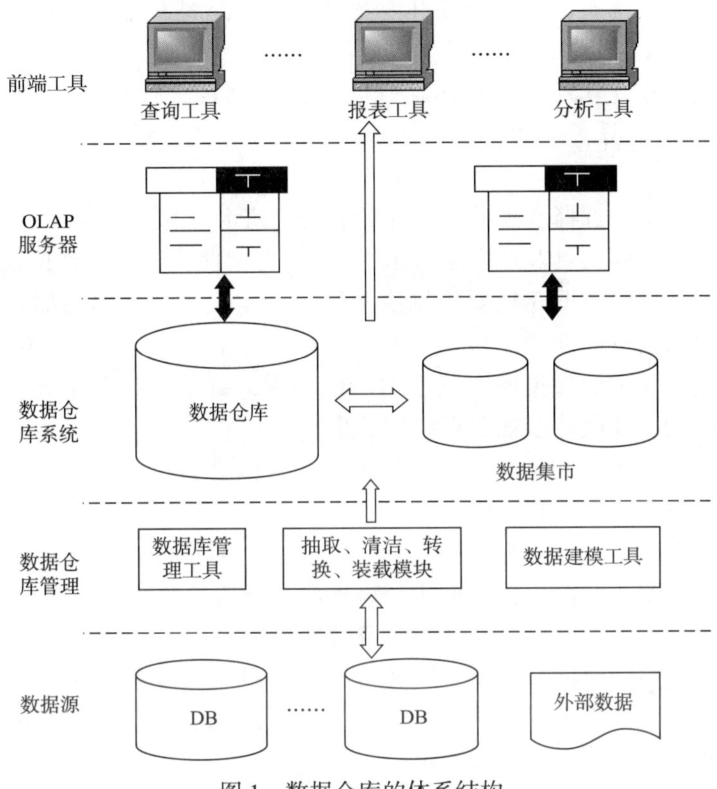

图 1　数据仓库的体系结构

(1) 数据源：企业的事务数据库和部分外部数据，如压裂材料、井场位置、压裂车台数、压裂材料等相关数据。

(2) 数据仓库管理：实现对主题数据的存储和综合，管理数据库中数据的更新、访问等操作权限，维护仓库中的数据。

(3) 数据仓库系统：数据仓库中的数据包括历史数据、当前数据和综合数据。这些数据按主题进行整理、存储。多个主题也可通过公共码键联系在一起，从而形成完整的数据仓库。这样就可为数据的联机分析处理、查询等提供完整、迅捷、准确的后台支持。数据仓库按照数据的覆盖范围可以分为企业级数据仓库和部门级数据仓库(通常称为数据集市)。

(4) OLAP(联机分析)服务器：OLAP 利用多维数据集和数据聚集技术对数据仓库中的数据进行组织和汇总，然后用联机分析和可视化工具对这些数据进行评价。

(5) 前端工具：主要包括各种报表、查询、数据分析、数据挖掘，以及各种基于数据仓库或数据集市的应用开发工具。其中数据分析工具主要针对 OLAP 服务器，报表工具、数据挖掘工具主要针对数据仓库。

3 数据仓库的开发流程

数据仓库系统是一种解决问题的过程，而不是一个可以买到的现成产品。不同企业会有不同的数据仓库。企业人员往往不懂如何建立和利用数据仓库，从而发挥其决策支持的作用；而数据仓库公司人员又不懂业务，不知道建立哪些决策主题，从数据源中抽取哪些数据。这需要双方互相沟通，共同协商开发数据仓库。这是一个不断往复前进的过程。开发数据仓库的流程包括以下八个步骤[4-5]：

(1) 启动工程。建立开发数据仓库工程的目标及制定工程计划；计划包括数据范围、提供者、技术设备、资源、技能、组员培训、责任、方式方法、工程跟踪及详细工程调度等。

(2) 建立技术环境。选择实现数据仓库的软硬件资源，包括开发平台、DBMS、网络通信、开发工具、终端访问工具及建立服务水平目标(可用性、装载、维护及查询性能)等。

(3) 确定主题。进行数据建模要根据决策需求确定主题，选择数据源，对数据仓库的数据组织进行逻辑结构设计。

(4) 设计数据仓库中的数据库。基于用户的需求，着重于某个主题，开发数据仓库中数据的物理存储结构，即设计多维数据结构的事实表和维表。

(5) 数据转换程序实现。从源系统中抽取数据、清理数据、一致性格式化数据、综合数据、装载数据等过程的设计和编码。

(6) 管理元数据。定义元数据，即表示、定义数据的意义及系统各组成部件之间的关系。元数据包括关键字、属性、数据描述、物理数据结构、源数据结构、映射及转换规则、综合算法、代码、缺省值、安全要求、变化及数据时限等。

(7) 开发用户决策的数据分析工具，建立结构化的决策支持查询，实现和使用数据仓库的数据分析工具，包括优化查询工具、统计分析工具、C/S 工具、OLAP 工具及数据挖掘工具等，通过分析工具实现决策支持需求。

(8) 管理数据仓库环境。数据仓库必须像其他系统一样进行管理，包括质量检测、管理决策支持工具及应用程序，并定期进行数据更新，使数据仓库正常运行。

4 压裂能耗系统中数据仓库解决方案的应用研究

4.1 系统结构

非常规油气压裂施工能耗数据仓库的开发和其他数据仓库的开发一样，采用相同的工程方法学，或相同的软件支持工具，但压裂工程有其很强的专业领域特征，并不是照搬照抄就能做到的。因为数据仓库不是一个产品，虽然需要一定的软件产品作支持，但数据仓库本身必须根据企业自身的应用特点来构建[6-9]。图 2 是非常规油气压裂施工能耗中数据仓库解决方案的系统结构图。

系统的工作流程为：(1)数据采集系统在公共数据模型(元数据)的控制下采集各类工程数据，进行重整归类后存放到数据仓库中。(2)根据数据粒度的划分级别，对进入数据仓库的数据进行不同程度的汇总。(3)通过数据呈现工具以多维视图、报表或图表形式提供给最终用户。

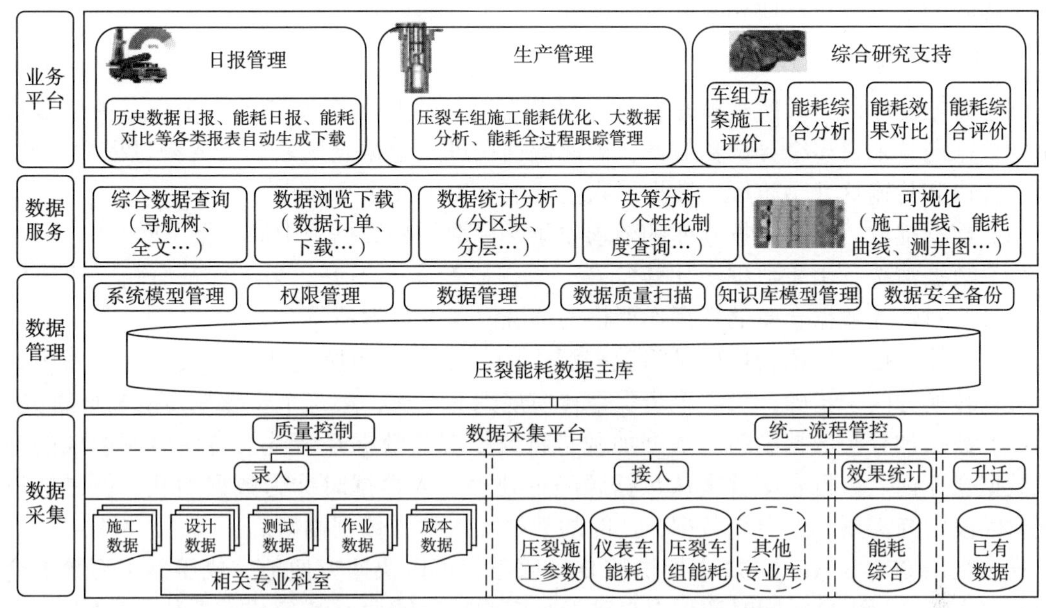

图 2　非常规油气压裂施工能耗中数据仓库解决方案的系统结构图

4.2　设计实现

4.2.1　数据结构设计

多维数据库的组织是直接面向 OLAP 分析操作的数据组织形式。数据仓库中的数据是面向主题进行组织的。事实主题是在较高层次上将数据归类的标准，通常反映决策者最关心的问题。通过对决策人员的调查确定，同时依据压裂工程的作业需求，就可以确定压裂能耗系统数据仓库的主题。下面以“压裂能耗”主题为例说明数据仓库的数据结构定义过程。选择与压裂能耗分析相关的 4 个维：时间、水力、机械，能耗，得到多维体系结构，如图 3 所示。

维度

层次、类别	压裂施工时间	水力参数	机械参数	压裂能耗数据
	年	压裂车组类型	发动机扭矩参数	压裂车组台数
	月	施工压力	变速箱传动比	仪表车台数
	日	施工排量	变速箱效率	地面管线长度
	小时	摩阻	压裂车组实际效率	耗油量
		液量	压裂车组怠速时间	
			润滑系统功率	
	事实主题：压裂能耗			

图 3　“压裂能耗”主题数据仓库的多级多维体系结构

4.2.2　设计多维数据库

各主题的逻辑结构设计一般采用星型模型或者雪花模型，其在数据仓库中通过一系列数据表来实现。按照数据仓库的多维结构从主题展开定义，按星型模型或雪花模型建模方法，对每个主题建立一张事实表(包含各维表详细信息实体的代码和所有度量指标值)，其每一维建立一张维表(包含该维度的详细信息实体的代码、类别实体代码、层次代码)，以及相应的详细层次或类别表(存放各层次或类别的代码和名称)。这些表都含有共同的字段作为主题码的一部分，从而相互联系并归并于一个主题。

4.3 数据转换服务

创建数据仓库的一大挑战就是在构建好数据仓库之后的数据装入[5]工作。由于数据仓库中的数据通常来自多个异构数据源，因此数据在进入数据仓库之前需要经过提取、校验、清理、转换和传输这几个阶段。数据装入主要包括以下几个方面[10]：

(1) 数据提取。根据数据仓库的要求收集并提取外界数据源中的数据。

(2) 数据清洗。由于数据源比较复杂，数据质量参差不齐，为了保证分析、决策的效果，有必要对输入数据仓库的数据作严格的清洗以保证数据质量。

(3) 数据转换。数据转换即是将数据源中的数据根据转换规则转换成数据仓库中的数据。数据转换分两个步骤，第一个步骤是转换规则的组成，第二个步骤是转换规则的实施。

(4) 数据加载与数据刷新。数据加载是将数据源的数据经清洗、转换后所形成的数据装入数据仓库内。数据仓库首次从数据源经过处理加入数据时称为数据加载，但是在以后不同时间段内尚需要不断更新数据，此时的数据加入称为数据刷新。

通过利用 SQL Server 2000 中提供的 DTS 服务就可以快速方便地完成压裂工程数据仓库的数据装入工作(图 4)。同时还可以自己编写应用程序辅助 DTS 完成数据装入工作。

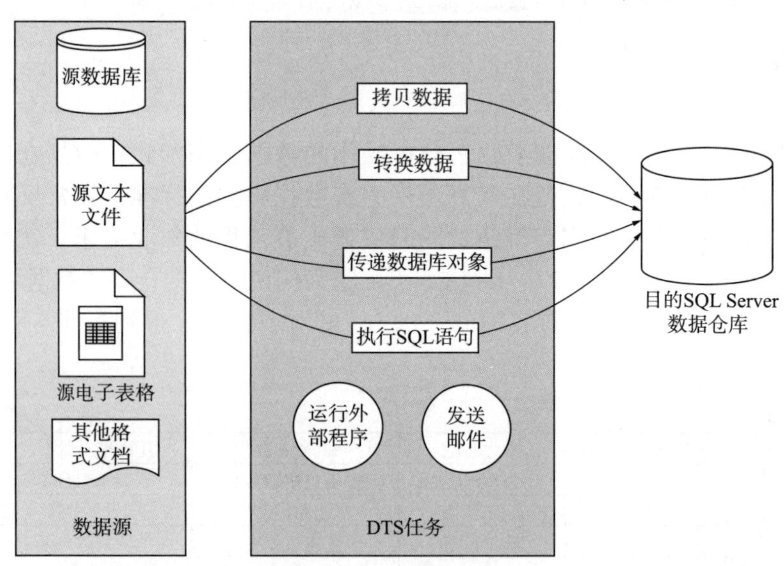

图 4　DTS 功能作用

4.4 数据服务

基于组件化思想，将业务的功能单元组件化、服务化，降低功能模块间耦合度，实现模块复用，满足业务灵活性需求，快速交付业务应用。

业务分解：基于面向服务的思想，以各项业务板块为主体，以具体的业务本身为载体，梳理分解业务，把业务关系转化为领域模型，构建企业资源服务目录。

流程管理：优化传统工作流程，对业务流程进行梳理分解。

功能设计：对应流程分类、流程节点，梳理功能需求，进行功能设计。

功能归纳：针对实际的业务需求，归纳出业务特定功能、业务共用功能和技术通用功能。

服务提炼：对归纳出的功能进行提炼，输出服务，实现代码复用。

服务注册：将提炼出的服务按照企业资源服务目录分类注册到企业服务总线上。

服务编排：对服务总线上的服务灵活地按照业务需求进行编排，形成业务应用。

基于数据挖掘的压裂能耗优化服务；运用灰色关联分析产量影响因素的权重；以支持向量分类机和支持向量回归机为挖掘手段，根据以往压裂能耗历史数据样本信息完成压裂车能耗的预测和等级评价。求解回归问题中的决策函数的最优化问题，优化自变量，即压裂能耗参数的优化。

4.5 前端数据展示

构建压裂能耗数据仓库的目的是满足压裂工程行业中各种用户对决策支持的需求，他们在进行不同决策和分析时都须从数据仓库中查询或检索数据。这些查询不仅指对记录级数据的查询，也包括对分析结果(发展趋势或模式总结）的查询。前端数据呈现是利用OLAP、优化查询、统计分析与报表，以及数据挖掘等工具按照不同层次的用户查询和分析需求来处理与显示数据，它包括创建数据的多维视图供用户进行多维分析、生成各种统计报表、生成各种图形和图像等。通过利用 SQL Server 提供的数据透视表服务，可以在应用程序、Excel 或者 Web 页面中通过编程来实现数据仓库的多维数据展现，以满足不同层次用户对决策分析的需求。

5 结论

（1）数据仓库技术为 DSS(决策支持系统)的开发提供了一种有效的解决方案。数据仓库中集成的不同层次的汇总数据可供各级决策人员进行综合性的数据分析，特别是战略分析。本文提出的基于压裂工程的数据仓库解决方案能有效地为石油行业各级用户提供 DSS 分析，从而为实现压裂能耗系统的网络化、自动化和科学化管理提供实现途径。

（2）数据仓库解决方案的应用在压裂工程领域有着广阔的扩展空间。在已经构建并成功运行的数据仓库上进行修改以完善数据仓库，扩充功能以升级数据仓库。例如：可以扩展数据仓库的知识发现和数据挖掘分析功能、构建 Web 仓库以支持 Web 分析、构建分布式数据仓库、构建基于 ERP 的企业级数据仓库等。随着数据仓库及相关技术的不断发展和完善，将数据仓库技术运用于石油领域的大型、超大型综合应用系统必将日趋成熟。

参 考 文 献

[1] W. H. Inmon. 数据仓库[M]. 王志海等，译 . 北京：机械工业出版社，2003.

[2] 于洪金，赵俊平，艾池 . 油气钻井工程经济[M]. 北京：石油工业出版社，2001.

[3] Joyce Bischoff. 数据仓库技术[M]. 成栋等，译 . 北京：电子工业出版社，1998.

[4] 彭木根 . 数据仓库技术与实现[M]. 北京：电子工业出版社，2002.

[5] 张维明 . 数据仓库原理与应用[M]. 北京：电子工业出版社，2002.

[6] 芦伟，邵燕 . 国外油田生产成本结构特征与控制方法研究[J]. 西安石油大学学报，2008，17(4)：5-10.

[7] ALVANESE D，DRAGONE L，NARDI D，et al. Enterprise modeling and Data Warehousing in Telecom Italia [J]. Information System，2006，31(1)：1-32.

[8] 李金忠，梁正友 . 一种引入索引加速挖掘关联规则的高效算法[J]. 计算机工程与科学，2009(4)：69-71.

[9] 薛茹 . 数据挖掘技术在油田中的应用[J]. 微型电脑应用，2018，34(5)：26-28

[10] 宋成坤 . 油田海量数据挖掘技术研究及应用 [D]. 大庆：东北石油大学，2017.

基于Neuron抽油机功图数据仿真实验方法

张建河　陈亚颐　罗李黎　程新忠　赵　昱

（中国石油新疆油田公司准东采油厂）

摘　要：本文研究了基于Modbus通信协议的油气生产物联网功图数据仿真实验。通过搭建仿真平台，模拟了物联网中设备间的通信，以评估系统性能。对功图数据Modbus协议进行了分析，并设计了设备模拟器和虚拟通信网络。通过实验，测试从Modbus客户端到云平台的数据采集和监控，并通过C#编程进行了可视化展示。该实验平台为物联网系统的优化提供了可靠的方法。未来的研究可探索其他协议和更复杂的场景下的实验仿真，促进油田物联网技术的发展。

关键词：油气生产物联网；功图数据；仿真；Modbus TCP

为了提高油田的生产效率、降低维护成本，并实现智能化管理，油田物联网技术正在被广泛应用。油田物联网以传感器、无线通信、数据处理和云计算等技术为基础，可以实时监测、采集和分析油田中的各种数据，为决策者提供准确的信息。然而，在实际应用中，由于油田的复杂性和数据来源的多样性，准确模拟和评估油田物联网系统的性能是一项具有挑战性的任务。在传统的方法中，为了评估物联网系统，需要进行大量的现场试验，这不仅时间成本高昂，而且可能会影响到正常的生产过程。因此，通过仿真实验来模拟和评估油田物联网系统的性能成为一种有效的替代方法。

油气生产物联网为了解决不同厂商数据采集和接入问题，普遍使用Modbus通信协议。对于单一数据，比如油井压力、温度等数据的仿真，可以直接通过modscan等工具数据仿真。然而对于大批量数据，比如功图数据(包含载荷和位移400多点的复合数据)，这时候使用工具仿真就无法适用了。因此需要研究真实物联网云平台功图数据的传输协议，通过搭建系统数据模型和仿真平台，在虚拟环境中模拟和分析油田物联网系统工作过程。通过仿真实验，可以评估网络连接稳定性、数据传输性能等关键指标，为油田物联网系统的优化和决策提供重要依据。

1　仿真工具简介

Neuron是可运行在各类物联网边缘网关硬件上的工业协议网关软件，旨在解决工业4.0背景下设备数据统一接入难的问题。通过将来自繁杂多样工业设备的不同协议类型数据转换为统一标准的物联网MQTT消息，实现设备与工业物联网系统之间、设备彼此之间的互联互通，进行远程的直接控制和信息获取，为智能生产制造提供数据支撑。

Neuron支持同时为多个不同通信协议设备、数十种工业协议进行一站式接入及MQTT

作者简介：张建河(1974—)，1997年毕业于新疆工学院自动化专业，获学士学位，2008年获西安电子科技大学软件工程硕士学位，现工作于新疆阜康准东采油厂信息管理站，二级工程师，从事信息技术专业。通讯地址：新疆阜康市准东采油厂信息管理站，邮编：831511。E-mail：zhangjianh@petrochina.com.cn。

协议转换，仅占用超低资源，即可以原生或容器的方式部署在 X86、ARM、RISC-V 等架构的各类边缘硬件中。同时，用户可以通过基于 Web 的管理控制台实现在线的网关配置管理。

2　Modbus 协议介绍

Modbus 是一种通用的工业标准，不同厂商生产的控制设备可以通过 Modbus 连成工业网络，进行集中监控。Modbus TCP 与 Modbus RTU 是 Modbus 两种常用的传输方式，Modbus RTU 是串口通信，Modbus TCP 是 TCP 通信，两者在协议上非常相似，但是由于 TCP 协议的可靠性，Modbus TCP 协议中不需要校验，并且比 Modbus RTU 协议多一个应用报文头。

作为一款支持数十种工业协议转换的物联网边缘工业协议网关软件，Neuron 也已经实现了基于 Modbus RTU 协议 TCP 传输的功能。同时，在 Modbus 协议里，Neuron 根据配置的点位进行了策略优化，可实现自动批量采集设备数据的功能。

3　功图数据分析

功图数据由于可以直观地展示抽油机在一个工作循环内的功耗和功率变化情况，因此它是油气生产物联网中油井的重要参数。功图数据通常是一组包含载荷和位移的曲线数据。为了统一标准，在油田生产物联网中，它包含 400 个字节无符号整数，前 200 个为位移数据，后 200 个为载荷数据。

通过软件工具 modscan 扫描发现，由于数据量较大，400 个点数据值拆分为 100 个点分 4 次传输比较稳定(图 1)。

```
41001: <0000H>    41026: <0022H>    41051: <006DH>    41076: <00B1H>
41002: <0000H>    41027: <0024H>    41052: <0070H>    41077: <00B3H>
41003: <0000H>    41028: <0027H>    41053: <0073H>    41078: <00B5H>
41004: <0000H>    41029: <0029H>    41054: <0076H>    41079: <00B7H>
41005: <0000H>    41030: <002CH>    41055: <007AH>    41080: <00B9H>
41006: <0001H>    41031: <002FH>    41056: <007CH>    41081: <00BBH>
41007: <0002H>    41032: <0032H>    41057: <0080H>    41082: <00BCH>
41008: <0002H>    41033: <0036H>    41058: <0082H>    41083: <00BFH>
41009: <0003H>    41034: <0038H>    41059: <0086H>    41084: <00C0H>
41010: <0004H>    41035: <003BH>    41060: <0088H>    41085: <00C2H>
41011: <0006H>    41036: <003EH>    41061: <008BH>    41086: <00C3H>
41012: <0006H>    41037: <0041H>    41062: <008EH>    41087: <00C5H>
41013: <0008H>    41038: <0044H>    41063: <0090H>    41088: <00C7H>
41014: <0009H>    41039: <0048H>    41064: <0093H>    41089: <00C8H>
41015: <000BH>    41040: <004AH>    41065: <0096H>    41090: <00CAH>
41016: <000CH>    41041: <004EH>    41066: <0099H>    41091: <00CAH>
41017: <000EH>    41042: <0050H>    41067: <009BH>    41092: <00CCH>
41018: <0010H>    41043: <0054H>    41068: <009EH>    41093: <00CDH>
41019: <0012H>    41044: <0058H>    41069: <00A0H>    41094: <00CEH>
41020: <0014H>    41045: <005AH>    41070: <00A3H>    41095: <00CFH>
41021: <0016H>    41046: <005EH>    41071: <00A5H>    41096: <00D0H>
41022: <0018H>    41047: <0060H>    41072: <00A8H>    41097: <00D1H>
41023: <001AH>    41048: <0064H>    41073: <00AAH>    41098: <00D2H>
41024: <001DH>    41049: <0067H>    41074: <00ACH>    41099: <00D2H>
41025: <001FH>    41050: <006AH>    41075: <00AEH>    41100: <00D3H>
```

图 1　功图数据 Modbus 数据图数据仿真

4　数据仿真实验环境搭建

4.1　配置环境说明

先进入 Ubuntu 虚拟机，在官网 https：//neugates. io/zh/downloads 下载 Neuron 软件并执行以下指令安装 Neuron 软件：

```
sudo apt install ./neuron-2.0.1-linux-amd64.deb
```

然后使用以下指令检查 Neuron 状态：

```
sudo systemctl status neuron
```

在 PeakHMI 官网中下载 Modbus 模拟器并进行安装，之后打开 Modbus TCP slave Ex。

4.2 操作流程

在 Neuron 中将使用到 modbus-plus-tcp 和 modbus-rtu 两个插件，下面将介绍如何连接 Modbus TCP。

第一步，创建节点卡片(图 2)。

(1) 点击“添加设备”。

(2) 填写设备名称，例如 modbus-plus-tcp-1；

(3) 下拉框选择 modbus-plus-tcp 插件。

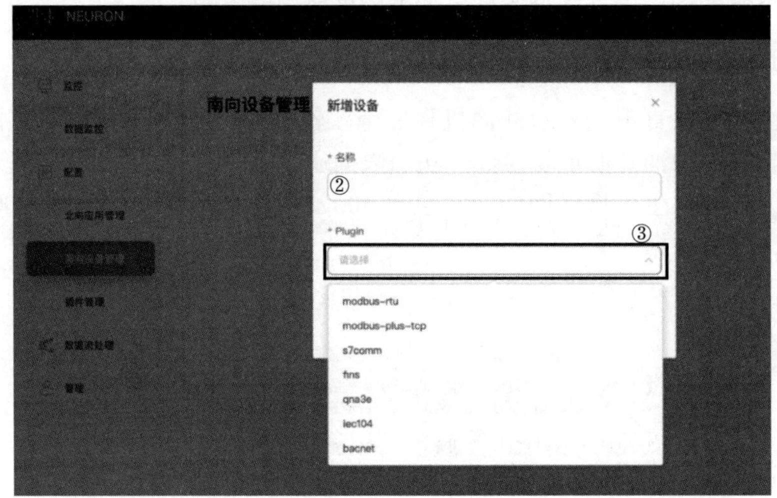

图 2　创建节点界面

第二步，设备配置(图 3)。

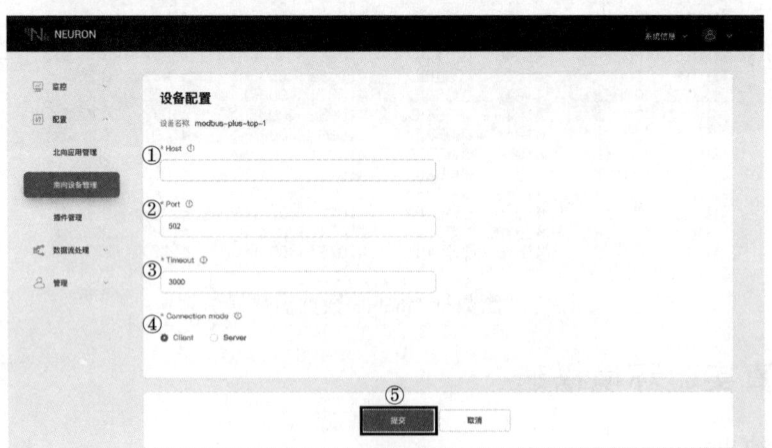

图 3　设备配置界面

在节点卡片中点击“设备配置”按键，进入设备配置界面。

（1）填写启动 Modbus 模拟器所在的 IP 地址；

（2）填写 Modbus 模拟器的端口号，一般默认为 502；

（3）设置 Neuron 连接设备超时时间；

（4）选择连接方式，Neuron 现在支持作为 Client 和 Server 两种连接模式，默认选择 Client 连接方式；

（5）点击提交“完成设备配置”，将卡片工作状态打开。

第三步，创建 Group 组。

点击节点卡片任意空白处进入 Group * 列表界面。

第四步，创建 Tag(图 4)。

在 Group 中点击“Tag 列表→创建”，手动添加 tags。

（1）填写 Tag 名称，例如 tag1；

（2）填写 Tag 地址，例如 1！40001；

（3）下拉选择属性，例如 Read，Write；

（4）下拉选择数据类型，例如选择 INT16；

（5）点击“创建”，添加一个 Tag。

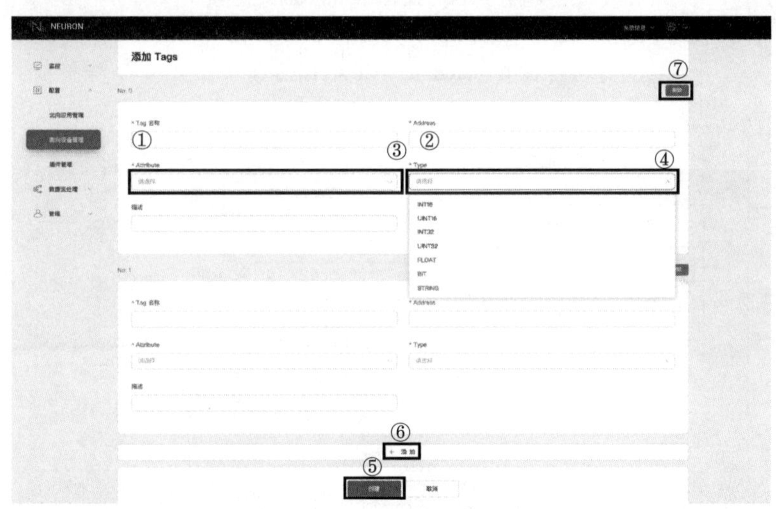

图 4　创建 Tag

第五步，PeakHMI Slave 仿真配置。

到官网下载软件，https：//hmisys. com/(图 5)。

安装好后没有桌面图标，需记住安装路径，直接进入选择相应可执行文件运行，运行 PeakHmiMBTCPSlaveEx. exe 软件，按如下操作(图 6)：

（1）选择 Windows-->Register data，设置从站号；

（2）通信正常后可查看小图。

第六步，数据监控查看数据(图 7)。

成功连接到 Modbus 模拟器之后，可以打开数据监控界面查看 Neuron 从 Modbus 模拟器上采集到的数据。

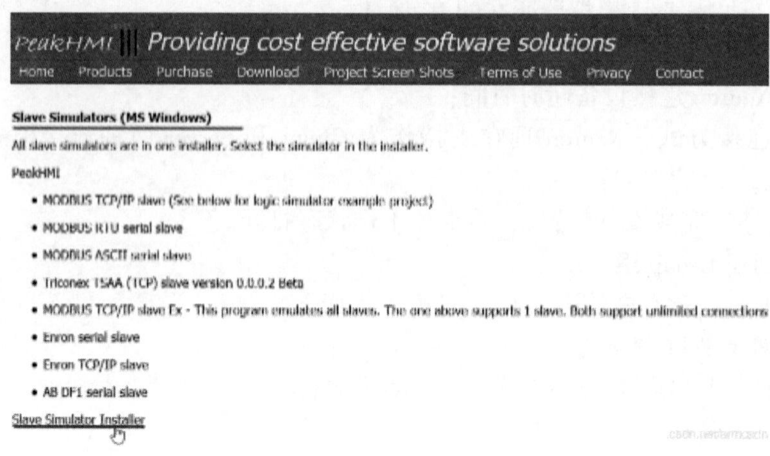

图 5　下载仿真软件

图 6　Modbus TCP 数据仿真

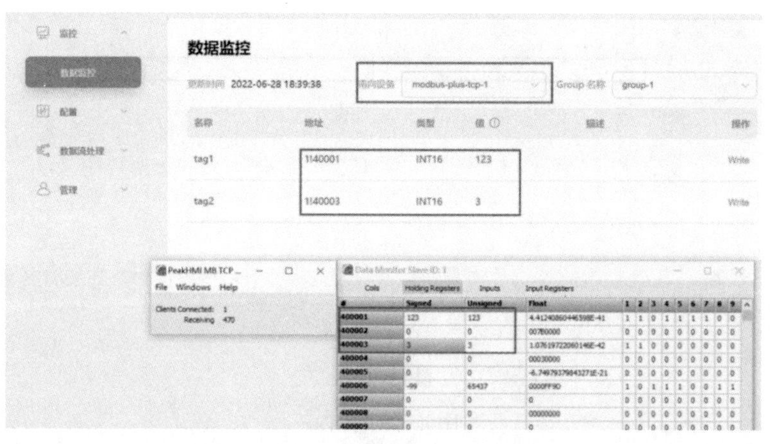

图 7　Neuron 数据监控及模拟仿真

第七步，在仿真模拟器上按功图 Modbus 录入 400 个点仿真功图数据，然后通过平台接口开发一套 C#程序，成功读取并绘制功图(图 8)。

至此，完成了使用 Neuron 接入 Modbus TCP 工控仪表参数乃至功图参数的全部流程。作为一个为工业物联网的“连接”而生的边缘工业协议网关软件，Neuron 还支持 OPC UA、Siemens 等其他多种工业协议的接入，助力建设高效的工业物联网平台。

5　结论

本研究通过搭建基于 Modbus 通信协议的物联网仿真实验平台，实现了功图数据通信的模拟，通过该项实验可以并发多个 PeakHMI 数据仿真线程以验证和评估物联网系统的性能。

其次，通过分析功图数据 Modbus 通信协议，使用 C#语言实现了基于 Modbus 协议的功

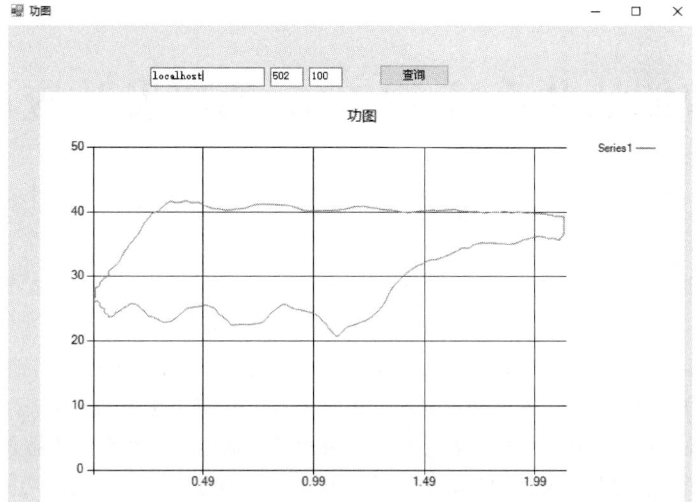

图 8 功图仿真数据绘制

图数据读取。为了更好地模拟实际物联网环境，还搭建了 Ubuntu 虚拟机，并在此基础上搭建 Neuron 云平台实现仿真设备间的通信。

此外，还使用 C#可视化控件对读取的功图数据进行了展示和分析。通过并发运行多个编译后的程序例程，能够更直观地找到物联网系统性能特点和瓶颈，并提出相应的优化方案。

综上所述，本文通过基于 Neuron 云平台的 Modbus 通信协议的物联网仿真实验，验证了该协议在油田生产物联网系统中最主要的功图数据参数的仿真。未来的研究可以进一步探索其他通信协议和更复杂的物联网场景下的实验仿真，以推动物联网技术的发展和应用。

参 考 文 献

[1] 中国石油天然气集团有限公司．油气生产物联网系统建设规范：Q/SY 10722—2019[S].

智能油井系统 iWELL 的研发及应用

宋　健[1]　冯　钢[2]　檀竹南[1]　牛会钊[1]　李兆彬[1]　李鸿明[1]

（1. 北京雅丹石油技术开发有限公司；2. 西安中控天地科技开发有限公司）

摘　要：伴随着革命技术的推动，大数据、数据孪生、区块链等技术蓬勃发展，结合油气举升井生产参数的设计要求，本文通过对油层流入动态、井筒多相流动、举升工艺的运动学及动力学特征等关系研究，在油气举升数字化应用成果的基础上，将新型人工智能技术进行集成和运用，研发了智能油井系统(iWELL)。该系统具备生产监控、工况诊断、功图计量、协同优化、动态预警、指标计算等深度应用功能，实现对油井过程监控、状态预警、优化决策全方位的智能化管理，通过及时准确掌握油井生产状态，提升了油井生产全局洞察、优化决策、操作调控能力，保障了油井安全生产、降本增效，推动了油气生产数字化转型和智能化发展。

关键词：iWELL；智能油井；油气举升；“云—边—端”协同

我国油气资源品质劣质化严重、主力老油田普遍进入特高含水期，单井产量逐年下降，油井产量徘徊在 2～5t/d 之间，平台丛式井大幅增加、工况日趋复杂[1]。截至 2020 年底，国内油田抽油机所占比例 80%以上，仅中国石油机采井达 23.9 万口，其中抽油机井 21.6 万口，机采井消耗的电能约占总电能消耗的 33.38%，低产液井逐年增加，导致抽油机井系统效率整体偏低，日产液小于 5t/d 的井 9.2 万口，平均系统效率 14.5%[2]。复杂工况导致油井出现杆管磨损、气锁、卡泵、冲蚀、腐蚀、漏失、电机损坏等故障，不仅增加了油井检泵作业维护费用，而且由于作业停产和作业后恢复期减产等因素间接影响了油井产量，经济效益损失巨大。

随着油田数字信息化建设的发展和深化应用，油井在生产过程中积累了大量的功图、压力、温度、电参等生产数据和测试数据，数据种类繁多、规模巨大、增长迅速，但数据仅仅用于显示和生成报表，并未充分利用发挥其价值。低油价形势下，利用大数据方法和人工智能算法辅助生产是油田开发降本增效的重要技术手段[3-4]。

为此，为提升油井生产指标，提高油井产量贡献和管理水平，在现有油田数字化建设成果的基础上，集成创新，以物联网、云计算、大数据等技术为基础，基于人工举升理论与人工智能技术的数字孪生模型架构，以石油工程云为依托，通过对模型、算法的研究及功能模块的开发，全面感知油井的生产动态，按照重点数据全采集、关键工艺自动化的要求，实现数据深度挖掘应用和优化生产全方位的智能化管控，保障油井安全高效运行的同时，提高油井产量、延长设备寿命、降低设备能耗，研制了基于“云—边—端”协同的智能油井系统，创建了抽油机井实时监测、诊断、计量、预警、优化决策、智能控制平台，使

作者简介：宋健(1987—)，2009 年毕业于中国石油大学(北京)地质工程专业，获学士学位，现任北京雅丹石油技术开发有限公司总经理，从事油气举升与人工智能应用研究等方面工作，中级工程师。通讯地址：北京市昌平区超前路 37 号 6 号楼 3 层。E-mail：15911106850@126.com。

油井生产调整由“滞后调控”向“实时优化”转变，对提高抽油机井效率、减少故障、延长检泵周期、降低采油成本具有重要的实际意义，推动了人工举升朝着更加可靠、高效、节能、环保、低碳方向发展。

1 智能油井 iWELL 架构设计

随着油田智能化建设的深入，“云—端”架构难以满足实时性需求，需要在现场实现边缘快速计算和实时响应，提出了支持井场智能采集与作业区边缘计算的油气生产物联网系统新型架构[5]（图 1），有效地协同现场数据的分析决策从云端延伸到井站，实现了对油气生产过程的全面感知、可靠传输、智慧应用。

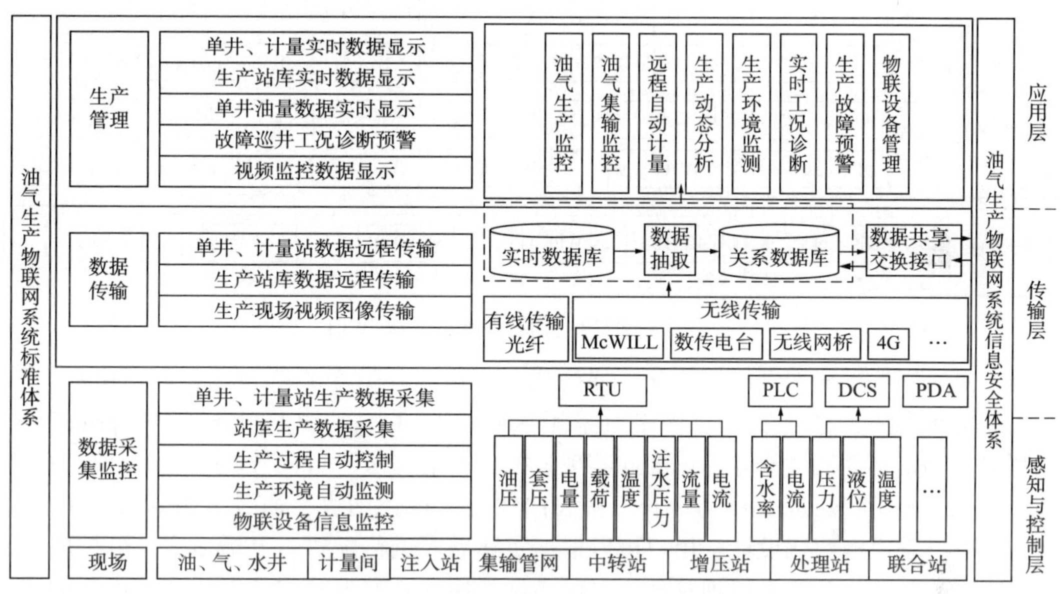

图 1 “云—端”架构的油气生产物联网系统

基于“云—端”架构的油气生产物联网系统主要由感知与控制层、数据传输层和业务应用层组成，随着油田数字化转型和智能化发展建设的不断发展，“云—端”架构也面临如下突出问题：(1)缺乏单井自治和数据缓存机制；(2)无法实现有效的数据过滤；(3)无法实现边缘快速计算和实时响应。基于以上需求，智能油井系统提出了支持井场智能采集与作业区边缘计算的油气生产物联网系统新型架构，根据云、边、端平台有效地协同现场数据的分析决策从云端延伸到井站，实现了井场、作业区、公司对油气生产过程的全面感知、可靠传输、智慧应用，如图 2 所示。“云—边—端”协同的油气生产物联网系统的端侧部署在井场、站库，边缘计算部署在作业区、联合站，云平台部署在油田公司。

2 智能油井 iWELL 功能设计

智能油井系统 iWELL 具备生产监控、工况诊断、功图计量、指标计算、优化生产、数据管理、系统管理等功能模块，并通过云平台、PC 端、移动智能终端三位一体的应用功能，实现对油机井“感知获取、过程监控、状态预警、优化生产”全方位的智能化管控，通过及时准确掌握油井生产状态，为油井的实时工况诊断、油井智能间开、关键参数优化等生产运行优化决策提供有力的数据支撑和技术协同依据[6-7]。实现工作现场与管控中心的双

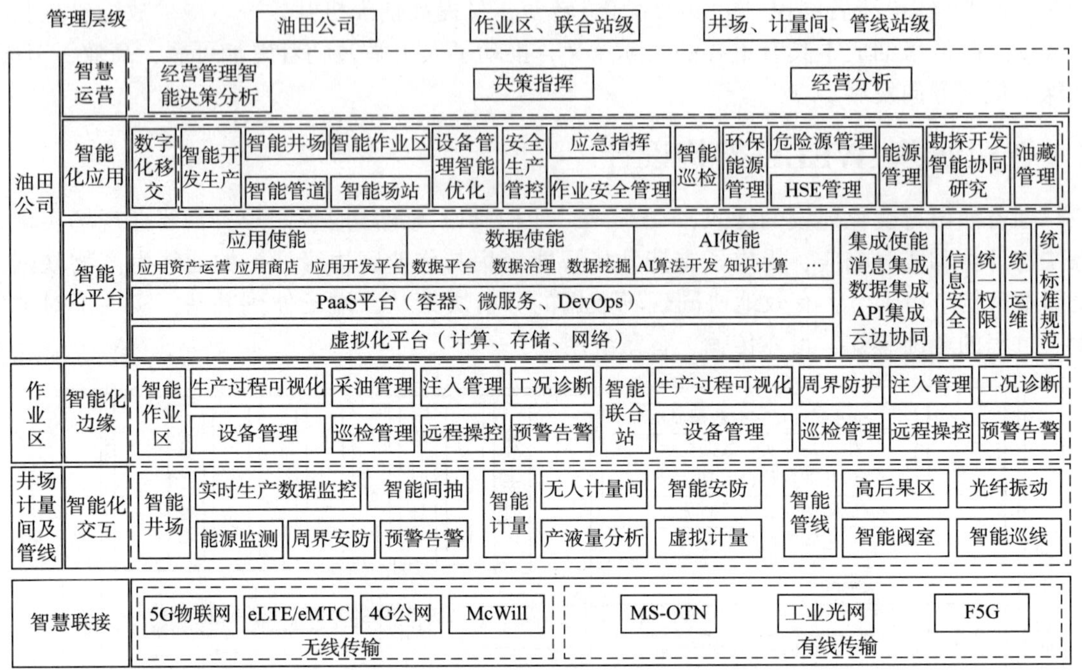

图 2 “云—边—端”协同的智能油井系统 iWELL 架构

向互动，使油气生产管理更加智能化、便捷化，实现油井生产的精细化和智能化管理的目标。主要功能模块如图 3 所示。该平台采用 SpringCloud+SpringCloudAlibaba+SpringBoot 框架，利用 Quartz 自动调度作业，Python 实现各模型智能算法、Vue+Element 实现前端页面开发，引入 Echarts 和 Highcharts 插件开发报表曲线与可视化图表，通过 Oracle 12c 进行数据存储，同时，采用模块化设计，用户可以根据实际需要进行配置，灵活多变，可扩展性强，既可以进行单井全生命周期精细管理，也可满足区块工艺宏观管控及工艺方案优化的需要，进一步提高了油田的信息化管理水平[8]。

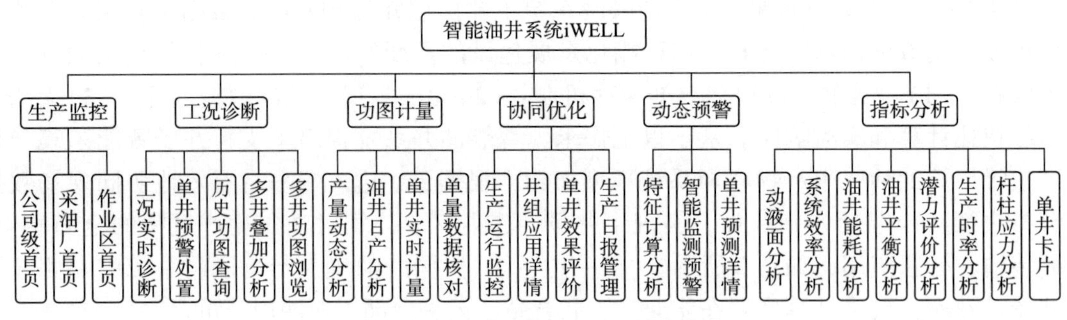

图 3 智能油井系统 iWELL 功能架构

2.1 生产监控

生产监控模块(图 4 和图 5)使用户在第一时间了解到机采井的最新生产状况，及时对报警信息进行处理；实时监测掌握油气井生产过程中的生产运行状态，对工况报警、预测报警等异常报警信息进行主动推送，让用户对所关注的报警信息及时进行处理，保障生产安全，通过历史数据与报警查询了解油井日常生产状况，并通过对这些数据进行分类、汇总、分析等管理，生成报表，绘制曲线，为指导油气井生产工艺管理提供基础支撑[9]。

图 4　油田公司级生产监控

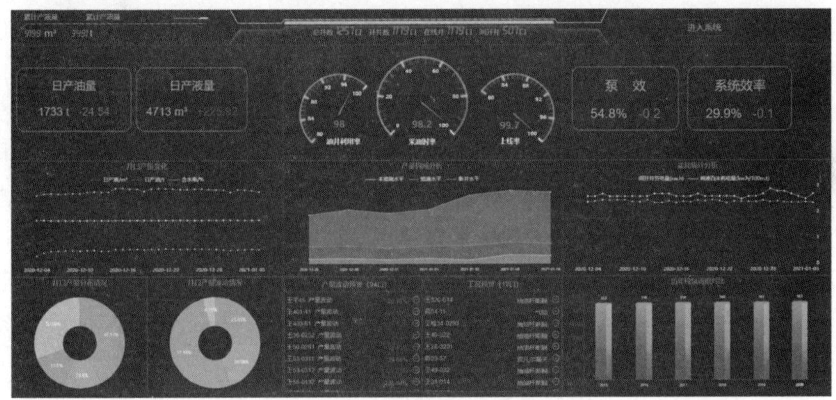

图 5　采油厂生产监控

2.2　工况诊断

抽油机井工况诊断模块以功图分析为主，辅以压力、温度、电参数等实时采集数据，充分利用油井实时数据和历史数据，建立多元参数诊断模型方法，与几何特征诊断法、矢量分析法、卷积神经网络等诊断方法进行相互验证和相互补充，实现“图形+数据”的全方位诊断油井工况，精准识别抽油机井油杆断脱、油管漏失、固定阀漏失、游动阀漏失、双阀漏失、泵卡、脱筒等 22 种工况类型[10]。同时，结合油田现场岗位需求，开发了工况实时诊断、历史功图查询、多井叠加分析、单井预警处置 4 个功能子菜单，改变了以往人工定期逐井浏览功图的工作模式，极大提高了躺井排查效率，通过数据参数自动统计和分析过程直观展示，降低查资料、统计数据工作量，为现场技术人员减负(图 6 至图 9)。

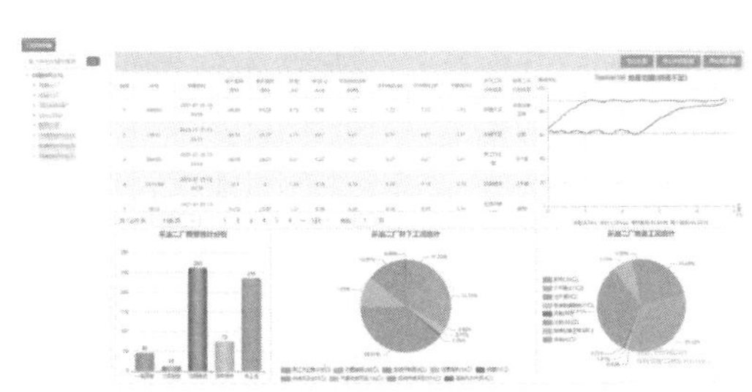
图 6　工况实时诊断

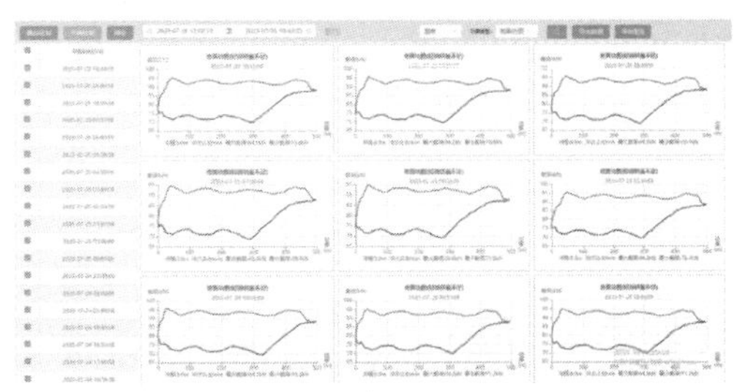
图 7　历史功图查询

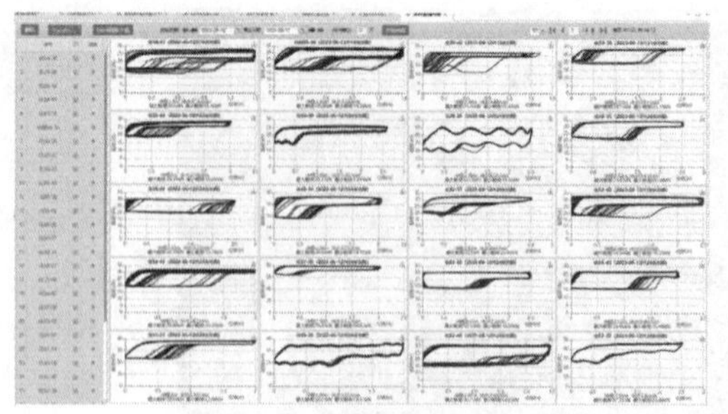
图 8　多井叠加分析

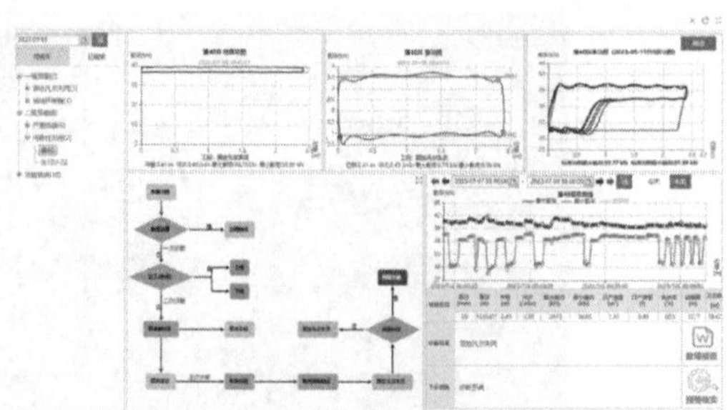
图 9　单井预警处置

2.3　功图计量

功图计量从能真实反映抽油系统有杆泵工况的示功图入手，把定向井有杆泵抽油系统视为一个复杂的抽油杆—油管—井液"三维"振动力学系统，在一定边界条件和初始条件下，综合抽油杆本体、接箍、扶正器与液体之间的黏滞阻尼力，以及油管内过流断面的变化所引起的局部水头损失，按井深分段计算阻尼系数，应用傅里叶级数法、有限差分法和有限元法相耦合的分周期迭代求解杆管液三维振动波动方程，精确计算出系统在不同井口示功图激励下的泵功图响应，然后对泵功图进行分析，综合实时电参、井筒基础数据，建立"智能识别有效冲程"方法实现油井生产实时计量，实现油井全业务、全要素闭环电子巡井功能。同时，为最大限度降低系统维护人员的工作量，开发了产量动态分析、油井日产分析、单井实时计量、单量数据核对 4 个功能子菜单，使维护人员排查更加便捷、动态分析更加高效(图 10 至图 13)。

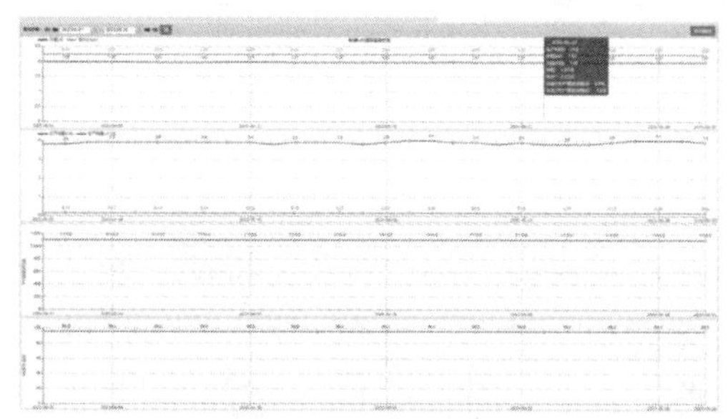
图 10　产量动态分析

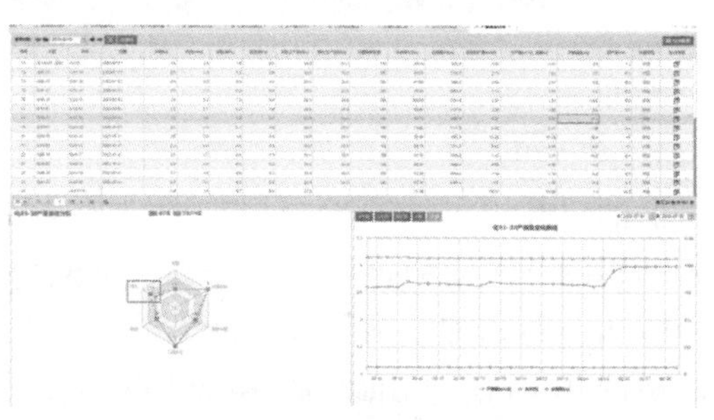
图 11　油井日产分析

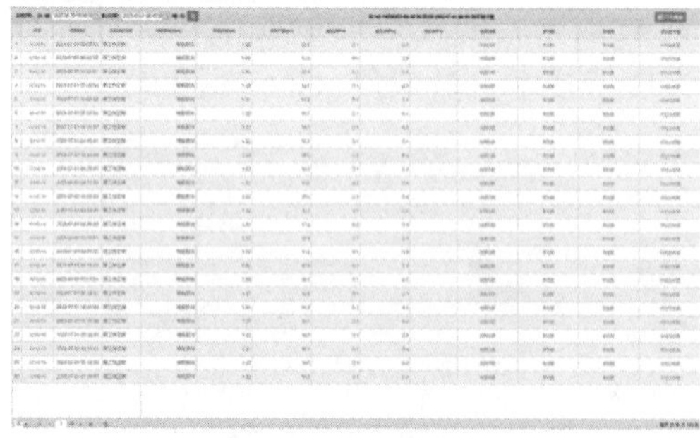
图 12　单井实时计量

图 13　单量数据核对

2.4 协同优化

以物联网、边缘计算、AI 技术的集成融合为核心，建立与油层供液适应的抽油机井(群)协调柔性运行优化控制策略，在 4G/5G 超大连接、超大速率、物联双向交流主动服务支持下，实现了抽油机井(群)的“风—光—电”微网的多能源互补、供排协调、柔性驱动、动态跟踪优化的自适应控制，减轻地面传动和杆柱的疲劳程度，达到抽油机井(群)运行多能源互补调度、错峰开停井、间抽制度优化、协同优化自动调参，提高井组产量和泵效、延长检修周期，达到节能降耗、低碳排放的目的[11](图 14)。同时，为快速了解“风—光—电”微网运行状况，及时发现问题，为抽油机井(群)生产运行调控和全生命周期设计提供数据基础和潜力目标，开发了生产运行监控、井组应用详情、单井效果评价、生产日报管理 4 个功能子菜单，使维护人员排查更加便捷、动态分析更加高效(图 15 至图 18)。

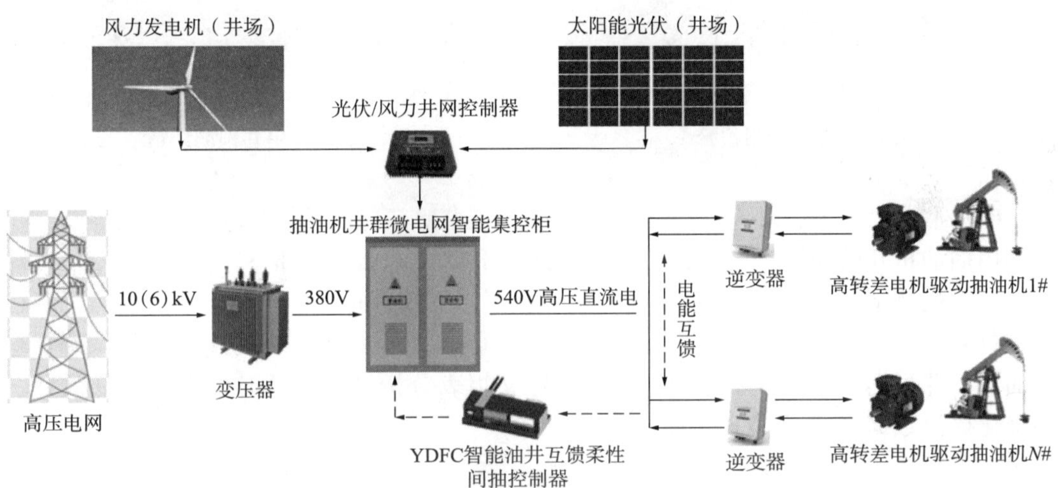

图 14　风光电互补微网抽油机井群协同决策流程

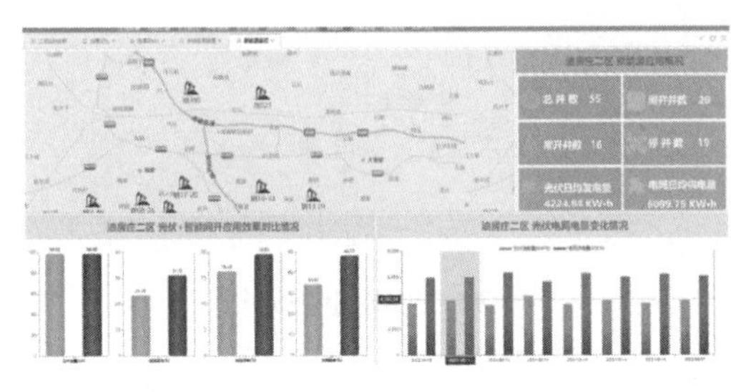

图 15　生产运行监控

图 16　井组应用详情

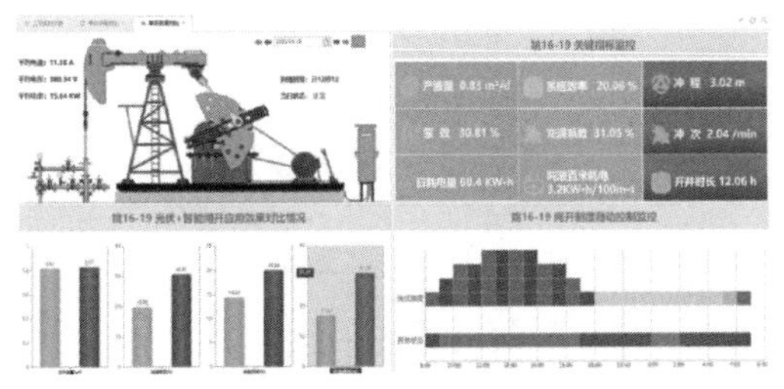

图 17　单井效果评价

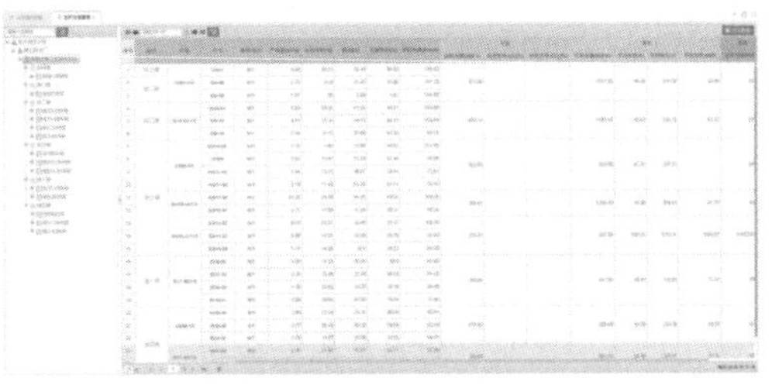

图 18　生产日报管理

2.5 动态预警

基于抽油机井功图电参相关特征参数，利用相关性分析建立偏磨和结垢的影响因素特征，并利用 PCA 计算不同主控参数的权重，得到一个能够反映抽油机偏磨和结垢状态的综合指标(HI)，使用长短时记忆神经网络(LSTM)，建立深度学习模型，定量预测机采井偏磨和结垢指数[12]，实现抽油机井动态预警，开发了智能监测预警、单井预测详情 2 个功能子菜单，使维护人员排查更加便捷、动态分析更加高效(图 19 和图 20)。

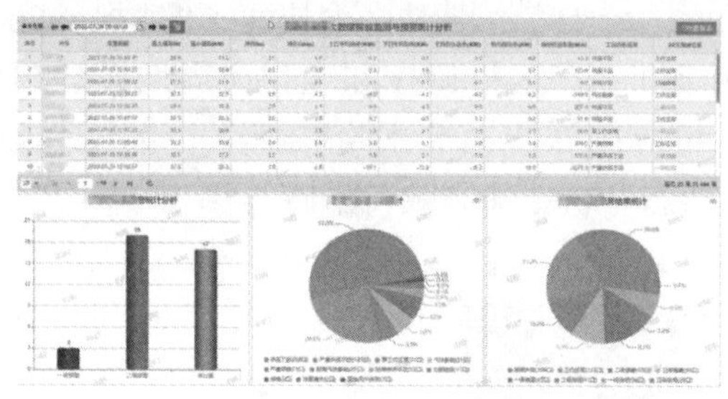

图 19　智能监测预警

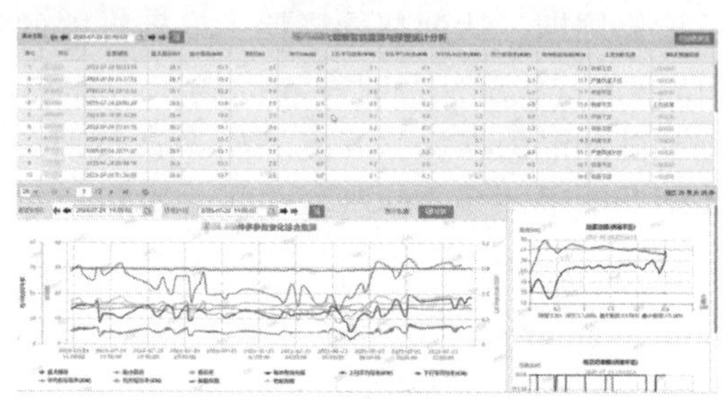

图 20　单井预测详情

2.6 指标分析

利用抽油机井的功图、电参、动静态数据，根据中国石油标准 SY/T 5264—2012《油田生产系统能耗测试和计算方法》对油井的系统效率、泵效、时率、能耗、平衡度、杆管柱应力等进行实时计算；并根据不同指标分布范围进行分级展示，分类统计、汇总，绘制趋势变化曲线，并根据工艺、数字化指标建立自定义报表分析计算；及时发现低产低效井，为生产优化提供数据支撑(图 21 至图 24)。

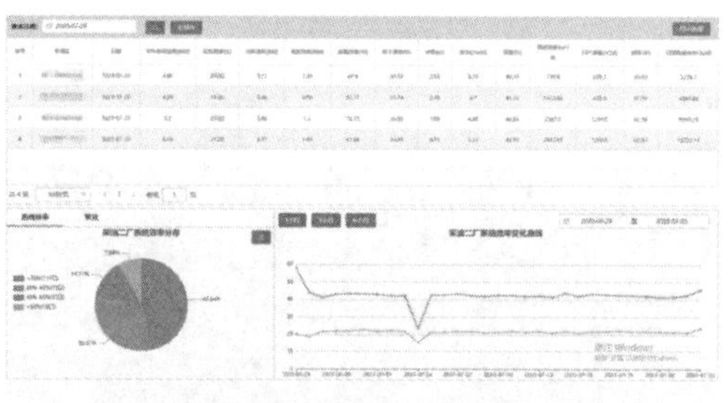

图 21　系统效率分析

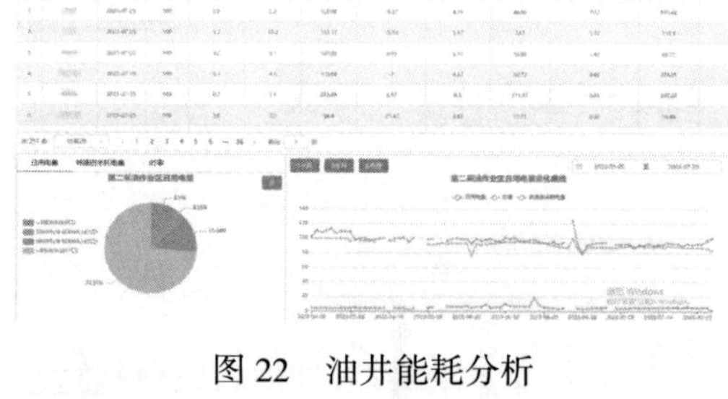

图 22　油井能耗分析

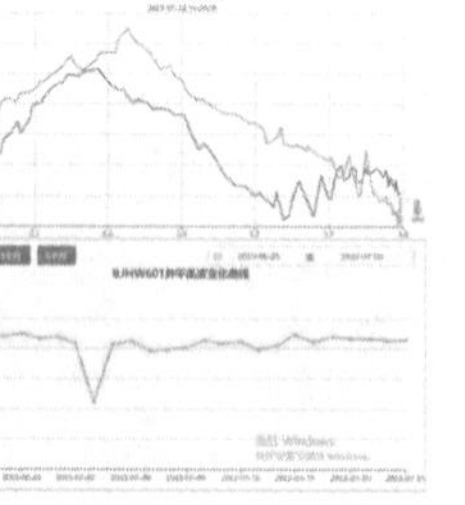

图 23　油井平衡度分析

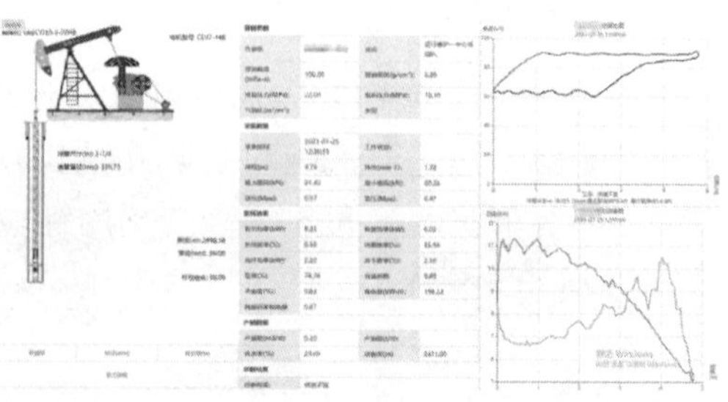

图 24　单井卡片

3 智能油井 iWELL 应用效果分析

截至 2022 年 12 月，智能油井系统在中国石油长庆、华北、冀东、大港、新疆等各大油田获得了广泛的工业化应用，共计应用 72007 口油、气、水井，共计创效 1107201.2 万元。工况诊断准确率达到 95%以上，关键的一级故障工况无漏报；机采系统生产工艺指标自动分析计算，其中功图计产准确率达到 85%以上，全面代替传统大罐单量、双容积计量及其他计量方式，实现计产数据直推中国石油上游生产信息系统（A2）；油水井系统效率平均提高 3.75%，减少非计划停机时间 30%，降低了油田现场测调作业工作量 45%，提高了油水井开井时率 15.3%，节约采油成本 15.5 %。累计增加产量经济效益 410566.2 万元，累计节约电费 11516.8 万元，累计节约检泵作业费 685118.3 万元，累计减少 CO_2 排放 2895.3 $\times 10^4$t，节约了地面建设投资（3.5 万元/井）和年维护成本（1.5 万元/年），减少大量线缆、交流供电及保护设备，降低建设成本，实现油气安全生产、智能化管理、增产稳产、节能降耗等提质增效目标，经济效益和社会效益显著。

（1）提升了我国油气智能化开采自主研发水平和创新设计能力，为油田生产智能化提升、降本增效、绿色环保提供了注采生产系统创新性理论和领先的技术支持。

（2）推动了注采生产调控技术向更深层次的数字化智能化方向发展，带动油气行业推动数字化油田向智能化油田迈进。

（3）形成了油气特色的“智慧模式”，改变油田建设、油气井管理的传统模式，建立低投资、短流程、低能耗、安全环保、高效、低碳的油气藏开采模式。

（4）减少了各类能源消耗，实现 CO_2减排，消除安全隐患，有效促进油地协同发展，为建成绿色、环保、生态油田提供重要支撑。

（5）建立的示范区成为油气行业学习典范，对行业、地区和企业发展具有示范和带动作用，同时也提升了油气生产行业国际竞争力。

4 结论与认识

（1）“云—边—端”协同的智能油井系统 iWELL 通过部署智能化生态服务模块，实现了云能力延伸边缘、边缘数据快速上云、多网络接入支持、应用服务发现与负载均衡、AI 算法边缘、端侧部署及升级。

（2）智能油井 iWELL 实现了生产监控、工况诊断、功图计量、协同优化、动态预警、指标计算等深度应用功能，提高了油井过程监控、状态预警、优化决策全方位的智能化管控。

（3）智能油井 iWELL 以物联网、云计算、人工智能为支撑，推动油气生产技术创新和管理流程优化，促进组织机构变革和油田生产模式的数字化转型，积极推动油气生产与新能源融合发展，积极扩大油气生产利用绿电规模，努力打造“低碳”“零碳”油气田。

参 考 文 献

[1] 檀朝东，李清辉，李丹，等．油气生产物联网功能设计研究[J]．中国石油和化工，2011(10)：56-59.

[2] 檀朝东，刘合，高小永，等．中国陆上油气田生产智能化现状及展望[J]．前瞻科技，2023，2(2)：121-130.

[3] 李怀科，鄢捷年，耿铁．人工神经网络在石油工业中的应用及未来发展趋势探讨[J]．石油工业计算

机应用，2010(2)：35-38.
[4] 郑新权，师俊峰，曹刚，等．采油采气工程技术新进展与展望[J]．石油勘探与开发，2022，49(3)：565-576.
[5] 石锋，梁尚斌，蒋勇，等．油田物联网系统边缘计算研究与实践[J]．计算机工程与应用，2020，56(16)：273-278.
[6] 周维琴．长庆油田功图计量应用的分析与研究[J]．信息系统工程，2016(9)：95-96.
[7] 石峻，闫学峰，宋亚培，等．油井人工举升方式评价及优化设计软件的研制和应用[J]．中国石油和化工，2008(S1)：46-49.
[8] 闫学峰，檀朝东，吴晓东，等．油井生产实时分析优化专家系统 iPES 的研发及应用[J]．中国石油和化工，2009(11)：61-64.
[9] 檀朝东，杨若谷，刘志海，等．油气水井生产物联网系统 iPES 的技术研究[J]．中国石油和化工，2012(3)：64-67.
[10] 梁华．有杆抽油系统故障递阶诊断的故障识别研究[J]．西南石油大学学报(自然科学版)，2015，37(1)：165-171.
[11] 檀朝东，李玉泽，高小永，等．丛式井场抽油机井群错峰开井间抽运行调度优化[J]．西安石油大学学报(自然科学版)，2021，36(5)：83-90.
[12] 邴绍强．基于人工智能的抽油机井结蜡预警方法[J]．石油钻探技术，2019，47(4)：97-103.

智能电泵生产管理系统的研发及应用

冯 钢 马 丹 王晓波 李 轩 胡铭源

（西安中控天地科技开发有限公司）

摘 要：电泵井在油气举升中占有重要作用，目前电泵井生产数据采集与自控系统建设已经具备了不错的基础，但生产过程中智能化较低，仅能达到统计分析，没有形成采集、分析、诊断、预警、优化、决策一体化的闭环智能系统。本文应用人工举升理论、物联网、云和边缘计算、人工智能技术，构建了智能电泵生产管理系统（iWELL-ESP），具有可视化监控、动态评价、虚拟计量、故障诊断、运行优化、智能控制、预测性维修等功能，提升了电泵井生产全局洞察、优化决策、操作调控能力，保障了油井安全生产、降本增效，对实现油气生产经济可靠性、环境友好型、智能化和精细化管理的目标具有一定的借鉴意义。

关键词：电潜泵；iWELL-ESP；油气举升

海洋石油资源量约占全球石油资源总量的34%，世界对海上石油寄予厚望。由于浅水油气产量的下降、勘探开发技术的进步及深水油气田平均储量规模巨大，世界海洋石油工业展示了良好的发展前景。电泵是一种海上采油的重要的举升设备。电泵和其他深井泵相比，最大优点是排量大，日产液可达300m^3以上，是目前深井泵中排量最大的；潜油电泵的另一优点是地面配套设备简单，占地面积小，且适用于斜井和水平井。据2014年统计数据估计，由于电潜泵的突出优点，在全球范围内共有130000多口电泵井，其耗费占全球人工举升井数支出费用的43%，产油量占全球石油总产量的60%以上[1]。

尽管在过去的十几年中，海上油田的数据采集与自控系统建设已经具备了不错的基础，针对生产过程部署的电泵传感器、数据收集和通信系统已经取得了重要进步，但电泵井的故障问题在生产过程中却十分常见，这些故障的发生将导致电泵井停产，每年造成的生产损失将达数亿桶。而电泵机组长期在恶劣偏远的环境中工作，其维修成本要比其他人工举升系统的维修成本高出很多，极大地增加运营费用[2]。

当前，电泵井生产数据采集与自控系统建设已经具备了不错的基础，在扩大采集数据范围、推进智能化、可视化建设方面仍有提升的空间；远程监测与控制的智能化水平相对较低，且生产数据自动采集、异常预测预警能力有待增强；生产数据可视化水平低，大多数油田针对生产过程部署了传感器等数据采集设备（采集井口以上监控及分析所需的大部分参数），但数据可视化水平较低，影响用户对数据的实时观测与分析；井下数据实时性偏低，油气井部署了传感器，采集井下设备工作参数、流量、压力、温度等数据，但井上数

作者简介：冯钢（1994—），2020年毕业于中国石油大学（北京）油气田开发工程专业，获硕士学位，现任西安中控天地科技开发有限公司总经理，从事油气举升与人工智能应用研究等方面工作，中级工程师。通讯地址：陕西省西安市未央区凤城四路西安国际企业中心B座2706室。E-mail：feng_9587@163.com。

据多，井下数据少，平台通信问题实时性较差。同时，电潜泵生产、作业、检修等数据分散，各种样本数据处于不同的单位，存在不同的系统中，数据过于分散。生产过程中智能化较低，仅能达到统计分析，没有形成采集、分析、诊断、预警、优化、决策一体化的闭环智能系统[3]。

针对以上现状，通过建设智能电泵生产管理系统(iWELL-ESP)，可以有效提升管理人员对电潜泵生产远程管控能力，实现电潜泵井生产监控可视化、实时诊断预警、实时优化决策、智能控制，保证油井在最佳工况下开采运行，同时为油藏分析决策提供了有力的数据支撑。

1 iWELL-ESP 系统架构设计

智能电泵生产管理系统 iWELL-ESP，以面向机理仿真与实时数据驱动融合的数字孪生构架为依托，应用人工举升理论、物联网、云和边缘计算、人工智能技术，构建电泵举升井精细化智能管控平台系统，具有可视化监控、工况诊断、生产预警、运行优化、智能控制、预测性维修等功能，可全面感知和智能操控电潜泵举升井的运行，提高电泵举升井产量和延长设备寿命，有效提升管理人员对电泵生产现场的远程管控能力，保证油井在最佳工况下开采运行，同时为油藏分析决策提供了有力的数据支撑，也为无人值守海上平台建设提供基本的保障条件[4]。

智能电泵生产管理系统 iWELL-ESP 基于面向服务接口方式对业务层和 MVC 框架层进行封装，利用 WCF 和 WebService 技术实现数据调用和推送，采用 C#开发后端服务程序、Python 实现各模型智能算法、MiniUI 专业 WebUI 控件库实现前端页面、Echarts 开发报表曲线、MySQL 数据存储，形成数字化、自动化、协同化、智能化的管理平台，同时，iWELL-ESP 采用模块化设计，用户可以根据实际需要进行配置，灵活多变，可扩展性强，既可以进行单井全生命周期精细管理，也可满足区块工艺宏观管控及工艺方案优化的需要，进一步提高了油田的信息化管理水平(图 1)。

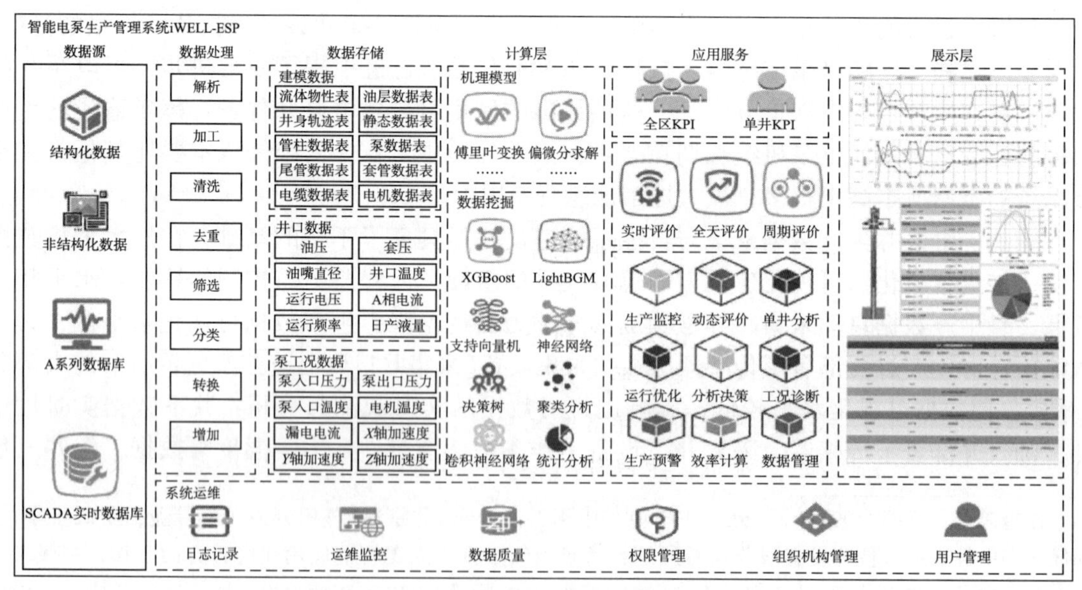

图 1 智能电泵生产管理系统 iWELL-ESP 架构

2 iWELL-ESP 关键模型研究

为了能够对电泵生产井进行智能管理，利用油井的不同源数据，基于人工举升理论与人工智能技术的数字孪生模型架构，对油井生产动态实时评价、油井生产工作点评价研究、工况诊断分析研究、生产运行优化分析研究、新井下泵设计研究、系统效率分析评价研究，建立具有监控、预警、管理、分析、诊断、预测、决策、优化等功能的螺杆泵及电潜泵优化设计及生产管理专家系统(图 2)。

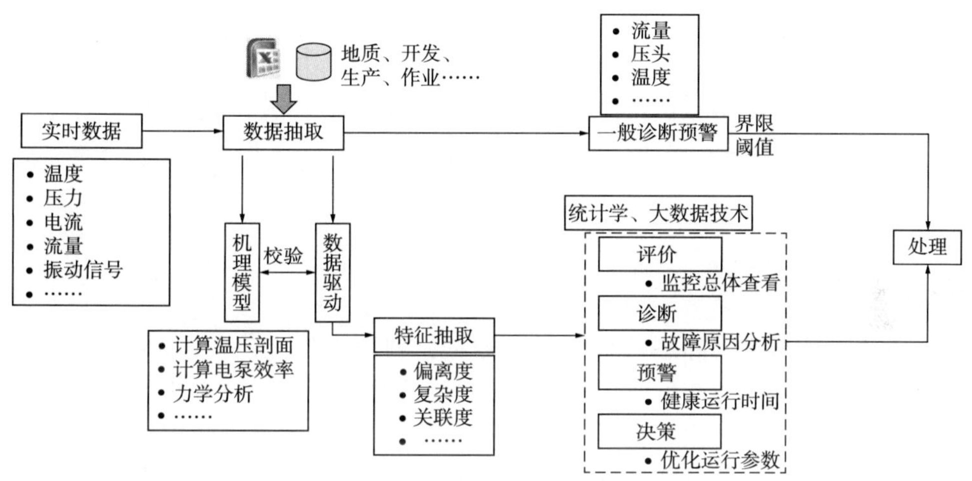

图 2 iWELL-ESP 分析流程

2.1 生产监控

利用电泵井生产过程中井下和井口传感器，实现电泵生产过程中井下电泵伴侣数据(泵入口压力、泵出口压力、泵入口温度、三轴振动加速度、漏电电流等)和井口数据(产液量、电流、电压、运行频率、井口温度、油压、套压等)的测试和传输，对整个区块油井的运行状况进行实时监控、故障情况及时统计、供排协调宏观评价，快速全面了解油井生产状况，及时发现问题井及潜力井，为生产诊断优化设计和井下作业提供目标井，从而使举升系统达到高效运行。

2.2 动态评价

根据电泵井生产和管理需要而绘制电泵井宏观控制图[5]，用于反映地层供液能力与电泵抽油系统排液能力的协调情况、电泵设备利用的合理程度，以及油田区块的管理水平，及时准确掌握油井的生产状态，并对生产异常情况及时采取一定的措施，进一步提高电泵井的工作效率，挖掘油井的生产潜力，全面地指导电泵生产系统优化工作，提升油井的管理水平(图 3 和图 4)。

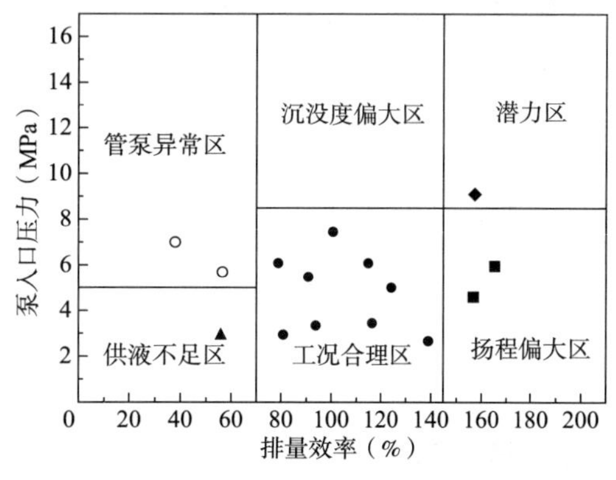

图 3 六区宏观控制图

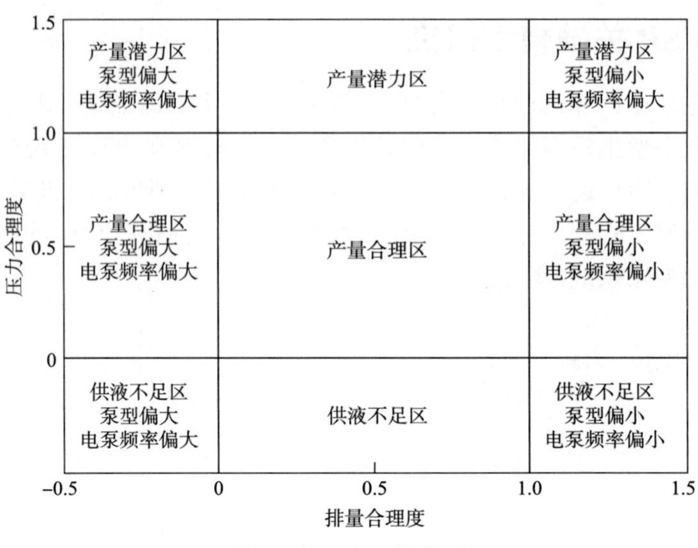

图 4　九区宏观控制图

2.3　虚拟计量

根据电泵井历史数据、静态数据和设备数据，利用皮尔逊(Pearson)相关系数分析方法，分析电泵井属性数据与产量的关联性，根据主成分分析(PCA)方法进行数据降维确定主控参数，定量研究电泵井生产数据变化规律与产量之间的关系，选用长短期记忆神经网络(LSTM)，建立一种广泛应用时序数据学习和预测的电泵井产量预测模型[6]，该方法能够充分考虑电泵生产动态数据的前后趋势变化情况和时间关联性，更深层次挖潜动态数据之间的变化规律，可实时预测电泵井产量并超前预警，从而帮助技术人员诊断举升设备工况和合理选择调参时机，尽可能避免油井减产，实现了电泵井参数优化决策由传统的业务驱动向数据驱动的转变(图 5)。

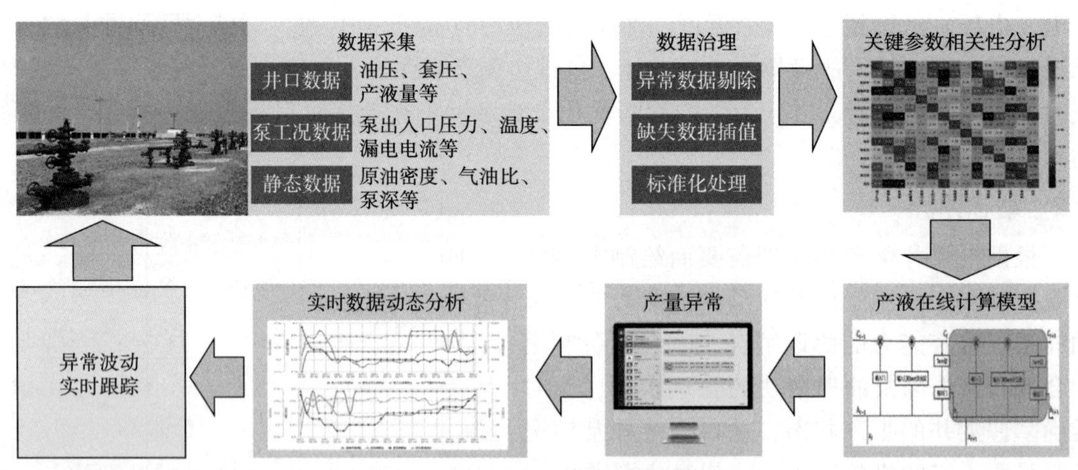

图 5　电泵井虚拟计量计算流程

2.4　故障诊断

通过对电泵机组多数据源研究，以实时监测的电泵伴侣数据和井口数据为基础，利用人工智能技术，结合传统工况诊断方法，建立一套机采泵工况诊断理论体系，系统地根据电流、压力、温度等实时运行参数进行综合分析，找出典型故障特征值与故障的对应关系，对故障特征进行全局提取，从而对机采井生产进行实时监测和诊断，对工况原因进行实时判别，增加机采井正常运行时间，延长机采泵的使用寿命，降低生产成本，提高单井产量[7]。实现对电泵井综合、全面、准确地判断与分析，丰富电泵井工况诊断的类型，提高了工况识别准确率，对电泵井的精细化管理起到一定促进作用(图 6 和图 7)。

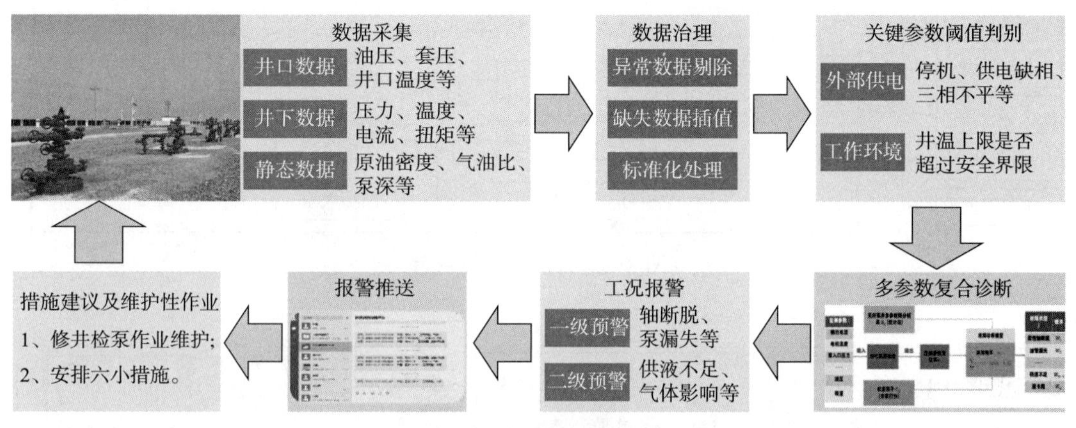

图 6　故障诊断计算流程

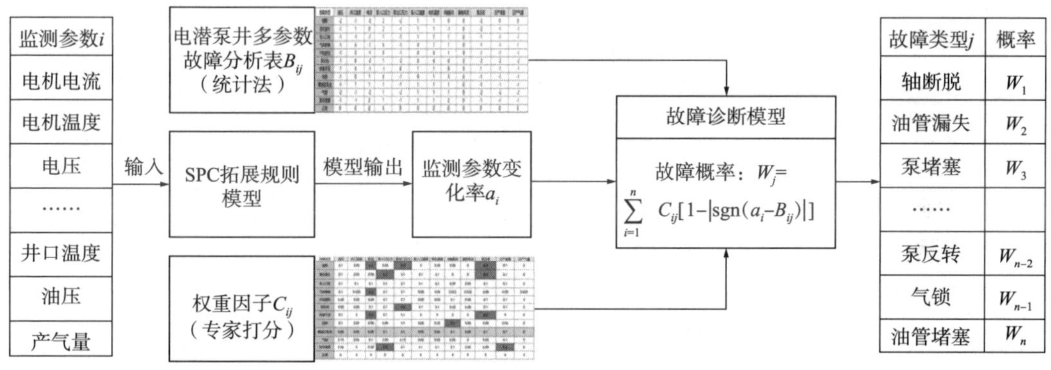

图 7　综合参数诊断计算流程

2.5　运行优化

针对电潜泵井生产流程，基于电泵井采集的井口数据和泵工况特征参数，以油嘴直径即阀开度、电泵电机频率为决策变量，以满足油井配产和延长检泵周期为目标，以流动保障、管柱完整性为约束条件，建立产量—运行参数的优化模型，应用强化学习算法训练模型，优化决策每口井油嘴开度和泵频率，并利用 PID 控制进行实时调整[8](图 8)。

2.6　预测性维修

针对电泵举升设备运行过程中的运转状况、效率、能耗和其他关键指标进行监测，结合生产预警模块预测设备故障风险，通过机器学习训练出针对不同故障类型推荐维修策略，并结合知识图谱优化员工调度，针对不同的新形态的故障进行特征库的丰富和更新，最终形成自治化的智能诊断、运行调控和维修预警决策(图 9)。

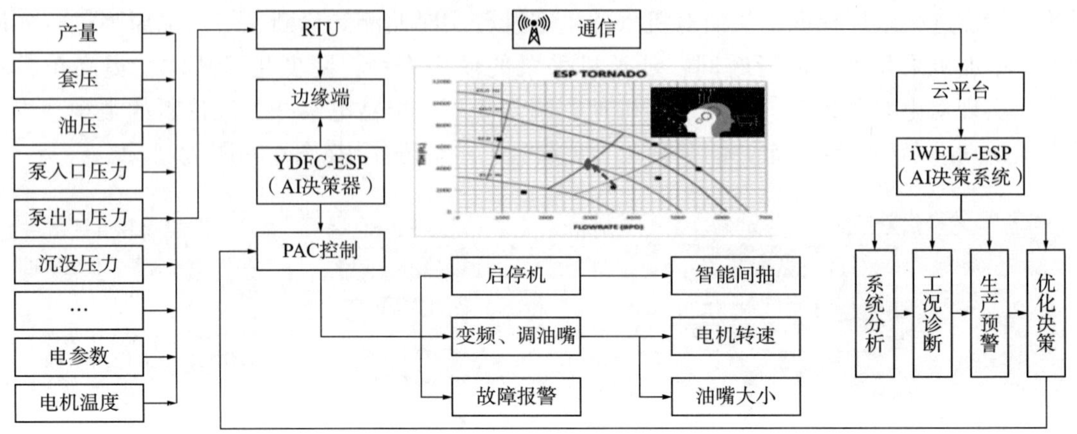

图 8　运行优化计算流程

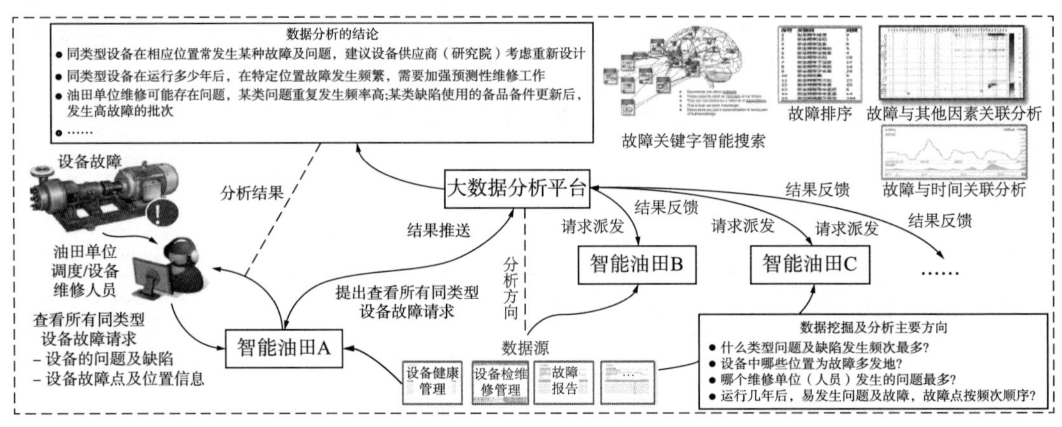

图 9　预测性维修匹配流程

3　iWELL-ESP 功能模块设计

智能电泵生产管理系统依靠电泵井的静态数据(油藏岩石物性、井眼轨迹、流体物性等)；生产动态数据(时间、油压、套压、泵频率、油嘴开度、泵出入口压力、泵入口温度、含水率、井液黏度等)；设备工况数据(生产时长、电流、电压、有功功率、功率因数、瞬时耗电量、系统效率、泵效)等，基于多相管流计算模型、节点分析方法、产能计算等机理模型和 SVM、BP 神经网络、卷积神经网络等大数据分析方法相结合的数字孪生模型，通过对模型、算法的研究及功能模块的开发，全面感知电泵井的生产动态，按照重点数据全采集、关键工艺自动化的要求，从多维度快速评估、诊断、优化机采井运行状况需求，iWELL-ESP 设计了八大应用功能(生产监控、动态评价、虚拟计量、故障诊断、运行优化、预测维修、数据管理、系统管理)，26 项子功能，基本满足研究人员、技术人员、管理人员的应用需求，实现数据深度挖掘应用和优化生产全方位的智能化管控，保障油井安全高效运行的同时，提高油井产量、延长设备寿命、降低设备能耗(图 10)。

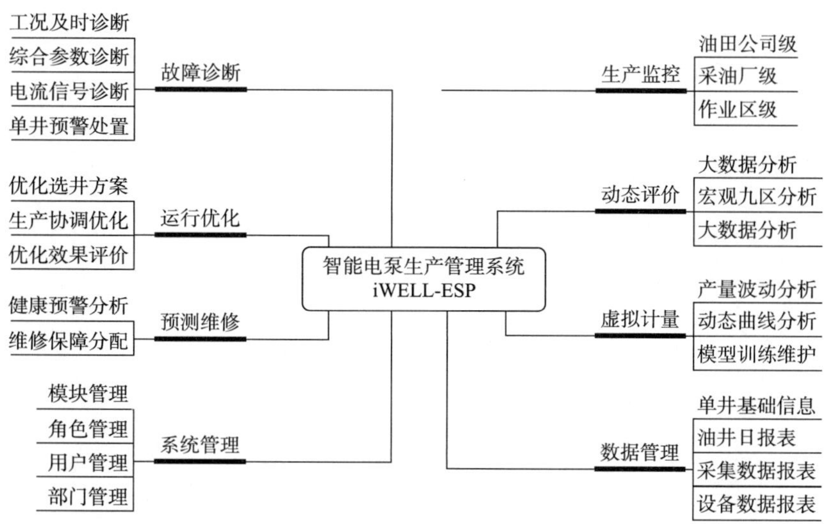

图 10 智能油井系统 iWELL 功能架构

4 结论与认识

(1) 基于电泵机组全面感知，以石油工程云为依托，形成采集、监控、管理、诊断、预警、决策一体化全方位、全要素、全流程的智能化闭环管控系统，既可对新井进行参数优化，也可对老井实行运行决策。

(2) 使用大数据分析算法，对电泵井生产过程进行实时监控，对异常故障进行实时诊断报警，提高单井产量，延长油井检泵周期。

(3) 基于数字孪生体的深度挖掘，形成“全时体检式”监控、分析、诊断、预警和优化体系。从动态评价、及时诊断、运行优化、事前预警、提高单井产量、延长检泵周期等方面发挥支撑作用，辅助制定地下、井筒、地面三位一体的生产管理策略和跟踪分析。

参 考 文 献

[1] HACKWORTH M, WILLIAMS S. Real-Time Decision Making for ESP Management and Optimization[J]. Society of Petroleum Engineers, 2016.

[2] ABDELAZIZ M, LASTRA R, Xiao J J. ESP Data Analytics: Predicting Failures for Improved Production Performance[J]. Society of Petroleum Engineers, 2017.

[3] 檀朝东，刘合，高小永，等．中国陆上油气田生产智能化现状及展望[J]．前瞻科技，2023，2(2)：121-130.

[4] 檀朝东，黄新春，王松，等．机理仿真与数据驱动融合的电泵举升故障诊断预警理论研究进展[J]．石油钻采工艺，2021，43(4)：483-488.

[5] ZOU H L, YANG J Z, FEN G G, et al. The Research of Macro-Control Diagram of ESP Well Based on Machine Learning[J]. 2022.

[6] 杨军征，冯钢，王青华，等．深度学习的电泵井产液量动态预测模型[J]．石油钻采工艺，2021，43(4)：489-496.

[7] YANG J, WANG S, ZHENG C, et al. Fault Diagnosis Method and Application of ESP Well Based on SPC Rules and Real-Time Data Fusion[J]. Mathematical Problems in Engineering, 2022.

[8] 檀朝东，蔡振华，邓涵文，等．基于强化学习的煤层气井螺杆泵排采参数智能决策[J]．石油钻采工艺，2020，42(1)：62-69.